机　械　制　图

主　编　徐秀娟
副主编　孙　路　孙鹏涛

西北工業大學出版社

【内容简介】 本书采用最新的《技术制图》及《机械制图》国家标准，主要内容有制图的基本知识、投影基础、基本体及表面交线、轴测投影、组合体、机件的表达方法、标准件和常用件、零件图、装配图、计算机绘图等，书后另有附录。同时编写了《机械制图习题集》与本书配套使用。

本书可作为高职高专及高等工科院校机械类、近机械类各专业“机械制图”课程的教学用书，也可供有关工程技术人员使用。

图书在版编目(CIP)数据

机械制图/徐秀娟主编．—西安：西北工业大学出版社，2015.7(2020.10 重印)
ISBN 978-7-5612-4488-3

Ⅰ.①机… Ⅱ.①徐… Ⅲ.①机械制图—高等职业教育—教材 Ⅳ.①TH126

中国版本图书馆 CIP 数据核字(2015)第 182138 号

出版发行：西北工业大学出版社
通信地址：西安市友谊西路 127 号　　邮编：710072
电　　话：(029)88493844　88491757
网　　址：www.nwpup.com
印 刷 者：陕西向阳印务有限公司
开　　本：787 mm×1 092 mm　　1/16
印　　张：17.625
字　　数：427 千字
版　　次：2015 年 9 月第 1 版　　2020 年 10 月第 7 次印刷
定　　价：42.00 元

前　言

本书是根据教育部制定的《高职高专工程制图课程教学基本要求》，从培养服务区域发展的技术技能人才目标定位出发，结合笔者多年教学实践经验及课程改革成果编写而成的。

本书突出了机械类专业的教学特点，贯彻“实用为主、够用为度”的原则，着重于制图技能的培养。内容上注重针对性及应用性，叙述方法上通俗易懂，深入浅出，并采用了最新的《技术制图》及《机械制图》国家标准，介绍了 AutoCAD 绘图软件的主要功能，并编写了《机械制图习题集》与本书配套使用。本书要求机械类专业学生学完本课程后，能掌握机械制图必需的知识，能看懂机械图样和利用计算机绘图软件绘制机械图样。

本书由陕西国防工业职业技术学院徐秀娟任主编，孙路、孙鹏涛任副主编，参加编写工作的有徐秀娟（绪论、第 1 章、第 5 章、第 6 章、第 9 章），孙鹏涛（第 2 章、第 3 章），田莉坤（第 4 章、第 8 章），孙路（第 7 章、附录），郑宏勤（第 10 章）。全书由徐秀娟统稿。

参加审稿的有陕西国防工业职业技术学院教授高葛（主审），咸阳压缩机厂研究所高级工程师武苏维，陕西国防工业职业技术学院严朝宁、党威武等。

在本书编写过程中，得到有关院校、工厂、研究院（所）等单位的帮助和支持，提出了许多宝贵的意见，对此表示衷心感谢。

对本书存在的问题，希望广大读者提出宝贵意见与建议，以便今后继续改进。

编　者

2015 年 5 月

目　　录

绪论……………………………………………………………………………………（1）

0.1　本课程的研究对象 ………………………………………………………（1）
0.2　本课程的学习目的和任务 ………………………………………………（1）
0.3　本课程的学习方法 ………………………………………………………（1）

第1章　制图的基本知识……………………………………………………………（2）

1.1　国家标准《技术制图》和《机械制图》的一般规定 …………………………（2）
1.2　手工绘图工具和用品的使用……………………………………………………（13）
1.3　几何作图…………………………………………………………………………（16）
1.4　平面图形画法……………………………………………………………………（23）
1.5　绘图的方法与步骤………………………………………………………………（25）

第2章　投影基础 ……………………………………………………………………（27）

2.1　投影法及三视图…………………………………………………………………（27）
2.2　点的投影…………………………………………………………………………（31）
2.3　直线的投影………………………………………………………………………（36）
2.4　平面的投影………………………………………………………………………（42）

第3章　基本体及表面交线 …………………………………………………………（48）

3.1　平面体……………………………………………………………………………（48）
3.2　回转体……………………………………………………………………………（50）
3.3　截交线……………………………………………………………………………（54）
3.4　相贯线……………………………………………………………………………（58）
3.5　简单形体的尺寸标注……………………………………………………………（63）

第4章　轴测投影 ……………………………………………………………………（65）

4.1　轴测图的基本知识………………………………………………………………（65）
4.2　正等轴测图画法…………………………………………………………………（66）
4.3　斜二等轴测图的画法……………………………………………………………（72）

第5章　组合体 ………………………………………………………………………（75）

5.1　组合体概述………………………………………………………………………（75）

5.2 组合体三视图的画法 …… (76)
5.3 组合体的尺寸注法 …… (79)
5.4 读组合体的三视图 …… (82)

第 6 章 机件的表达方法 …… (85)

6.1 视图 …… (85)
6.2 剖视图 …… (88)
6.3 断面图 …… (97)
6.4 局部放大图及其他规定与简化画法 …… (100)

第 7 章 标准件和常用件 …… (104)

7.1 螺纹 …… (104)
7.2 常用螺纹紧固件及其连接 …… (112)
7.3 键连接和销连接 …… (116)
7.4 齿轮 …… (122)
7.5 滚动轴承 …… (128)
7.6 弹簧 …… (132)

第 8 章 零件图 …… (136)

8.1 零件图的作用和内容 …… (136)
8.2 零件图视图的选择 …… (137)
8.3 零件图上的尺寸标注 …… (139)
8.4 技术要求在零件图上的标注 …… (144)
8.5 零件的工艺结构 …… (158)
8.6 典型零件分析 …… (163)
8.7 读零件图 …… (168)
8.8 零件测绘 …… (170)

第 9 章 装配图 …… (177)

9.1 装配图的作用和内容 …… (177)
9.2 装配图的规定画法和特殊画法 …… (179)
9.3 装配图的尺寸标注和技术要求 …… (181)
9.4 装配图中零部件的序号和明细表 …… (182)
9.5 装配结构的合理性 …… (183)
9.6 读装配图及拆画零件图 …… (186)
9.7 装配体测绘 …… (190)

第 10 章 计算机绘图 …… (194)

10.1 概述 …… (194)

10.2　绘图命令……………………………………………………………… (202)
10.3　图形编辑命令………………………………………………………… (211)
10.4　图层和对象特性……………………………………………………… (220)
10.5　输入文字和创建表格………………………………………………… (224)
10.6　尺寸标注……………………………………………………………… (228)
10.7　块的应用……………………………………………………………… (240)
10.8　打印图形……………………………………………………………… (243)

附录……………………………………………………………………… (247)

附表 1　…………………………………………………………………… (247)
附表 2　…………………………………………………………………… (248)
附表 3　…………………………………………………………………… (249)
附表 4　…………………………………………………………………… (250)
附表 5　…………………………………………………………………… (251)
附表 6　…………………………………………………………………… (252)
附表 7　…………………………………………………………………… (253)
附表 8　…………………………………………………………………… (254)
附表 9　…………………………………………………………………… (255)
附表 10　………………………………………………………………… (255)
附表 11　………………………………………………………………… (256)
附表 12　………………………………………………………………… (256)
附表 13　………………………………………………………………… (257)
附表 14　………………………………………………………………… (257)
附表 15　………………………………………………………………… (258)
附表 16　………………………………………………………………… (259)
附表 17　………………………………………………………………… (259)
附表 18　………………………………………………………………… (259)
附表 19　………………………………………………………………… (260)
附表 20　………………………………………………………………… (261)
附表 21　………………………………………………………………… (262)
附表 22　………………………………………………………………… (266)
附表 23　………………………………………………………………… (269)
附表 24　………………………………………………………………… (270)
附表 25　………………………………………………………………… (271)
附表 26　………………………………………………………………… (272)

参考文献………………………………………………………………… (274)

绪　论

0.1　本课程的研究对象

工程技术中，将物体按一定的投影方法和技术规定表达在图纸上，以正确地表示出机器、设备及建筑物的形状、大小、规格和材料等内容，称之为工程图样。根据生产领域不同，工程图样又被分为机械图样、建筑图样、电子工程图样、水利工程图样、化工工程图样等。“图样”被认为是工程界通用的“技术语言”。

机械工程上常用的图样是零件图和装配图。在设计和改造机器设备时，要通过图样来表达设计思想和要求。机器设备在制造过程中，从制作毛坯到加工、检验、装配等各个环节，都要以图样作为依据。在使用机器时，通过图样也可以帮助了解机器的结构与性能。因此，图样是设计、制造、使用机器过程中的一种主要技术资料。

机械制图就是研究绘制和阅读机械工程图样的基本原理和方法的一门学科。

0.2　本课程的学习目的和任务

本课程是工科院校一门重要的既有理论，又有实践的技术基础课。其目的是培养学生的绘图、识图及空间想象能力。本书主要任务有：

(1)学习正投影的基本理论及方法。

(2)培养形体表达和空间想象的基本能力。

(3)培养绘制和阅读机械图样的能力。

(4)培养学生能使用常用的绘图软件绘制机械图样，并具有计算机绘图的初步能力。

(5)培养学生具有认真负责的工作态度和严谨的工作作风。

(6)培养遵守国家标准的良好习惯及查阅、使用国家标准等技术资料的能力。

(7)培养一定的自学能力和审美能力。

0.3　本课程的学习方法

(1)重视理论知识的学习，理解并掌握投影原理的基本概念，掌握国家标准《技术制图》及《机械制图》的有关规定。

(2)在学习过程中，应理论联系实际、善于思考，通过由物到图、由图到物的反复实践进行投影分析，把空间的机件形状、结构与投影中的视图联系起来，不断提高空间想象能力。

(3)通过一系列的绘图与读图实践，逐步掌握绘图与读图方法，培养绘图与读图能力。

第 1 章　制图的基本知识

图样是机器制造过程中最基本的技术文件，是科学技术交流的重要工具。为了便于生产、管理和交流，必须对图样的画法、尺寸注法、所用代号等方面作统一的规定。这些统一规定由国家制定和颁布实施，国家标准《技术制图》和《机械制图》是绘制和阅读机械图样的准则和依据，是工程技术界重要的技术基础标准。

国家标准的代号以 GB 打头，例如 GB/T 4457.4—2002，其中 GB 为“国家”“标准”两词的汉语拼音第一个字母，“T”是指国家推荐标准，4457.4 为标准的编号，2002 表示该标准是 2002 年颁布的。

本章摘要介绍有关图纸幅面、比例、字体、尺寸注法等几个标准，其余有关内容将在以后各章中分别介绍。学习机械制图时，必须树立标准化的观念，严格遵守、认真执行有关的国家标准。

1.1　国家标准《技术制图》和《机械制图》的一般规定

1.1.1　图纸幅面和标题栏

1. 图纸幅面尺寸(GB/T 14689—2008)

为了便于图样的绘制、使用和保管，机件的图样均应画在具有一定格式和幅面的图纸上。GB/T 14689—2008 规定绘制技术图样时，应优先采用表 1-1 所规定的基本幅面。

表 1-1　图纸的基本幅面及图框尺寸

幅面代号	A0	A1	A2	A3	A4
$B\times L$	841×1 189	594×841	420×594	297×420	210×297
e	20		10		
c	10			5	
a	25				

绘制图样应首先选择基本幅面。必要时，允许按基本幅面的短边成整数倍增加，如图1-1所示，细实线为第二选择的加长幅面，虚线为第三选择的加长幅面。

2. 图框格式

在图纸上必须用粗实线画出图框，其格式分为不留装订边和留有装订边两种，但同一产品的图样只能采用一种格式。不留装订边的图纸，其图框格式如图 1-2 所示，留有装订边的图框格式如图 1-3 所示。

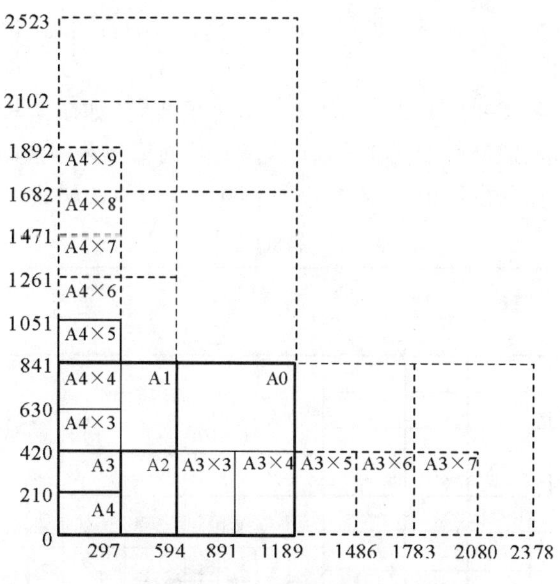

图 1-1　图纸幅画

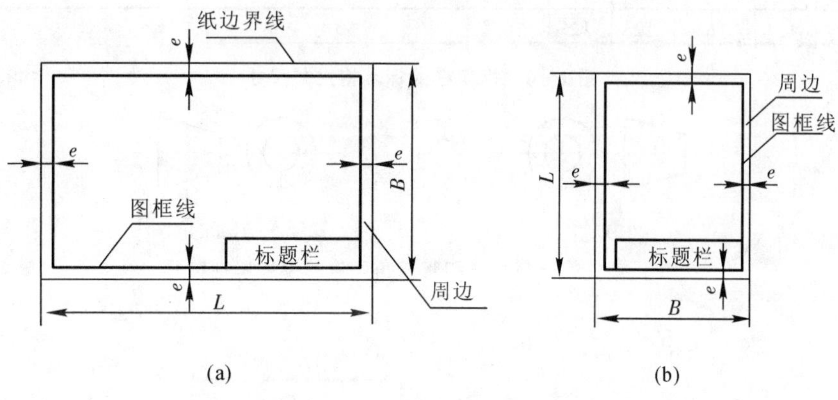

图 1-2　不留装订边的图框格式

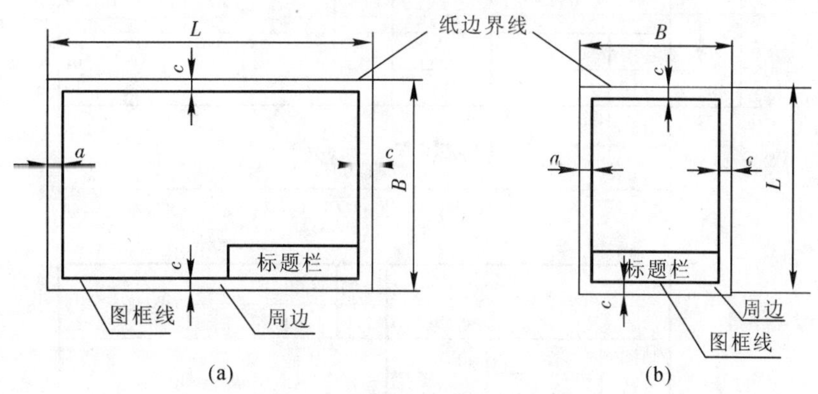

图 1-3　留有装订边的图框格式

加长幅面的图框尺寸，按所选用的基本幅面大一号的图框尺寸确定。

3. 标题栏的格式(GB/T 10609.1—2008)

在每张图纸的右下角必须画出标题栏,如图 1-2(a)(b)及图 1-3(a)(b)所示。标题栏中文字方向为看图的方向。

国标标题栏的格式和尺寸按 GB 10609.1—2008 的规定,如图 1-4 所示。采用第一角画法和第三角画法的投影识别符号如图 1-5 所示。如采用第一角画法时,可以省略标注。

用于学生作业上的标题栏可由学校自定,如图 1-6 所示的格式可供参考使用。

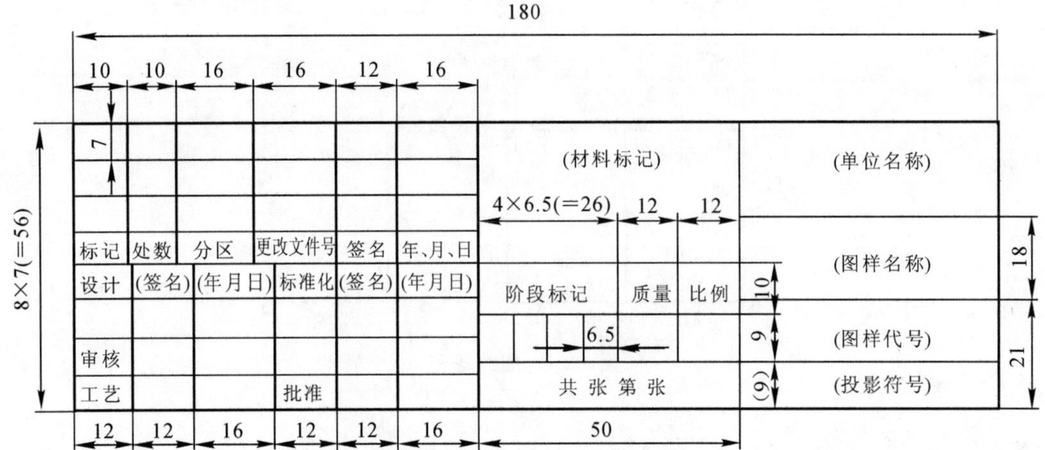

图 1-4 标题栏的标准格式和尺寸

图 1-5 第一角画法和第三角画法的投影识别符号

(a)第一角;(b)第三角

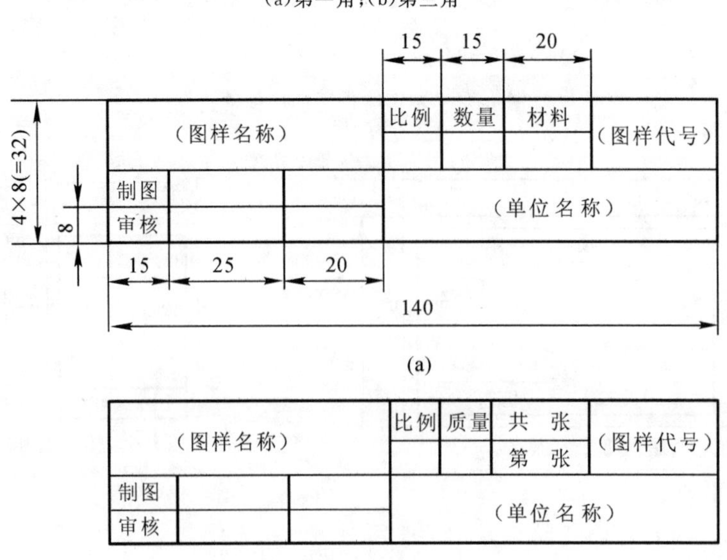

图 1-6 制图课作业用标题栏参考格式

4. 附加符号

为了图样复制和缩微摄影时定位方便，在图纸各边长的中点处应分别画出对中符号，对中符号用粗实线绘制，从纸边界开始伸入图框内约5 mm，如图1-7所示。当使用预先印刷的图纸时，为明确绘图与看图时图纸的方向，应在图纸的下边对中符号处画出一个方向符号，如图1-7所示。方向符号的画法如图1-8所示。

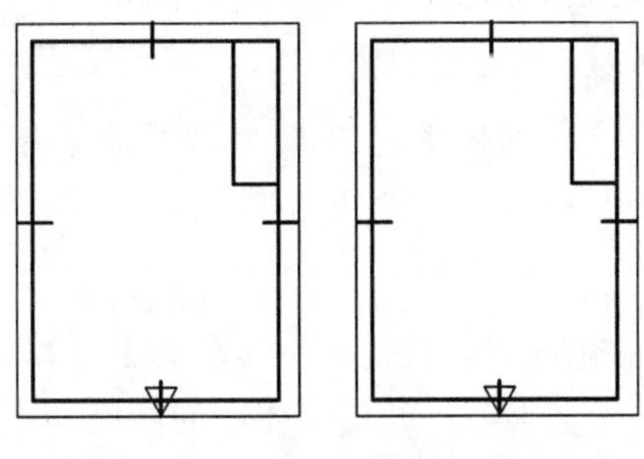

图1-7　对中符号和方向符号

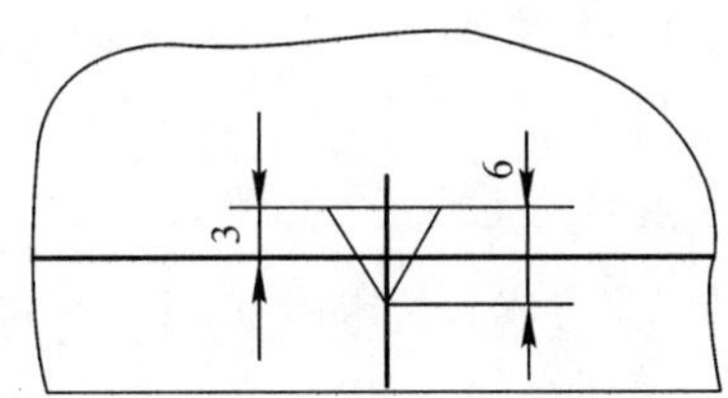

图1-8　方向符号的画法

1.1.2　比例(GB/T14690—1993)

图中图形与其实物相应要素的线性尺寸之比，称为图形的比例。

画图时，应尽可能采用原值比例画图，但因各种机件大小及结构复杂程度不同，需要采用放大或缩小比例来绘图。需要按比例绘制图样时，应从GB/T14690—1993规定的系列中选取适当的比例，规定的比例见表1-2，必要时也允许按表1-3规定的比例选取。

表1-2　规定的比例(一)

种　类	比　例
原值比例(比值为1的比例)	1:1
放大比例(比值>1的比例)	5:1　2:1　5×10^n:1　2×10^n:1　1×10^n:1
缩小比例(比值<1的比例)	1:2　1:5　1:10　1:2×10^n　1:5×10^n　1:1×10^n
注：n为正整数	

表1-3　规定的比例(二)

种　类	比　例
放大比例(比值>1的比例)	4:1　2.5:1　4×10^n:1　2.5×10^n:1
缩小比例(比值<1的比例)	1:1.5　1:2.5　1:3　1:4　1:6　1:1.5×10^n　1:2.5×10^n　1:3×10^n　1:4×10^n　1:6×10^n
注：n为正整数	

图形不论放大或缩小，在标注尺寸时，应按机件实际尺寸标注。还应注意，带角度的图形不论放大或缩小，仍照原角度画出。

比例符号以“:”表示，一般应标注在标题栏的比例栏内，如1:1，1:5，2:1等。必要时，可在视图名称的下方或右侧标注比例，如：

$$\frac{\text{I}}{2:1}\qquad\frac{\text{A}}{1:2}\qquad\frac{\text{B—B}}{2.5:1}\qquad\frac{\text{平面图}}{1:100}$$

1.1.3 字体(GB/T 14691—1993)

图样上除了表达机件形状的图形以外，还要用文字和数字来说明机件的大小、技术要求和其他内容，所以文字和数字也是图样的重要组成部分。

在图样中书写字体必须做到：字体工整、笔画清楚、间隔均匀、排列整齐。

字体高度(用 h 表示，单位为 mm)代表字体的号数，字号系列为 1.8，2.5，3.5，5，7，10，14，20，共 8 种。如需要书写更大的字，其字体高度应按 $\sqrt{2}$ 的比率递增，字体高度代表字体的号数。

1. 汉字

汉字应写成长仿宋体字，并采用国家正式公布的简化汉字。长仿宋字体具有字形端正、结构匀称、笔划粗细一致、清楚美观等特点，便于用钢笔、铅笔书写。长仿宋体字的高度 h 不应小于 3.5 mm，字宽一般为 $h/\sqrt{2}$。

如图 1－9 所示为长仿宋体字示例。

10号字

字体工整 笔画清楚 间隔均匀 排列整齐

7号字

横平竖直注意起落结构均匀填满方格

5号字

技术制图机械电子汽车航空船舶土木建筑矿山井坑港口纺织服装

3.5号字

螺纹齿轮端子接线飞行指导驾驶舱位挖填施工引水通风闸阀坝棉麻化纤

图 1－9 长仿宋体字示例

2. 数字和字母

数字和字母有 A 型和 B 型之分，A 型字体的笔画宽度 d 为字高 h 的 1/14，B 型字体的笔画宽度 d 为字高 h 的 1/10。在同一图样上只允许选用一种类型的字体。数字或字母可写成直体或斜体。一般采用斜体，其字体向右倾斜，与水平线约成 75°。如图 1－10～图 1－13 所示。

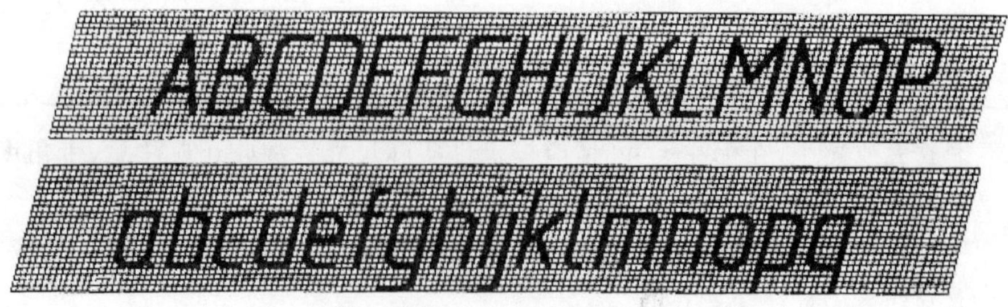

图 1－10 斜体拉丁字母示例—(A 型)

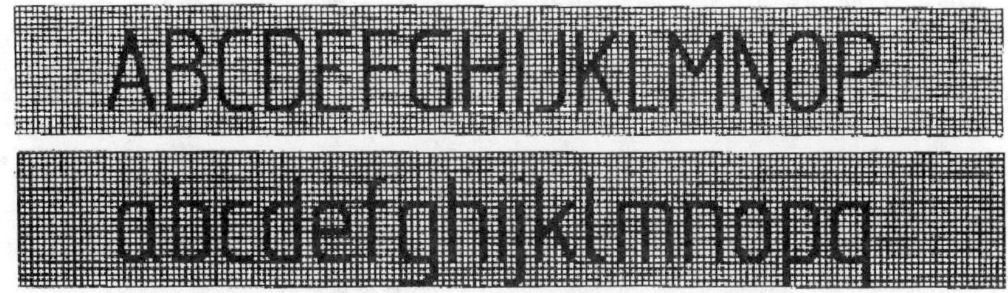

图 1-11　直体拉丁字母示例二(A 型)

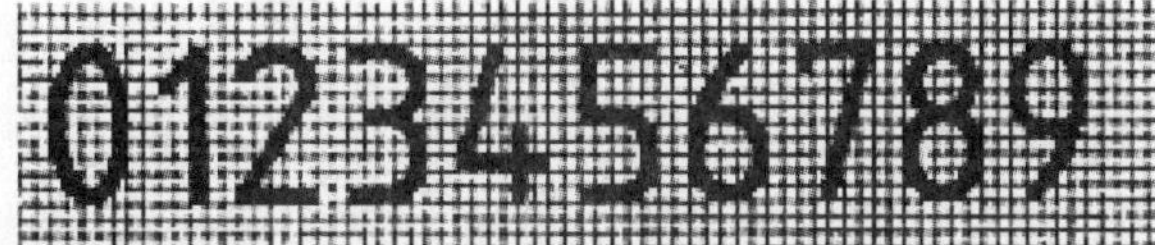

图 1-12　阿拉伯数字(A 型)

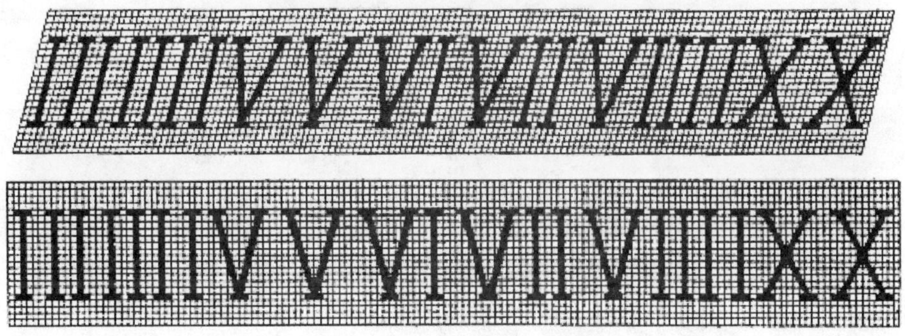

图 1-13　罗马数字(A 型)

1.1.4　图线及其画法(*GB/T*17450—1998 和 *GB/T*4457.4—2002)

1. 线型

国家标准《技术制图》中规定了 15 种基本线型及基本线型的变形。机械图样中常用的有 9 种图线,其名称、线型、宽度及其应用见表 1-4 和图 1-14。

2. 线宽

机械图样中的图线分粗线和细线两种。粗线宽度 d 应根据图形的大小和复杂程度在 0.5～2 mm之间选择,细线的宽度约为 $d/2$。

图线宽度的推荐系列为 0.13 mm,0.18 mm,0.25 mm,0.35 mm,0.5 mm,0.7 mm,1 mm,1.4 mm 和 2 mm。

制图中一般常用的粗实线宽度为 0.7～1 mm。

画图时，在线条的交、接、切处应注意一些习惯画法，举例说明见表1－5。

表1－4　图线及其应用

名称	线型	宽度	主要用途
粗实线		d	表示可见轮廓线
细实线		约 $d/2$	表示尺寸线、尺寸界线、剖面线、指引线、重合断面的轮廓线、过渡线
波浪线		约 $d/2$	表示断裂处的边界线、视图与剖视图的分界线
双折线		约 $d/2$	表示断裂处的边界线
细虚线	~6　~1	约 $d/2$	表示不可见轮廓线
细点画线	~15　~3	约 $d/2$	表示轴线、圆中心线、对称中心线
粗点画线		d	限定范围的表示线
细双点画线	~15　~5	约 $d/2$	表示相邻辅助零件的轮廓线、轨迹线
粗虚线		d	允许表面处理的表示线

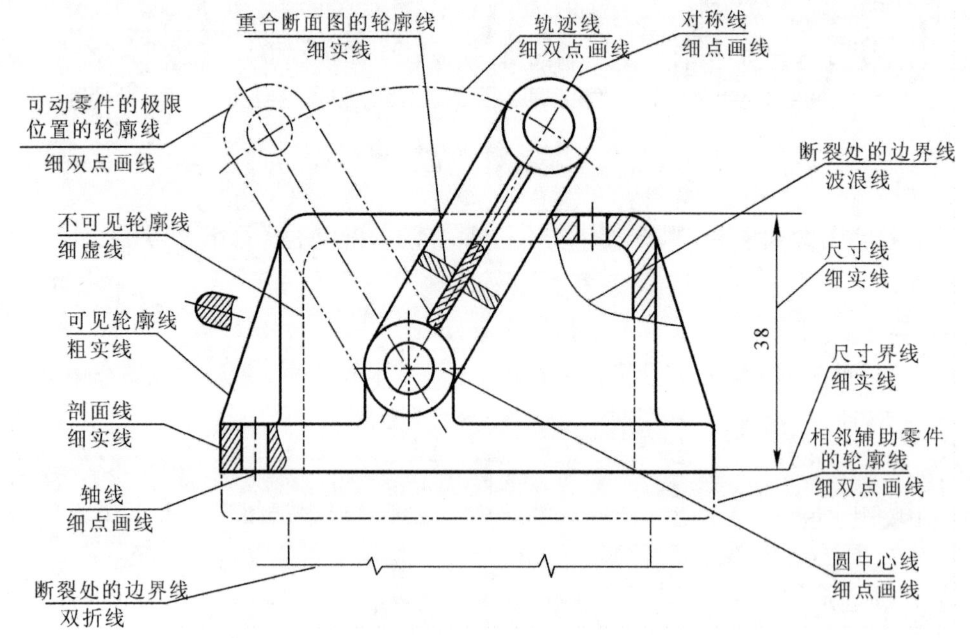

图1－14　线型应用示例

表 1-5　图线交、接、切等处习惯画法

画法说明	图例	
	正　确	错　误
虚线与虚线或实线相交应以线段相交，不得留有间隙		
点画线应以线段相交 点画线的首、末两端应是线段而不是点，并应超出图形 3～5 mm		
图线与图线相切：应以切点相切，相切处应保持相切两线中较宽的图线宽度，不得相割或相离		

1.1.5　尺寸注法(GB4458.4—2003 和 GB/T 16675.2—2012)

机件的大小由标注的尺寸决定。标注尺寸时，应严格遵守国家标准有关尺寸标注的规定，做到正确、完整、清晰、合理。

1. 基本规则

(1)机件的真实大小应以图样上所注的尺寸数值为依据，与图形的大小及绘图的准确度无关。

(2)在机械图样(包括技术要求和其他说明)中的直线尺寸，规定以毫米为单位，不需标注计量单位的代号或名称。如果采用其他单位，如英寸、米等，则必须注明相应的计量单位的代号或名称。

(3)机件的每一尺寸，在图样上一般只标注一次。

(4)图样中所标注的尺寸，为该图样所示机件的最后完工尺寸，否则应另加说明。

2. 尺寸组成

如图 1-15 所示，一个完整的尺寸一般包括尺寸界线、尺寸线及终端、尺寸数字 3 部分。

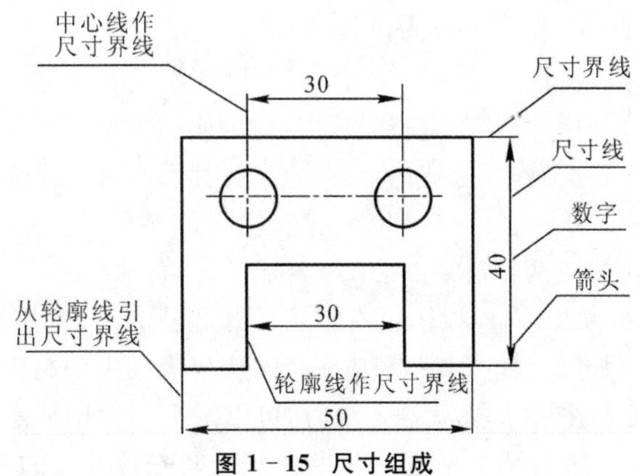

图 1-15　尺寸组成

(1)尺寸界线。尺寸界线用来表示所标注尺寸的范围。它用细实线绘制,并由图形的轮廓线、轴线或对称中心线处引出,并超出尺寸线末端约 2 mm。也可利用轮廓线、轴线或对称中心线作为尺寸界线。

尺寸界线一般应与尺寸线垂直,如图 1－15 所示。尺寸界线必要时允许倾斜,如图 1－16 所示。该图也给出了有圆角处的尺寸界线引出方法。

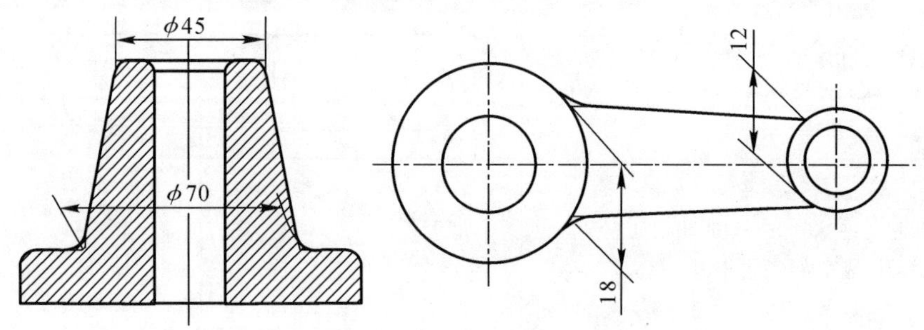

图 1－16 尺寸界线与尺寸线斜交的注法

(2)尺寸线及终端。尺寸线用细实线绘制在尺寸界线之间,不得用其他图线代替,也不得与其他图线重合或画在其延长线上。标注线性尺寸时,尺寸线必须与所标注的线段平行,尺寸线和尺寸界线应该互相垂直。

尺寸线的终端可以有两种形式。一种形式是采用箭头,适用于包括机械图在内的各种类型的图样;另一种形式是采用 45°斜线,多用在建筑图样当中,斜线用细实线绘制,如图 1－17 所示。

同一张图样上箭头的形式和大小应尽可能保持一致,箭头的位置应与尺寸界线接触,不得超过或留有空隙。两端箭头应指到尺寸界线,如图 1－15 和图 1－16 所示。

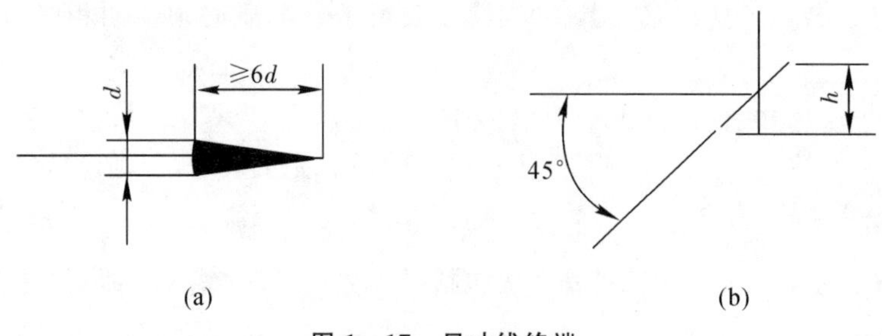

图 1－17 尺寸线终端

d—粗实线的宽度;h—字体高度

(3)尺寸数字。尺寸数字用以表示所注机件尺寸的实际大小。

线性尺寸数字一般应注写在尺寸线的上方,也允许注写在尺寸线的中断处,同一张图样上注写方法应一致。

线性尺寸数字的方向,有两种注字方法:

方法 1:线性尺寸数字的方向应以图纸右下角的标题栏为基准,使水平尺寸字头朝上,铅直尺寸字头朝左。倾斜尺寸的尺寸数字,都应保持字头仍有朝上的趋势。图 1－18(a)所示的 30°范围内应尽可能避免标注尺寸,若无法避免时,可以图 1－18(b)所示的形式标注。

方法 2:对于非水平方向的尺寸,其数字可水平地注写在尺寸线的中断处,如图 1－18(c)

所示，但机械图样上较少采用这种注法。

一般应采用第一种方法注写。在不致引起误解时，也允许采用第二种方法。但在一张图样中，应尽可能采用一种方法。

尺寸数字采用斜体阿拉伯数字，同一张图样中数字大小应一致。

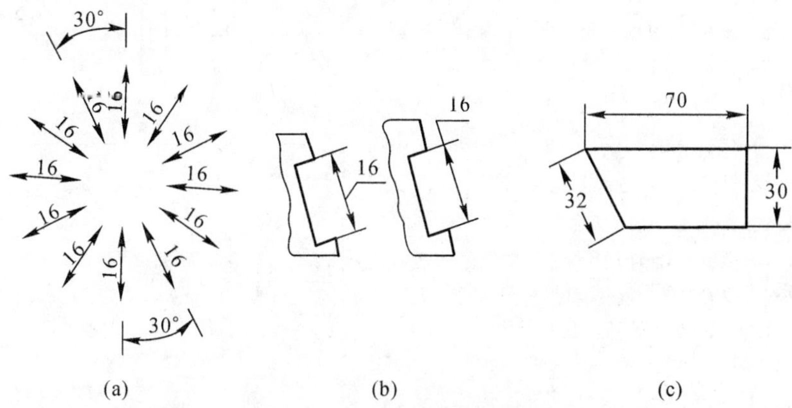

图 1-18　尺寸数字的注写方向

标注尺寸时，应尽可能使用符号和缩写词。常用的符号及缩写词见表 1-6。

表 1-6　常用符号及缩写词

名称	符号或缩写词	名称	符号或缩写词
直径	Φ	正方形	□
半径	R	45°倒角	C
球体直径	$S\Phi$	深度	↧
球体半径	SR	沉孔或锪平	⌴
厚度	t	埋头孔	∨
弧长	⌒	均布	EQS

3. 常用的尺寸注法

常用尺寸注法见表 1-7。

表 1-7　常用尺寸注法

项　目	说　明	图　例
圆和圆弧	标注圆直径时，应在尺寸数字前加注符号“Φ”；标注圆半径时，应在尺寸数字前加注符号“R”。 当圆弧半径过大或在图纸范围无法注出其圆心位置时，可按右图(a)的形式标注；若不需要标注圆心位置时，可按右图(b)的形式标注，但尺寸线应指向圆心	φ30　φ30　φ40　φ30　R80　R64 (a)　(b)

续表

项 目	说 明	图 例
球面	标注球面直径或半径时，应在符号 ϕ或 R 前加注符号“S”。 对于螺钉、铆钉的头部、轴和手柄的端部等，在不致引起误会的情况下，可省略符号 S	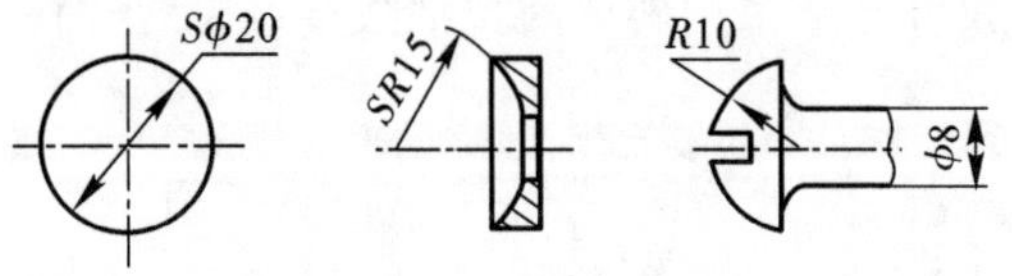
角度	尺寸界线应由径向引出，尺寸线画成圆弧，圆心是角的顶点。 尺寸数字一律水平书写。一般注在尺寸线的中段处，必要时也可写在尺寸线的上方或外面，也可以引出标注	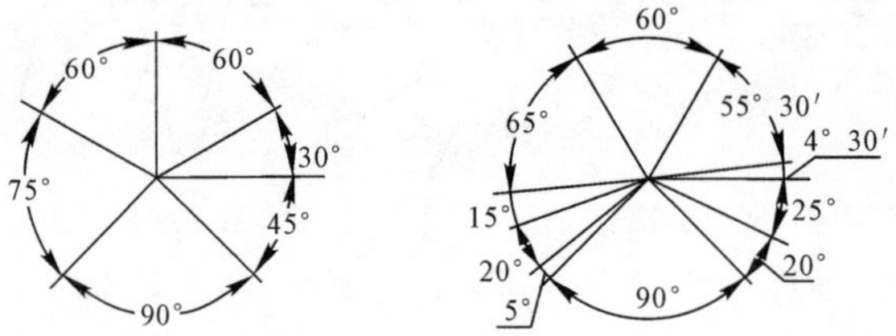
弦长和弧长	标注弦长和弧长时，尺寸界线应平行于弦的垂直平分线。 标注弧长的尺寸界线应平行于该弧所对圆心角的角平分线，并在弧长前加符号“⌒”	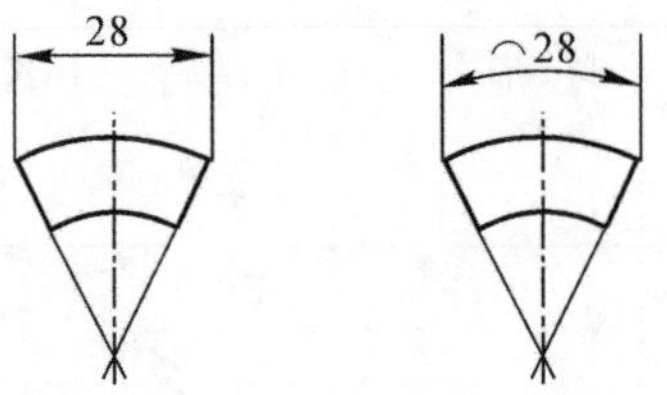
狭小部位	在没有足够的位置画箭头或标注数字时，可将箭头或数字布置在外面，也可以将箭头和数字都布置在外面。 几个小尺寸连续标注时，中间的箭头可用斜线或圆点代替	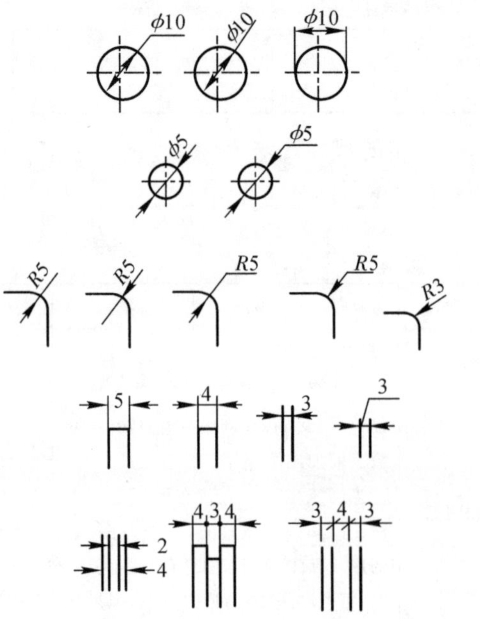

续表

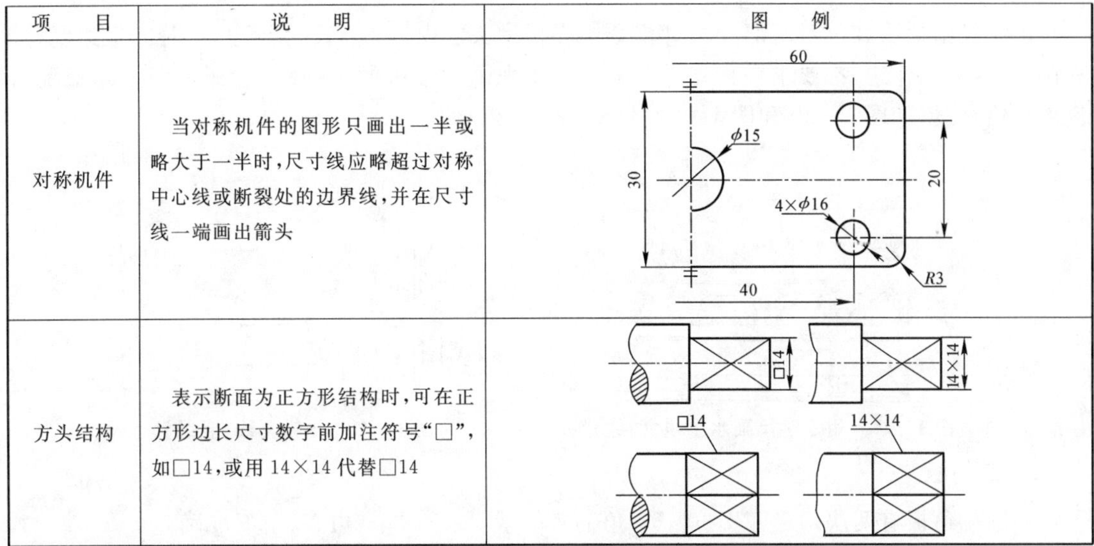

项　目	说　明	图　例
对称机件	当对称机件的图形只画出一半或略大于一半时，尺寸线应略超过对称中心线或断裂处的边界线，并在尺寸线一端画出箭头	
方头结构	表示断面为正方形结构时，可在正方形边长尺寸数字前加注符号“□”，如□14，或用 14×14 代替□14	

1.2　手工绘图工具和用品的使用

目前，手工绘图还不能完全被计算机绘图取代。正确、熟练地使用绘图工具和仪器，既能提高绘图的准确度和保证图面的质量，又能提高绘图的速度，因此必须养成正确使用、维护绘图仪器工具的良好习惯。

1.2.1　绘图工具及使用方法

常用绘图工具主要有图板、丁字尺、三角板、曲线板等。

1. 图板

如图 1－19 所示，图板用来铺放和固定图纸，并置于绘图桌上进行绘图工作。图板有各种不同规格，其尺寸较同号图纸的大小略大 50 mm。板面必须平坦光洁，左侧用作丁字尺的导边，要求光滑平直。

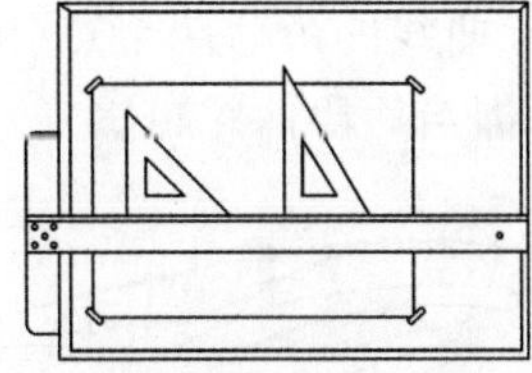

图 1－19　图板、丁字尺和三角板

使用图板时，将其长边放成水平位置(即横放)。绘图时，使丁字尺的尺头与图板左侧导边靠紧，并推动丁字尺，使尺头沿着图板导边滑动，进行画线。图板切不可受潮湿或高热，以防板面翘曲或损裂。还要注意保持图板清洁干净，更不应在板面上写字、切纸及削铅笔等。在图板上固定图纸时应用胶纸带粘贴。

2. 丁字尺

丁字尺由尺头和尺身两部分垂直相交构成。尺头的内缘为丁字尺导边，尺身的上边缘（尺头在左时）为工作边，都要求平直光滑。丁字尺用来画图形中的水平线，它还常与三角板配合起来画铅垂线，如图 1－20 和图 1－21 所示。

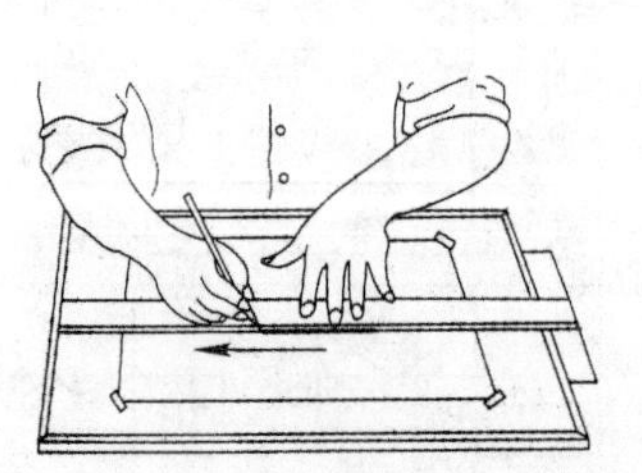

图 1－20　用丁字尺画水平线（横线）

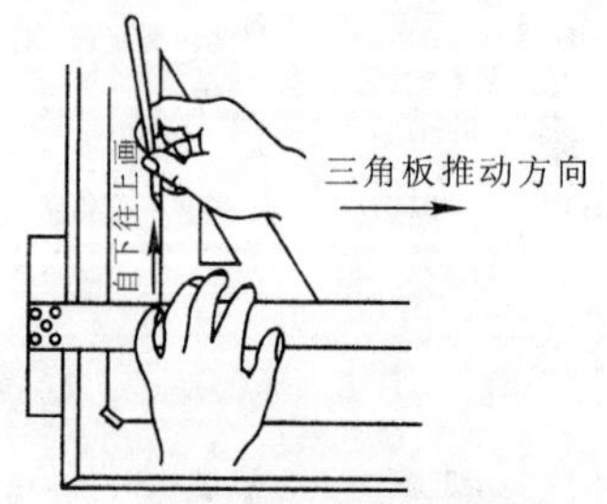

图 1－21　画铅垂线（竖线）

3. 三角板

一副三角板有两块，45°角及 30°，60°角的各一块，要求板平、边直、角度准确。

图形中的铅垂线，即水平线的垂直线，一定要用三角板与丁字尺配合起来画，如图 1－21 所示。用两块三角板与丁字尺配合起来，可画出 15°倍数的各种角度或斜线，如图 1－22 所示。

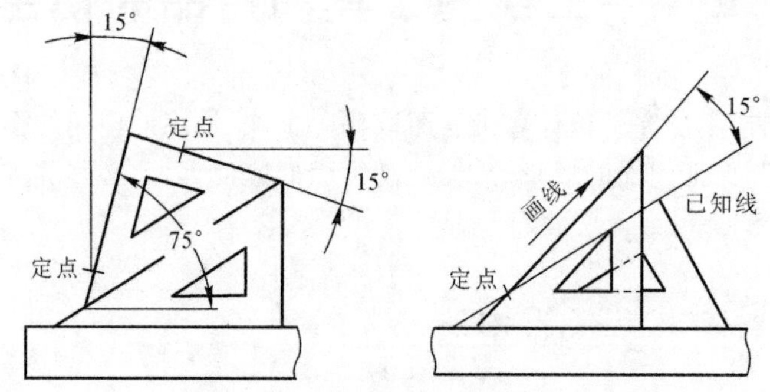

图 1－22　用丁字尺和三角板配合画 15°的整倍数斜线

4. 曲线板

如图 1－23 所示，曲线板是绘制非圆曲线的工具。使用时，应先求出需要连接成曲线的各已知点，徒手用细线轻轻地勾描出一条曲线轮廓，然后在曲线板上选用与曲线完全吻合的一段描绘。吻合的点越多，每段就可描得越长，所得曲线也就越光滑。每描一段应不少于吻合 4 个点。描每段曲线时至少应包含前一段曲线的最后两个点（即与前段曲线应重复一小段），而在本段后面至少留两个点给下一段描（即与后段曲线也重复一小段），这样才能保证连接光滑。

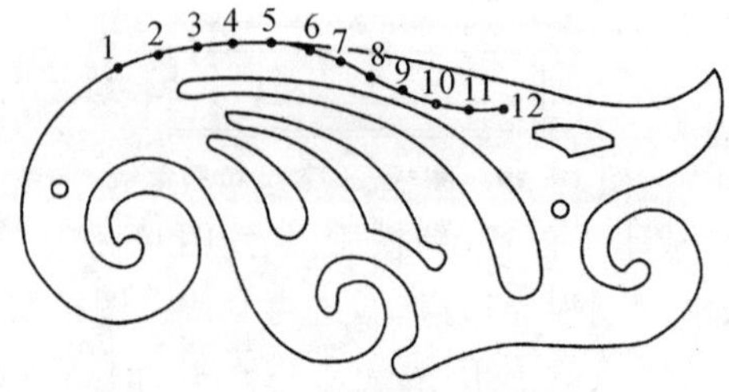

图 1－23　曲线板的用法

1.2.2　绘图仪器

绘图时一般采用盒装绘图仪器，以便使用和保管。下面介绍几件常用的绘图仪器。

1. 圆规及其插脚

圆规是用来画圆或圆弧的。它的一条腿上装有钢针，称为固定腿；另一条为活动腿，可换装插脚和接长杆，如图 1－24 所示，装上铅芯插脚画铅笔线的圆，装上钢针插脚可以当分规用，装上接长杆可画直径较大的圆。圆规固定腿上的钢针有两种不同的尖端，画圆或圆弧时用带台肩的针尖，代替分规用时则换用锥形尖端。用圆规画底稿时，装用 HB 的铅芯，加深时则用 B 或 2B 的铅芯。

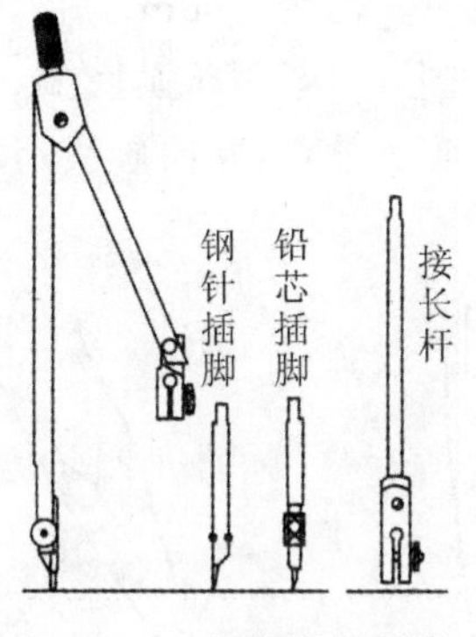

图 1－24　圆规及其插脚

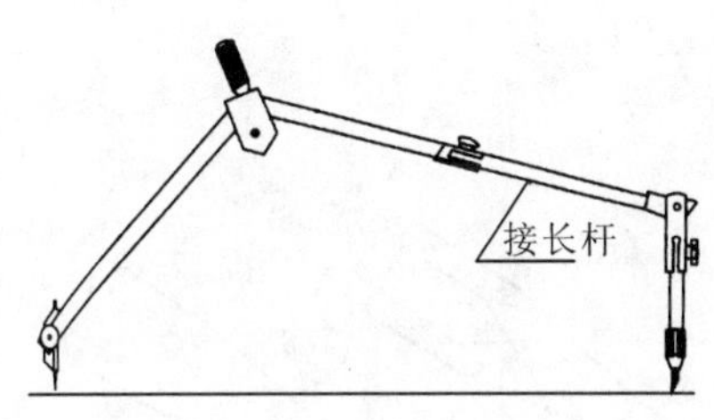

图 1－25　大圆画法

画大圆时要装上接长杆，再将铅笔插脚装在接长杆上使用，如图 1－25 所示。画小圆时，应使圆规两尖角稍向里倾斜，如图 1－26 所示。

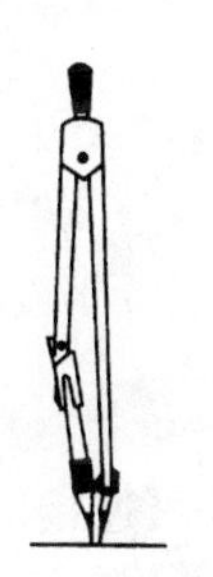

图 1－26　小圆画法

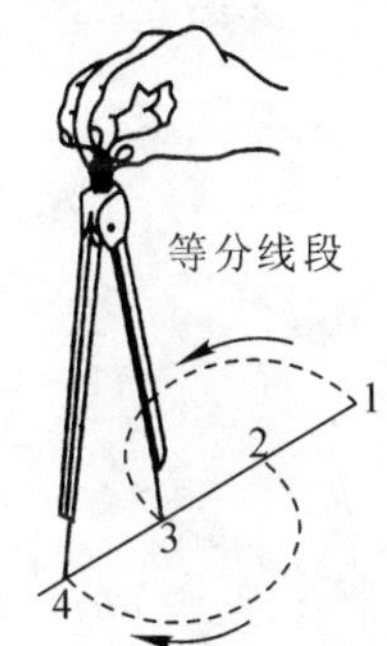

图 1－27　用分规等分线段

2. 分规

分规主要用来量取线段长度和等分线段。

绘图时，可利用分规从尺子上把尺寸量取到图上，或将一处图形中的尺寸量取到另一处图形中去。用分规等分线段时，可先使分规两针尖间距离等于给定长度，然后从始分点起，由两个针尖轮流为旋转中心，交替旋转半周，如图 1－27 虚线圆弧所示，在已知直线上一段一段地截取，就可以在该直线上截出若干段。

1.2.3 绘图用品

绘图时还要备好绘图纸、粘贴图纸的胶纸带、绘图铅笔、削铅笔刀、磨铅芯的砂纸板、橡皮、清洁图纸的软毛刷等。

绘图纸要质地坚实和洁白，绘图时应使用经橡皮擦拭不易起毛的一面。

绘图铅笔的铅芯有软、硬之分，用标号 B 或 H 来表示，B 前数字愈大表示铅芯愈软而黑，H 前数字愈大则愈硬而淡。

绘图时常用 H 或 2H 的铅笔打底稿，用 HB 的铅笔写字和徒手画图，而加深描粗图线可用铅芯硬度为 B 或 2B 的铅笔。

如图 1－28 所示，削铅笔时先将木杆削去约 30 mm，铅芯露出约 8 mm 为宜，太长了容易折断，太短又不经磨。铅芯可在砂纸上磨成圆锥形或四棱柱形，前者用于画底稿、加深细线及写字，后者用于描粗线。绘图时，应保持铅笔杆前后方向与纸面垂直，并向画线运动方向自然倾斜。

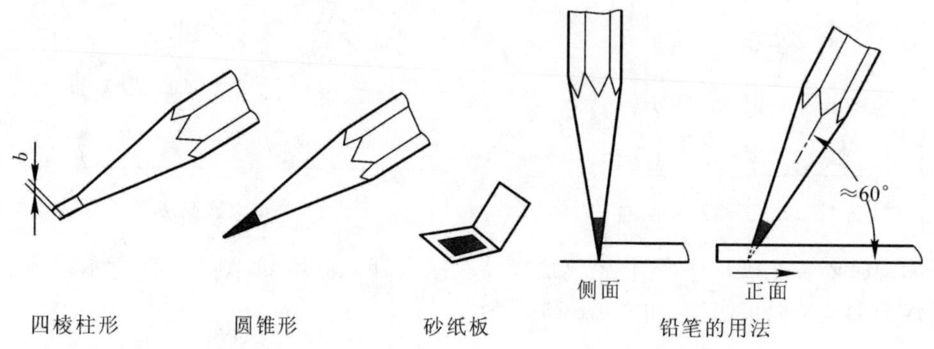

图 1－28　铅笔的使用

1.3 几 何 作 图

在制图过程中，常会遇到等分线段、等分圆周、画斜度和锥度、连接圆弧等几何作图问题。

1.3.1 等分已知线段

五等分已知线段 AC 的画图步骤如下：

(1)首先过端点 A 任作一条直线 AB，用分规以任意相等的距离在 AB 上量得 1，2，3，4，5 各个等分点，如图 1－29(a)所示。

(2)然后连接 5，B 点，过 1，2，3，4 等分点作 $5B$ 的平行线，与 AB 相交即得等分点 $1'$，$2'$，$3'$，$4'$，如图 1－29(b)所示。

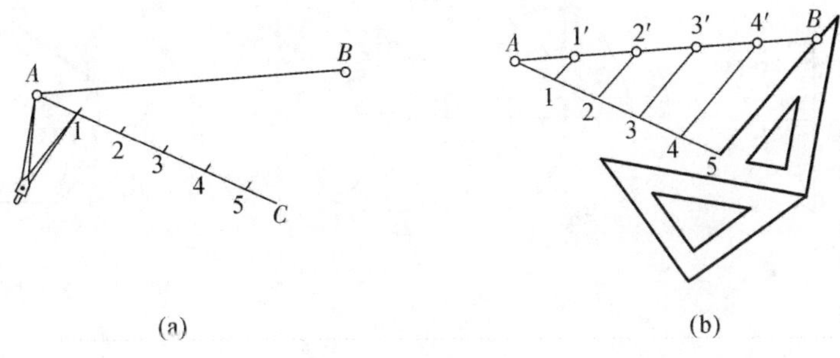

图 1-29　等分已知线段

1.3.2　等分圆周及作正多边形

1. 六等分圆周及正六边形画法

(1)图 1-30 所示为用圆规等分圆周的方法。以圆周上一点为圆心，通常以中心线与圆的交点为圆心，以该圆半径 R 为半径分割圆周，即可将圆周分为三、六、十二等分和作正三、六、十二多边形。

(2)已知对角距作正六边形。已知对角距 AB，用 30°，60°三角板及丁字尺，按图中所标次序即可作出一个正六边形，1 和 2 为辅助线，如图 1-31(a)所示。

(3)已知对边距作正六边形。以已知的对边距 S 为直径作一圆，用 30°，60°三角板及丁字尺作圆的切线，即可画出一个外切正六边形，如图 1-31(b)所示。

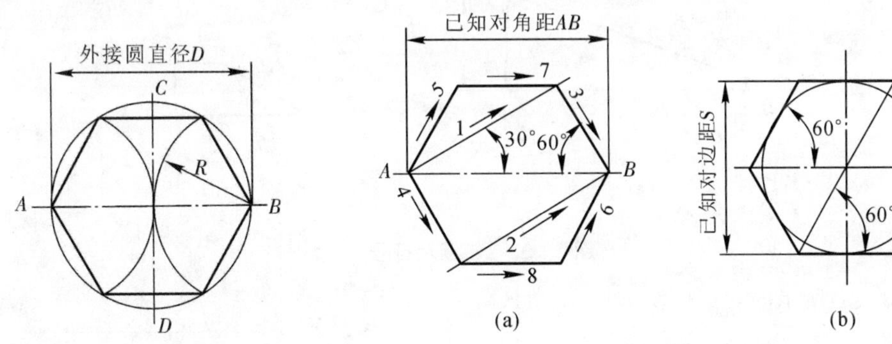

图 1-30　用圆规六等分圆周　　图 1-31　正六边形画法

2. 五等分圆周及止五边形画法

五等分圆周和作正五边形的方法如下：

(1)作圆及圆的中心线 AB 和 CD，并作出 OB 的中点 E，如图 1-32(a)所示。

(2)以 E 点为圆心，CE 为半径画圆弧交 AO 于点 F，CF 即为正五边形的边长，如图 1-32(b)所示。

(3)以 CF 之长依次截取圆周得五个等分点，如图 1-32(c)所示。

(4)连接相邻各点，即为正五边形，如图 1-32(d)所示。

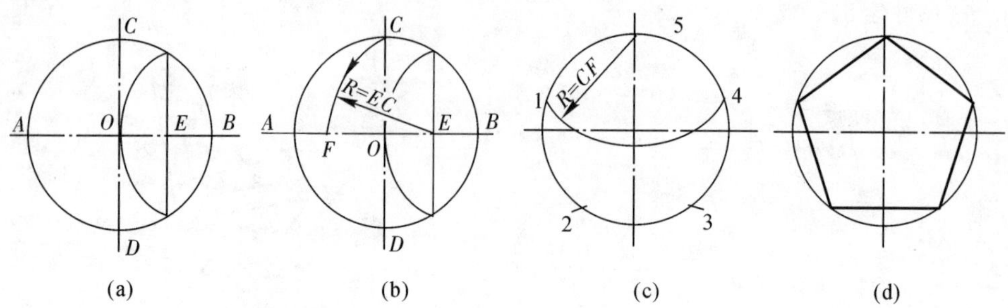

图 1-32　五等分圆周及作正五边形

1.3.3　斜度与锥度

1. 斜度

斜度是指一直线或平面对另一直线或平面倾斜的程度，如图 1-33 所示。在机械图样中有铸造斜度、锻造斜度、键的斜度等，其大小可用该两直线或平面间夹角的大小来表示，但通常用夹角的正切来表示，即

$$斜度=\tan\alpha=\frac{BC}{AB}=\frac{H}{L}$$

在图上标注斜度值，通常是化成 1∶n 的形式，并在比值前加注斜度符号"∠"，如图 1-33(b)所示，符号的线宽为字高的 1/10，符号所示的方向应与斜度的方向一致。

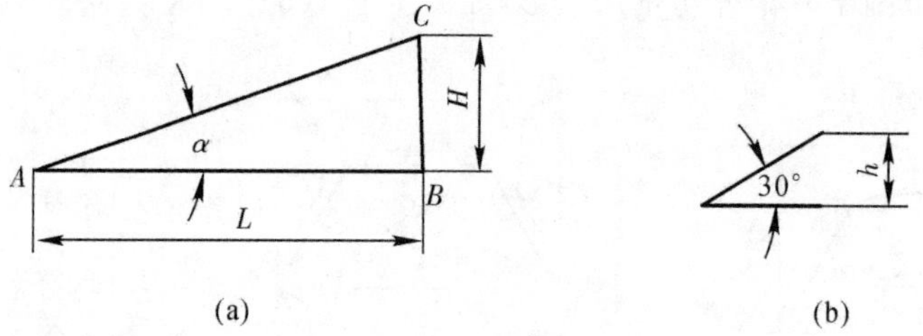

图 1-33　斜度及符号

图 1-34(a)所示的斜度画法如图 1-34(b)和(c)所示。

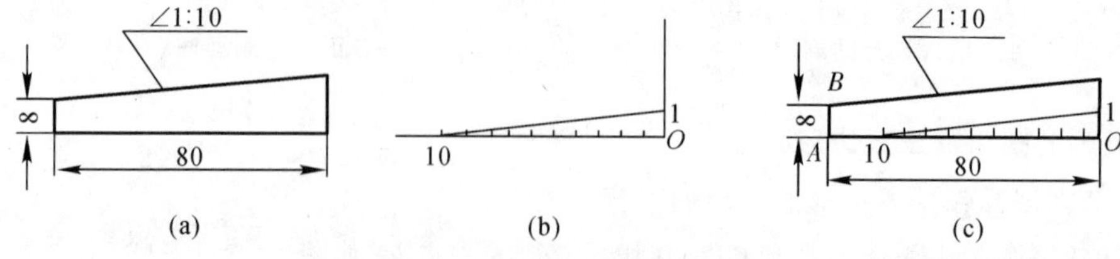

图 1-34　斜度的画法和标注

(1)作一条水平线和一条垂直线交于 O 点。

(2)在水平线上取 10 个单位得一个点，在垂直线上取 1 个单位得另一个点，连接两点，即为 1∶10 的参考斜度线。

(3)按尺寸定出 A,B 点，过 B 点作参考斜度线的平行线。

2. 锥度

锥度为正圆锥底圆直径与圆锥高度之比，或圆台两底圆直径之差与圆台高度之比，如图 1－35 所示。锥度用于机械中的圆锥销、工具锥柄等处。

$$锥度=\frac{D}{L}=\frac{D-d}{L}=2\tan\alpha$$

式中，α 为半锥角。

在图上标注锥度仍采用 1∶n 的形式，并在比值前加注锥度符号，符号的方向与锥度方向一致。

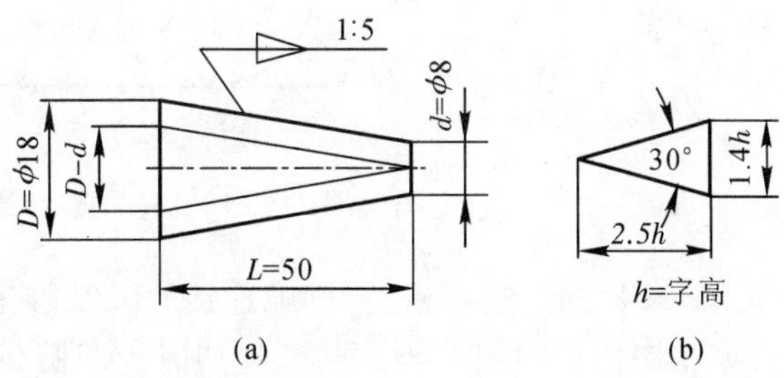

图 1－35　锥度及符号

图 1－36(a)所示的锥度画法如图 1－36(b)和(c)所示。

(1)从 O 点向小端方向取 5 个单位长度，得点 C，在 O 点上、下各取半个单位，连接两条 BC 即为 1∶5 的参考锥度线。

(2)过两 A 点分别作两条 BC 的平行线即可。

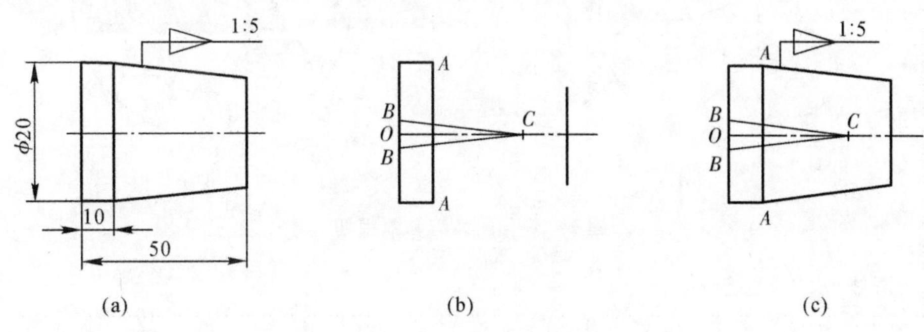

图 1－36　锥度的画法和标汴

1.3.4　圆弧连接画法

在绘制机件轮廓图形时，常会遇到从一条线(直线或圆弧)光滑地过渡到另一条线的情况，如图 1－37 所示。这种光滑过渡，实质上是平面几何中的相切，在制图中称为连接，切点就是连接点。常见的连接是用圆弧将两直线、两圆弧或一直线和一圆弧连接起来，这个起连接作用的圆弧称为连接圆弧。

1. 圆弧连接的作图原理

为了正确地画出连接线段，必须确定连接弧的圆心及连接点的位置。

(1)与直线相切的圆心轨迹及连接点。与已知直线相切的圆，其圆心轨迹是一条直线，如图 1-38 所示。该直线与已知直线平行，间距为圆的半径 R。自圆心向已知直线作垂线，其垂足 K 即为连接点。

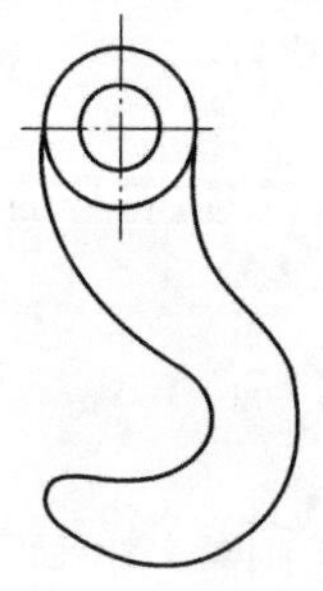

图 1-37 圆弧连接

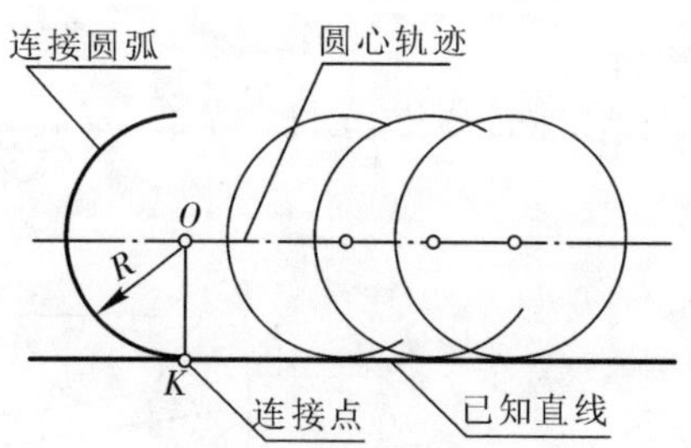

图 1-38 圆弧与直线相切

(2)与圆弧相切的圆心轨迹及连接点。与已知圆弧连接的圆弧，其圆心轨迹为已知圆弧的同心圆。同心圆的半径根据相切情况而定。当两圆弧外切时为两圆弧半径之和，如图 1-39(a)所示。当两圆弧内切时为两圆弧半径之差，如图 1-39(b)所示。连接点是两圆弧圆心连线(外切时)或其延长线(内切时)与已知圆弧的交点。

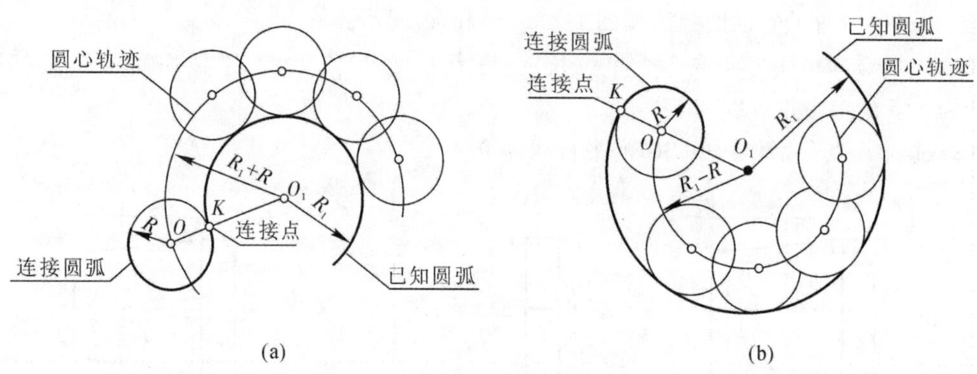

图 1-39 圆弧与圆弧相切

2. 两直线间的圆弧连接

具体应用如图 1-40(a)所示垫片。

(1)用圆弧连接直角，如图 1-40(b)所示。作图步骤：

1)以直角顶点为圆心，R 为半径作圆弧交直角两边于 A 和 B 点。

2)分别以 A，B 点为圆心，R 为半径作圆弧相交得连接弧圆心 O。

3)以 O 为圆心，R 为半径在两切点 A 和 B 之间作连接圆弧。

(2)用圆弧连接锐角和钝角，如图 1-40(c)(d)所示。作图步骤：

1)作与已知角两边分别相距为 R 的平行线，交点 O 即为连接弧圆心。

2)从 O 点分别向已知角两边作垂线，垂足 A，B 点即为连接点。

3)以 O 为圆心，R 为半径在两连接点 A，B 之间画连接圆弧。

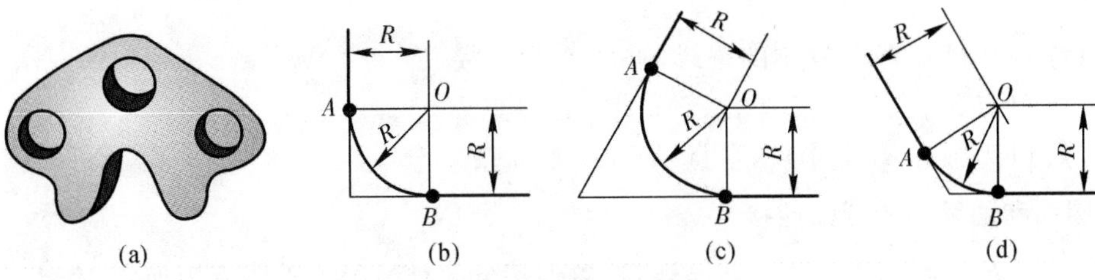

图 1－40　两直线间的圆弧连接

3. 直线和圆弧间的圆弧连接

用半径为 R 的圆弧连接一半径为 R_1 的已知圆弧和一已知直线。这类连接分连接圆弧与已知圆弧外切或内切两种情况，具体应用如图 1－41(a)所示轴承座和图 1－42(a)所示手轮。它们都是以圆与直线相切、圆与圆相切的几何原理来作图的。

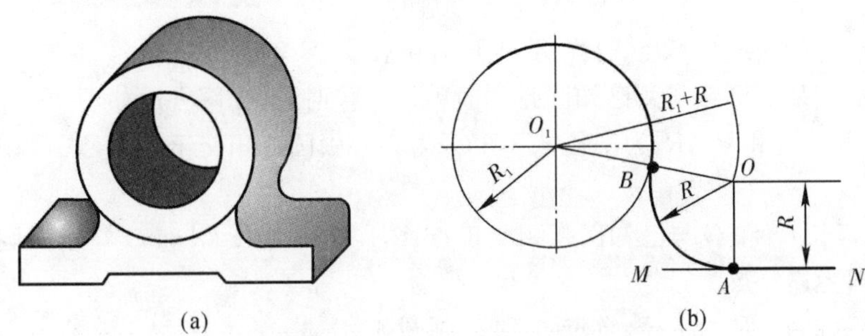

图 1－41　直线与圆弧间的圆弧连接(一)

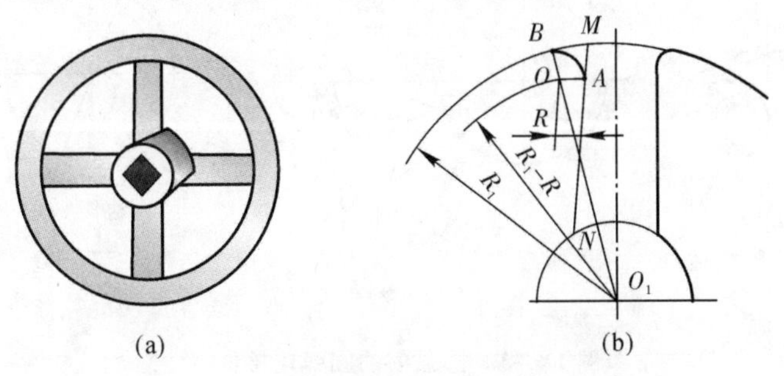

图 1－42　直线与圆弧间的圆弧连接(二)

(1)连接圆弧与已知圆弧外切时，其作图方法如图 1－41(b)所示。

1)作与已知直线 MN 距离为 R 的平行线。

2)以 R_1+R 为半径，以 O_1 为圆心画圆弧交所作平行线于点 O，则点 O 即为连接弧的圆心。

3)自点 O 作已知直线 MN 的垂线，垂足 A 为连接点。

4)连接 O 点、O_1 点与已知圆相交，得另一连接点 B。

5)以点 O 为圆心，R 为半径，自点 A 到 B 画圆弧。

(2)连接圆弧与已知圆弧内切时，其作图方法如 1－42(b)所示。

1)作与已知直线 MN 距离为 R 的平行线。

2)以 R_1-R 为半径，以 O_1 为圆心画圆弧交所作平行线于点 O，则点 O 即为连接弧的圆心。

3)自点 O 作已知直线 MN 的垂线,垂足 A 为连接点。

4)连接 O 点、O_1 点与已知圆相交,得另一连接点 B。

5)以点 O 为圆心,R 为半径,自点 A 到 B 画圆弧。

4. 圆弧和圆弧间的圆弧连接

用半径为 R 的圆弧连接两已知圆弧,这类连接分 3 种情况。具体应用如图 1-43(a)所示连杆和图 1-44(a)所示吊钩。

(1)用半径为 R 的圆弧与两已知圆弧同时外切连接时,其作图方法如图 1-43(b)所示。

1)分别以 R_1+R 和 R_2+R 为半径,O_1 和 O_2 为圆心画圆弧相交于点 O,点 O 即为连接弧的圆心。

2)连接 O_1、O 与已知圆弧相交于点 A,连接 O_2、O 与已知圆弧相交于点 B,则 A、B 即为连接点。

3)以点 O 为圆心,R 为半径,自点 A 到 B 画圆弧。

(2)用半径为 R 的圆弧与两已知圆弧同时内切连接时,其作图方法如图 1-43(c)所示。

1)分别以 $R-R_1$ 和 $R-R_2$ 为半径,O_1 和 O_2 为圆心画圆弧相交于点 O,点 O 即为连接弧的圆心。

2)连接并延长 O_1 和 O 与已知圆弧相交于点 A,连接并延长 O_2 和 O 与已知圆弧相交于点 B,点 A 和 B 即为连接点。

3)以点 O 为圆心,R 为半径,自点 A 到 B 画圆弧。

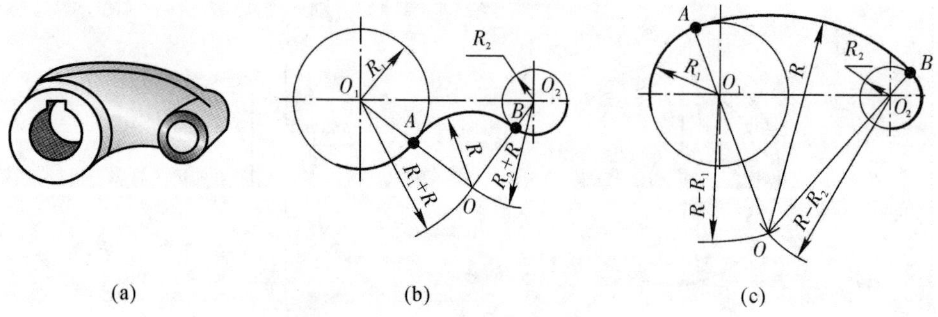

图 1-43 圆弧间的圆弧连接(一)

(3)用半径为 R 的圆弧分别与两已知圆弧内、外切连接时,其作图方法如图 1-44(b)所示。

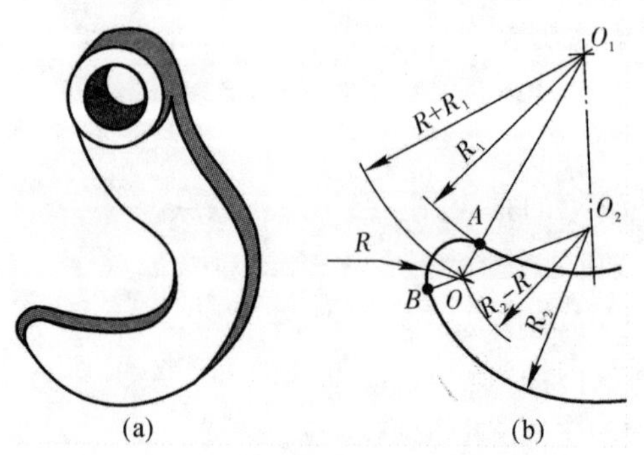

图 1-44 圆弧间的圆弧连接(二)

1)分别以 R_1+R(外切)和 R_2-R(内切)为半径,O_1 和 O_2 为圆心画圆弧相交于点 O,点 O 即为连接弧的圆心。

2)连接 O_1 和 O 与已知圆弧相交于点 A,连接 O_2 和 O 并延长,与已知圆弧相交于点 B,则 A,B 即为连接点。

3)以点 O 为圆心,R 为半径,自点 A 到 B 画圆弧。

1.4　平面图形画法

平面图形是由很多线段连接而成的,画平面图形前先要对图形进行尺寸分析和线段性质分析,这样才能正确画出图形和标注尺寸。

1.4.1　平面图形尺寸分析

平面图形的尺寸按其作用分为两类。

1. 定形尺寸

确定平面图形中线段的长度、圆弧的半径、圆的直径以及角度大小等尺寸,称为定形尺寸,如图 1-45 中的尺寸 14,ϕ11,R30,R52,R5 等。

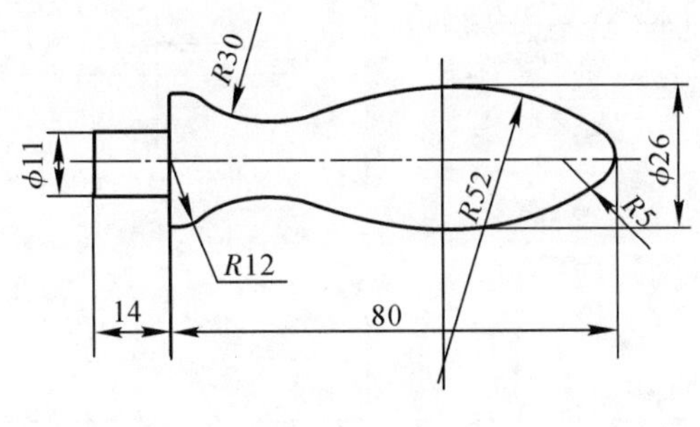

图 1-45　手柄

2. 定位尺寸

用于确定圆心、线段等在平面图形中所处位置的尺寸,称为定位尺寸,如图 1-45 中的尺寸 14 确定了 R12 圆心的位置,80 间接确定了 R5 圆心的位置,ϕ26 确定了 R52 的位置等。14,80,ϕ26 均为定位尺寸。

定位尺寸应以尺寸基准作为标注尺寸的起点。一个平面图形应有两个坐标方向的尺寸基准,通常以图形的对称轴线、圆的中心线以及其他线段作为尺寸基准。

有时某个尺寸既是定形尺寸,也是定位尺寸,具有双重作用。

1.4.2　平面图形线段分析

为了便于画图和标注尺寸,平面图形中的线段按作图方法进行分析,可分为三种:已知线段、中间线段和连接线段。

1. 已知线段

根据作图基准线位置和已知尺寸就能直接作出的线段，称为已知线段，如图 1-45 中的 ϕ11，R12，R5 等都是已知线段。

2. 中间线段

尺寸不全，但只要一端的相邻线段先作出后，就可由已知的尺寸和几何条件作出的线段，称为中间线段。从图 1-45 中的 R52 可以看出，中间圆弧除注有半径尺寸以外，一般还注有确定圆心位置的一个定位尺寸。每个封闭图形中可以有一个或多个中间线段，也可以没有，由图形中线段的连接情况而定。

3. 连接线段

尺寸不全，需要依赖相邻线段的连接关系，待两端相邻线段先作出后，才能作出的线段称为连接线段。如图 1-45 中的 R30 就是连接线段。连接线段为圆弧时，一般只注半径尺寸而无圆心定位尺寸。每个封闭图形中一般都有连接线段。

现以图 1-45 中的手柄为例，用表 1-8 说明平面图形的一般作图步骤。

表 1-8 手柄的作图步骤

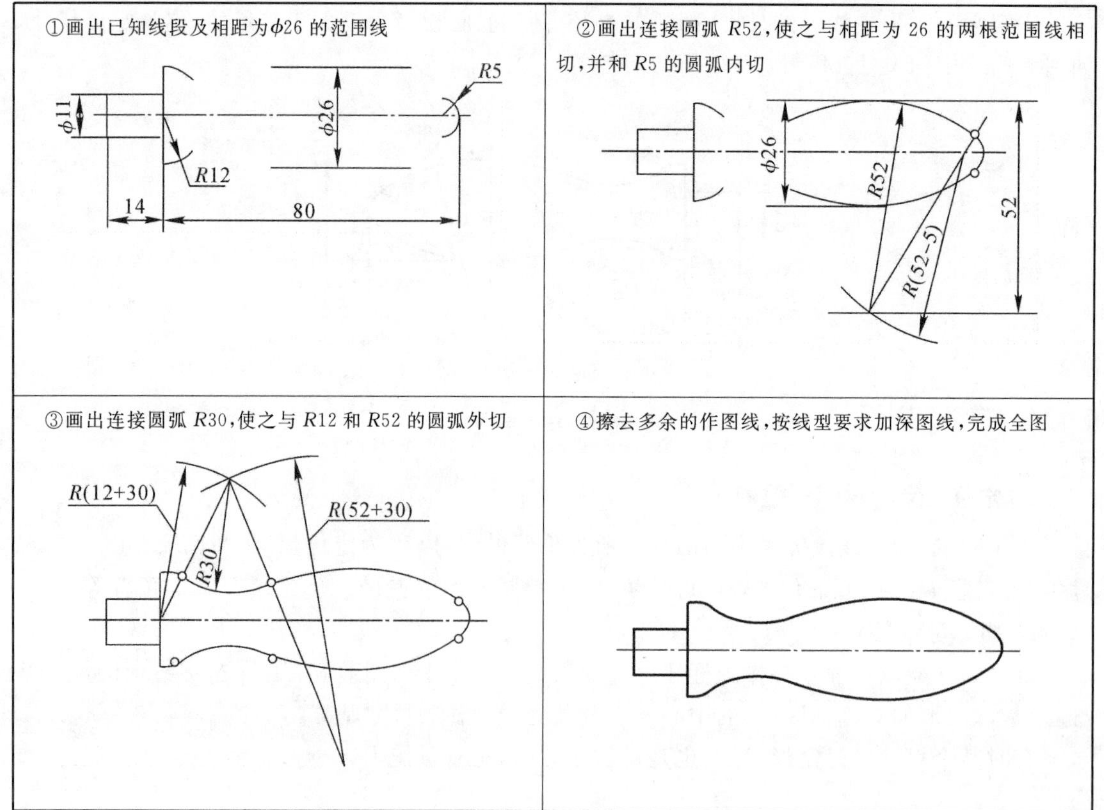

1.5　绘图的方法与步骤

1.5.1　仪器绘图

1. 绘图的准备工作

(1)削磨好铅笔、圆规的铅芯,并将图板、丁字尺、三角板等擦拭干净,同时还应将手洗净。

(2)把需要的仪器和用品放在适当的位置。

(3)根据绘图的内容,选定绘图比例,确定图纸幅面。

(4)将图纸固定在图板上。

2. 绘图的一般顺序

(1)绘制底稿。绘制底稿时用力要轻,底稿线应细而淡,可用 H 或 2H 的铅笔。

(2)检查核对,修正错误,擦去多余图线。

(3)铅笔加深。用铅笔加深时,用力要均匀,画出的图线应有一定的浓度并且光滑,线型符合国家标准,同一张图内的同一种图线的粗细、深浅要保持一致,可用 HB 或 B 的铅笔加深。

铅笔加深应注意采用先粗后细、先圆弧后直线、先水平后垂直的原则。

1.5.2　徒手绘图

在绘制草图时,需要用目测估计物体各部分尺寸和比例,并徒手绘制图样。徒手绘图也是一项重要的基本技能,要经过不断实践才能逐步提高。各种图线的画法如下所述。

1. 直线

画直线时,特别是画较长直线时,肘部不宜接触纸面,否则线不易画直。在画水平线时,为了方便,可将纸放得略为倾斜一些。如果已知两点用一直线连接起来,眼睛要多注意终点,以保持直线的方向,在作较长直线时可以分段进行,如图 1-46 所示。

图 1-46　徒手画直线

2. 圆

画圆时先徒手作两条互相垂直的中心线,定出圆心,再根据直径大小,用目测估计半径的大小后,在中心线上截得四点,然后徒手将各点连接成圆。当所画的圆较大时,可过圆心多作几条直径,在上面找点后再连接成圆,如图 1-47 所示。

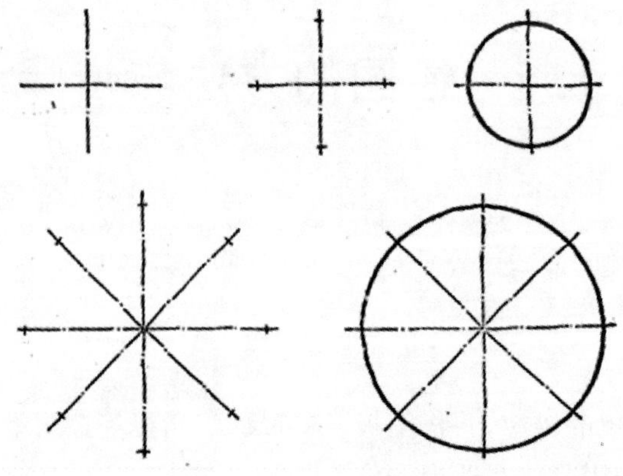

图 1-47 徒手画圆

3. 角度线

对 30°,45°,60°等常见角度,可根据两直角边的比例关系,定出两端点,然后连接两点即为所画的角度线。如画 10°,15°等角度线,可先画出 30°角后再等分求得,如图 1-48 所示。

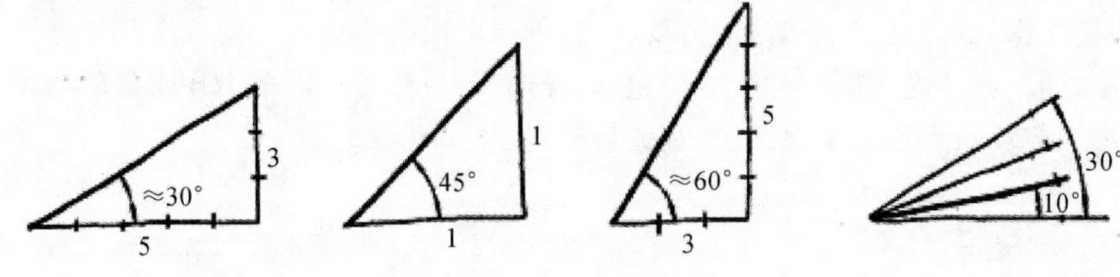

图 1-48 徒手画角度线

4. 圆弧连接

先按目测比例作出已知圆弧,然后再徒手作出各连接圆弧,与已知圆弧光滑连接,如图 1-49 所示。

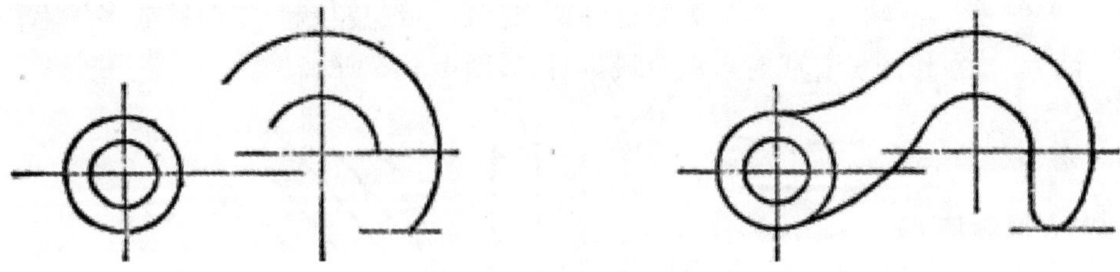

图 1-49 徒手作圆弧连接

第2章　投影基础

在实际生产中，遇到的图样因行业的不同而不同。如机械行业、建筑行业等，这些图样都是按照不同的投影方法绘制出来的，机械图样就是用正投影法绘制的。本章主要介绍投影法的基本知识，三视图以及组成物体的基本几何元素——点、直线和平面的投影性质及投影规律，为学习后面的内容奠定必要的基础。

2.1　投影法及三视图

2.1.1　投影法的概念

当阳光或灯光照射物体时，就会在地面或墙上出现物体的影子，这就是日常生活中常见的投影现象。受此启发，人们根据生产活动的需要，总结出了在平面上表示物体形状的方法，这就是投影法。

如图 2-1 所示。在平面 P（投影面）和光源 S（投影中心）之间有一三角形 ABC（物体）。由 S 分别向 A，B，C 作直线（投射线），并将其延长至平面 P 分别交于 a，b，c，则 a，b，c 为点 A，B，C 在投影面 P 上的投影，$\triangle abc$ 就是$\triangle ABC$ 在平面 P 上的投影。

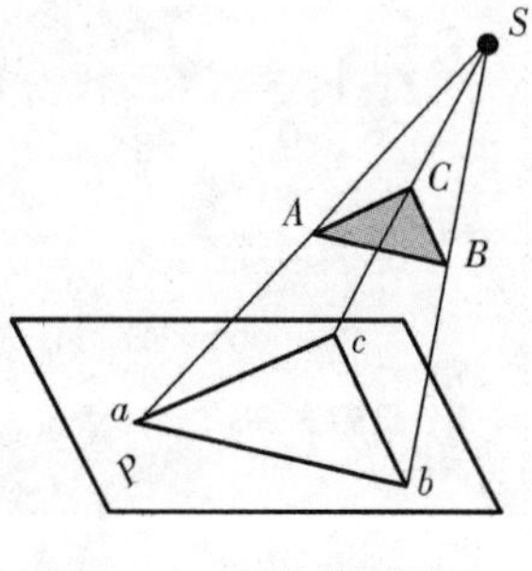

图 2-1　中心投影法

所谓投影法，就是将投射线通过物体，向选定的平面投射并在该平面上得到图形的方法。

2.1.2　投影法的分类

根据投射线是否平行，投影法分为中心投影法和平行投影法两种。

1. 中心投影法

投射线汇交于一点的投影法称为中心投影法，如图 2-1 所示。用中心投影法得到的物体的投影，其大小会随着投影面、物体及投射中心之间距离的变化而变化。使用中心投影法绘制的图形符合人的视觉习惯，立体感较强，但不能反映物体的真实形状和大小，度量性差，因此广泛应用于建筑、装饰设计等领域（机械图样中很少采用）。

2. 平行投影法

投射线相互平行的投影法称为平行投影法，如图 2-2 所示。在平行投影法中，因为投射线是互相平行的，物体投影的形状和大小不因物体离开投影面距离的远近而变化。

根据投射方向与投影面所成角度不同，平行投影法又分为斜投影法和正投影法。

斜投影法——投影线与投影面倾斜的平行投影法（见图 2-2(a)）。

正投影法——投影线与投影面垂直的平行投影法（见图 2-2(b)）。

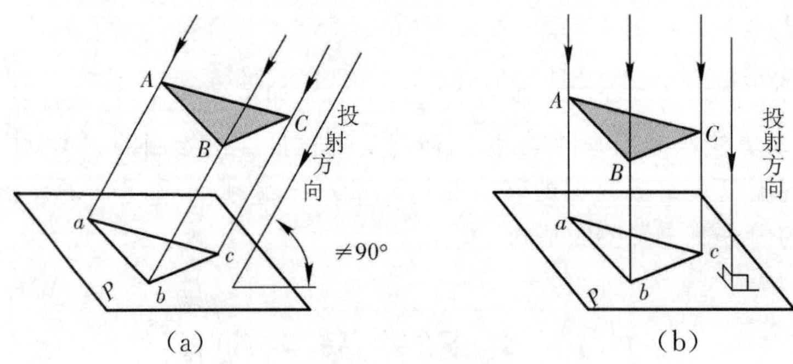

图 2-2　平行投影法

(a)斜投影法；(b)正投影法

正投影法，它能完整、真实地表达物体的形状和大小，度量性好，作图简便，因此，机械图样是按正投影法绘制的，也是本课程学习的主要内容。

2.1.3　正投影法的基本性质

1. 真实性

空间直线或平面形平行于投影面时，直线的投影反映实长，平面形的投影反映实形，这种投影性质称为真实性（见图 2-3）。

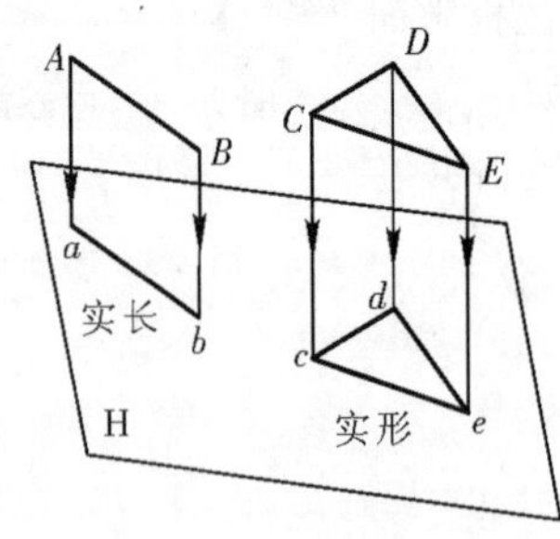

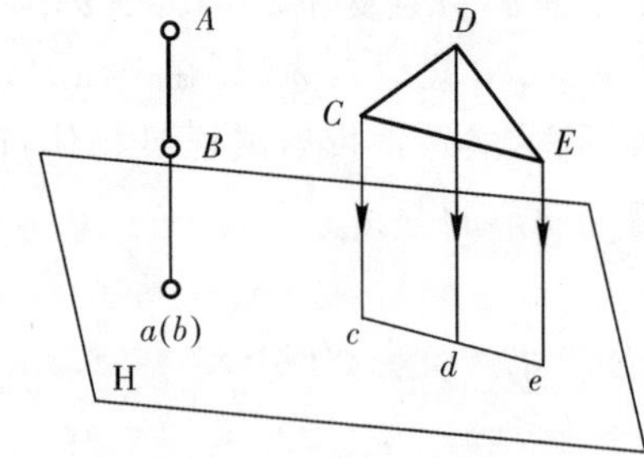

图 2-3　正投影的真实性　　**图 2-4　正投影的积聚性**

2. 积聚性

空间直线或平面形垂直于投影面时，直线的投影积聚为一个点，平面形的投影积聚为一条直线，这种投影性质称为积聚性（见图 2-4）。

3. 类似性

空间直线或平面形倾斜于投影面时，直线的投影为小于实长的直线，平面形的投影为原来形状相似的类似形，这种投影性质称为类似性（见图 2-5）。

2.1.4　视图的概念

用正投影法，将物体向投影面投射所得的图形，就称为视图。一般情况下，一个视图不能确定物体的形状。如图 2-6 所示，两个形状不同的物体，它们在投影面上的投影都相同。因此，要反映物体的完整形状，必须增加由不同投影方向所得到的几个视图，互相补充，才能将物体表达清楚。工程上常用的是三视图。

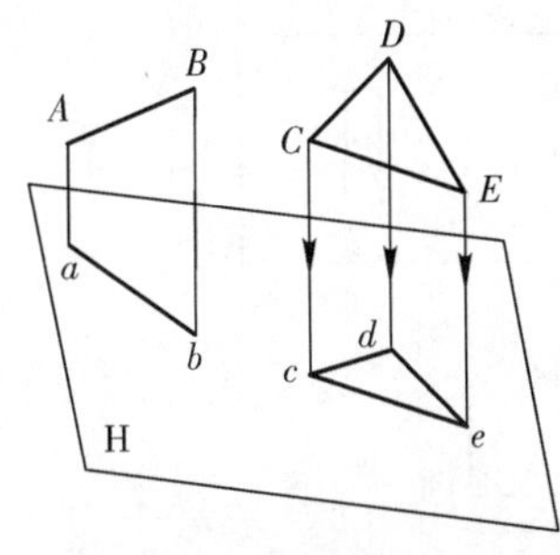

图 2-5　正投影的类似性

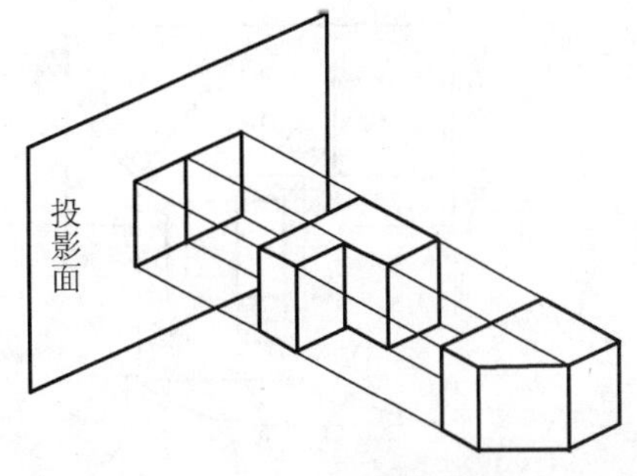

图 2-6　视图的概念

2.1.5　三视图的形成

1. 三投影面体系的建立

如图 2-7 所示，由三个相互垂直的投影面组成的投影面体系称为三投影面体系。

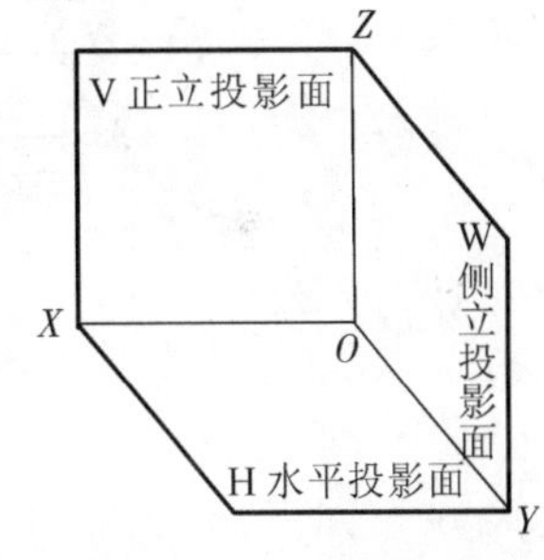

图 2-7　三投影面体系

三个投影面中，直立在观察者正对面的投影面称为正立投影面，简称正面，用字母 V 标记；水平位置的投影面称为水平投影面，简称水平面，用字母 H 标记；右侧的投影面称为侧立投影面，简称侧面，以字母 W 标记。也可简称 V 面、H 面、W 面。

三个投影面的交线 OX，OY，OZ 称为投影轴（简称 X 轴、Y 轴、Z 轴）。三根投影轴互相垂直相交于一点 O，称为原点。以原点 O 为基准，可以沿 X 轴方向度量长度尺寸和确定左右位置；沿 Y 轴方向度量宽度尺寸和确定前后位置；沿 Z 轴方向度量高度尺寸和确定上下或高低位置。

2. 视图的形成和名称

如图 2-8 所示，将物体置于三投影面体系当中，将其主要表面与投影面平行或垂直，然后按正投影法分别向三个投影面投射，即可得到该物体的三面投影。

由前向后投射在正面（V）上所得的视图叫主视图，由上向下投射在水平面（H）上所得的视图叫俯视图，由左向右投射在侧面（W）上所得的视图叫左视图。

把三个视图按正确的投影关系配置的视图，常称为三面视图或三视图。

3. 投影面的展开

为了把三面视图画在同一张图纸上，即同一平面上，就必须把三个互相垂直相交的投影面展开摊平成一个平面。其方法如图 2-8(a)所示，正面（V）保持不动，使水平面（H）绕 X 轴向下旋转 90°与正面(V)成一平面,使侧面(W)绕 Z 轴向右旋转 90°,也与正面(V)成一平面,展开后的三个投影面就在同一图纸平面上。可以看出,俯视图在主视图的正下方,左视图在主视图的正右方。在这里应特别注意的是:同一条 OY 轴旋转后出现了两个位置,因为 OY 是 H 面和 W 面的交线,也就是两投影面的共有线,所以 OY 轴随着 H 面旋转到 OY_H 的位置,同时又随着 W 面旋转到 OY_W 的位置。为了作图简便,投影图中不必画出投影面的边框,如图 2-8(c)所示。由于画三视图时主要依据投影规律,所以投影轴也可以进一步省略,如图 2-8(d)所示。

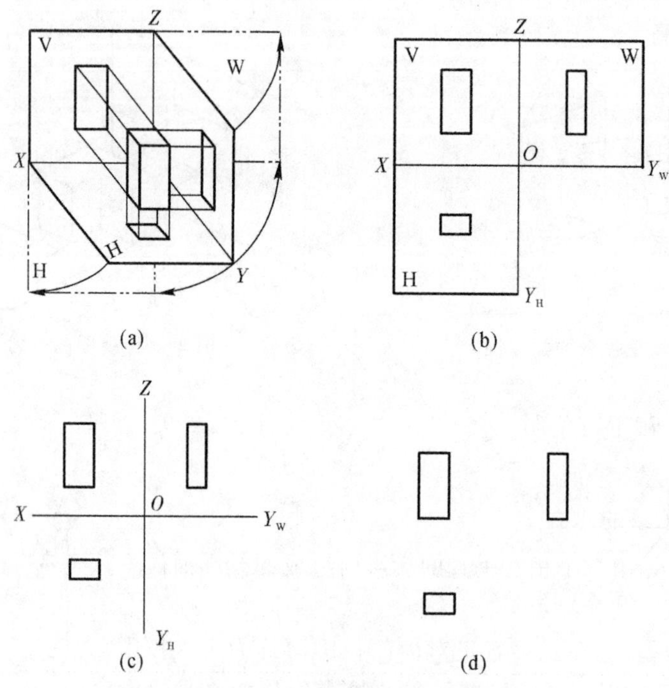

图 2-8 三视图的形成与展开

2.1.6 三视图的投影关系

根据三个投影面展开的规定和正投影法的原理形成的三视图,有下列投影关系。

1. 三视图的位置关系

以主视图为准,俯视图在主视图的正下方,左视图在主视图的正右方。画图时,三个视图必须按上述位置关系配置。

2. 三视图的尺寸关系

从图 2-9 可以看出,主视图和俯视图同时反映物体的长度,主视图和左视图同时反映物体的高度,俯视图和左视图同时反映物体的宽度。因此,三视图之间存在下述投影关系:

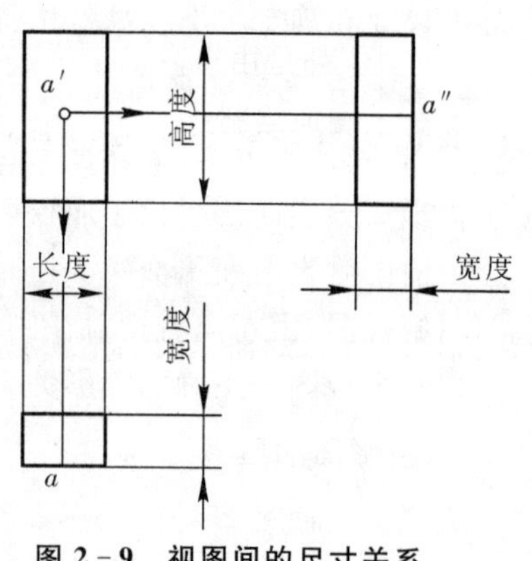

图 2-9 视图间的尺寸关系

(1)主、俯视图长对正;

(2)主、左视图高平齐；

(3)俯、左视图宽相等。

简单地说，就是“长对正，高平齐，宽相等”的投影规律。在画图或看图时必须严格遵循投影规律。值得注意的是，不仅物体的总体要符合尺寸关系，而且对物体的局部乃至物体上每一点、线、面都应符合尺寸关系。

3. 物体与三视图之间的方位关系

物体有长、宽、高三个方向的尺寸，有上、下、左、右、前、后六个方位关系，如图 2－10(a)所示。六个方位在三视图中的对应关系如图 2－10(b)所示。

(1)主视图反映了物体的上、下、左、右 4 个方位关系；

(2)俯视图反映了物体的前、后、左、右 4 个方位关系；

(3)左视图反映了物体的上、下、前、后 4 个方位关系。

在 6 个方位关系中，比较容易混淆的是俯、左视图中的前、后关系，可以以主视图为中心，俯、左视图中靠近主视图的一边为物体的后边，而远离主视图的一边为物体的前边。

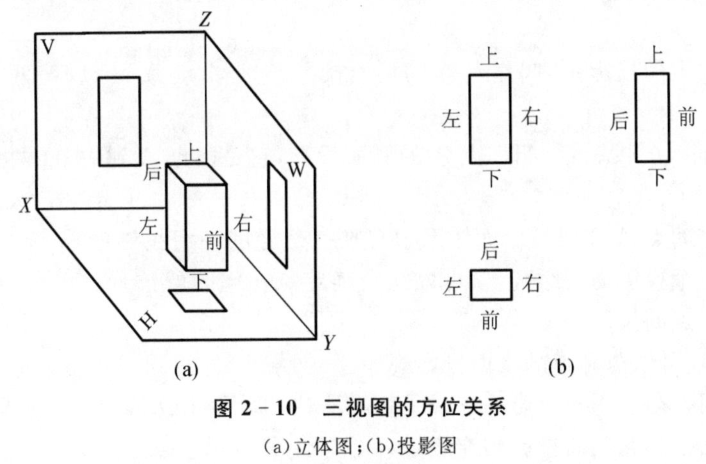

图 2－10　三视图的方位关系

(a)立体图；(b)投影图

2.2　点 的 投 影

任何物体都是由点、线、面等几何元素构成的，只有学习和掌握了几何元素的投影规律和特性，才能正确地绘制和阅读物体的投影，从而透彻理解机械图样所表示物体的具体结构形状。

2.2.1　点的三面投影

如图 2－11(a)所示，假设在三面投影体系当中有一空间点 A，过点 A 分别向 H 面、V 面和 W 面作垂线，得到三个垂足 a，a'，a''，即为空间点 A 在三个投影面上的投影。

为了区别空间点以及该点在三个投影面上的投影，规定用大写字母(如 A)表示空间点，它的水平投影、正面投影和侧面投影，分别用相应的小写字母(如 a，a' 和 a'')表示。

按照 2.1.5 中所规定的投影面展开方法，将三个投影面展开摊平并去掉边框，得到点 A

的三面投影,如图 2-11(b)所示。

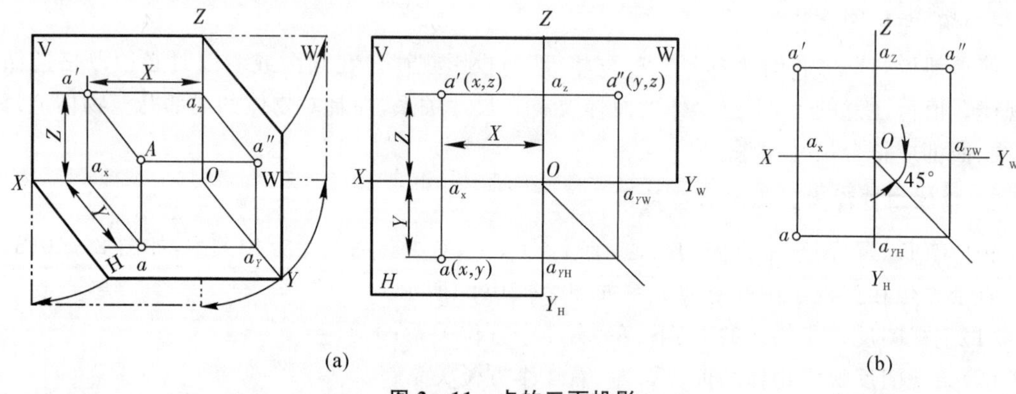

(a) (b)

图 2-11 点的三面投影

2.2.2 点的三面投影规律

点 A 在 H 面上的投影 a,叫作点 A 的水平投影,它是由点 A 到 V,W 两个投影面的距离所决定的;

点 A 在 V 面上的投影 a',叫作点 A 的正面投影,它是由点 A 到 H,W 两个投影面的距离所决定的;

点 A 在 W 面上的投影 a'',叫作点 A 的侧面投影,它是由点 A 到 V,H 两个投影面的距离所决定的。

由此可知:空间点 A 在三投影面体系中有唯一确定的一组投影(a,a',a''),若已知点的投影,就知道点到三个投影面的距离,就可以完全确定点在空间的位置。反之,若已知点的空间位置,也可以画出点的投影。

由图 2-11 还可以得到点的三面投影规律:

(1)点的正面投影和水平投影的连线垂直 OX 轴,即 $a'a \perp OX$;

(2)点的正面投影和侧面投影的连线垂直 OZ 轴,即 $a'a'' \perp OZ$;

(3)点的水平投影 a 到 OX 轴的距离等于侧面投影 a''到 OZ 轴的距离,即 $a\,a_x = a''a_z$(可以用 45°辅助线或以原点为圆心作弧线来反映这一投影关系)。

根据上述投影规律,若已知点的任何两个投影,就可求出它的第三个投影。

[例 2-1] 已知点 A 的正面投影 a'和侧面投影 a''(见图 2-12),求作其水平投影 a。

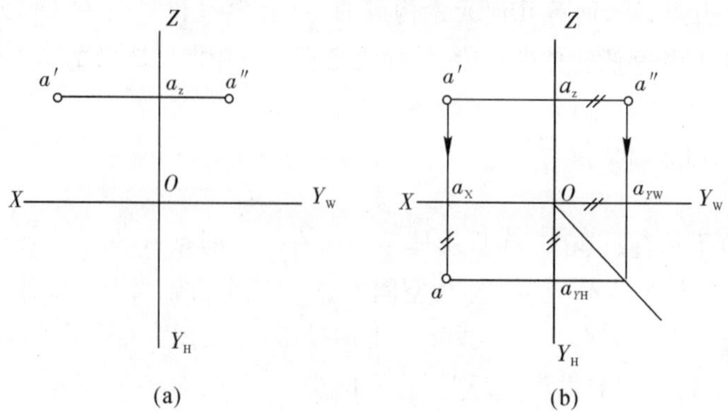

(a) (b)

图 2-12 已知点的两个投影求第三个投影

注意　一般在作图过程中，应自点 O 作辅助线（与水平方向夹角为 45°），以表明 $aa_x = a''a_z$ 的关系。

2.2.3　点的三面投影与直角坐标系的关系

三投影面体系可以看成是一个空间直角坐标系，因此可用直角坐标确定点的空间位置。投影面 H，V，W 作为坐标面，三条投影轴 OX，OY，OZ 作为坐标轴，三轴的交点 O 作为坐标原点。

由图 2-13 可以看出 A 点的直角坐标与其三个投影的关系：

点 A 到 W 面的距离 $= Oa_x = a'a_z = aa_{YH} = x$ 坐标；

点 A 到 V 面的距离 $= Oa_{YH} = aa_x = a''a_z = y$ 坐标；

A 到 H 面的距离 $= Oa_z = a'a_x = a''a_{YW} = z$ 坐标。

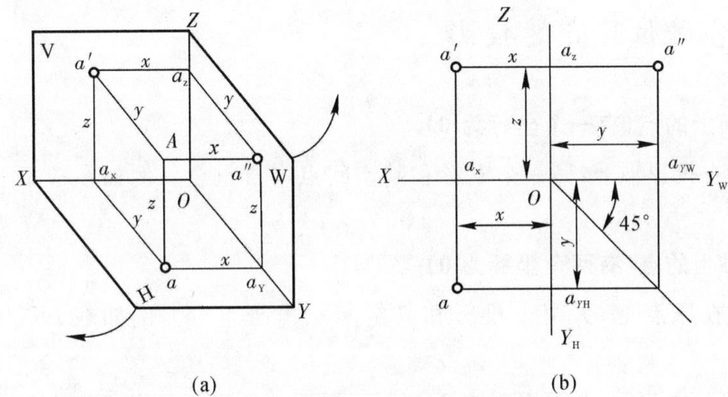

图 2-13　点的三面投影与直角坐标

用坐标来表示空间点位置比较简单，可以写成 $A\ (x,y,z)$ 的形式。

由图 2-13(b)可知，坐标 x 和 z 决定点的正面投影 a'，坐标 x 和 y 决定点的水平投影 a，坐标 y 和 z 决定点的侧面投影 a''，若用坐标表示，则为 $a\ (x,y,0)$，$a'\ (x,0,z)$，$a''\ (0,y,z)$。

因此，已知一点的三面投影，就可以知道该点的三个坐标；相反地，已知一点的三个坐标，就可以知道该点的三面投影。

[例 2-2]　已知点 A 的坐标(20，10，18)，作出点的三面投影，并画出其立体图。

其作图方法与步骤如图 2-14 所示。

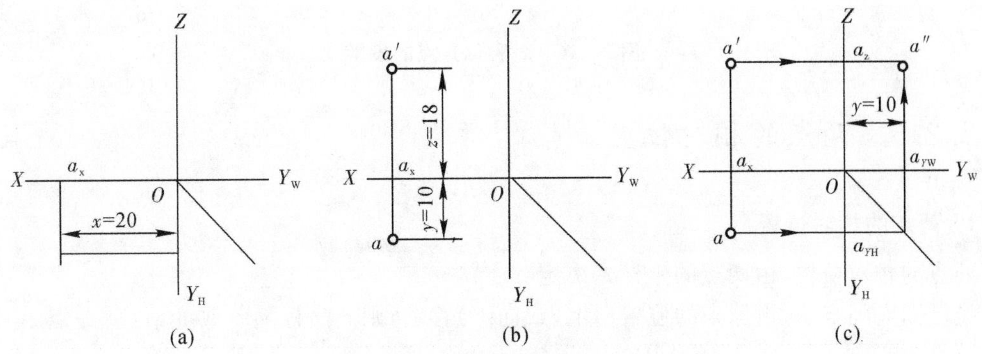

图 2-14　由点的坐标作点的三面投影

立体图的作图步骤如图 2-15 所示。

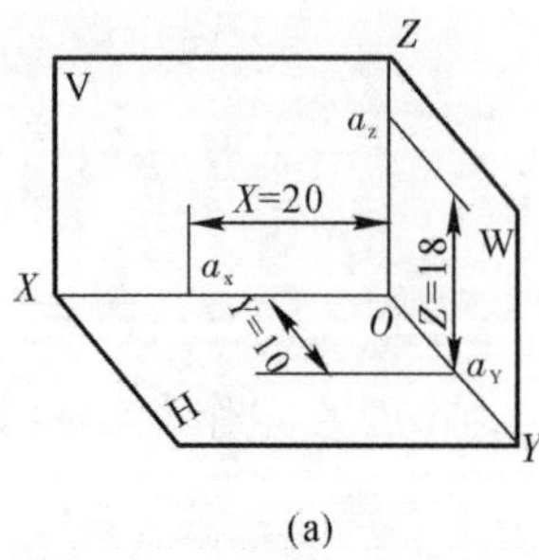

(a)

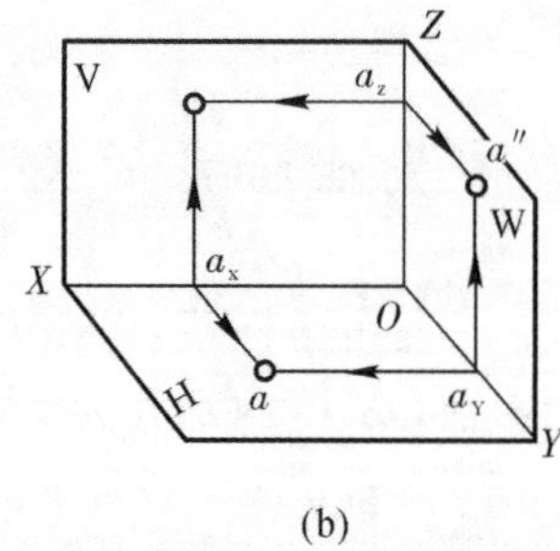

(b)

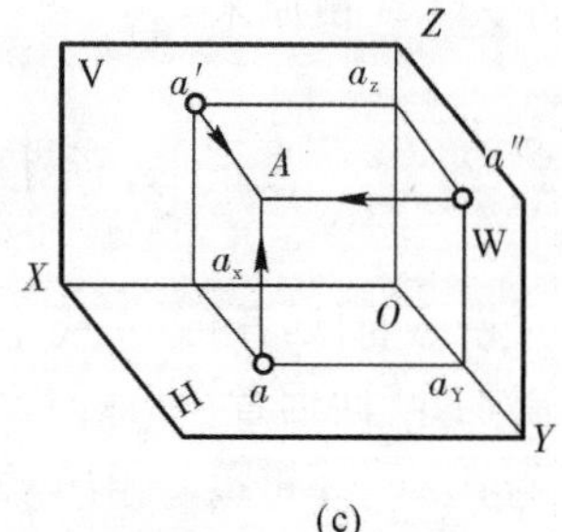

(c)

图 2-15 由点的坐标作立体图

2.2.4 各种位置点的投影

1. 在投影面上的点(有一个坐标为 0)

有两个投影在投影轴上,另一个投影和其空间点本身重合。例如在 V 面上的点 A,如图 2-16(a)所示。

2. 在投影轴上的点(有两个坐标为 0)

有一个投影在原点上,另两个投影和其空间点本身重合。例如在 OZ 轴上的点 A,如图2-16(b)所示。

3. 在原点上的空间点(三个坐标都为 0)

它的三个投影必定都在原点上。例如在原点上的点 A,如图 2-16(c)所示。

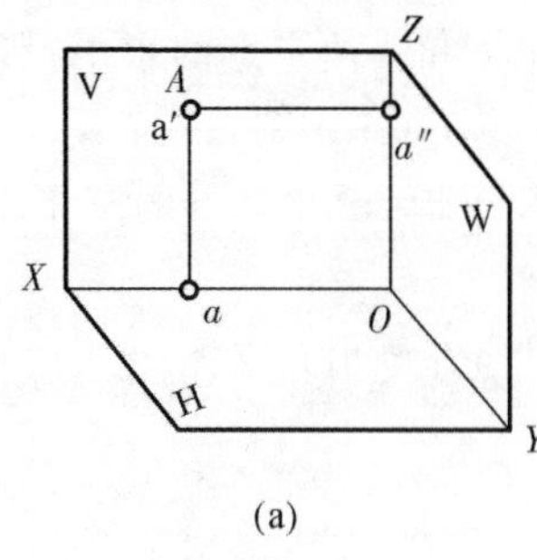

(a)

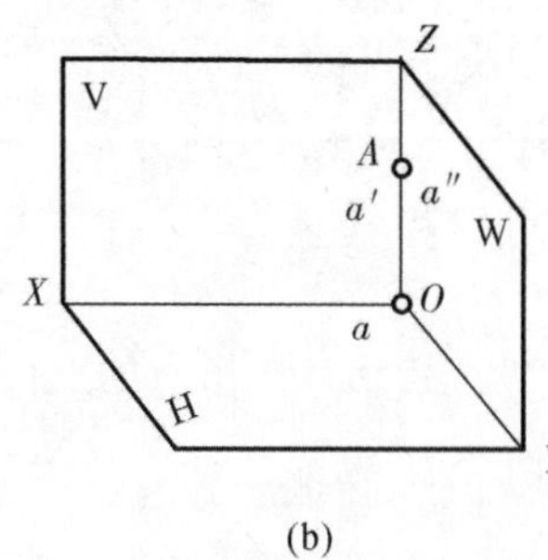

(b)

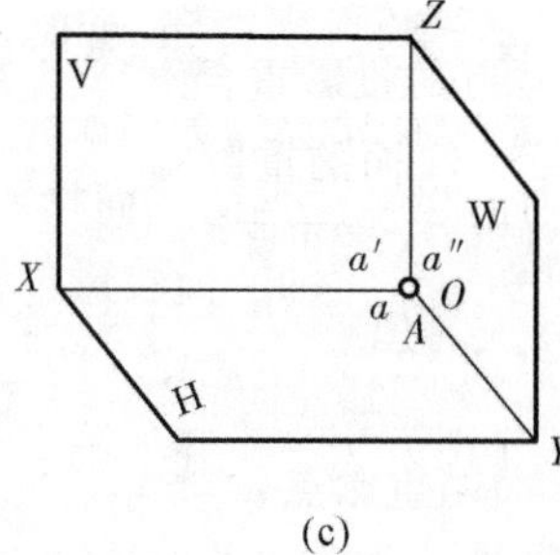

(c)

图 2-16 各种位置点的投影

2.2.5 两点的相对位置

1. 两点的相对位置

两点的相对位置,由两点的坐标差决定。

设已知空间点 A,由原来的位置向上(或向下)移动,则 z 坐标随着改变,也就是点 A 对 H 面的距离改变;

如果点 A 由原来的位置向前(或向后)移动,则 y 坐标随着改变,也就是点 A 对 V 面的距离改变；

如果点 A 由原来的位置向左(或向右)移动，则 x 坐标随着改变，也就是点 A 对 W 面的距离改变。

综上所述，对于空间两点 A,B 的相对位置：

(1)距 W 面远者在左(X 坐标大)；近者在右(X 坐标小)；

(2)距 V 面远者在前(Y 坐标大)；近者在后(Y 坐标小)；

(3)距 H 面远者在上(Z 坐标大)；近者在下(Z 坐标小)。

[例 2－3]　如图 2－17 所示，若已知空间两点的投影，即点 A 的三个投影 a,a',a'' 和点 B 的三个投影 b,b'、b''，用 A,B 两点同面投影坐标差就可判别 A,B 两点的相对位置。以点 A 为基准点，由于 $X_A>X_B$，表示点 B 在点 A 的右方；$Z_B>Z_A$，表示点 B 在点 A 的上方；$Y_A>Y_B$，表示点 B 在点 A 的后方。总体来说，就是点 B 在点 A 的右、后、上方。

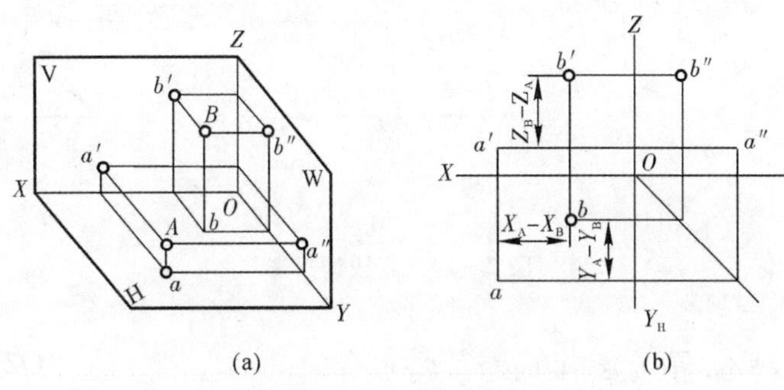

图 2－17　两点的相对位置

2. 重影点

若空间两点在某一投影面上的投影重合，则这两点是该投影面的重影点。这时，空间两点的某两坐标相同，并在同一投射线上。

当两点的投影重合时，就需要判别其可见性，即判断两个点哪个为可见，哪个为不可见。应注意：对 H 面的重影点，从上向下观察，z 坐标值大者可见；对 W 面的重影点，从左向右观察，x 坐标值大者可见；对 V 面的重影点，从前向后观察，y 坐标值大者可见。在投影图上不可见的投影应加括号表示，如(a')。

[例 2－4]　如图 2－18 所示，C,D 位于垂直 H 面的投射线上，c,d 重合为一点，则 C,D 为对 H 面的重影点，Z 坐标值大者为可见，图中 $Z_C>Z_D$，故 c 为可见，d 为不可见，用 $c(d)$表示。

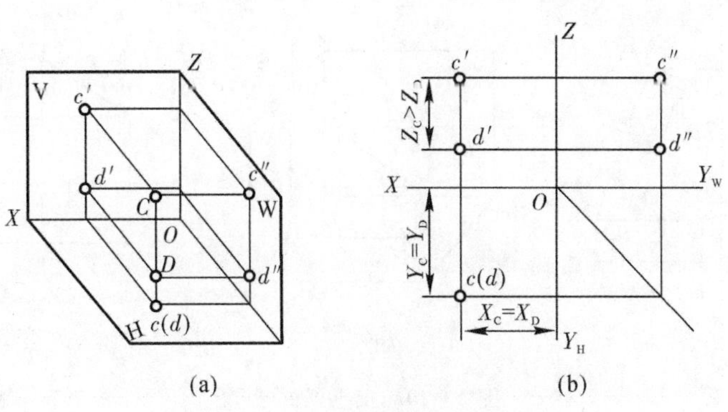

图 2－18　重影点及其可见性判别

2.3 直线的投影

空间一直线的投影可由直线上的两点(通常取线段两个端点)的同面投影来确定。如图2-19所示的直线 AB,求作它的三面投影图时,可分别作出 A,B 两端点的投影(a,a',a'')和(b,b',b''),然后将其同面投影连接起来即得直线 AB 的三面投影图(ab,$a'b'$,$a''b''$)。

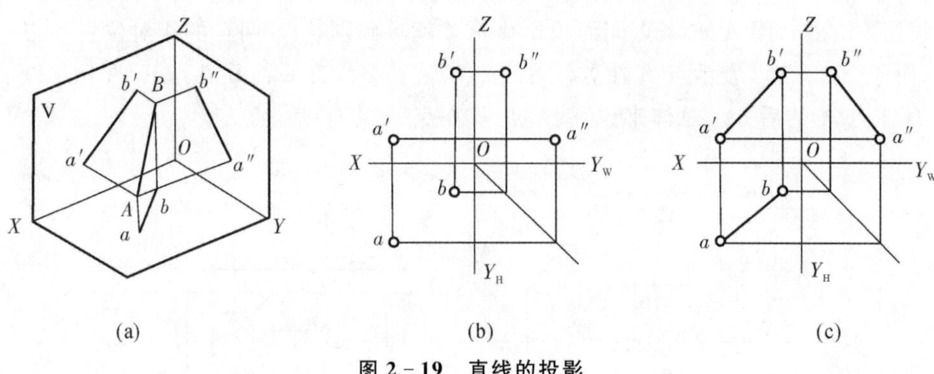

(a) (b) (c)

图 2-19 直线的投影

2.3.1 各种位置直线的投影特性

根据直线在三投影面体系中的位置不同可分为投影面平行线、投影面垂直线和一般位置直线三类。前两类直线称为特殊位置直线,后一类直线称为一般位置直线。

1. 投影面平行线

平行于一个投影面,且同时倾斜于另外两个投影面的直线,称为投影面平行线。平行于 V 面的称为正平线;平行于 H 面的称为水平线;平行于 W 面的称为侧平线。

直线与投影面所夹的角称为直线对投影面的倾角。规定用 α,β,γ 分别表示直线对 H 面、V 面、W 面的倾角。

举例说明:正平线的投影特性,如图 2-20(a)所示物体的一条边 AB,即为图 2-20(b)所示的正平线,它平行于 V 面,而与 H 面和 W 面成倾斜位置,它的投影如图 2-20(c)所示。

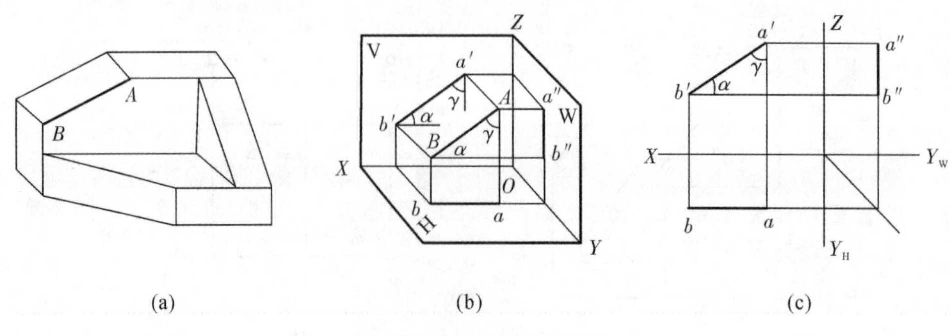

(a) (b) (c)

图 2-20 正平线的投影

由图 2－20 分析可知，正平线的投影特性为：

(1)投影 $a'b'$ 反映直线 AB 的实长，即 $a'b'=AB$，$a'b'$ 与 OX 轴的夹角反映空间直线 AB 对 H 面的真实倾角 α；$a'b'$ 与 OZ 轴的夹角反映空间直线对 W 面的真实倾角 γ。

(2)水平投影 $ab /\!/ OX$ 轴，侧面投影 $a''b'' /\!/ OZ$ 轴，它们的投影长度均小于 AB 的实长。水平线和侧平线的投影特性见表 2－1。

在表 2－1 中，分别列出了正平线、水平线和侧平线的投影及其特性。

表 2－1　投影面平行线的投影特性

名称	正平线(//V)	水平线(//H)	侧平线(//W)
实例	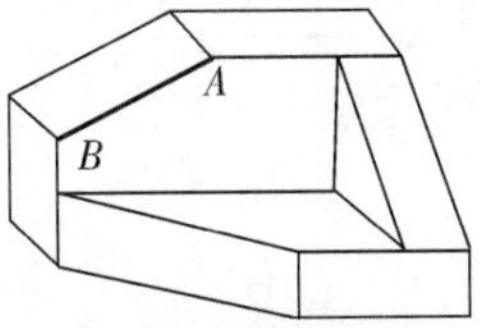	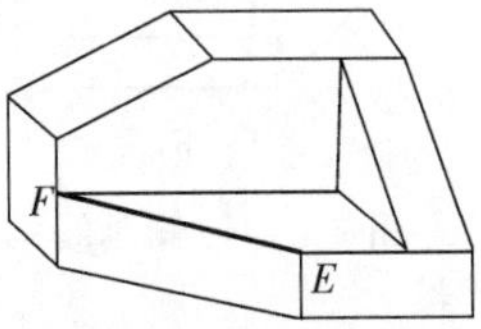	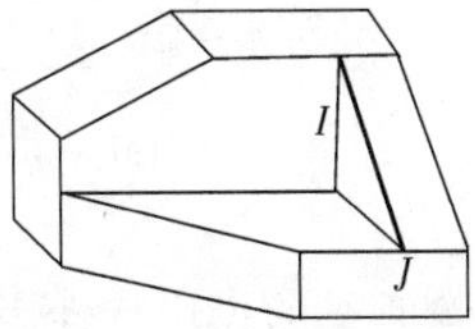
立体图	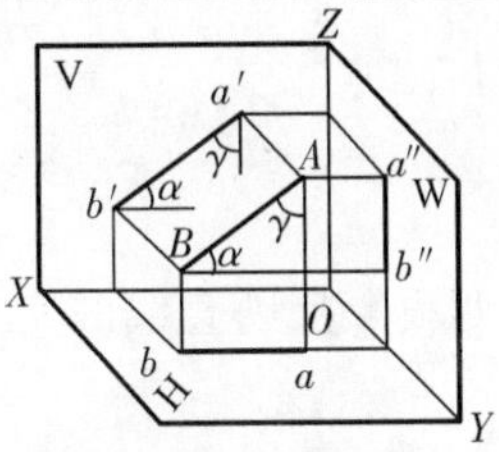	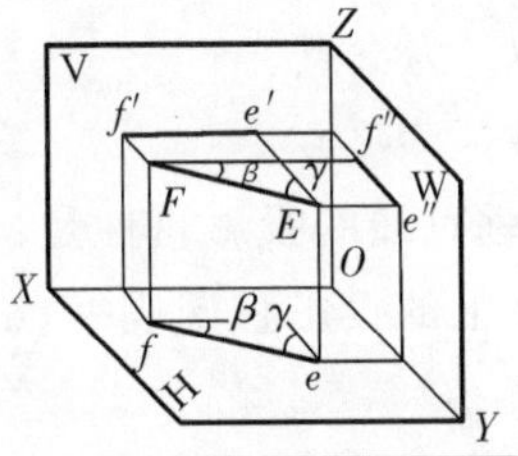	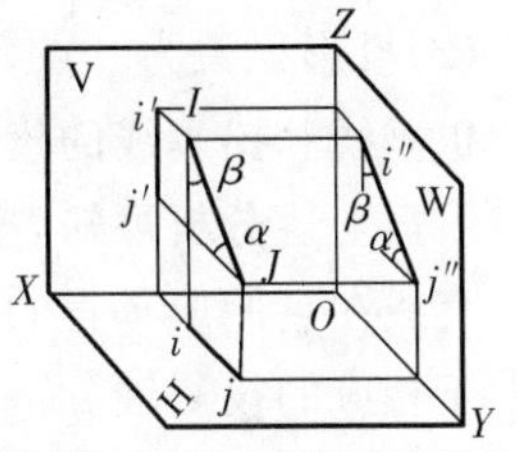
投影图	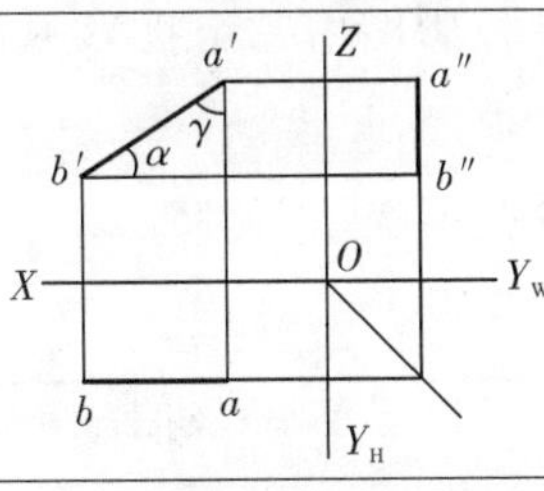	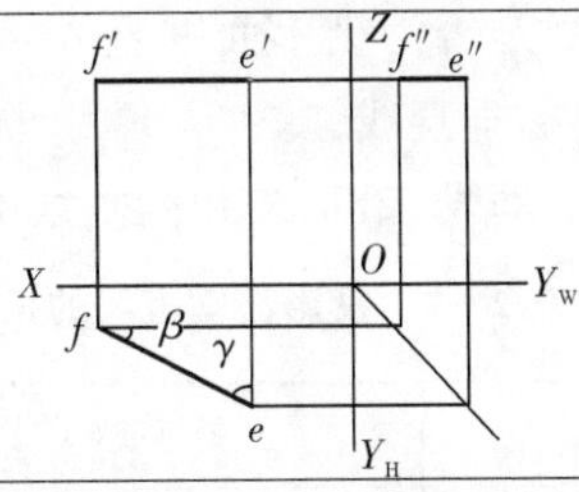	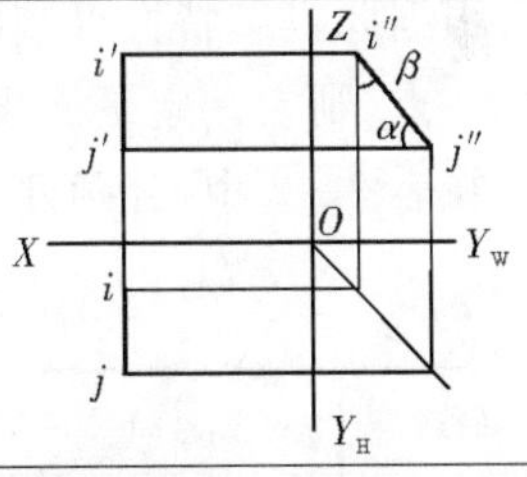
投影特性	(1)正面投影 $a'b'$ 反映实长； (2)正面投影 $a'b'$ 与 OX 轴和 OZ 轴的夹角 α，γ 分别为 AB 对 H 面和 W 面的倾角； (3)水平投影 $ab /\!/ OX$ 轴，侧面投影 $a''b'' /\!/ OZ$ 轴，且都小于实长	(1)水平投影 ef 反映实长； (2)水平投影 ef 与 OX 轴和 OY_H 轴的夹角 β 和 γ 分别为 EF 对 V 面和 W 面的倾角； (3)正面投影 $e'f' /\!/ OX$ 轴，侧面投影 $e''f'' /\!/ OY_W$ 轴，且都小于实长	(1)侧面投影 $i''j''$ 反映实长； (2)侧面投影 $i''j''$ 与 OZ 轴和 OY 轴的夹角 β 和 α 分别为 IJ 对 V 面和 H 面的倾角； (3)正面投影 $i'j' /\!/ OZ$ 轴，水平投影 $ij /\!/ OY_H$ 轴，且都小于实长

根据上述分析可知，投影面平行线的投影特性是：

直线在它们所平行的投影面上的投影反映直线的实长，它与两投影轴之间的夹角反映该空间直线对另外两个投影面的真实倾角；直线的另外两个投影分别平行于相应的投影轴且都小于实长。

根据此投影特性可判断直线是否为投影面平行线，当直线的投影有两个平行于投影轴，第三投影与投影轴倾斜时，则该直线一定是投影面平行线，且一定平行于其投影为倾斜线的那个投影面。

2. 投影面垂直线

垂直于一个投影面，即同时平行于另外两个投影面的直线，称为投影面垂直线。垂直于 V 面的称为正垂线；垂直于 H 面的称为铅垂线；垂直于 W 面的称为侧垂线。

举例说明：侧垂线的投影特性。如图 2－21(a)所示物体的一条边 EK，即为图 2－21(b)所示的侧垂线，它垂直于 W 面，而与 H 面和 V 面平行。其投影如图 2－21(c)所示。

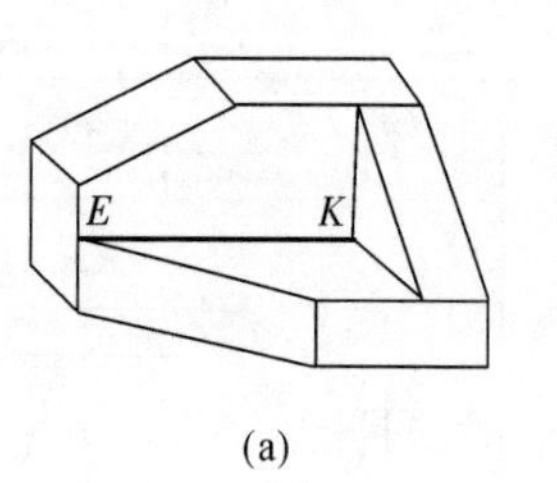

(a)

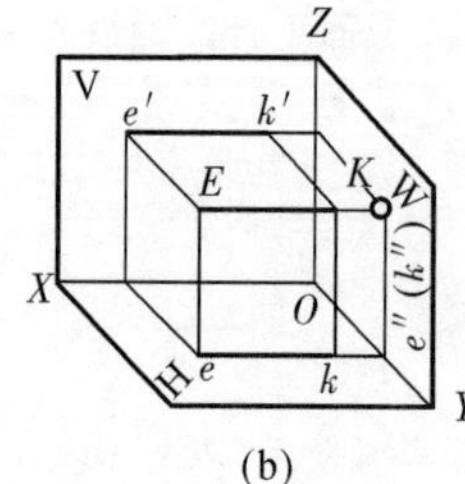

(b)

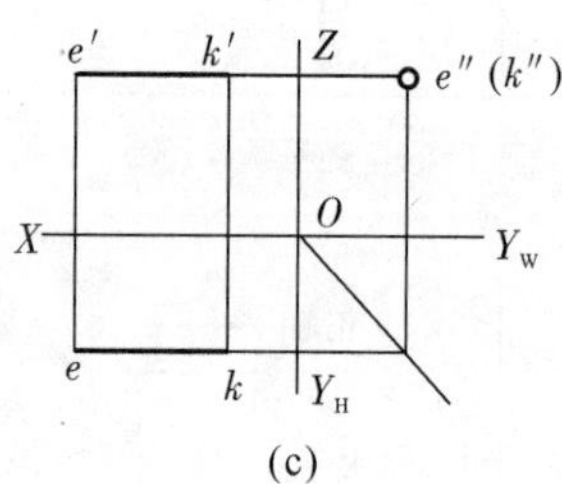

(c)

图 2－21　侧垂线的投影

侧垂线的投影特性为：

(1)正面投影 $e'k'\perp OZ$ 轴，水平投影 $ek\perp OY_H$ 轴，且 $e'k'$ 和 ek 均反映实长。

(2)投影积聚为一点，即 $e''(k'')$ 为一点。

正垂线和铅垂线的投影特性见表 2－2。

根据上述分析可知，投影面垂直线的投影特性是：

直线在它们所垂直的投影面上的投影积聚成一点，另外两投影反映直线的实长，并且分别垂直于相应的投影轴。

根据此投影特性可判断直线是否为投影面垂直线，若在投影图中三个投影中有一投影积聚成一点，则它一定是该投影面的垂直线。

在表 2－2 中，分别列出了正垂线、铅垂线和侧垂线的投影及其特性。

表 2－2　投影面垂直线的投影特性

名称	正垂线(⊥V)	铅垂线(⊥H)	侧垂线(⊥W)
实例	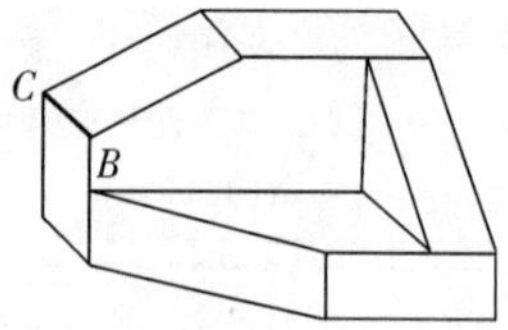	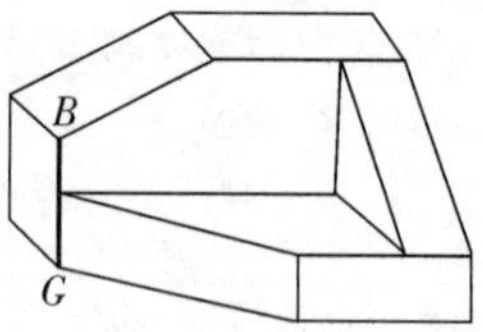	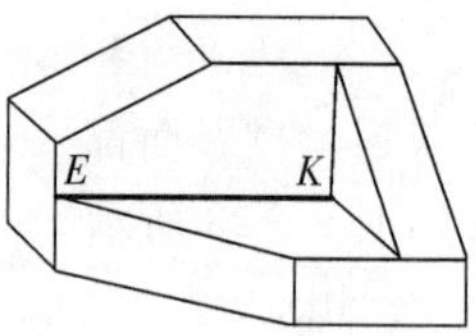
立体图	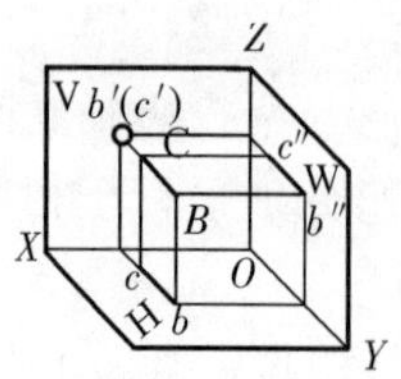	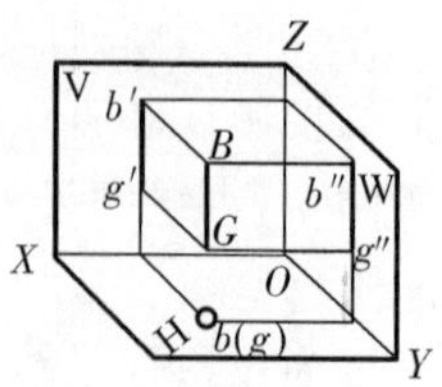	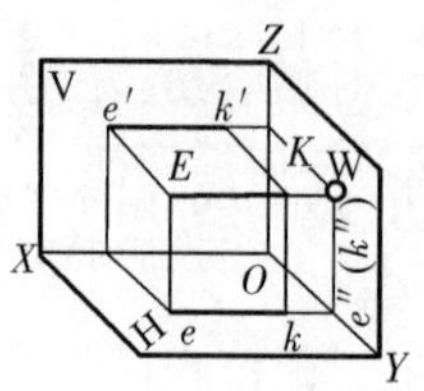

续表

名称	正垂线(⊥V)	铅垂线(⊥H)	侧垂线(⊥W)
投影图			
投影特性	(1)正面投影 $b'(c')$ 积聚成一点； (2)水平投影 bc、侧面投影 $b''c''$ 都反映实长，且 $bc \perp OX$，$b''c'' \perp OZ$	(1)水平投影 $b(g)$ 积聚成一点； (2)正面投影 $b'g'$、侧面投影 $b''g''$ 都反映实长，且 $b'g' \perp OX$ 轴，$b''g'' \perp OY_W$	(1)侧面投影 $e''(k'')$ 积聚成一点； (2)正面投影 $e'k'$、水平投影 ek 都反映实长，且 $e'k' \perp OZ$，$ek \perp OY_H$

[例 2－5]　如图 2－22 所示，已知正垂线 AB 的点 A 的投影，直线 AB 长度为 10 mm，试作直线 AB 的三面投影(只需一解)。

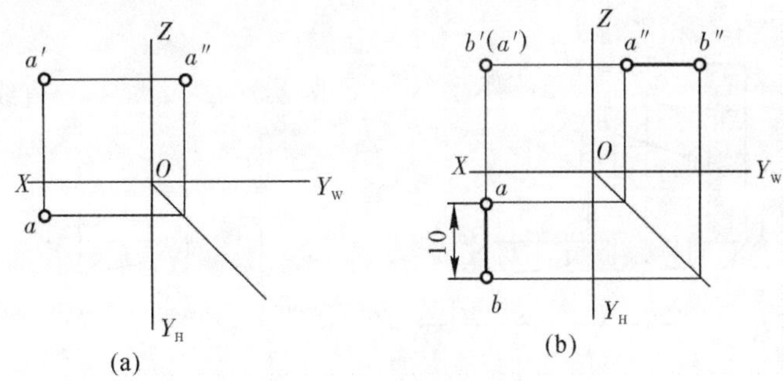

图 2－22　作正垂线 AB

(a)题目；(b)解答

3. 一般位置直线

与三个投影面都处于倾斜位置的直线称为一般位置直线。

如图 2－23 所示，直线 AB 与 H，V，W 面都处于倾斜位置，倾角分别为 α，β，γ。其投影如图 2－23(b)所示。

一般位置直线的投影特征可归纳为：

(1)直线的三个投影 ab，$a'b'$，$a''b''$ 和投影轴都倾斜，各投影和投影轴所夹的角度不反映空间直线对相应投影面的真实倾角。

(2)任何投影都小于空间直线的实长，也不能积聚为一点。

利用上述投影特征，如果直线的投影与三个投影轴都倾斜，则可判定该直线为一般位置直线。

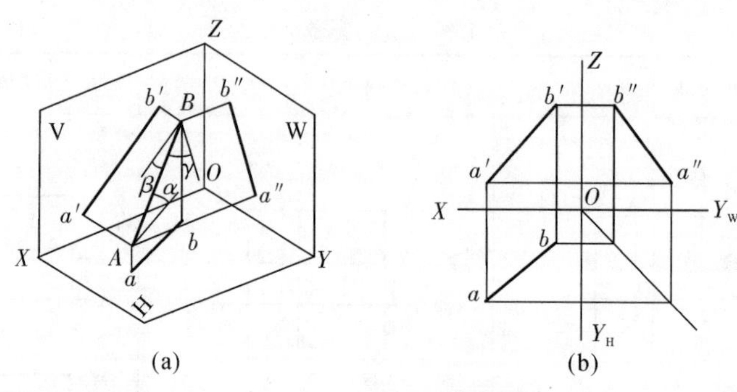

图 2-23　一般位置直线

2.3.2　两直线的相对位置

两直线的相对位置有平行、相交、交叉三种情况。前两种位置的直线又称为共面直线，而交叉位置的直线又称为异面直线。

1. 平行的两直线

(1)特性。若空间两直线平行，则它们的各同面投影必定互相平行。如图 2-24 所示，若 $AB/\!/CD$，则必定 $ab/\!/cd$，$a'b'/\!/c'd'$，$a''b''/\!/c''d''$。反之，若两直线的各同面投影互相平行，则此两直线在空间也必定互相平行。

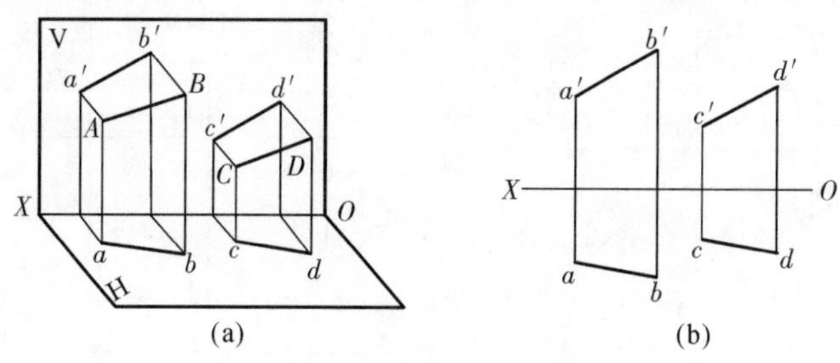

图 2-24　两直线平行

(2)判定两直线是否平行。

1)两直线处于一般位置时，则只需观察两直线中的任何两组同面投影是否互相平行即可判定。

2)平行直线平行于某一投影面时，则需观察两直线在所平行的那个投影面上的投影是否互相平行才能确定。如图 2-25 所示，两直线 EF，GH 均为侧平线，虽然 $ef/\!/gh$，$e'f'/\!/g'h'$，但不能断言两直线平行，还必须求作两直线的侧面投影进行判定，由于图中所示两直线的侧面投影 $e''f''$ 与 $g''h''$ 相交，所以可判定直线 EF，GH 不平行。

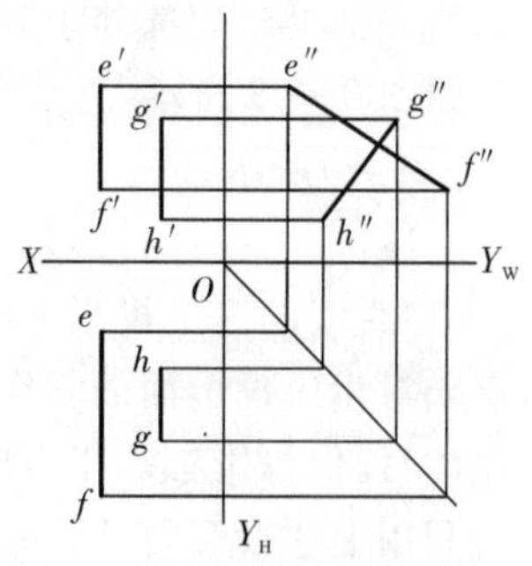

图 2-25　判断两直线是否平行

2. 相交的两直线

(1)特性。若空间两直线相交，则它们的各同面投影必定相交，且交点符合点的投影规律。如图 2-26(a)所示，两直线 AB，

CD 相交于 K 点,因为 K 点是两直线的共有点,则此两直线的各组同面投影的交点 k,k',k''必定是空间交点 K 的投影。反之,若两直线的各同面投影相交,且各组同面投影的交点符合点的投影规律,则此两直线在空间也必定相交,如图 2－26(b)所示。

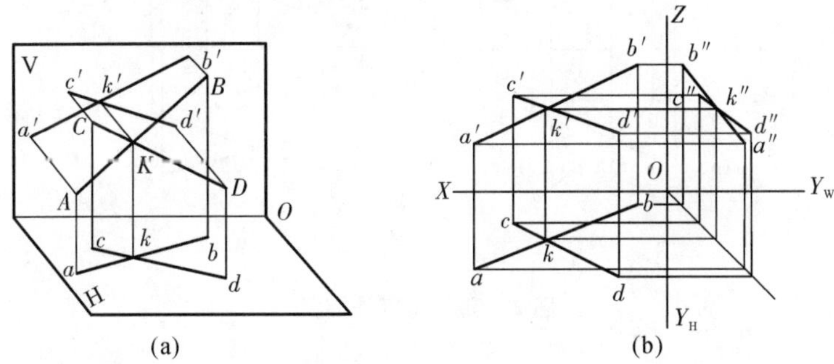

图 2－26　两直线相交

(2)判定两直线是否相交。

1)如果两直线均为一般位置直线时,则只需观察两直线中的任何两组同面投影是否相交,且交点是否符合点的投影规律即可判定。

2)当两直线中有一条直线为投影面平行线时,则需观察两直线在该投影面上的投影是否相交,且交点是否符合点的投影规律才能确定。如图 2－27 所示,两直线 AB,CD 两组同面投影 ab 与 cd,$a'b'$与$c'd'$虽然相交,但经过分析判断,可判定两直线 AB 和 CD 在空间不相交。

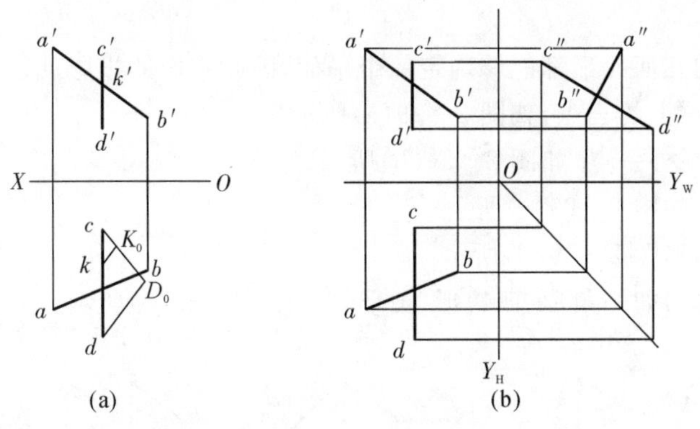

图 2－27　两直线在空间不相交

3. 交叉的两直线

空间两直线既不平行又不相交时,称为两直线交叉。

(1)特性。若空间两直线交叉,则它们的各组同面投影可能相交或不相交,或者它们的各同面投影虽然相交,但其交点也不符合点的投影规律,反之亦然,如图 2－28(a)所示。

(2)判定空间交叉两直线的相对位置。空间交叉两直线的投影的交点,实际上是空间两点的投影重合点。利用重影点和可见性,可以很方便地判别两直线在空间的相对位置。在图 2－28(b)中,判断 AB 和 CD 的正面重影点 $k'(l')$的可见性时,由于 K,L 两点的水平投影 k 比 l 的 y 坐标值大,所以当从前往后看时,点 K 可见,点 L 不可见,由此可判定 AB 在 CD 的前方。同理,从上往下看时,点 M 可见,点 N 不可见,可判定 CD 在 AB 的上方。

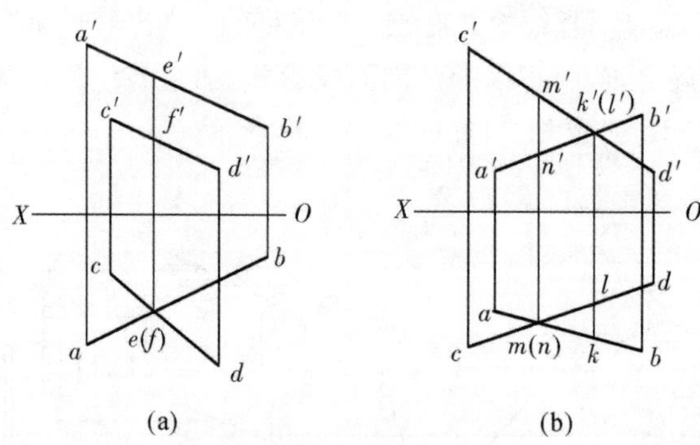

图 2-28 两直线交叉

2.4 平面的投影

平面这个名称，一般都是指无限的平面。平面的有限部分，称为平面图形，简称平面形。

2.4.1 平面的表示法

下面任一形式的几何元素都能够确定一个平面，因此它们的投影就表示一个平面的投影：

(1)不在同一直线上的三点，如图 2-29(a)所示。

(2)一直线和直线外一点，如图 2-29(b)所示。

(3)相交两直线，如图 2-29(c)所示。

(4)平行两直线，如图 2-29(d)所示。

(5)任意平面图形，如三角形、四边形、圆形等 如图 2-29(e)所示。

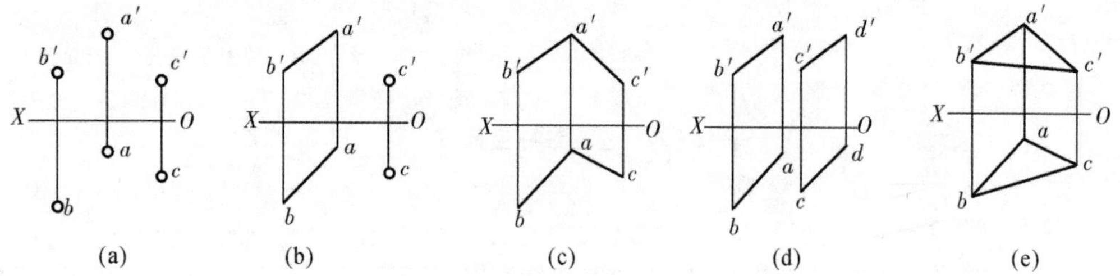

图 2-29 用几何元素表示平面

注意 为了解题的方便，常常用一个平面图形(如三角形)表示平面。

2.4.2 各种位置平面的投影特性

空间平面相对于一个投影面的位置有平行、垂直、倾斜三种，三种位置有不同的投影特性。根据平面在三投影面体系中的位置可分为投影面垂直面、投影面平行面和一般位置面三类。前两类平面称为特殊位置平面。

1. 投影面垂直面

垂直于一个投影面，而且同时倾斜于另外两个投影面的平面称为投影面垂直面。

投影面垂直面又分为三种：垂直于 V 面的称为正垂面；垂直于 H 面的称为铅垂面；垂直于 W 面的称为侧垂面。空间平面与投影面所夹的角度称为平面对投影面的倾角。规定用 α，β，γ 分别表示空间平面对 H 面、V 面、W 面的倾角。

举例说明：正垂面的投影特性。如图 2-30 所示为一正垂面 $ABCD$ 的投影，它垂直于 V 面，同时对 H 面和 W 面处于倾斜位置。

正垂面的投影特性为：

(1)面 $ABCD$ 的正面投影积聚成为倾斜直线 $a'b'(c')(d')$，它与 OX 轴的夹角反映该空间平面与 H 面的真实倾角 α；它与 OZ 轴的夹角反映该空间平面与 W 面的真实倾角 γ。

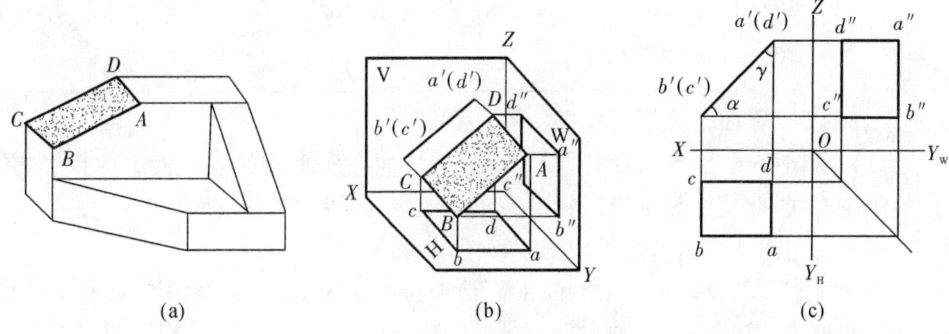

图 2-30　正垂面的投影特性

(2)投影 $abcd$ 和侧面投影 $a''b''c''d''$ 都是类似实形而又小于实形的四边形线框。

铅垂面和侧垂面的投影特性见表 2-3。

表 2-3　投影面垂直面的投影特性

名称	正垂面(⊥V)	铅垂面(⊥H)	侧垂面(⊥W)
实例			
立体图			

续表

名称	正垂面(⊥V)	铅垂面(⊥H)	侧垂面(⊥W)
投影图			
投影特性	(1)正面投影积聚成一直线,它与 OX 轴和 OZ 轴的夹角分别为平面与 H 面和 W 面的真实倾角 α 及 γ。 (2)水平投影和侧面投影都是类似形	(1)水平投影积聚成一直线,它与 OX 轴和 OY_H 轴的夹角分别为平面与 V 面和 W 面的真实倾角 β 及 γ。 (2)正面投影和侧面投影都是类似形	(1)侧面投影积聚成一直线,它与 OZ 轴和 OY_W 轴的夹角分别为平面与 V 面和 H 面的真实倾角 β 及 α。 (2)正面投影和水平投影都是类似形

表 2-3 给出了投影面垂直面的投影特性。

由上述分析可知,投影面垂直面的投影特性是:平面在所垂直的投影面上的投影,是一条有积聚性的倾斜直线;此直线与两投影轴的夹角反映空间平面与另外两个投影面的真实倾角,另外两个投影是与空间平面图形相类似的平面图形。

根据投影面垂直面的投影特性可判断平面是否为投影面垂直面,如果空间平面在某一投影面上的投影积聚为一条与投影轴倾斜的直线,则此空间平面垂直于该投影面。

2. 投影面平行面

平行于一个投影面,且同时垂直于另外两个投影面的平面称为投影面平行面。

投影面的平行面也有三种:平行于 V 面的称为正平面;平行于 H 面的称为水平面;平行于 W 面的称为侧平面;

举例说明:正平面的投影特性。如图 2-31 所示的正平面 $EKNH$ 的投影,由图可以看出其投影特性为:

(1)$EKNH$ 面的正面投影 $e'k'n'h'$ 反映实形;

(2)水平投影和侧面投影积聚成为一直线,且它们分别平行于 OX 轴和 OZ 轴。

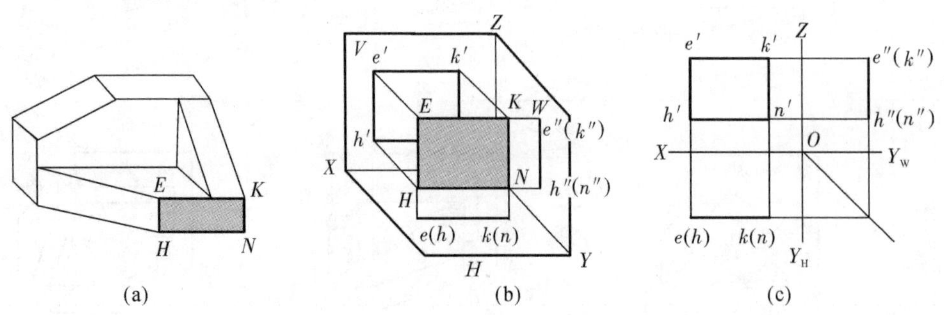

图 2-31 正平面的投影特性

侧平面和水平面的投影特性见表 2-4。

由上述分析可知投影面平行面的投影特性是：平面在它所平行的投影面上的投影反映空间平面图形的实形，另外两个投影都是有积聚性的线段，并且均与相应的投影轴平行。

根据投影面平行面的投影特性可判断平面是否为投影面平行面，若平面的三投影中，有两个投影积聚成一条直线且平行于相应的投影轴，另一投影反映空间平面的实形，则它一定是该投影面的平行面。

表 2－4 中列举了投影面平行面的投影特性。

表 2－4　投影面平行面的投影特性

名称	正平面（//V）	水平面（//H）	侧平面（//W）
实例			
立体图			
投影图			
投影特性	（1）正面投影反映实形。 （2）水平投影积聚成直线且平行于 OX 轴。 （3）侧面投影积聚成直线且平行于 OZ 轴	（1）水平投影反映实形。 （2）正面投影积聚成直线且平行于 OX 轴。 （3）侧面投影积聚成直线且平行于 OY_W 轴	（1）侧面投影反映实形。 （2）正面投影积聚成直线且平行于 OZ 轴。 （3）水平投影积聚成直线且平行于 OY_H 轴

3. 一般位置平面

与三个投影面都处于倾斜位置的平面称为一般位置平面。

例如：平面△ABC 与 H，V，W 面都处于倾斜位置，倾角分别为 α,β,γ。其投影如图 2－32 所示。

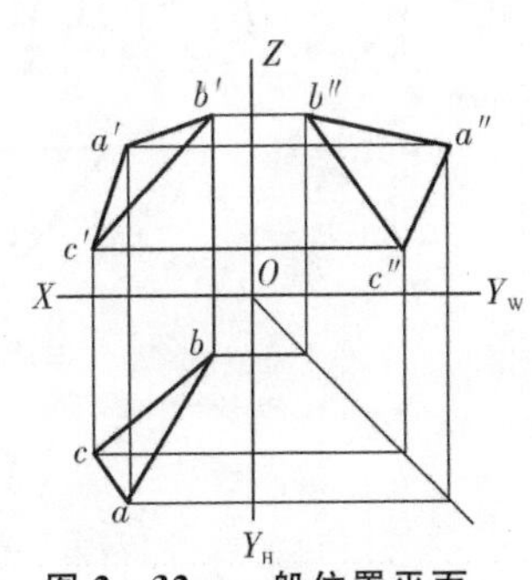

图 2－32　一般位置平面

一般位置平面的投影特征可归纳为：

一般位置平面的三面投影，既不反映实形，也无积聚性，都为类似形。

一般位置平面的投影也不反映该平面对投影面的倾角 α,β,γ。

对于一般位置平面的辨认：如果平面的三面投影都是类似的

几何图形的投影，则可判定该平面一定是一般位置平面。

2.4.4 平面上的直线和点

1. 平面上的点

点在平面上的几何条件：点在平面内的一直线上，则该点必在该平面上。因此在平面上取点，必须先在平面上取一直线，然后再在该直线上取点。如图 2-33 所示，相交两直线 AB,AC 确定一平面 P，点 K 取自直线 AB，所以点 K 必在平面 P 上。

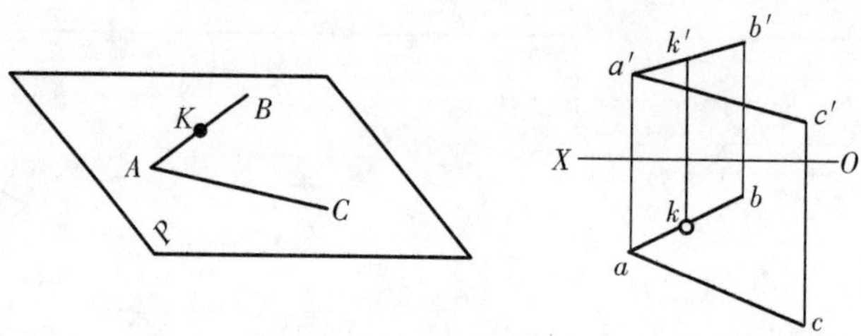

图 2-33 平面上的点

2. 平面上的直线

直线在平面上的几何条件：

(1)若一直线通过平面上的两个点，则此直线必定在该平面上。

(2)若一直线通过平面上的一点，并平行于该平面上的另一直线，则此直线必定在该平面上。

如图 2-34(a)所示，相交两直线 AB,AC 确定一平面 P，分别在直线 AB,AC 上取点 E,F，连接 EF，则直线 EF 为平面 P 上的直线。作图方法如图 2-34(b)所示。

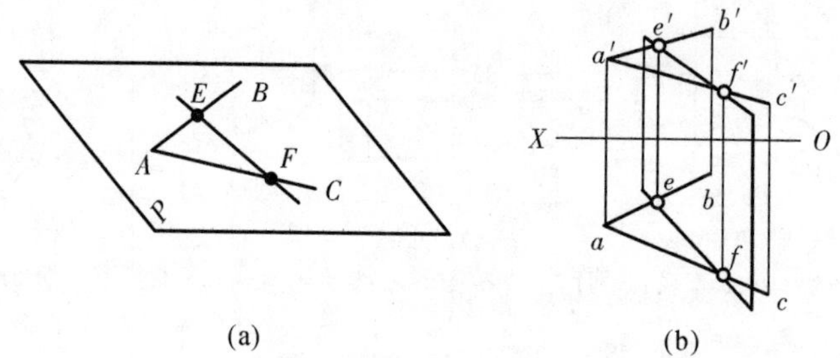

图 2-34 平面上的直线

如图 2-35(a)所示，相交两直线 AB,AC 确定一平面 P，在直线 AC 上取点 E，过点 E 作直线 $MN \parallel AB$，则直线 MN 为平面 P 上的直线。作图方法如图 2-35(b)所示。

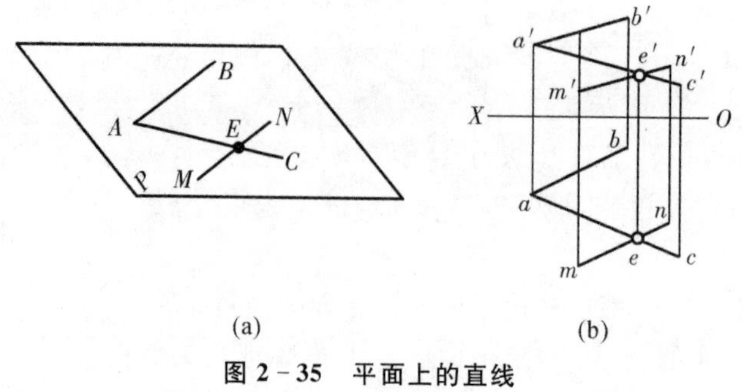

图 2-35 平面上的直线

［**例 2-6**］　如图 2-36(a)所示,试判断点 K 和点 M 是否属于$\triangle ABC$ 所确定的平面。

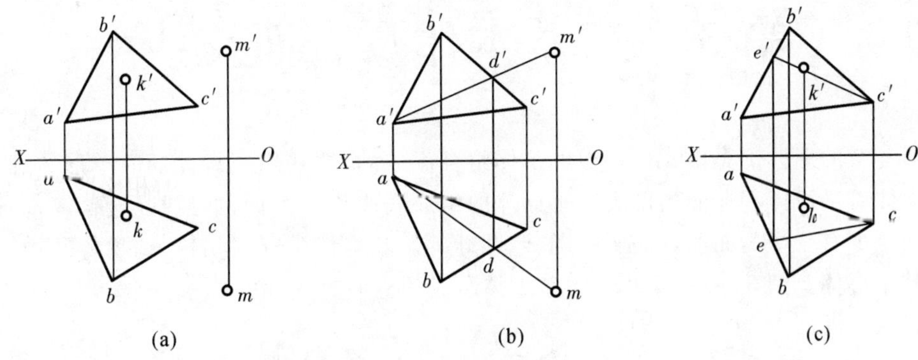

图 2-36　判断点是否属于平面

第3章 基本体及表面交线

任何复杂的形体都是由比较简单的形体组合而成的，这些组成机件的简单形体称为基本体。基本体有平面体和曲面体两类。平面体的组成表面均为平面，如棱柱、棱锥等；曲面体的组成表面至少有一个为曲面，如圆柱、圆锥、圆球等。基本体常存在切口、切槽等结构，形成不完整的基本形体。图3-1所示均为由基本体组成的机件。

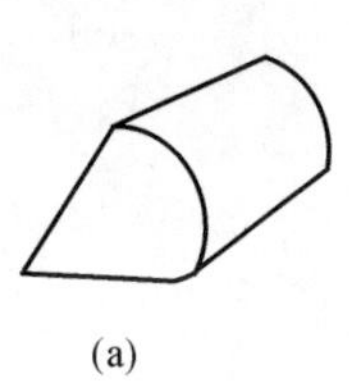

(a)

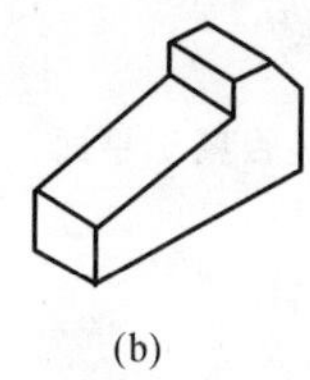

(b)

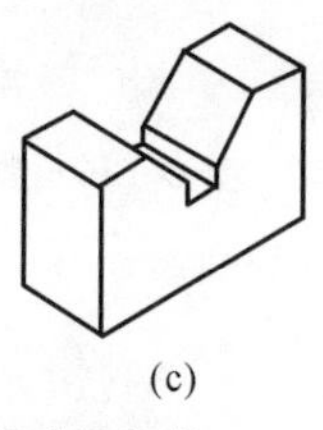

(c)

(d)

图3-1 基本体组成的机件

(a)顶针；(b)钩头键；(c)V形铁；(d)接头

3.1 平 面 体

常见的平面体主要有棱柱和棱锥，它们由侧面和底面组成，各侧面和底面都是由多边形的平面围成的。各侧面的交线称为棱线，棱线的交点称为顶点。因此，绘制平面体的三视图，可归结为绘制各多边形表面的投影，即绘制多边形顶点和边的投影。

3.1.1 棱柱及其表面点的投影

常见的棱柱为直棱柱，其顶、底面为两个平行且全等的多边形，各侧面均为矩形，棱线互相平行。顶、底面为正多边形的直棱柱称正棱柱。

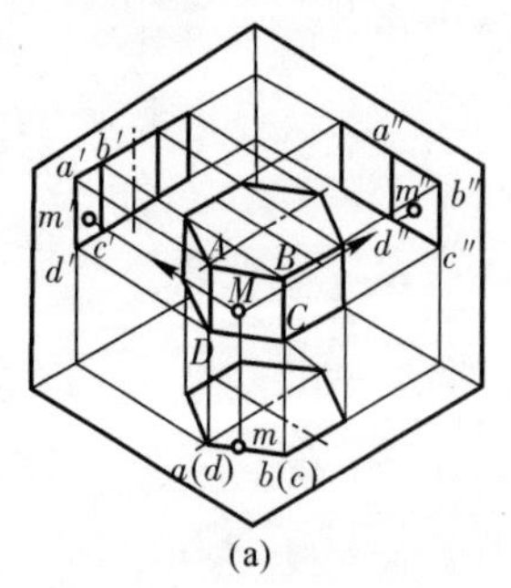

(a)

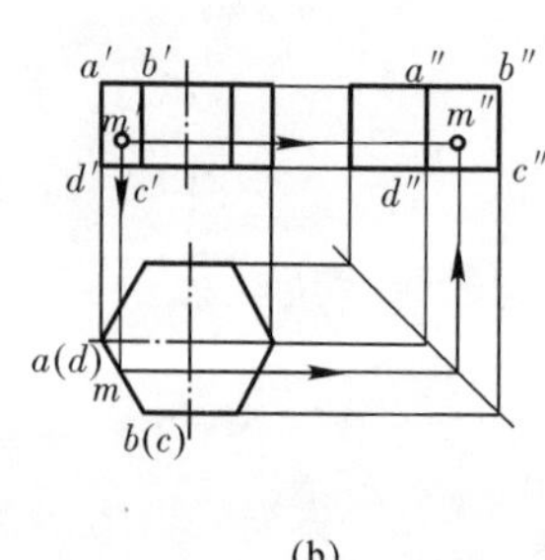

(b)

图3-2 正六棱柱及表面点投影

(a)直观图；(b)三视图

1. 投影分析及三视图画法

如图3-2所示，正六棱柱的顶、底面为水平面，前、后两侧面为正平面，其余4个侧面为铅垂面。由平面的正投影特性可知：顶、底面的水平投影有真实性，为反映实形的正六边形，正面及侧面投影则积聚为直线。前、后侧面的正面投影为反映实形的矩形，水平及侧面投影积聚为一直线。棱柱的其余 4 个侧面的水平投影均积聚为直线，正面及侧面投影均为类似形。

绘制棱柱三视图时，一般应先画出作图基准线和对称中心线(图形对称时)，然后画出反映棱柱形状特征的视图(反映实形的多边形视图)，最后画另两面视图(矩形视图)。

2. 棱柱表面上点的投影

由于棱柱表面的投影有积聚性，所以棱柱表面上点的投影可利用平面投影的积聚性来作图。

作图时要判断点的投影的可见性，若点所在的平面处于可见位置，则该面上的点的同名投影也是可见的，反之，则为不可见。在平面积聚投影上的点的投影，则可不必判断可见性。

如图 3-2(b)所示，已知正六棱柱 $ABCD$ 侧面上 M 点的正面投影 m'，求 M 点的水平及侧面投影。

由于点 M 所在的棱面 $ABCD$ 为铅垂面，故 M 点的水平投影 m 必在该侧面在水平面上的积聚性投影 $abcd$ 上，再根据 m' 和 m 利用点的投影规律求出侧面投影 m''。由于 $ABCD$ 棱面的侧面投影为可见，则 m'' 也为可见。

3.1.2　棱锥及其表面点的投影

底面为多边形，各侧面为若干具有公共顶点的三角形的平面立体称为棱锥。当棱锥底面为正多边形，各侧面是全等的等腰三角形时，称之为正棱锥。

1. 投影分析及三视图画法

如图 3-3 所示为正三棱锥的三面投影图。该正三棱锥的底面为等边三角形，三个侧面为全等的等腰三角形，设将其放置为底面平行于 H 面，并有一个侧面垂直于 W 面。

图 3-3(b)所示为该正三棱锥的三视图。棱锥底面 $\triangle ABC$ 为水平面，故其水平投影 $\triangle abc$ 反映底面实形，正面及侧面投影分别积聚为直线 $a'b'c'$ 和 $a''(c'')b''$。锥体后棱面 $\triangle SAC$ 为侧垂面，其侧面投影积聚为一斜线段 $s''a''(c'')$，正面及水平面投影分别为类似形 $\triangle s'a'c'$ 和 $\triangle sac$。左、右两侧面为一般位置平面，它们在三个投影面的投影均为类似形。

绘制棱锥三视图时，一般应先画出底面的各面投影(先画底面反映实形的投影，后画底面积聚性的投影)，再画锥顶 S 的各面投影，然后将其与底面各个顶点的同名投影连接起来，即可完成棱锥的三视图。

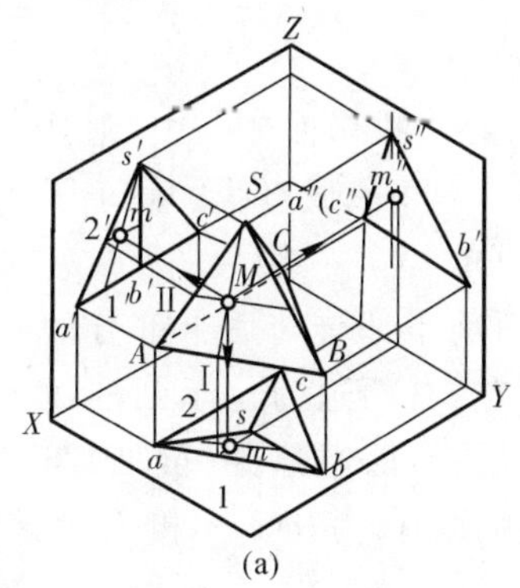

(a)

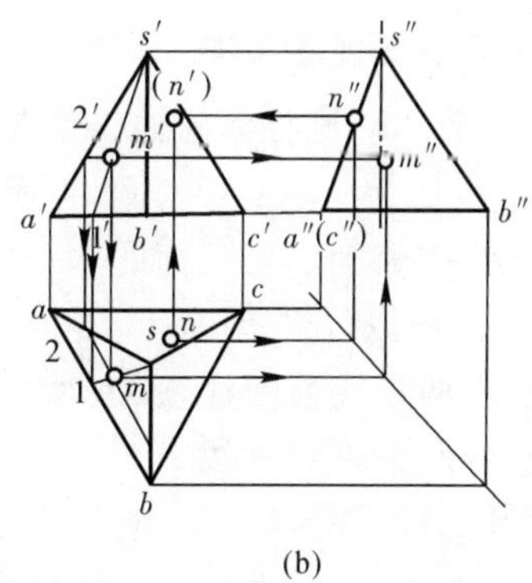

(b)

图 3-3　正三棱锥的三视图

(a)直观图；(b)三视图

2. 棱锥表面上点的投影

凡属于棱锥上特殊位置表面上的点，均可利用平面投影的积聚性直接求得；而属于一般位置表面上的点，则可通过在该平面上作辅助线的方法求得。

如图 3－3(b)所示，已知棱面△SAB 上点 M 的 V 面投影 m'和棱面△SAC 上点 N 的 H 面投影 n，求作 M,N 两点的另两面投影。

点 M 所属平面△SAB 为一般位置平面，如图 3－3(a)所示，过锥顶 S 和点 M 作一直线 SⅠ，然后求出 SⅠ的相关投影，根据点在直线上的从属性质即可求得点的相应投影。具体作图时，如图 3－3(b)所示，过 m'作 $s'1'$，由 $s'1'$求作 H 面投影 $s1$，再由 m'引投影连线交 $s1$ 于点 m，最后由 m'和 m 求出 m''。由于点 M 所属棱面△SAB 的 H 面及 W 面投影都为可见，故 m 和 m''也为可见。

另一作法为过点 M 作直线 MⅡ平行于 AB，利用平行线段的投影特性也可求得点 M 的另两面投影，具体作法如图所示。

由于点 N 所在的棱面△SAC 为侧垂面，故可通过该面在 W 面上的积聚的投影直接求得 n''，再由 n 和 n''求得(n')。由于点 N 所在的棱面△SAC 的 V 面投影不可见，故 n'也为不可见。

3.2 回 转 体

回转体的曲面均可看作是由一母线绕定轴旋转而成的。常见回转体如圆柱、圆锥、圆球和圆环等。由于回转体侧面是光滑曲面，所以绘制回转体视图时，仅画曲面对相应投影面可见与不可见的分界线的投影，此分界线称为轮廓素线。

3.2.1 圆柱及其表面点的投影

圆柱体由顶、底面和圆柱面组成。圆柱面可看作是由一直线 AA_1 绕与它平行的轴线 OO_1 回转而成的，如图 3－4 所示。直线 AA_1 称为母线，母线在圆柱面上任意一位置称为圆柱面的素线。

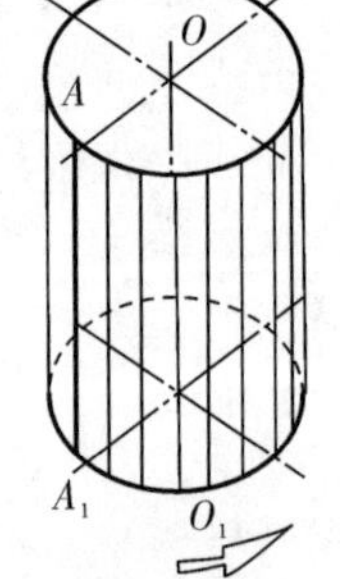

图 3－4 圆柱面的形成

1. 投影分析及三视图画法

如图 3－5 所示，将圆柱体的轴线垂直于 H 面放置在三投影面体系中，则其顶、底面的水平投影为反映实形的圆，正面和侧面投影分别积聚成直线。由于圆柱轴线垂直于水平投影面，圆柱面的水平投影积聚为圆周。

如图 3－5(b)所示，主视图为矩形线框，是圆柱面前半部分与后半部分的重合投影，上、下两条线为圆柱顶、底面的积聚投影，左、右两边为位于圆柱面上的最左和最右两条轮廓素线 AA_1 和 CC_1 的投影，即柱面前半部分(可见)与后半部分(不可见)的分界线。它们的水平投影积聚为点 $a(a_1)$，$c(c_1)$，侧面投影与点画线重合(因柱面为光滑曲面，图中不画此轮廓素线的投影)。

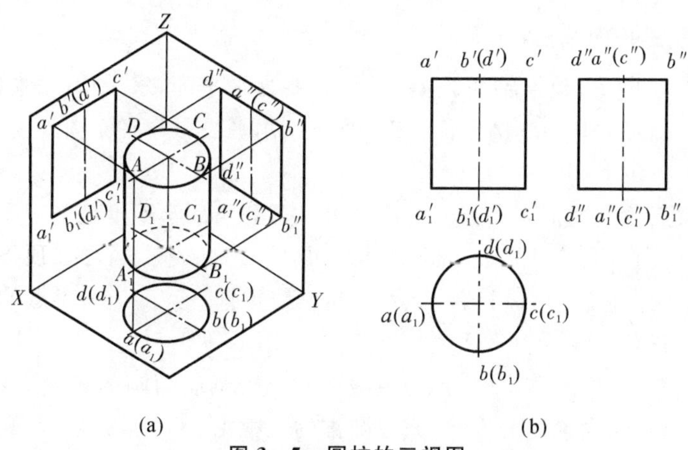

图 3-5　圆柱的三视图

(a)直观图；(b)三视图

左视图中的矩形线框含义与上述内容原理相同，此处不再赘述，读者可自行分析。

绘制圆柱三视图时，一般应先画出圆的中心线、轴线，然后画出投影为圆的特征视图，最后画另两个视图。

2. 圆柱表面上点的投影

圆柱表面上点的投影，可利用圆柱曲面投影的积聚性求得。

如图 3-6 所示，已知圆柱面点 M 和点 N 的 V 面投影 m' 和 n'，求作 M,N 两点在 H 和 W 面上的投影。

m'为可见，故点 M 位于圆柱面前半部分的左边，由 m'直接求得 m，再由 m'和 m 求出 m''。点 N 在圆柱面的最右轮廓素线上，由 n'可直接求得 n 和(n'')，n''为不可见。

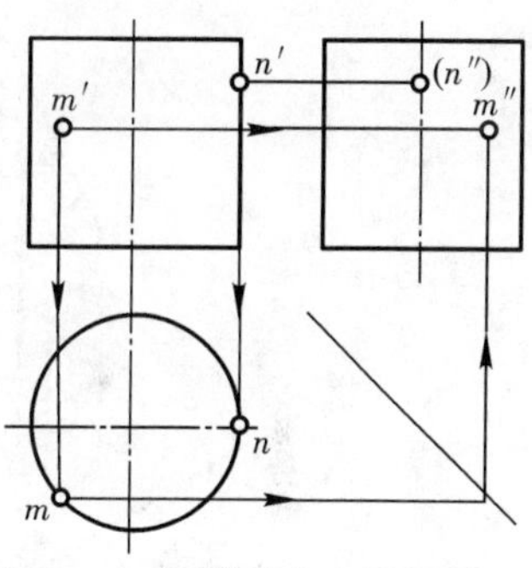

图 3-6　圆柱面上点的投影

3.2.2　圆锥及其表面点的投影

圆锥体由底面和圆锥面所组成。圆锥面可看成是由一直线 SA 绕与其相交成一定角度的轴线 SO 回转而成的，如图 3-7(a)所示。SA 为母线，SA 在圆锥面上任意位置时称为圆锥面的素线。

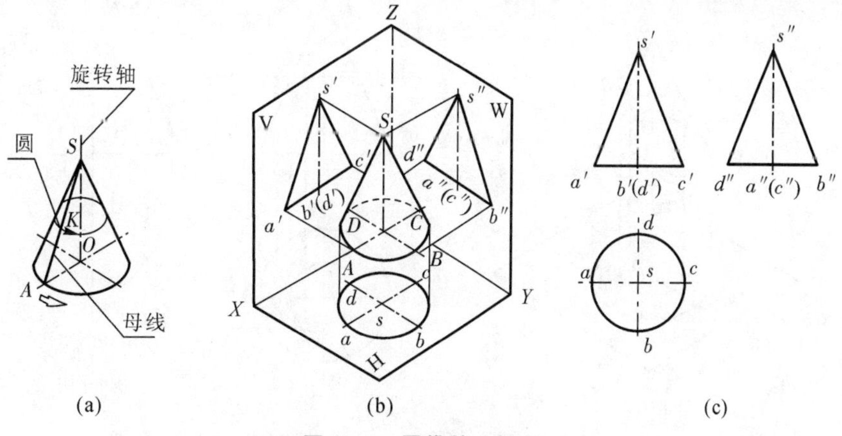

图 3-7　圆锥的三视图

(a)圆锥面的形成；(b)直观图；(c)三视图

1. 投影分析及三视图画法

如图 3－7(b)(c)所示，圆锥轴线为铅垂线，底面为水平面，水平面投影反映实形(圆)，正面和侧面投影分别积聚为直线。圆锥面没有积聚性，水平投影与底面圆的水平投影重合，正面及侧面投影为等腰三角形。

主视图的等腰三角形线框表示锥面的前半可见部分与后半不可见部分的重合投影。底边为圆锥底面的积聚投影，两腰分别表示锥面最左、最右轮廓素线 SA，SC 的投影，其在 H 面投影 sa，sc 和水平中心线重合，W 面投影 $s''a''(c'')$ 与轴线重合。

左视图的等腰三角形线框含义原理与上述内容相同，不再赘述。

绘制圆锥三视图时，应先画出圆的中心线及轴线，再画底面圆的各投影，然后画出锥顶的三面投影，最后画出各轮廓素线的投影，完成圆锥的三视图。

2. 圆锥表面上点的投影

圆锥表面上点的投影，可利用辅助线或辅助圆的方法来求得。

如图 3－8、图 3－9 所示，已知圆锥面上点 M 的 V 面投影 m'，求作其另两面投影。

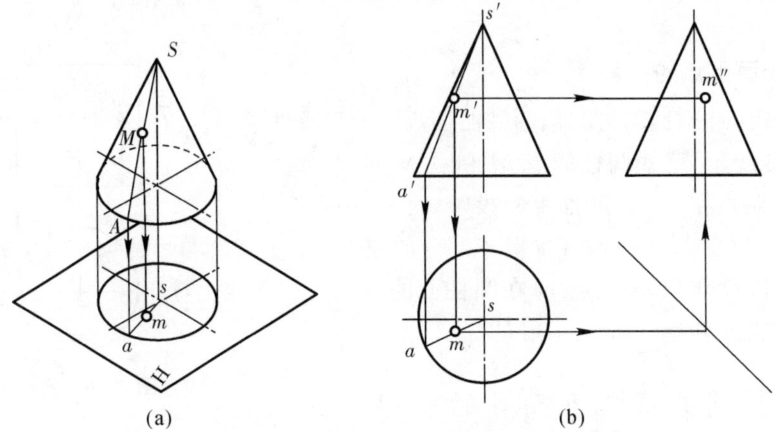

图 3－8 辅助线法在圆锥面上取点

(a)分析图；(b)三视图

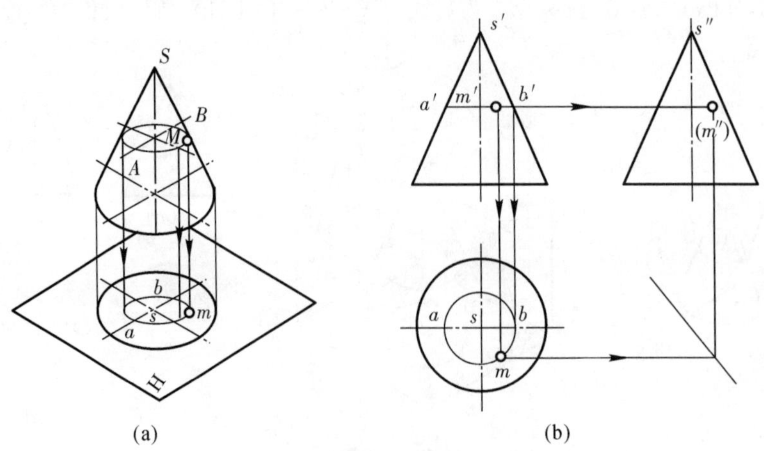

图 3－9 辅助圆法在圆锥面上取点

(a)分析图；(b)三视图

(1)辅助线法。如图 3-8 所示,过锥顶 S 和锥面上点 M 作一素线 SA,作出其 H 面投影 sa,便可求出点 M 的 H 面投影 m,然后再根据 m' 和 m,求出 m''。

由于锥面的 H 面投影均为可见,因此 m 也为可见。又因点 M 位于左半部分的锥面上,而左半部分锥面的 W 面投影为可见,故 m'' 也为可见。

(2)辅助圆法。如图 3-9(a)所示,过锥面上点 M 作一垂直于轴线且平行于底面的辅助圆,点 M 的各面投影必定在此辅助圆的相应投影上。

作图过程如图 3-9(b)所示,点 M 位于右半圆锥面上,故 m'' 为不可见。

3.2.3　圆球及其表面点的投影

圆球是由圆球面所组成的。圆球面可看作是由一条圆母线绕其直径回转而成的,如图 3-10所示。

1. 投影分析及三视图画法

圆球的三个视图为三个等大的圆,圆的直径都等于球的直径,如图 3-10 所示三个圆分别表示三个不同方向的圆球面轮廓素线的投影。

主视图中圆 a' 表示前半个球面与后半个球面的分界线,是平行于 V 面的轮廓素线圆的投影,它的 H 和 W 面投影与对称中心线 a,a'' 重合,不应画出。

俯视图中圆 b 表示上半球面和下半球面的分界线,是平行于 H 面的轮廓素线圆的投影,其 V 和 W 面投影与对称中心线 b',b'' 重合。

左视图中圆 c'' 表示左半球面和右半球面的分界线,是平行于 W 面轮廓素线圆的投影,其 H 和 V 面投影与对称中心线 c,c' 重合。

此三条轮廓素线将球体分为前、后、左、右、上、下 6 部分。其中前半部分、左半部分、上半部分可见。

绘制圆球三视图时,应先画出圆的中心线,再画出与球体等径的圆。

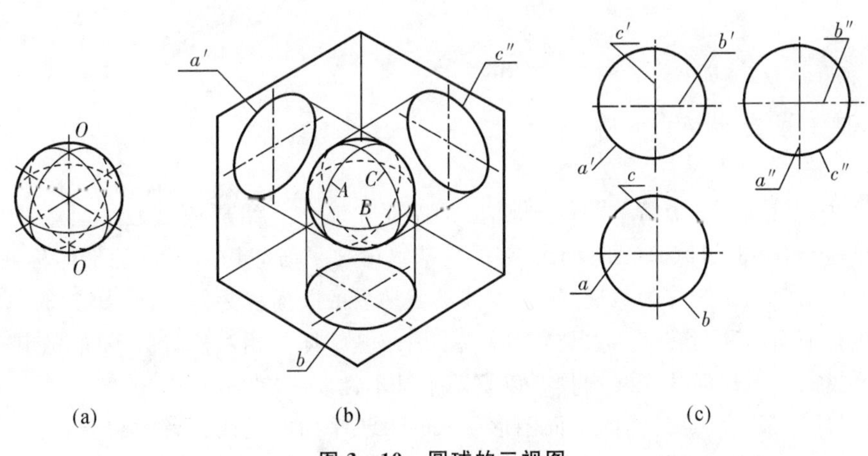

图 3-10　圆球的三视图

(a)圆球面的形成;(b)直观图;(c)三视图

2. 圆球表面上点的投影

由于圆球面无积聚性,因此除了圆球面上三条轮廓素线圆上的点可直接求得外,圆球表面上的其他位置点均需利用辅助圆法方能求出。

如图 3-11 所示,已知球面上点 M 的正面投影 m',求 m 和 m''。

据 m'的位置及可见性可知点 M 在前半球面的右上部。过点 M 在球面上作平行于 H 面或 W 面的辅助圆,即可在此辅助圆的各面投影上求得点 M 的相应投影。

如图 3-11(a)所示,在球面的主视图中过 m'作水平辅助圆的投影 $1'2'$,再在俯视图中作出辅助圆的水平投影(即以 O 为圆心,$1'2'$为直径画圆),即可求出点 M 的水平投影 m,最后由 m'和 m 求得 m''。其中 m 为可见,m''为不可见。

同理,也可按如图 3-11(b)所示在球面上作平行于 W 面的辅助圆求解,或在球面上作平行于 V 面的辅助圆求解均可,此处不再赘述。

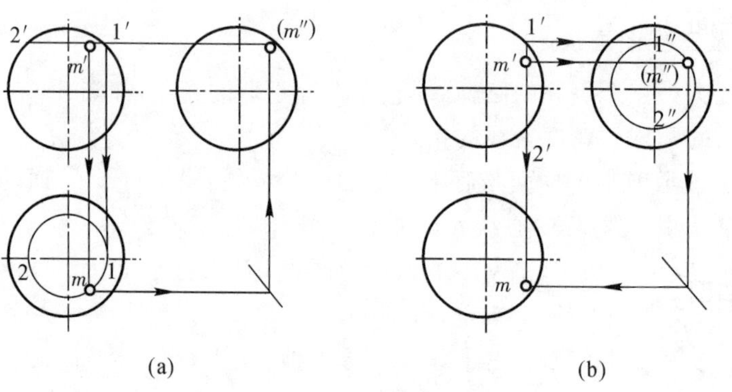

图 3-11 球体表面取点

(a)作水平辅助圆取点;(b)作侧平辅助圆取点

3.3 截 交 线

3.3.1 截交线的性质及求法

常见机件一般并非一个简单的基本形体,通常是由基本体组成或被截平面截切一部分或几部分而成的,如图 3-12(c)(d)所示的零件。基本体被平面截切后形成的形体称截断体,截平面与基本体表面的交线称为截交线,基本体被截切后的断面称为截断面,如图 3-12 所示。

基本体有平面体和回转体两大类,又因截平面与基本体的相对位置的不同,故其截交线的形状也各不相同。但任何截交线均具有以下两个基本性质:

(1)封闭性。截交线是封闭的平面图形(平面折线、平面曲线或二者的组合)。

(2)共有性。截交线是截平面与基本体表面的共有线。

根据以上性质,求作截交线的实质,实际上就是求出截平面与基本体表面的一系列共有点,然后依次连接各点即可。

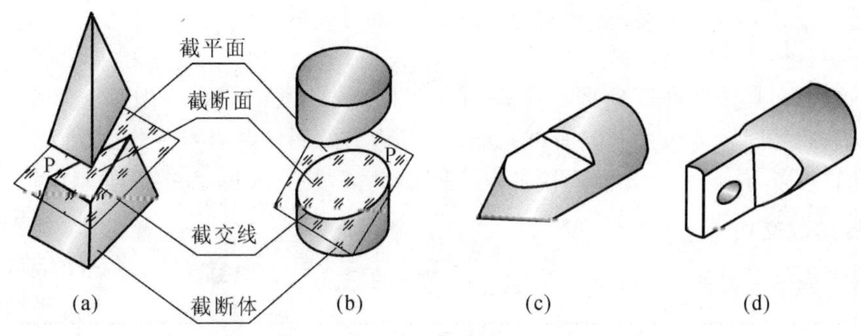

图 3－12　截断体

(a)三棱锥体;(b)圆柱体;(c)顶尖;(d)拨叉轴

3.3.2　平面体的截交线

由于平面体的表面是由若干平面图形组成的,故其截交线是由直线所组成的封闭的平面多边形。多边形的各顶点是截平面与立体棱线的交点,多边形的各边是截平面与各棱面的交线,如图 3－13(a)所示。因此,求作平面体的截交线,实质上就是求出截平面与平面体上各个被截棱线的交点,然后顺次连接即得截交线。

[**例 3－1**]　如图 3－13 所示,求作斜切四棱锥的截交线。

分析:截平面 P 为正垂面,与棱锥的四条侧棱相交,故截交线为一平面四边形,只需求出截交线 4 个顶点的各面投影,然后顺次连接各顶点的同面投影,即得截交线的投影。

作图:如图 3－13(b)所示。

(1)因截平面 P 为正垂面,故截断面的正面投影积聚为直线,可直接求出截交线各顶点的正面投影(1′),2′,3′,(4′)。

(2)根据直线上点的投影规律,求得各顶点的另两面投影。

(3)依次连接各顶点的同面投影,即得截交线的投影。

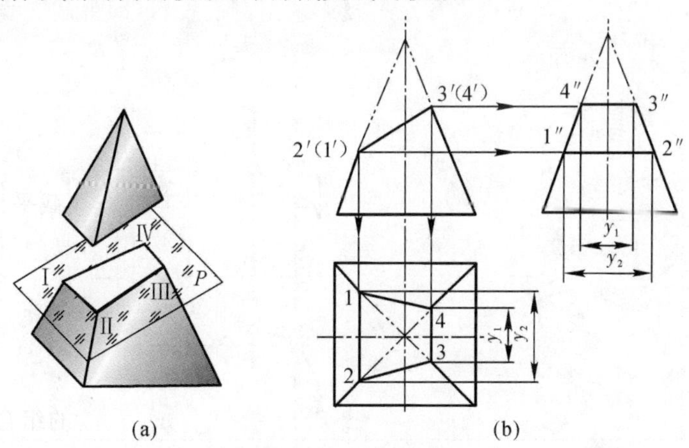

图 3－13　斜切四棱锥

3.3.3 回转体的截交线

回转体的表面是由曲面或曲面和平面所组成的，因此其截交线一般是封闭的平面曲线。截交线是截平面与回转体表面的共有线，其上的点均为二者的共有点。作图时，一般先求出一系列共有点的投影，然后依次光滑连接各点的同面投影，即可求得截交线的投影。

1. 圆柱的截交线

由于截平面与圆柱轴线的相对位置不同，圆柱的截交线有三种不同的形状，见表 3-1。

表 3-1 平面截切圆柱的截交线

截平面位置	平行于轴线	垂直于轴线	倾斜于轴线
截交线形状	矩形	圆	椭圆
轴测图	P	P	P
投影图			

[例 3-2] 如图 3-14 所示，求作斜切圆柱的截交线。

分析：圆柱被正垂面斜切，截交线为椭圆。因截平面在 V 面上有积聚性，故截交线(椭圆)的正面投影积聚为一斜直线，水平投影与圆柱面的水平投影重合为圆，侧面投影为缩小的椭圆(类似形)。根据投影规律，由正面投影和水平投影求出侧面投影，即得截交线的投影。

作图：如图 3-14(b)所示。

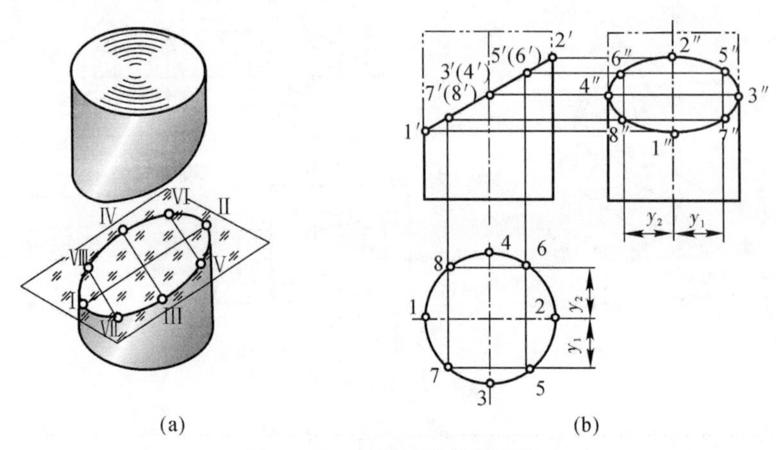

图 3-14 斜切圆柱的截交线

(1)求特殊位置点。特殊点:一般指最高、最低、最左、最右、最前、最后点以及轮廓线上的点。由图 3-14(a)可知,点Ⅰ,Ⅱ是截交线的最低点和最高点,也是最左和最右点;点Ⅲ,Ⅳ是最前点和最后点,位于圆柱的最前、最后两条素线上。它们的水平和正面投影均处于已确定的特殊位置,根据投影关系即可求出侧面投影 1″2″3″4″,如图 3-14(b)所示。

(2)求一般位置点。在特殊点之间作出适量的一般位置点Ⅴ,Ⅵ,Ⅶ,Ⅷ,根据它们的水平投影和正面投影即可求出侧面投影。一般点数量的多少,主要依据作图准确程度的要求而定。

(3)依次光滑连接各点,即得截交线的侧面投影。

2. 圆锥的截交线

根据截平面与圆锥轴线的相对位置不同,其截交线有 5 种情况,见表 3-2。

从表 3-2 中可以看出,当圆锥截交线为圆和直线(三角形)时,其投影可直接画出,而当截交线为椭圆、抛物线和双曲线时,则需采用求共有点的方法作图。

表 3-2　平面截切圆锥的截交线

截平面位置	过锥顶	垂直于轴线 $\theta=90^\circ$	倾斜于轴线 $\theta>\alpha$	平行于素线 $\theta=\alpha$	平行于轴线 $\theta<\alpha$
截交线形状	相交两直线(三角形)	圆	椭圆	抛物线	双曲线
轴测图					
投影图					

[**例 3-3**]　如图 3-15 所示,圆锥被正平面截切,求其截交线的投影。

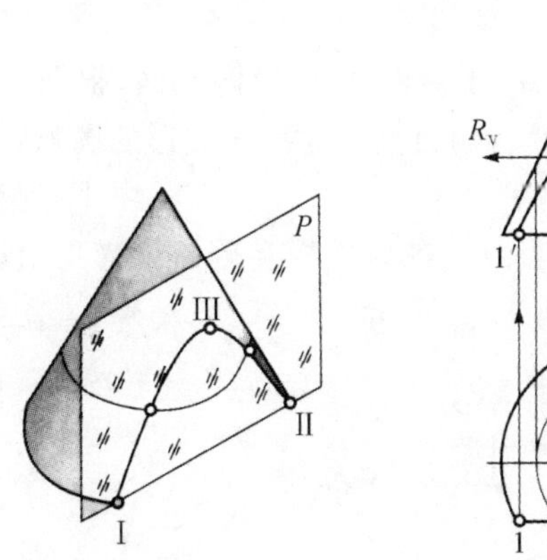

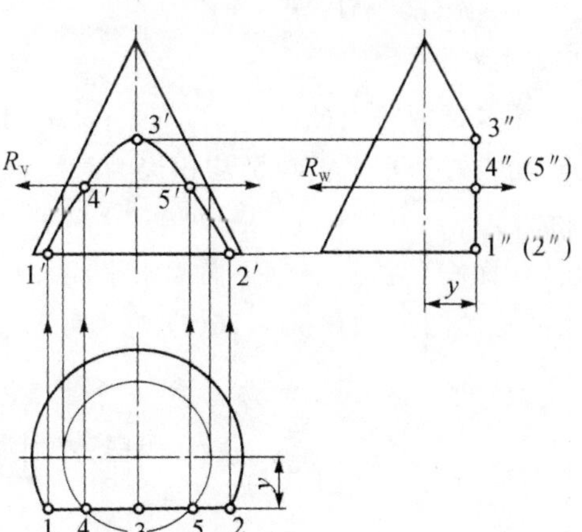

图 3-15　正平面截切圆锥

分析:圆锥被正平面所截切,由表 3-2 可知,其截交线为双曲线。截交线的水平投影和侧面投影均积聚为直线,正面投影为双曲线实形。

作图:如图 3-15(b)所示。

(1)求特殊位置点。由图 3-15(a)可知,Ⅰ,Ⅱ两点是截交线双曲线的最低点,Ⅲ是最高点,根据它们的侧面投影和水平投影即可求出正面投影 1′2′3′,如图 3-15(b)所示。

(2)求一般位置点。作辅助平面 R 与圆锥相交得一圆,该圆的水平投影与截平面 P 的水平投影相交得 4,5 两点,根据投影关系可求得正面投影。

(3)顺次光滑连接各点的同面投影,即得截交线的投影。

3. 圆球的截交线

任何位置的截平面截切圆球,其截交线均是圆。但由于截平面相对于投影面的位置不同,其截交线的投影可以是直线、圆或椭圆。

[**例 3-4**] 求作切槽半球的投影,如图 3-16 所示。

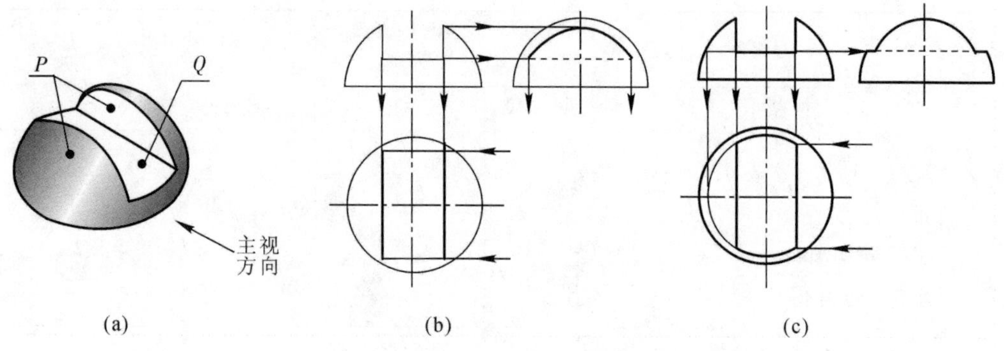

图 3-16 带切口槽半球的投影

(a)立体图;(b)完成平面 P 的投影;(c)完成平面 Q 的投影

分析:半球上方切口槽是由左、右对称的两个侧平面和一个水平面截切而形成的,其截断面分别为 P 和 Q,据圆球截交线的形状可知 P,Q 均为圆弧平面。若作出 P,Q 的各面投影,即可完成截交线投影。

作图:如图 3-16(b)(c)所示。

(1)作完整半球的三视图。

(2)根据槽宽及槽深完成截断面 P 的投影。由于截断面 P 为侧平面,根据面的投影特性可知,P 面的正面投影和水平面投影均积聚为直线,侧面投影为反映实形的圆弧。具体作法如图 3-16(b)所示。

(3)完成截断面 Q 的投影。Q 平面为水平面,故其正面投影和侧面投影均积聚为直线,水平投影为反映实形的圆弧,如图 3-16(c)所示。

3.4 相 贯 线

两相交的立体称为相贯体,相交两立体表面产生的交线称为相贯线,如图 3-17 所示。本节主要研究两回转体相交产生的相贯线。

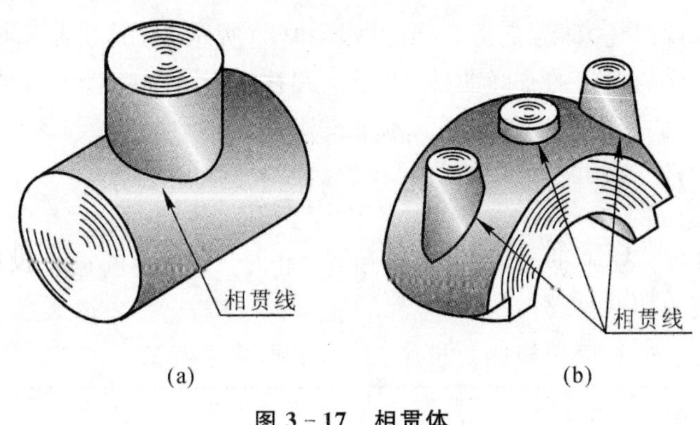

图 3-17　相贯体

(a)三通；(b)轴承盖

3.4.1　相贯线的性质及求法

由于相交两回转体的几何形状和相对位置的不同，其相贯线的形状也各不相同，但任何相贯线都具备下述两个基本性质：

(1)共有性。相贯线是两个基本体表面的共有线，是一系列共有点的集合。

(2)封闭性。由于相贯体具有一定的范围，所以相贯线一般均是封闭的空间曲线，特殊情况下是平面曲线或直线。

由上述性质可知，求作相贯线的实质，其实就是求两个回转体表面的一系列共有点，并将它们光滑连接，即可得出相贯线。常用的方法有积聚性法和辅助平面法。

3.4.2　利用积聚性求作相贯线

两回转体相交，若其中一回转体的投影具有积聚性，则相贯线上的点可利用投影的积聚性，通过表面取点的方法求得。

[例 3-5]　如图 3-18 所示，求作两圆柱正交的相贯线。

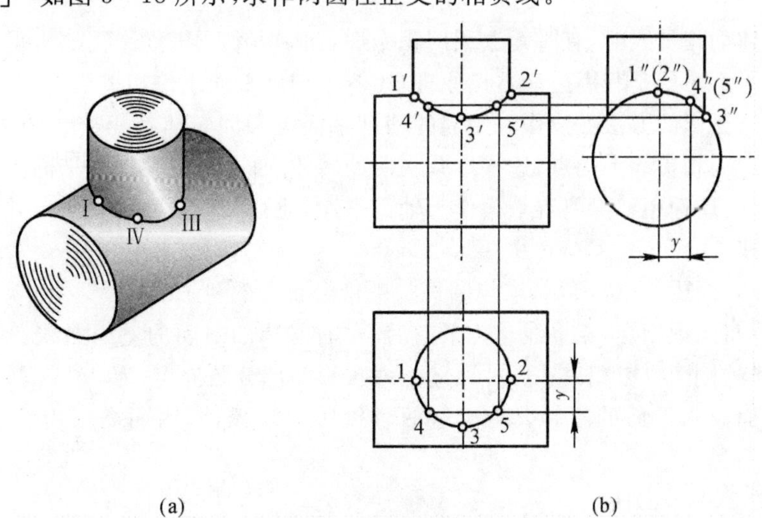

图 3-18　两圆柱正交

分析：两圆柱垂直相交，称为正交。如图 3－18(a)所示，两圆柱轴线垂直相交，其相贯线为一条前后、左右对称的封闭的空间曲线；由于两圆柱轴线分别垂直于水平投影面和侧立投影面，因此，相贯线的水平投影与小圆柱面的水平投影重合，侧面投影与大圆柱面的侧面投影重合为一段圆弧，所以只需求出相贯线的正面投影。

作图：如图 3－18(b)所示。

(1)求特殊位置点。最高点Ⅰ，Ⅱ(也是最左、最右点)及最低点Ⅲ(最前点)的正面投影1′,2′,3′可根据已知条件直接求得。

(2)求一般位置点。利用积聚性及投影关系，根据水平投影 4,5 和侧面投影 4″,(5″)求出正面投影 4′,5′。

(3)依次光滑连接各点的正面投影，即得相贯线的正面投影。

如图 3－19 所示为圆柱穿孔，其相贯线的画法与两圆柱正交的作图原理相同，此处不再加以叙述，读者可自行分析。

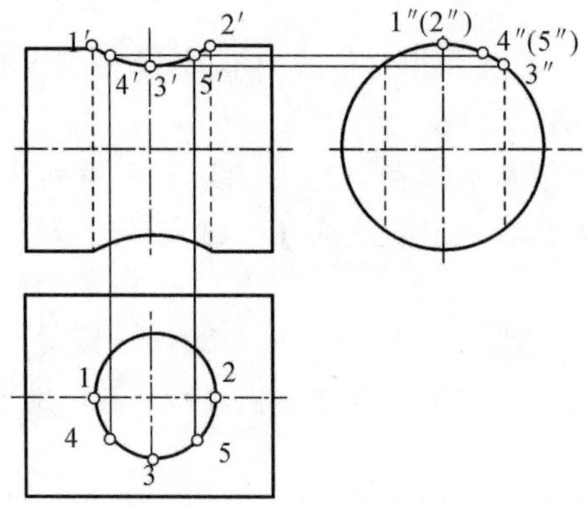

图 3－19 圆柱穿孔

3.4.3 利用辅助平面法求作相贯线

求两回转体的相贯线时，有时无法利用积聚性，此时可利用辅助平面法求得。

所谓辅助平面法就是利用三面共点原理，用若干辅助平面求出相贯线上一系列共有的点，从而画出相贯线投影的方法。设作一恰当的辅助平面与两回转体都相交并产生截交线，两条截交线的交点即为相贯线上的点，这些点既在两回转体表面上，又在辅助平面内。

为作图方便，应选用特殊位置平面作为辅助平面(通常为投影面平行面)，并使其截交线的投影为圆或直线。

[例 3－6] 如图 3－20 所示，求作圆柱与圆锥台正交的相贯线。

分析：圆柱与圆锥相交，相贯线是一条前后、左右对称的封闭的空间曲线。圆柱的轴线为侧垂线，相贯线的侧面投影积聚在圆柱面的侧面投影的部分圆周上(为一段圆弧)，所以只需求得相贯线的正面及水平面的投影。由于这两个投影无积聚性，因而需采用辅助平面法求相贯线。

作图：如图 3－20(b)所示。

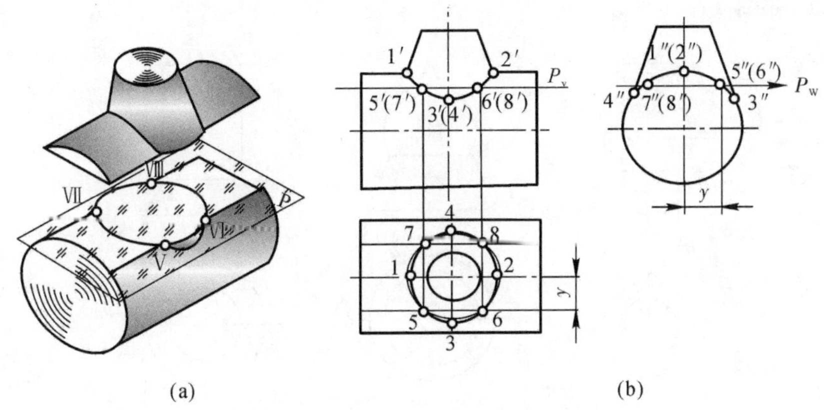

图 3-20　圆柱与圆锥台正交的相贯线

(1)求特殊位置点。根据相贯线的性质先确定最高点Ⅰ,Ⅱ(也是最左、最右点)和最低点Ⅲ,Ⅳ(也是最前、最后点)的侧面投影,即可求得其正面投影及水平投影。

(2)求一般位置点。在特殊点之间适当的位置选用一水平面 P 作为辅助平面,其辅助平面截切圆锥的截交线的水平投影为圆,截切圆柱的截交线的水平投影为两条平行直线,两截交线的交点 5,6,7,8 即为相贯线上的点。再根据水平投影求出侧面及正面投影。

(3)判断可见性,依次光滑连接各点成线。由于相贯体前后对称,相贯线前半部分与后半部分的正面投影重合为一曲线。光滑连接各点的同面投影,即得相贯线的正面投影和水平投影。

3.4.4　相贯线的简化画法

工程上经常会遇到两圆柱垂直相交的情况,为使作图简便,在不致引起误解或对准确度要求不高的情况下,允许用圆弧代替非圆曲线的相贯线。如图 3-21 所示,两圆柱轴线垂直相交,直径相差较大时,其相贯线的正面投影以大圆柱的半径即 $D/2$ 为半径画圆弧即可。

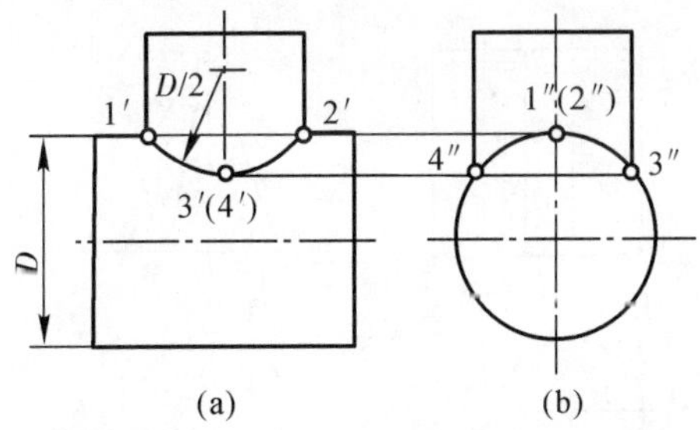

图 3-21　用圆弧代替相贯线的简化画法

3.4.5　相贯线的特殊情况

两个回转体相交,其相贯线一般为空间曲线。但在特殊情况下,也可能是平面曲线或直线。当两个回转体具有公共轴线时,其相贯线为圆。该圆在与回转体轴线所平行的投影面上的投影为直线，如图 3－22 所示。

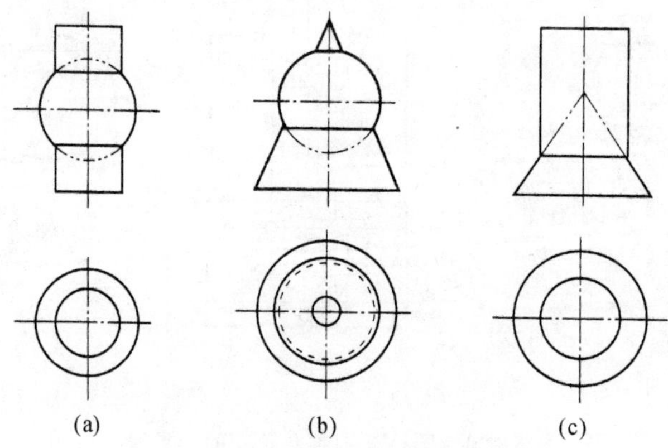

图 3－22 相贯线的特殊情况(一)

当圆柱与圆柱或圆柱与圆锥轴线相交，并公切于一圆球时，其相贯线为椭圆。该椭圆在与两回转体轴线所平行的投影面上的投影为直线，如图 3－23 所示。

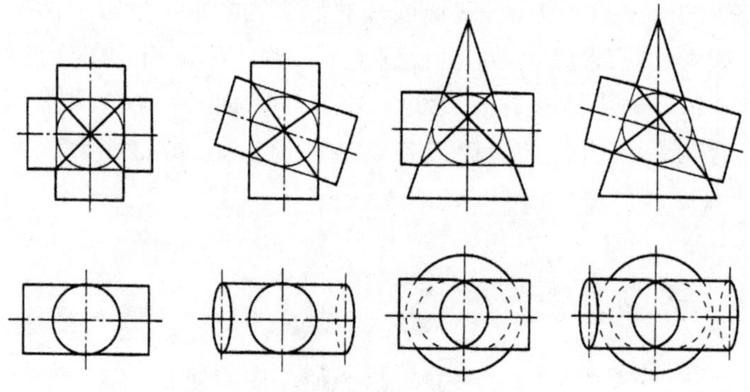

图 3－23 相贯线的特殊情况(二)

当两圆柱轴线平行或两圆锥共顶相交时，其相贯线为直线，如图 3－24 所示。

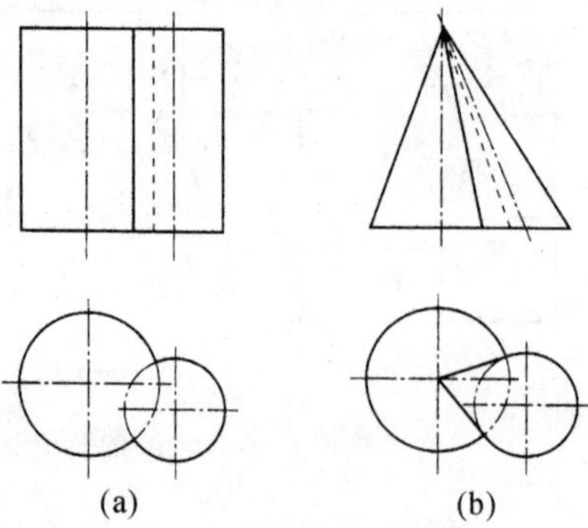

图 3－24 相贯线的特殊情况(三)

若在绘制相贯线时遇到上述各类特殊情况，可直接画出相贯线。

3.5　简单形体的尺寸标注

3.5.1　平面立体的尺寸标注

对于平面立体，一般应标注长、宽、高三个方向的尺寸，如图 3－25 所示。

正方形的尺寸可采用“边长×边长”的形式或在尺寸数字前加注符号“□”，如图 3－25(c)所示。

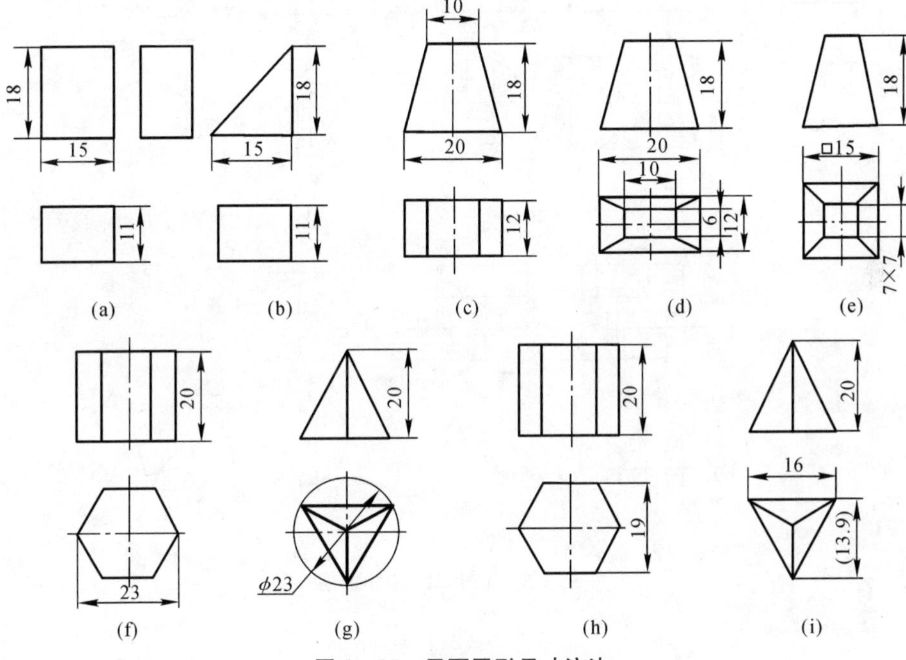

图 3－25　平面图形尺寸注法

棱柱、棱锥及棱台，除标注确定其顶、底面形状大小的尺寸外，还应注出高度尺寸，为了便于看图，确定顶面和底面形状大小的尺寸应标注在反应其实形的视图上。

3.5.2　回转体的尺寸标注

圆柱和圆锥应注出底圆直径和高度尺寸，圆台还应加注顶圆直径。直径尺寸一般标注在非圆视图上，并在数字前加注符号“ϕ”。当把尺寸集中标注在一个非圆视图上时，这一个视图就可确定其形状及大小，如图 3－26 所示。

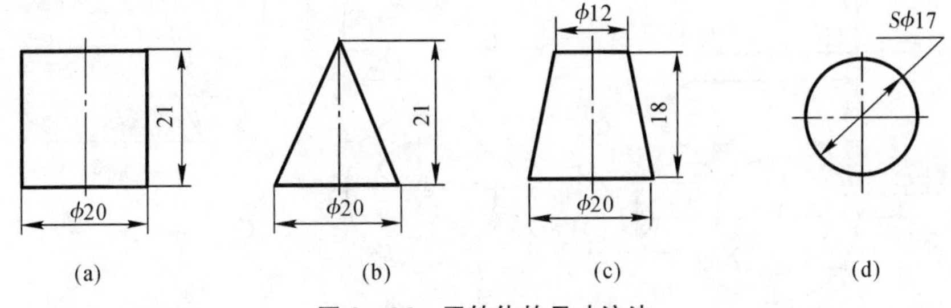

图 3－26　回转体的尺寸注法

圆球直径要在数字前加注“S ϕ”，也只需一个视图，如图 3－26(d)所示。

3.5.3 截断体的尺寸标注

标注截断体尺寸时，一般应先注出未截切前形体的定形尺寸，然后注出截平面的定位尺寸，而不需标注截交线的定形尺寸，如图 3-27 所示。

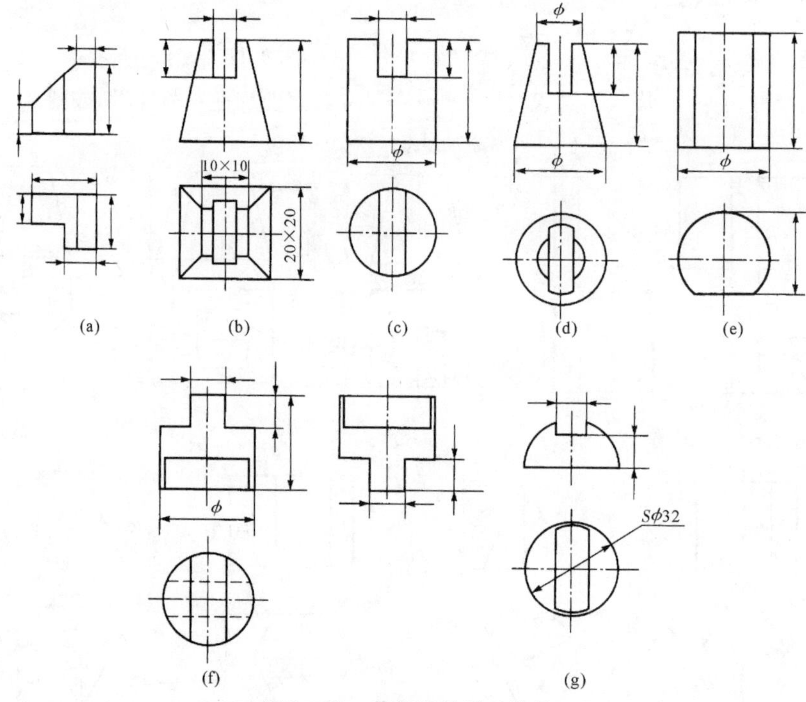

图 3-27 截断体的尺寸注法

3.5.4 相贯体的尺寸标注

标注相贯体尺寸时，需注出参与相贯的各立体的定形及定位尺寸，因为只有在两相交的基本体的形状、大小及相对位置确定后，相贯体的形状、大小才能完全确定，从而相贯线的形状及大小也随之确定。因此，相贯线不需要再另行标注尺寸，如图 3-28 所示。

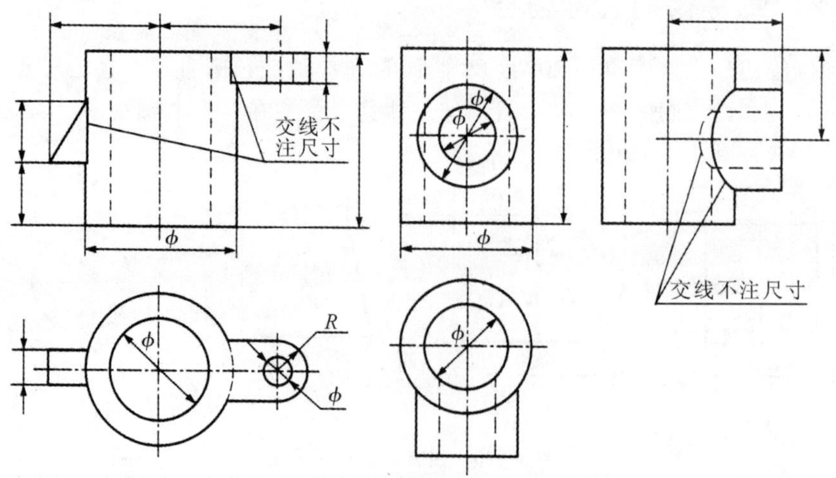

图 3-28 相贯体的尺寸标注

第4章 轴测投影

4.1 轴测图的基本知识

轴测图是一种富于立体感的单面投影图，用轴测投影绘出的轴测图，能同时反映物体三个方向的形状。虽度量性差、作图复杂，但直观性好，具有较强的立体感，故在工程上采用其作辅助图样，用来说明产品的结构和使用方法。在设计和测绘中，可帮助进行空间构思、分析和表达。

4.1.1 轴测投影方法

将物体及其参考直角坐标系，用平行投影法将其投影在单一投影面 P 上得到具有立体感的图形的方法称为轴测投影法，所得到的图形称为轴测图。如图 4-1 所示。

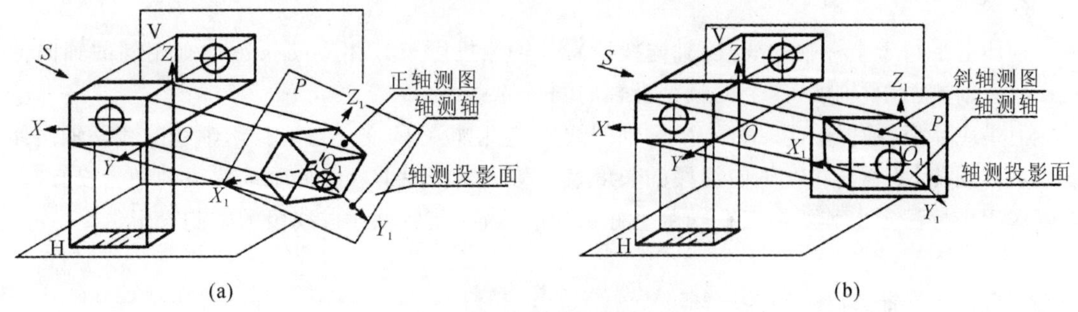

图 4-1 轴测投影的形成

(a)正轴测投影；(b)斜轴测投影

根据投射方向 S 与轴测投影面的相对位置，它分为正轴测投影和斜轴测投影两类。

1. 正轴测投影

投射方向与轴测投影面垂直。物体的三个坐标轴都倾斜于轴测投影面，如图 4-1(a)所示 P 面上的轴测投影。

2. 斜轴测投影

投射方向与轴测投影面倾斜。为作图方便，通常将轴测投影面平行于坐标面，如图 4-1(b)所示 P 面上的轴测投影。

4.1.2 轴测图名词解释

1. 轴测轴

直角坐标轴 OX,OY,OZ 在轴测投影面上的投影 O_1X_1,O_1Y_1,O_1Z_1 称为轴测投影轴，简称轴测轴。

2. 轴间角

轴测投影图中两根轴测轴之间的夹角，称之为轴间角。

3. 轴向伸缩系数

轴测轴上的单位长度与相应投影轴上的单位长度的比值，称之为轴向伸缩系数。OX，OY，OZ 轴上的伸缩系数分别用 p_1，q_1 和 r_1 表示，简化系数分别用 p，q 和 r 表示。

4. 轴向线段

轴测图中平行于轴测轴的线段称之为轴向线段，它们与所平行的轴测轴有相同的轴向伸缩系数。

4.1.3 轴测投影的特性

1. 平行性

物体上原来互相平行的线段在轴测投影中仍然互相平行，与坐标轴平行的线段，其轴测投影必平行于相应的轴测轴。

2. 定比性

物体上平行于坐标轴的线段(轴向线段)，其轴测投影与其相应的投影轴有相同的轴向伸缩系数。轴测图中"轴测"这个词就是沿轴向测量的意思。

但是应注意，物体上不平行于坐标轴的线段，它们投影的变化与平行于轴线的线段轴向伸缩系数不同，因此不能将非轴向线段的长度直接移到轴测图上。画非轴向线段的轴测投影时，需要应用坐标法定出其两端点在轴测坐标系中的位置，然后再连成线段的轴测投影。

4.1.4 轴测图的种类

轴测图分为正轴测图和斜轴测图两类。每类再根据轴向伸缩系数的不同，又可分为三种：

(1)若 $p_1=q_1=r_1$，即三个轴向伸缩系数相同，简称正(或斜)等测；

(2)若有两个轴向伸缩系数相等，即 $p_1=q_1\neq r_1$，简称正(或斜)二测；

(3)若三个轴向伸缩系数都不相等，即 $p_1\neq q_1\neq r_1$，简称正(或斜)三测。

工程上应用最多的是正等测和斜二测，本章主要介绍这两种轴测图的画法。

4.2 正等轴测图画法

4.2.1 正等轴测图的形成

当物体上三个坐标轴与轴测投影面具有相同的夹角，用正投影方法向轴测投影面投射，这样得到物体的投影称为正等轴测图，简称正等测。

如图 4－2 所示的正方体，设其后面三根棱线为直角坐标轴，将图从 4－2(a)的位置绕 Z 轴旋转 45°，至图 4－2(b)的位置；再绕 O 向前倾斜到正方体的对角线垂直于投影面 P，至图 4－2(c)中的位置。在此位置上正方体的三个坐标轴与轴测投影面有相同的倾角，用正投影法向轴测投影面 P 投影，所得轴测图即为此正方体的正等轴测图。

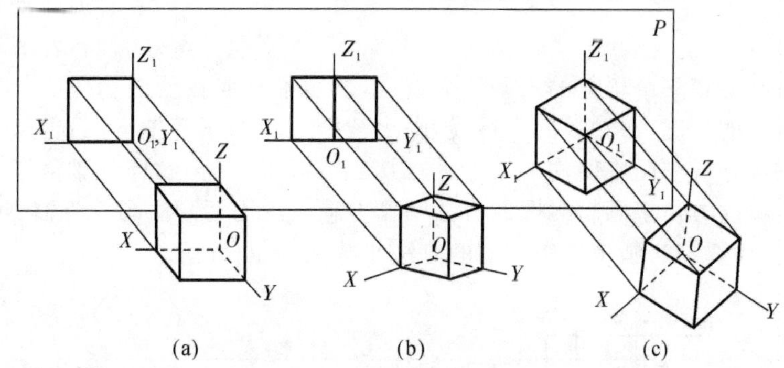

图 4－2　正等轴测图的形成

正等轴测轴的三个轴间角均为 120°，如图 4－3(a)所示，三个轴向伸缩系数相等，由几何关系可以证明：$p_1=q_1=r_1\approx0.82$。为了作图方便，画正等测图时，常取轴向伸缩系数为 1，称为简化系数，即 $p=q=r=1$。采用简化系数画成的正等轴测图比实际投影的尺寸约大 22%，但并不影响立体感，而使作图简便许多，如图 4－3(b)所示。

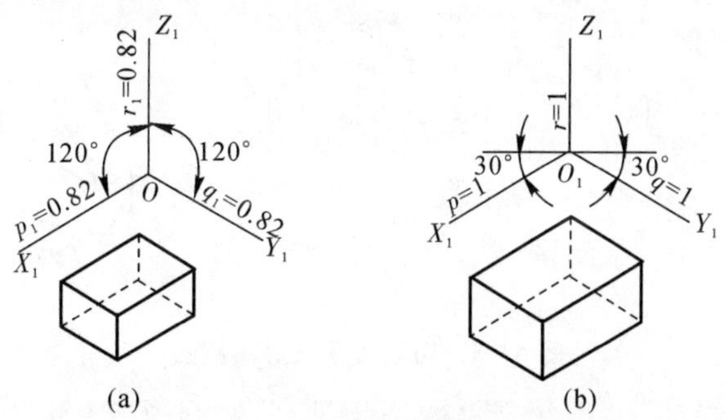

图 4－3　正等轴测投影的轴测轴、轴间角、轴向伸缩系数

画物体的轴测图时，先要确定轴测轴的位置，然后再根据轴测轴作为基准来画轴测图。轴测轴可以设置在物体之外，但通常设置在物体内，便于作图的特殊位置与主要棱线、对称中心线或轴线重合，如图 4－4 所示。绘图时，轴测轴随轴测图同时画出，也可以省略不画。

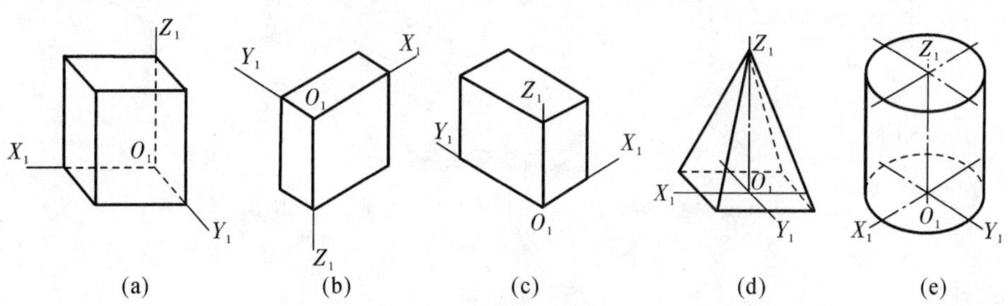

图 4－4　轴测轴设置示例

画轴测图时，用粗实线画出物体的可见轮廓，不可见轮廓一般不画，必要时，可用虚线画出物体的不可见轮廓。

4.2.2 平面体的正等轴测图画法

画平面体的正等测图主要有两种方法：一是方箱法；二是坐标法。

1. 方箱法

假设轴测轴与方箱一个角上的三条棱线重合，然后沿轴向按所画物体的长、宽、高三个外廓总尺寸截取各边的长度，作轴线的平行线，画出辅助方箱的正等轴测图；再从实物或模型上量取所需的轴向尺寸或视图中所注的尺寸进行切割或叠加，作出物体的轴测图。这种假设将物体装在一个辅助立方体里画轴测图的方法叫作方箱法。用切割法画正等轴测图的方法步骤如图 4-5 所示。用叠加法画正等轴测图的方法步骤如图 4-6 所示。

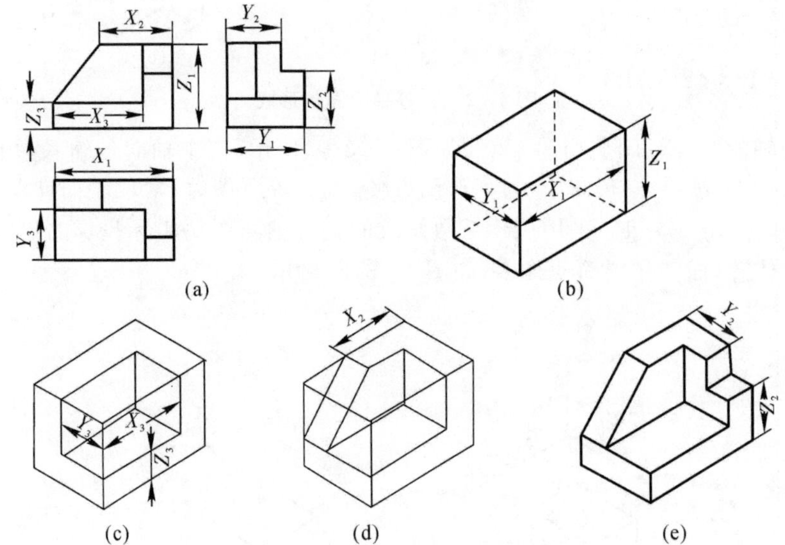

图 4-5 切割法画正等轴测图

(a)画视图；(b)画方箱；(c)切左前角；(d)切斜面；(e)切右前角

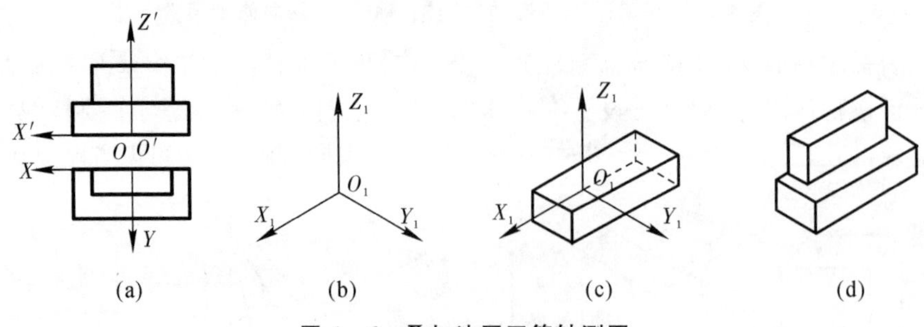

图 4-6 叠加法画正等轴测图

(a)在主、俯视图上选坐标轴；(b)画坐标轴；(c)作底部长方体的正等轴测图；
(d)用叠加法作顶部长方体的正等轴测图，并描粗

2. 坐标法

画轴测图的基本方法是坐标法。所谓坐标法，就是根据物体上各点的直角坐标，画出轴测

坐标，定出各点的轴测投影，从而作出整个物体的轴测图的方法。这种方法适用于画平面立体、曲面立体，同时适用于画正等测、斜二测和其他的轴测图。前述方箱法实质上是坐标法的另一种形式，只不过是利用辅助方箱作为基准来定点的位置的。

例如，根据正六棱柱的主、俯视图，用坐标法画其正等轴测图。具体作图步骤如图 4－7 所示。

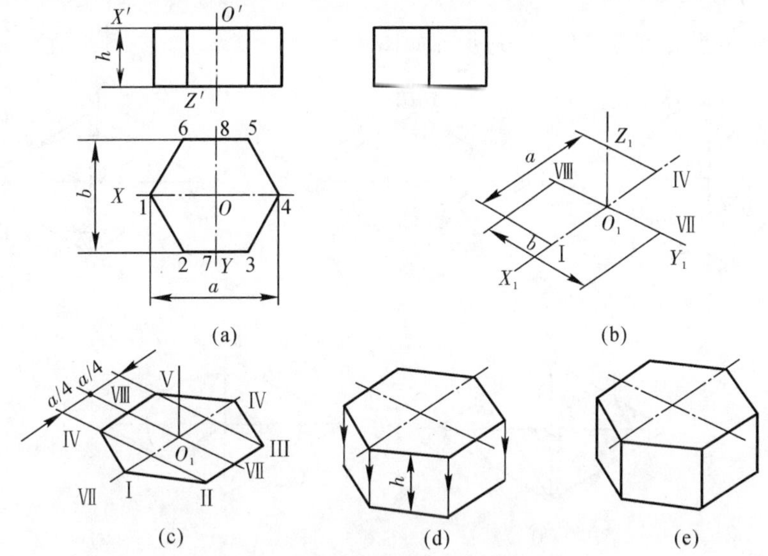

图 4－7　正六棱柱正等轴测图画法

(1)设置坐标轴，因正六棱柱前后、左右对称，故坐标原点取其顶面的中心。

(2)画轴测轴，定Ⅰ，Ⅳ，Ⅶ，Ⅷ各点。

(3)过点Ⅳ，Ⅶ作 X 轴平行线，在所作的平行线上截取 $a/4$，并依次连接各点。

(4)过各点分别向下作 Z 轴的平行线，截取高 h，画底面各边。

(5)擦去多余的线，描粗加深即可。

如图 4－8 所示是用坐标法画斜切四棱台的画法。

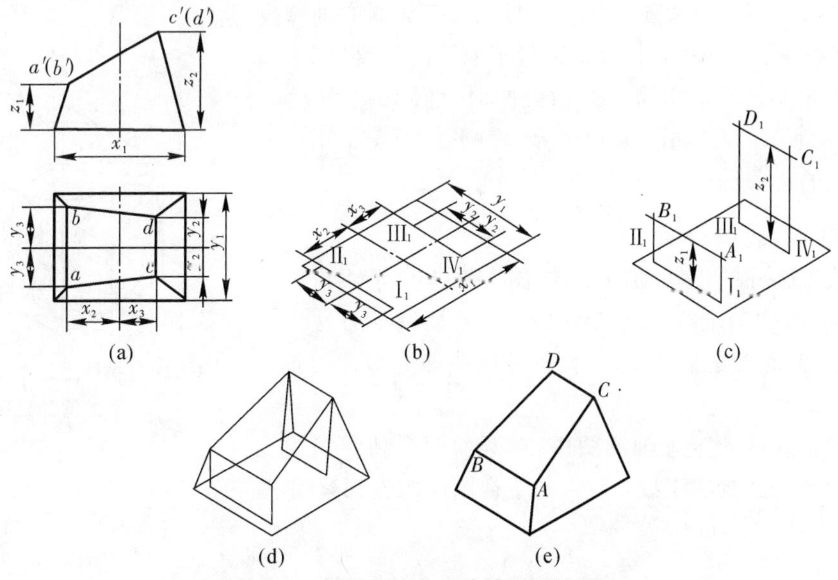

图 4－8　斜切四棱台正等轴测图的画法

(a)画视图；(b)画底板的轴测图；(c)由 Z 坐标定出顶面各点的位置；(d)连接各点；(e)擦去多余线，完成轴测图

4.2.4 回转体的正等轴测图的画法

1. 圆的正等轴测图画法

圆的正等轴测投影都是椭圆，作图步骤如图 4－9 所示。

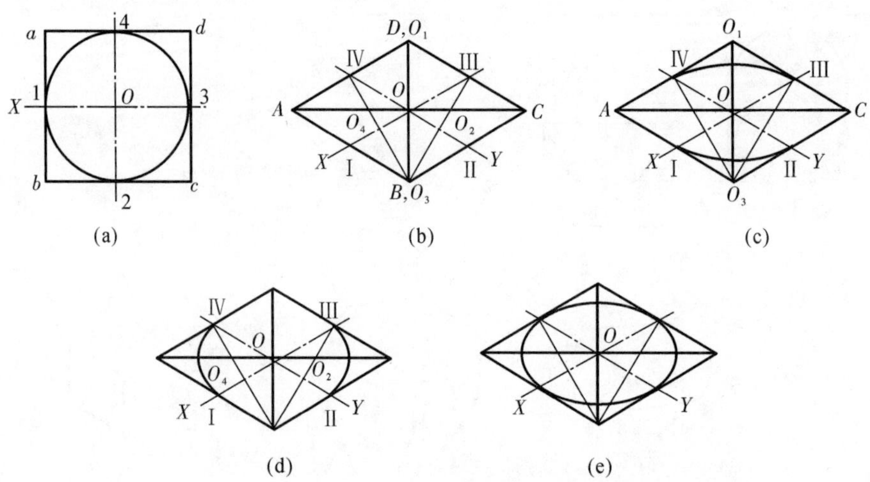

图 4－9 画平行于 H 面的圆的正等轴测图

(1)过圆心确定坐标轴 OX，OY，作圆及其外切正方形，得切点 1，2，3，4 点。

(2)画出轴测轴，确定Ⅰ，Ⅱ，Ⅲ，Ⅳ四点，作出圆外切正方形的轴测投影，即得菱形 $ABCD$(AO_3CO_1)，并连接 O_3Ⅲ，O_3Ⅳ，分别交菱形的对角线 AC 与 O_2，O_4。

(3)分别以 O_3 和 O_1 为圆心，以 O_3Ⅲ为半径画弧Ⅲ Ⅳ和Ⅰ Ⅱ。

(4)再分别以 O_2 和 O_4 为圆心，以 O_2Ⅲ为半径画弧Ⅱ Ⅲ和Ⅰ Ⅳ。

(5)描粗、加深四段圆弧，即得近似椭圆，完成圆的轴测投影。

平行坐标面的三种椭圆，长轴都等于原来圆的直径 D，短轴等于 0.58D。若采用简化系数画图时，椭圆的长轴为 1.22D，短轴为 0.7D。如图 4－10 所示为平行于三个不同坐标面的圆的正等测图。

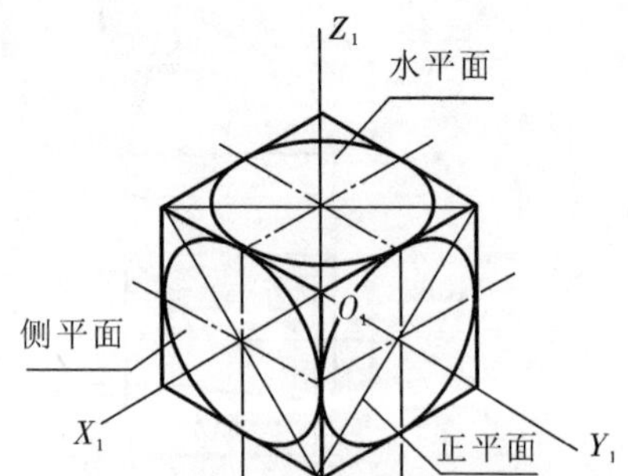

图 4－10 平行于三个不同坐标面的圆的正等测图

2. 圆柱

画竖放正圆柱的正等轴测图，如图 4－11 所示。设轴测轴 O_1Z_1 与圆柱的轴线重合，用如图 4－9 所示的方法先画圆柱上、下两底面的椭圆，再作两侧轮廓线即为圆柱的正等测图。

应注意在圆柱的正等轴测图中，椭圆的两公切线是作为轴测图中圆柱的轮廓素线，但它与主视图中的轮廓素线并不一致。

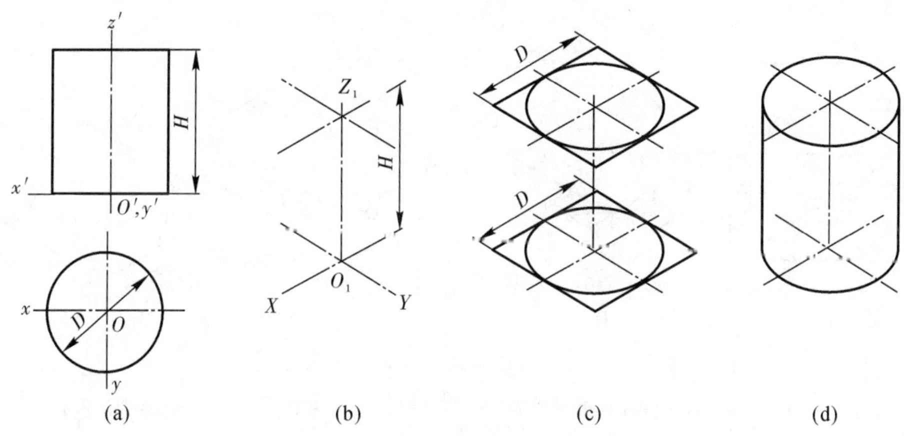

图 4－11　圆柱的正等轴测图画法

3. 圆锥

画横放圆台的正等轴测图，如图 4－12 所示。设轴测轴 O_1X_1 与圆台的轴线重合，圆台的顶圆和底圆轴测投影均为侧面位置椭圆，而圆台曲面的轮廓线为大、小两椭圆的外公切线。

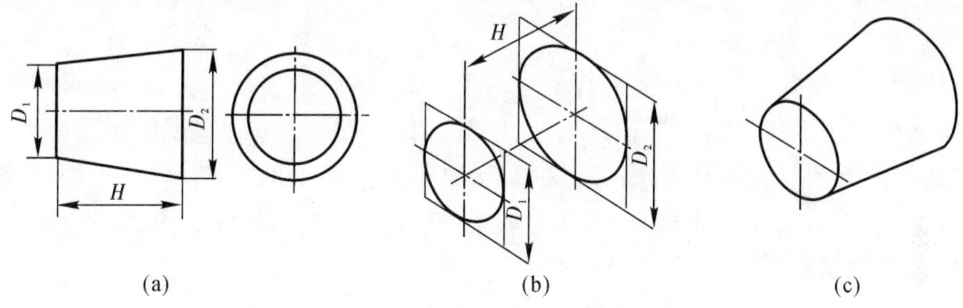

图 4－12　圆台的正等轴测图画法

4. 圆球

画圆球的正等测图，如图 4－13 所示。圆球的正等测图是能包容过同一中心的正平面、侧平面、水平面平上的椭圆的一个圆。实际作图时至少要画出一个椭圆，再以椭圆的长轴为直径画一个外切圆，即为圆的正等测图。

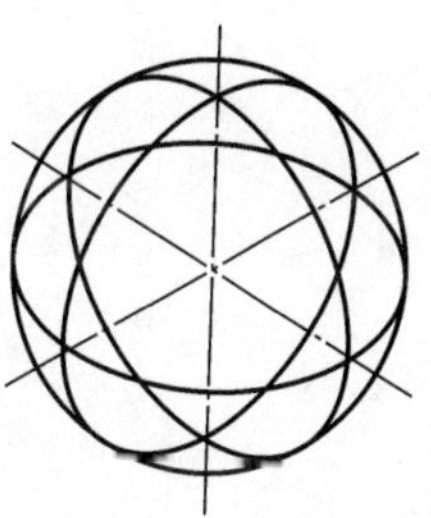

图 4－13　球的正等测图画法

5. 圆角

平行于坐标面的圆角是圆的一部分，其正等轴测图恰好是图 4－9 所述近似椭圆的四段圆弧的一段。画 1/4 圆角的轴测图，作图步骤如图 4－14 所示。

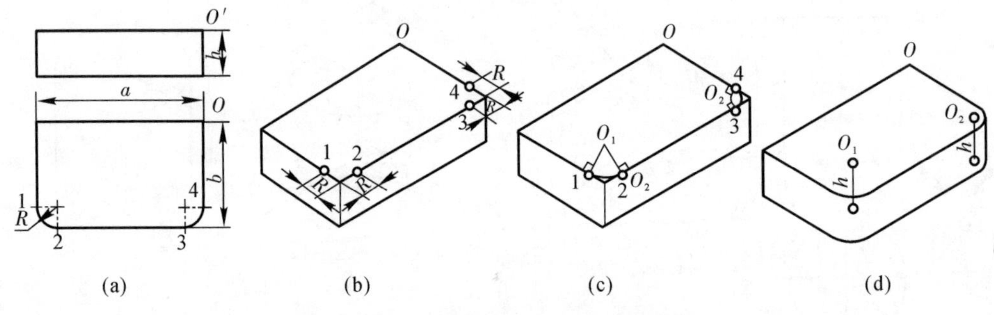

图 4-14 圆角的正等轴测图画法

(a)画视图;(b)画平板切角前的轴测图,找椭圆弧心;(c)画平板上底面两圆角的轴测图;(d)圆心平移,完成作图

4.3 斜二等轴测图的画法

4.3.1 斜二轴测图的特点

将物体放置成使其一个坐标面平行于轴测投影面,然后用斜投影方法向轴测投影面进行投射,画出来的轴测图称为斜二等轴测图,简称斜二测。

斜二测图的画法与正等轴测图的画法相似,只是它们的轴间角和轴向伸缩系数不同。斜二测图的 O_1X_1 和 O_1Z_1 轴互相垂直,轴向伸缩系数 $p_1=r_1=1$,O_1Y_1 与 O_1Z_1 轴成 135°的轴间角,轴向伸缩系数 $q_1=0.5$,如图 4-15 所示。

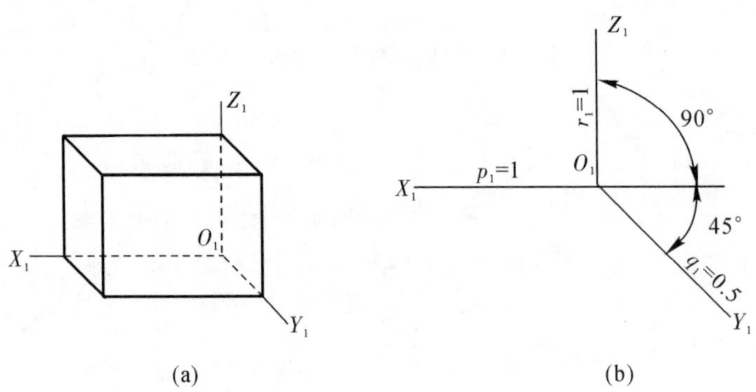

图 4-15 斜二测的轴测轴、轴间角和轴向伸缩系数

如图 4-16 所示为平行于三个坐标面,画有内切圆 A,B,C 的立方体的斜二测图。由图可知平行于 XOZ 坐标面的圆 A,其斜二测投影为 A_1,仍为圆,而平行于 XOY,YOZ 两坐标面的圆 B 和圆 C 的斜二测投影为椭圆,且这种椭圆的长、短轴不具有正等测图中的变化规律,作图较繁。斜二测的正面形状能反映形体正面的真实形状,这是它的最大优点,特别当形体正面有圆和圆弧时,画图简单方便。

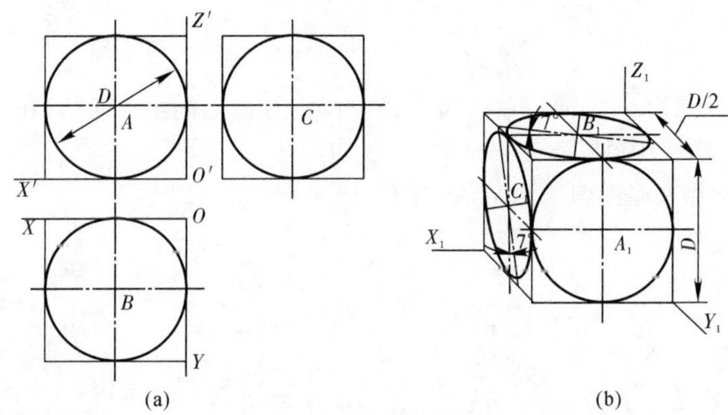

图 4－16　圆的斜二测图

如图 4－17 所示轴线为正垂线的圆台斜二轴测图的画法，如图 4－17(a)所示为圆台的两面视图，图 4－17(b)(c)(d)(e)(f)依次为其斜二测图的绘制过程。其中图 4－17(b)所示为建立轴测轴，沿 Y_1 轴向后量取相应 Y 坐标值的 1/2，确定前、后两个圆心的轴测投影距离。

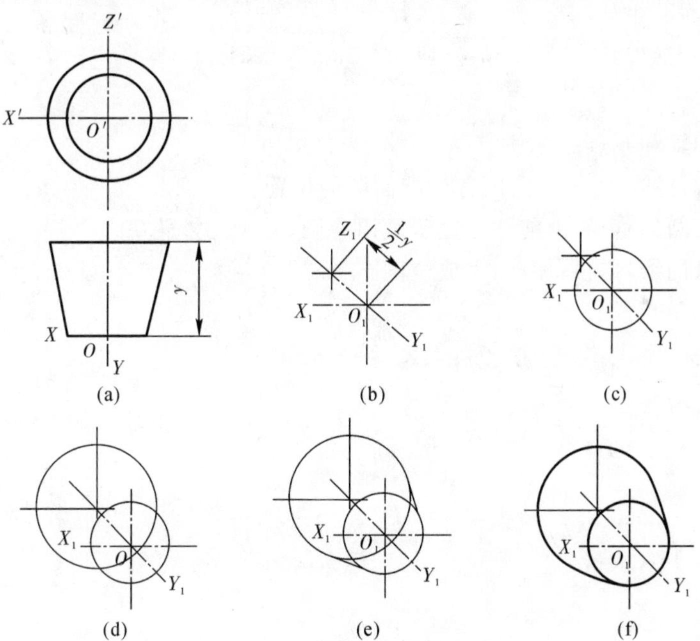

图 4－17　圆台的斜二测图

［**例 4－1**］　如图 4－18(a)所示，求作该零件的斜二等轴测图。

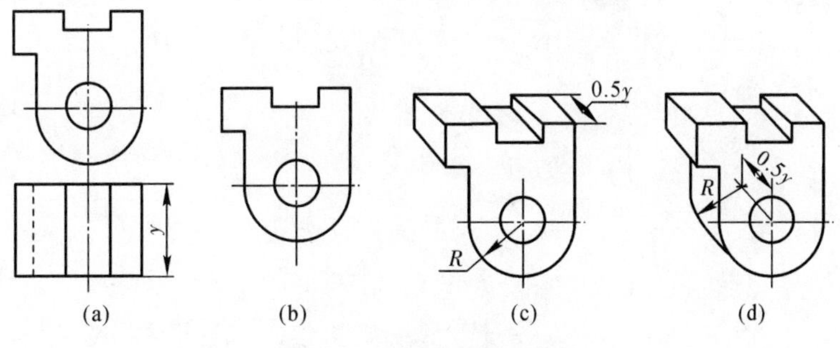

图 4－18　斜二测画法示例

作图方法：

(1)画正面形状。

(2)从前面各顶点沿 Y_1 轴向后量取相应 Y 坐标值的 1/2，画出后面的轴测投影。

(3)擦去多余线，描粗、加深，完成全图。

[**例 4-2**] 绘制端盖的斜二测图，如图 4-19 所示。

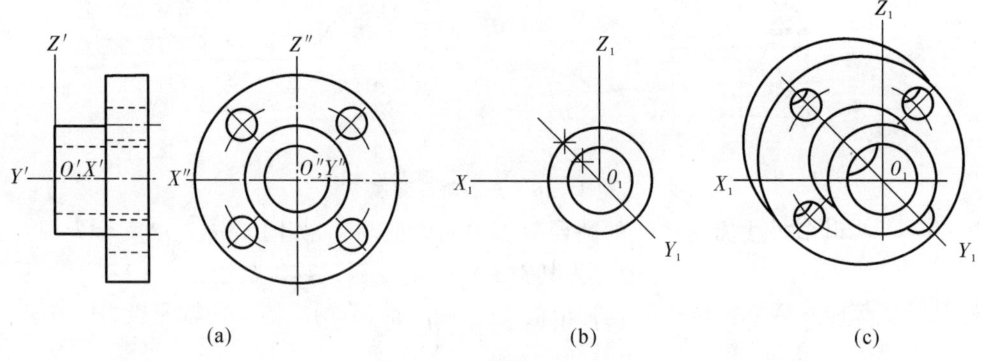

图 4-19 端盖的斜二测画法

作图方法：

(1)选定坐标轴和原点。

(2)画轴测轴，并在 Y_1 轴上定出各个端面圆的位置。

(3)按各端面圆的直径，由前往后逐步画出各圆，并画出外轮廓。

(4)擦去多余的线，描粗、加深，完成全图。

第5章　组　合　体

5.1　组合体概述

5.1.1　组合体的组合形式

由基本体按一定方式组合而成的物体称为组合体。组合体的组合形式有叠加和截切两种方式。叠加方式是指用若干个基本体，按照一定的相对位置拼接组合成为组合形体，如图5-1所示。截切方式是从基本体上切除部分形状的材料，从而形成一个组合的形体，如图5-2所示。常见的组合体是前两种形式的综合，如图5-3所示。

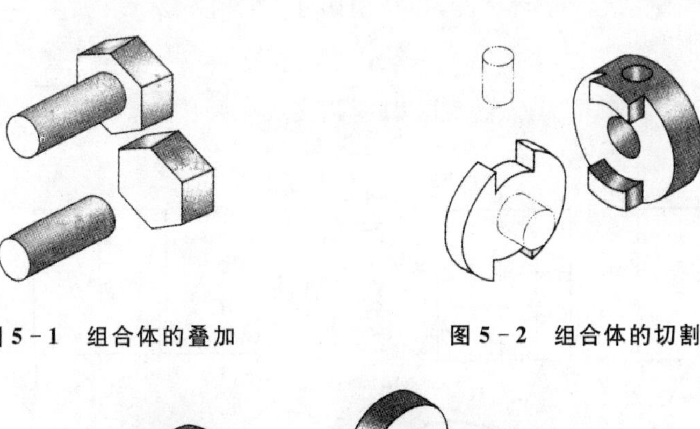

图5-1　组合体的叠加　　　　图5-2　组合体的切割

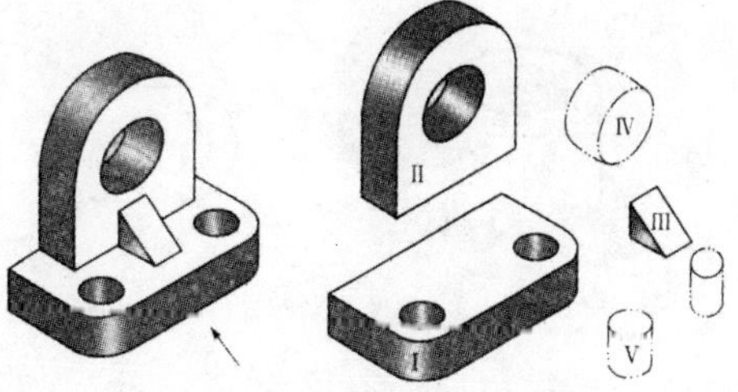

图5-3　叠加和切割的综合

5.1.2　形体分析法

形体分析法是假想把一个复杂立体分成几个基本体来分析的方法。在进行形体分析时，应弄清各形体的相对位置、组合形式及相邻表面的连接关系。简单形体的表面连接关系有平齐、不平齐、相切、相交等情况。

1. 平齐

两形体表面连接时，可以相互重合而平齐为一个平面，这时在连接处无分界线，如图 5－4 所示。

2. 不平齐

两形体表面不平齐时，在连接处有分界线，如图 5－5 所示。

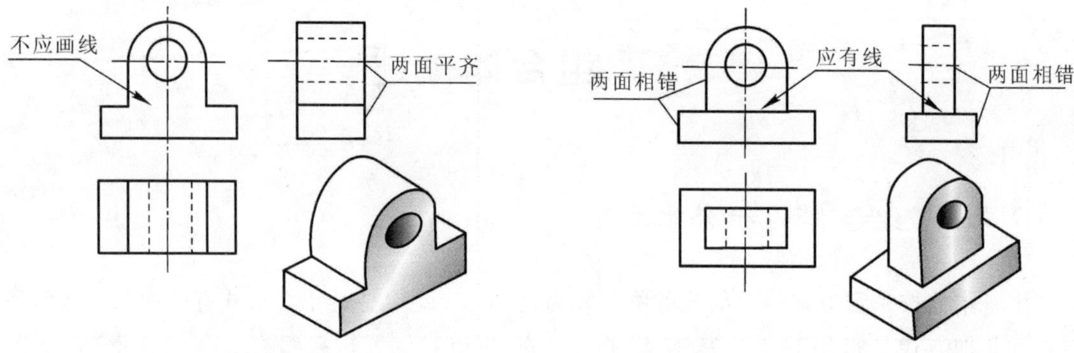

图 5－4 两形体表面平齐　　**图 5－5 两形体表面不平齐**

3. 相切

当形体表面相切时，表面光滑过渡，在其相切处不存在轮廓线，如图 5－6 所示。

4. 相交

两形体表面相交时，在相交处会产生交线，且交线必须画出，如图 5－7 所示。

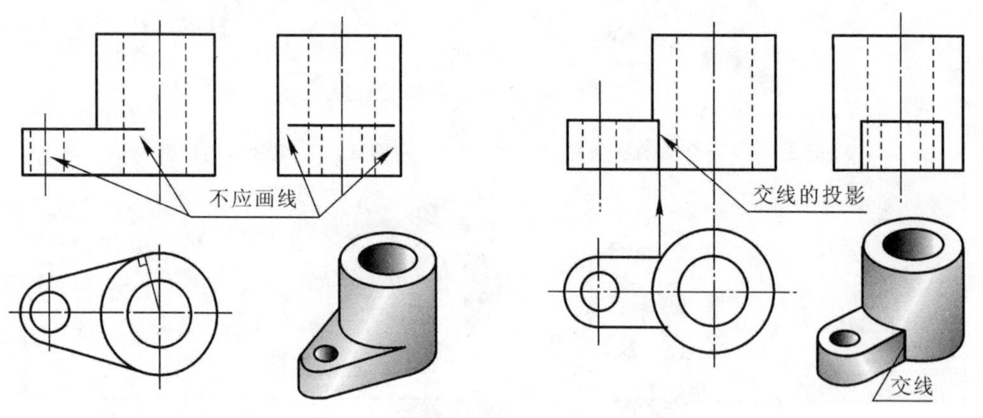

图 5－6 两形体表面相切　　**图 5－7 两形体表面相交**

5.2 组合体三视图的画法

画组合体的三视图，要按一定的方法和步骤来进行，下面以图 5－8 为例加以说明。

1. 形体分析

绘制组合体的视图之前，应仔细分析将被绘制的形体：该形体由哪些个基本形体组成，每个形体的形状和尺寸以及它们的相对位置如何。图 5－8 中轴承座由底板、背板、圆筒 1、肋板及上部的圆筒 2 组成。圆筒 1 与圆筒 2 在外表面和内表面上都有交线，背板侧面与圆筒 1 相切，肋板侧面与圆筒 1 外表面相交。

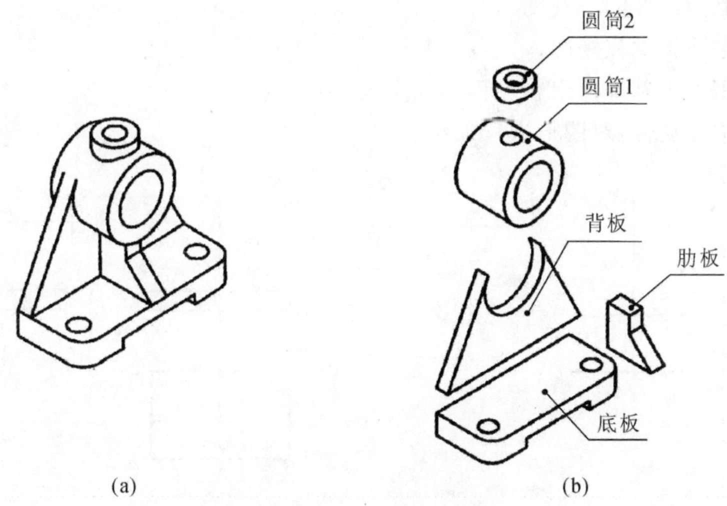

图 5－8　轴承座的形体分析

2. 视图选择

首先选择主视图兼顾考虑其他视图，即确定组合体的安放位置和主视图的投影方向。一般应将组合体放平、放正，使它的主要平面或主要轴线与投影面平行或垂直，主视图的投射方向应尽可能多地反映组合体的形状特征。

3. 选择比例、确定图幅

根据组合体的尺寸大小和复杂程度，在国家标准规定的范围内选取合适的比例，并考虑到尺寸标注及标题栏的位置，使图面布置合理、美观。应尽量选择能够反映形体真实大小的 1∶1 比例绘制视图。

4. 作图

(1)布局、画作图基准线。先画出各个基本视图中的对称中心线、主要轮廓线或主要轴线和中心线，确定好各个基本视图的具体位置。注意在各个视图之间要留有适当的位置标注尺寸，匀称布置。

(2)打底稿。按形体分析法逐个画出各形体，先画主要形体，后画次要形体，三个视图同时进行，以便对应投影关系。这样可以提高绘图速度，避免漏线、多线。

(3)检查、加深。画完底稿后，应认真检查各部分投影关系是否正确、各形体表面连接关系是否正确，是否漏线、多线，检查无误后，按标准线型加深。

画图过程如图 5－9 所示。

步骤 1：在组合体上确定 X，Y，Z 三个方向上的绘图基准。通常都是用比较大的平面，对称平面或轴线作为基准。在本例中，X 方向以形体的对称平面作为基准，Y 方向以底板的背面作为基准，Z 方向以形体的底面作为基准。

步骤 2：绘制整个形体的基准位置，同时绘制其他几个基本体的基准位置，如圆筒的轴线。

步骤 3:绘制底板的三视图。

步骤 4:绘制圆筒 1 的三视图。

步骤 5:绘制背板的三视图。

步骤 6:绘制圆筒 2 的三视图。

步骤 7:绘制肋板的三视图。

步骤 8:处理各个基本体组合过程中的交线、相贯线。

步骤 9:分清可见性,对图形进行加深。

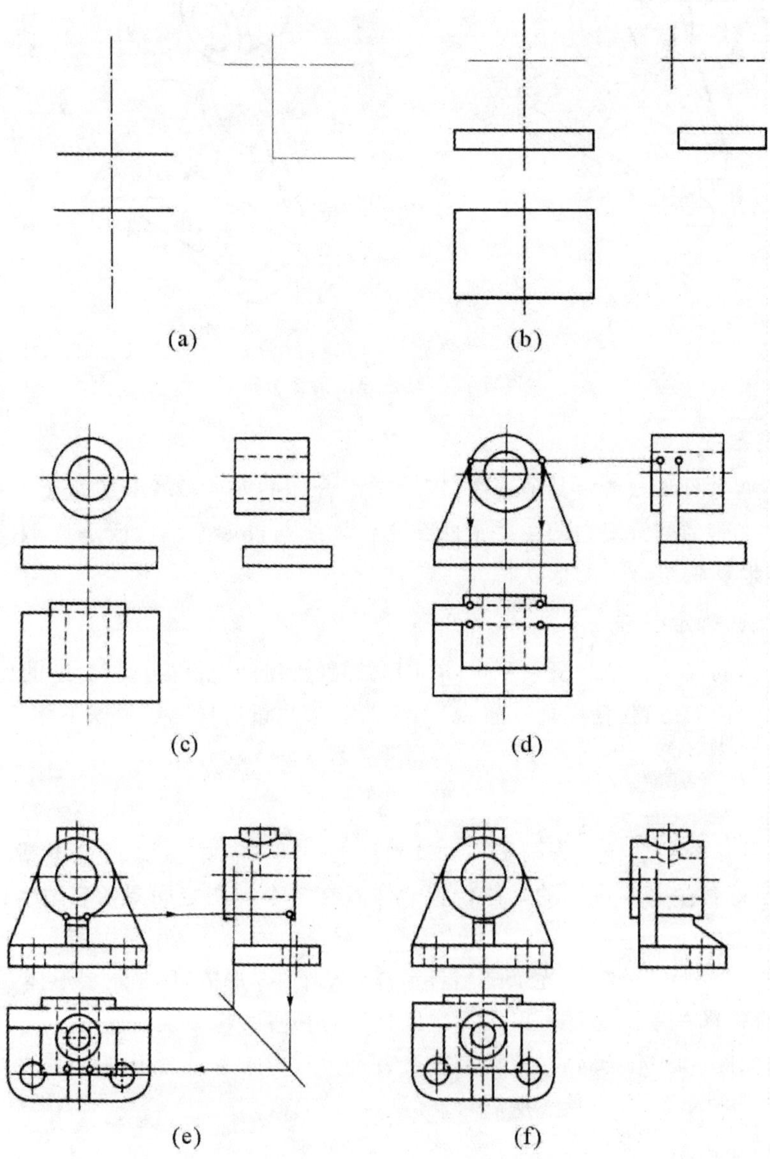

图 5-9　组合体的画图步骤

绘制截切式组合形体视图时,应按照这个形体的形成过程考虑图形的绘制。有些图线也是必须采用这种方法才能绘制的,如图 5-10 所示的截切形体。

步骤1:绘制出这个形体(立方体)在截切之前的三视图,如图5-10(a)所示。

步骤2:切出左侧倾斜面(主视图中出现一条斜线),去除左上角,俯视图中对应地多一条垂直线,如图5-10(b)所示。

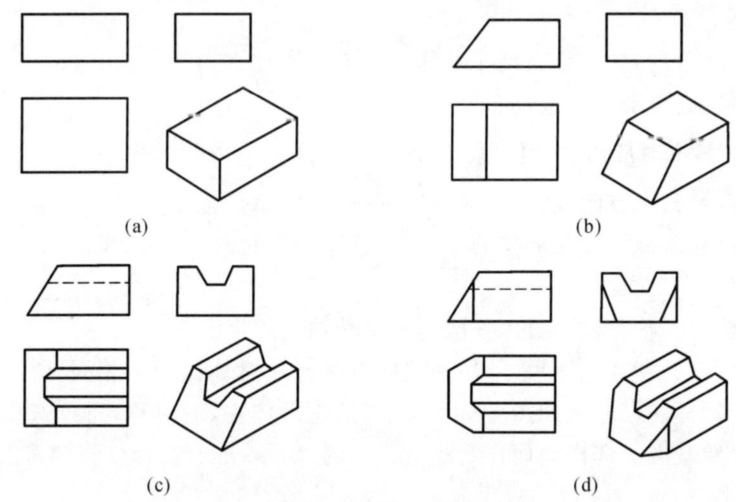

图5-10　截切体的画法

步骤3:截切出中间的梯形槽(左视图中绘制梯形,去除中间部分,主视图中多出一条虚线,俯视图中多出4条水平线,注意从主视图中对应地量取每一条水平线的长度,将它们的端点连接起来,并且去除俯视图中由切倾斜面而多出的垂直线的中间部分),如图5-10(c)所示。

步骤4:切出前、后两面左侧的斜面(截面是两个铅垂面),由线面相交为点、面面相交为线的规律可知,俯视图中左下角的斜线是铅垂面在水平面的投影,该面与垂直线相交处为一个点,与正平面相交处为一条铅垂线。利用基本形体上点的投影规律即可完成这个铅垂面的其他两面投影。另一铅垂面的投影与此类似,如图5-10(d)所示。

总之,绘制过程中每进行一次截切,除了需要考虑新的截切面与原始形体之间的交线外,还要考虑新截切面与其他截切面之间的交线,如中间开槽时,梯形槽的三个平面与第一次截出的斜面的交线,在俯视图中形成两条斜线和一条垂直线。最后截切的铅垂面与第一次截切的正垂面相交,在左视图中造成斜线。

5.3　组合体的尺寸注法

组合体的三视图表达了组合体的形状,还应在视图中标出尺寸以确定它的大小。

5.3.1　组合体尺寸标注的要求

(1)正确。尺寸标注应符合国家标准的有关规定。

(2)完整。尺寸标注必须齐全,不遗漏,不重复。

(3)清晰。尺寸在视图中要标注清晰,相对集中,便于看图。

(4)合理。尺寸标注不仅要保证设计要求,还应便于加工和测量。

5.3.2 尺寸基准及其选择

1. 标注尺寸的基准

尺寸标注和度量的起点，称为尺寸基准。由于形体有 X,Y,Z 三个方向上的尺寸，因此大多数形体在长、宽、高三个方向上都有尺寸基准。

2. 选择尺寸基准时应注意的问题

(1)在长、宽、高三个方向上，一般最少应有一个尺寸基准。

(2)通常将尺寸基准设置在形体的比较重要的端面、底面、对称面等，回转形体的尺寸基准应放置在轴线上。

(3)回转结构(孔、轴等)的定位，一般应指明其轴线的位置。

(4)以对称面作为基准标注尺寸时，一般应直接标注对称面两侧相同结构的相对距离，而不能从对称面开始标注尺寸。如图 5-11 所示，由于形体左、右对称，所以选择中心对称面作为长度方向的尺寸基准。选择底面作为高度方向的尺寸基准。选择底板的背面作为宽度方向的尺寸基准。

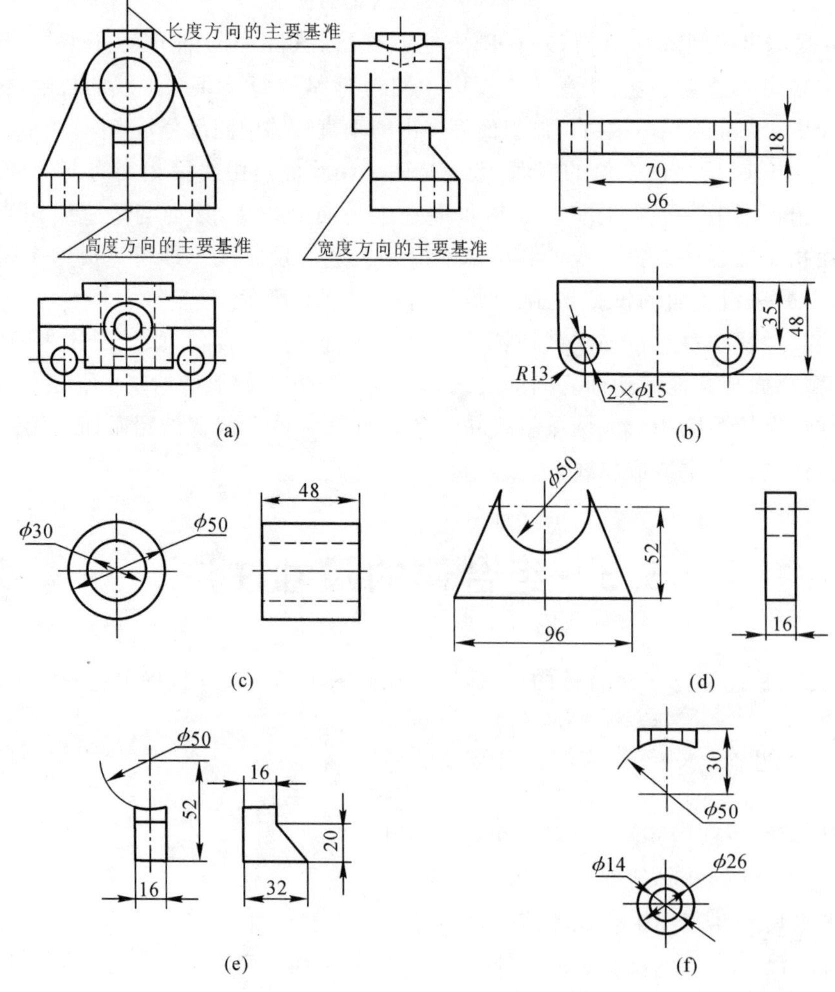

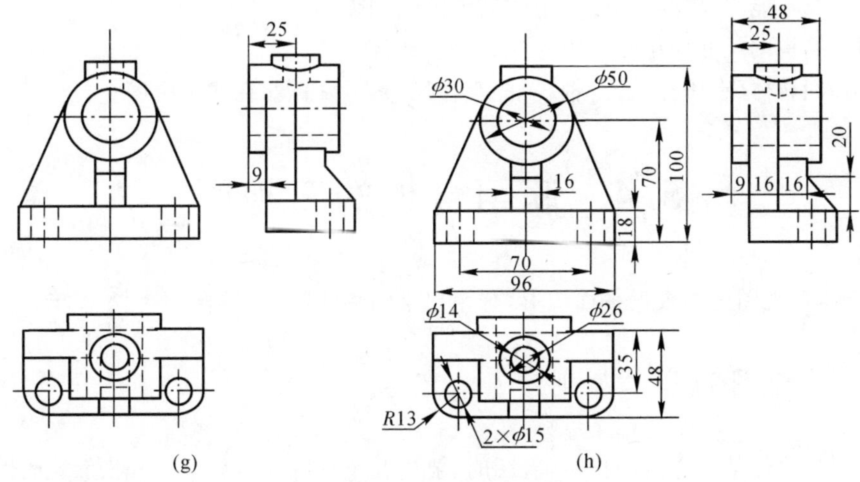

图 5-11　轴承座的尺寸标注

(a)确定尺寸基准；(b)标注底板尺寸；(c)标注圆筒 1 尺寸；(d)标注支承板尺寸；(e)标注肋板尺寸；(f)标注圆筒 2 尺寸；(g)标注定位尺寸；(h)调整尺寸，完成标注

5.3.3　组合体尺寸标注的种类

1. 定形尺寸

定形尺寸是用来确定组合体上各基本形体的形状和大小的尺寸，如图中 18，96，*R*13 均为定形尺寸。

在标注定形尺寸时，应按形体分析法，将组合体分解成若干个简单形体，并逐个注出简单形体的定形尺寸。两个以上具有相同结构的形体或两个以上有规律分布的相同结构只标注一次定形尺寸。

2. 定位尺寸

定位尺寸是确定组合体各基本形体之间相对位置的尺寸，即每一个基本形体在三个方向上相对于基准的距离，如图中的尺寸 9，25 等。

3. 总体尺寸

总体尺寸是用来确定组合体的总长、总宽、总高的尺寸，如图中的尺寸 96，48，100 等。当标注总体尺寸时，可能与定形、定位尺寸相重复或冲突，则要进行调整。

5.3.4　组合体尺寸布置

标注组合体图形尺寸时，一般应注意以下几点：

(1)应将多数尺寸布置在图形之外。

(2)尺寸应布置在反映该结构最明显的视图上。

(3)半径尺寸应标注在投影成圆弧的视图上。相同结构的圆角半径只标注一次且不在其标注前注写结构的处数。

(4)尽量不要将尺寸布置在该结构投影成虚线的视图上。

(5)尺寸线不能与尺寸线或图形中的其他图线相交。

(6)同一结构的尺寸应尽量集中标注,以便于读图。

(7)同轴回转体(台阶孔、台阶轴等)的直径尺寸,最好标注在非圆视图上。

5.4 读组合体的三视图

读组合体三视图是指根据平面图形,想象出空间物体的形状结构。

5.4.1 看图的基本原则

(1)视图是物体某一方向的投影,看图时,要把几个视图对应起来,分析、联系,才能看懂物体的形状。如图 5-12 所示,三个立体的主视图相同,通过看俯视图,才能区分它们的形状。

(2)要从反映物体形状特征最明显的视图入手。如图 5-13 所示,主视图反映了立板的形状特征,俯视图反映了底板的形状特征,再联系左视图想象出物体的形状。

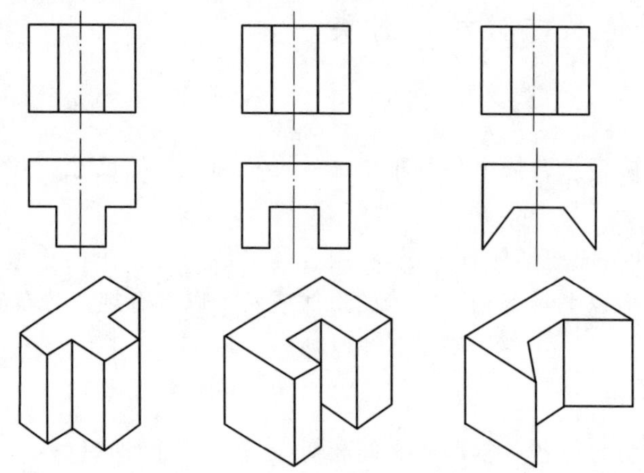

图 5-12 联系视图,分析立体

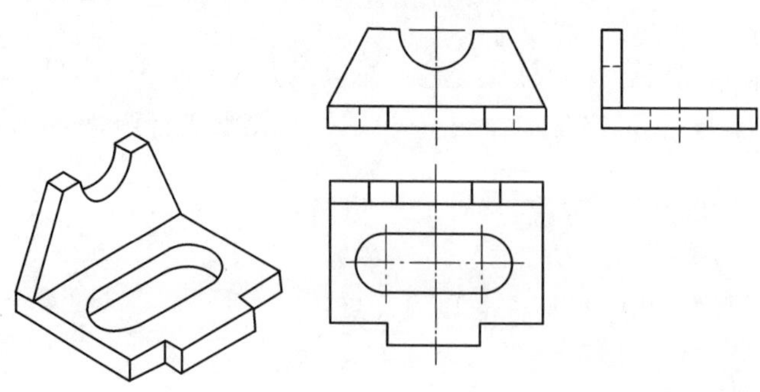

图 5-13 分析形状特征

5.4.1　看图的基本方法

1. 形体分析法

形体分析法是画图的基本方法，同时也是看图的基本方法，将组合体看为由若干个基本形体所组成。一般来说，在视图中，一个封闭线框往往代表一个基本形体。根据投影关系，分析每一封闭线框所代表的内容，看懂各基本体的相对位置关系，综合起来想象组合体的形状。下面通过图 5-14 来说明看图的具体步骤和方法。

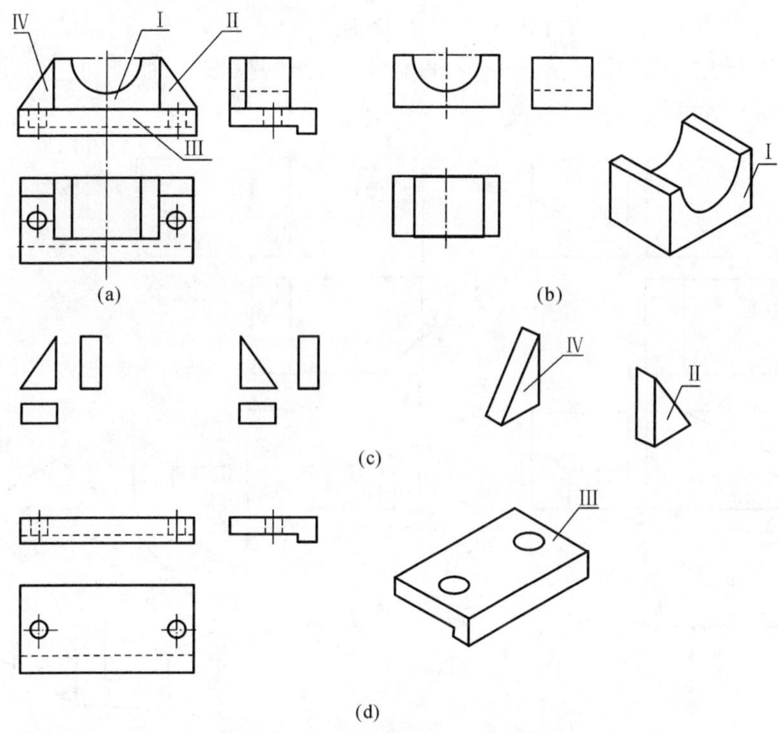

图 5-14　组合体形体分析法读图

(a)底座三视图；(b)形体Ⅰ三视图及立体图；(c)形体Ⅱ，Ⅳ三视图及立体图；(d) 形体Ⅲ三视图及立体图

(1)看视图，分线框。首先从主视图入手，把整体视图分成几个独立的封闭线框，这些封闭线框将会代表几个基本形体。如图 5-14(a)中的Ⅰ，Ⅱ，Ⅲ，Ⅳ四个线框。

(2)对投影，定形体。从主视图出发，分别把每个线框的其余投影找出来，将有投影关系的线框联系起来，就可确定各线框所表示的简单形体的形状。图 5-14(b)(c)(d)分别表示出Ⅰ，Ⅱ，Ⅲ，Ⅳ所表示的形体的视图及物体形状。

(3)综合起来想整体。分别想象出各部分的形体后，再分析它们之间的相对位置和连接关系，就能想象出该物体的总体形状，如图 5-15 所示。

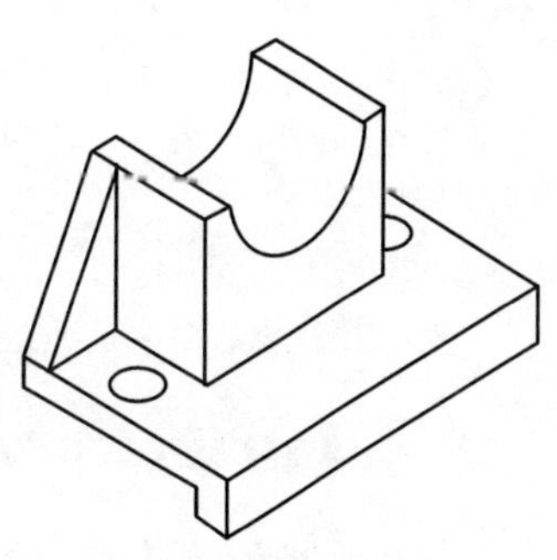

图 5-15　底座立体图

2. 线面分析法

线面分析法是将组合体看成是由若干个面(平面或曲面)、若干条线(直线或曲线)所组成的一种分析方法。它是利用线、面的形状和相对位置来想象组合体的整体结构形状。下面通过图 5-16 来说明看图的具体步骤和方法。

(1)分线框,对投影。主视图、俯视图,分别有两个线框,左视图上在大方框上被分割成三个小线框,按照线、面投影特性,一个线框一般可看成由一个平面构成,如图 5-16(a)所示。

(2)按投影,想面形。在主视图上一条直线对应俯视图和左视图,可分析出是一正垂面 P 在四棱柱上斜切一刀而成。同理,俯视图一斜线是用铅垂面 Q 在四棱柱上斜切一刀而成,在左视图上一斜线是由上述两个垂直面斜切后相交而成。

(3)综合起来想整体。根据上述分析,再根据线、面的投影特性,就可想象出该物体的形状,如图 5-16(b)所示。

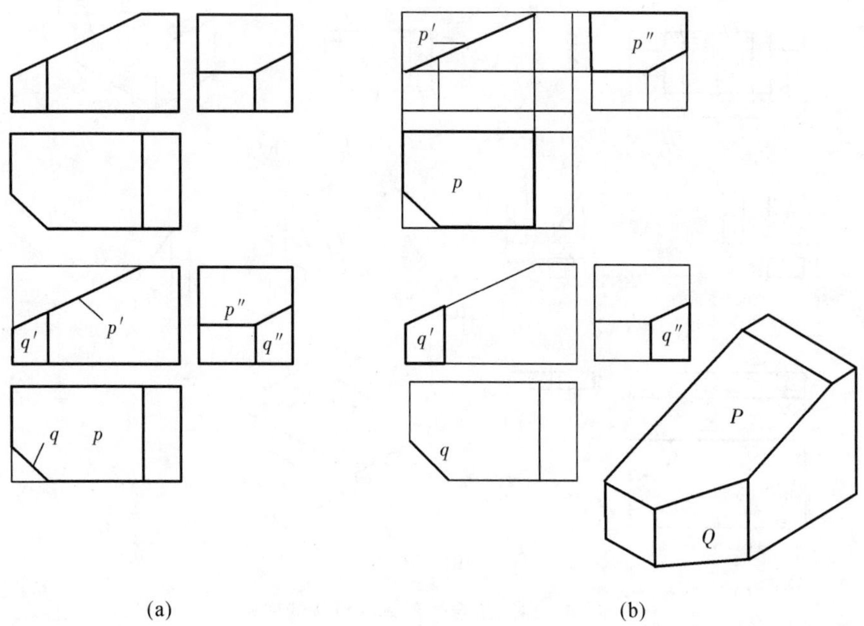

图 5-16 线面分析法读图

第6章　机件的表达方法

在生产实际中，机件的结构形状往往是多种多样的，为将机件的内、外形状和结构表达清楚，国家标准规定了表达机件的各种方法。本章主要介绍视图、剖视图、断面图、局部放大图和简化画法等常用表达方法。

6.1　视　　图

机件在多面投影体系中用正投影的方法向投影面投射所得到的图形称为视图。视图一般只画出表达机件的可见部分的外部结构形状，机件的不可见部分必要时用细虚线画出。视图分为基本视图、向视图、局部视图和斜视图。

6.1.1　基本视图

1. 基本视图的名称和位置关系

机件向基本投影面投射所得的视图称为基本视图（见图 6－1）。

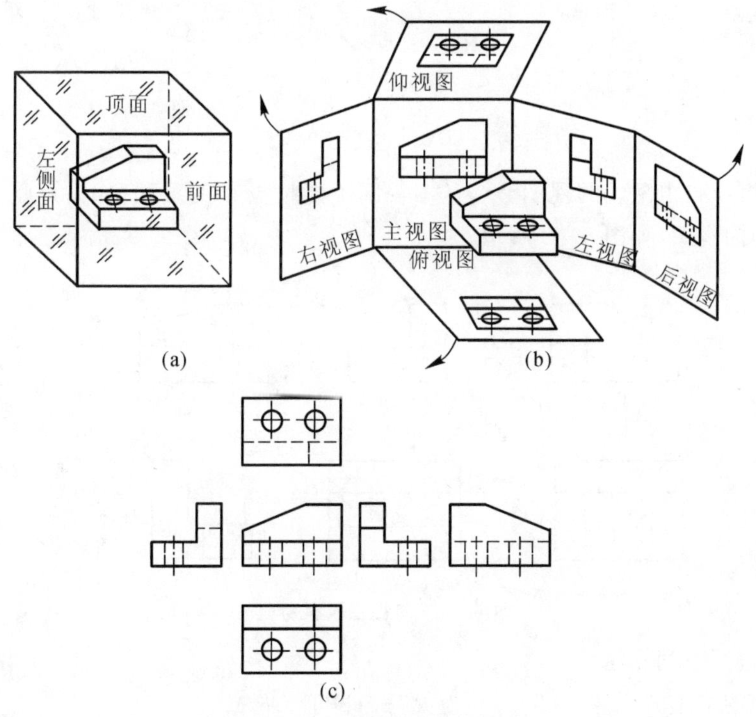

图 6－1　6 个基本视图的形成

国家标准规定采用正六面体的 6 个面作为基本投影面，将机件放置在正六面体中，如图 6-1(a)所示，分别从前、后、左、右、上、下 6 个方向向 6 个基本投影面投射，所得到的图形即为 6 个基本视图。6 个基本视图的名称和投射方向为：

(1)主视图：由前向后投射所得的视图；

(2)俯视图：由上向下投射所得的视图；

(3)左视图：由左向右投射所得的视图；

(4)右视图：由右向左投射所得的视图；

(5)仰视图：由下向上投射所得的视图；

(6)后视图：由后向前投射所得的视图。

为使 6 个基本视图处于同一平面上，将 6 个基本投影面连同其投影按图 6-1(b)所示形式展开，即规定正面不动，其余各面按箭头所指方向展开至与正面在同一平面上。若 6 个基本视图在同一图纸上且按图 6-1(c)所示配置，可不标注视图的名称。

2. 基本视图的投影规律

6 个基本视图之间仍保持"长对正、高平齐、宽相等"的"三等"投影关系，即：

(1)主、俯、仰、后，长相等；

(2)主、左、右、后，高平齐；

(3)俯、左、仰、右，宽相等。

6 个基本视图也反映了机件的上下、左右和前后的位置关系。应注意的是，左、右、俯、仰 4 个视图靠近主视图的一侧反映机件的后面，远离主视图的一侧反映机件的前面。

实际绘图时，不是任何机件都要选用 6 个基本视图，除主视图外，其他视图的选取由机件的结构特点决定。

6.1.2 向视图

向视图是可以自由配置的视图。当基本视图不能按投影关系配置时，可将其画在适当位置，这种图称为向视图，如图 6-2 所示。

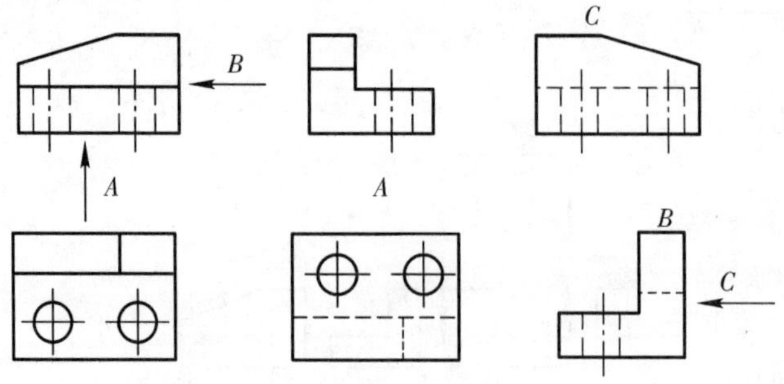

图 6-2 向视图及其标注

向视图应进行下列标注：

(1)在向视图的上方标注"×"("×"为大写的拉丁字母)。

(2)在相应视图的附近用箭头指明投射方向，并标注相应的字母。

6.1.3　局部视图

将机件的某部分向基本投影面投射所得的视图称为局部视图。

当机件的主体结构已由基本视图表达清楚，还有部分结构未表达完整时，可以用局部视图来表达。如图 6－3 所示机件，用主视图和俯视图表达后，在表达右边凸起和左边结构的形状时，若再画出左视图和右视图，对其他结构来说是重复表达，没有必要，这时用局部视图 A 和 B 即可。

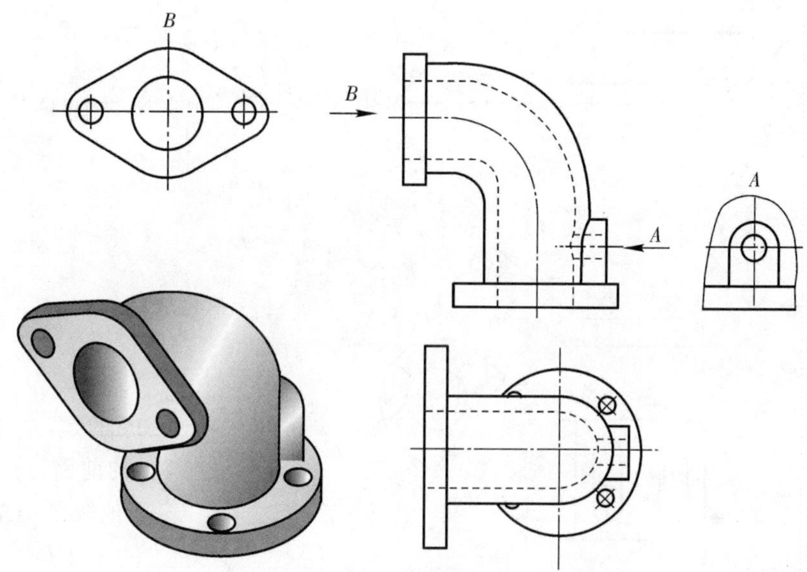

图 6－3　局部视图

画局部视图时应该注意：

(1)局部视图可按基本视图或向视图配置。当局部视图按基本视图配置，中间又无图形隔开时，可不标注；局部视图也可按向视图的配置形式配置并标注。

(2)局部视图的断裂边界以波浪线表示。当所表达部分的结构是完整的，其图形的外轮廓成封闭时，波浪线可省略不画。

6.1.4　斜视图

机件向不平行于基本投影面的平面投射所得的视图称为斜视图。

当机件的某部分与基本投影面处于倾斜位置时，如图 6－4(a)所示，在基本视图上不能够反映其真实形状。这时，可设立一个与倾斜部分平行且垂直于某一基本投影面（如 V 面）的新投影面，将倾斜部分向该面进行正投射，即得斜视图。再将新投影面连同投影展开至与主视图在同一平面上。

(1)斜视图用于表达机件上的倾斜结构，画出倾斜结构的实形后，机件的其余部分不必画出，应在适当位置用波浪线或双折线断开，如图 6－4(c)所示。

(2)斜视图的配置和标注一般按向视图相应的规定，用带字母的箭头指明投射方向，并在斜视图的上方标注相应的字母。必要时，允许将斜视图旋转后配置到适当的位置，且加注旋转符号，如图 6－4(d)所示。旋转符号画法如图 6－4(b)所示。

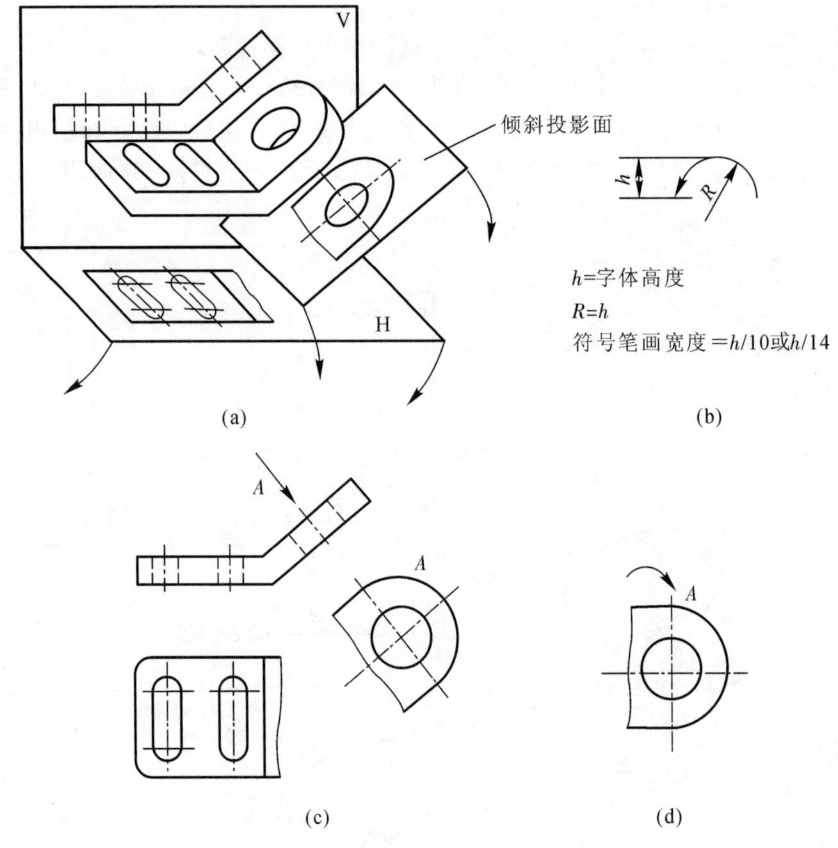

图 6－4 斜视图的形成与画法

6.2 剖 视 图

视图主要表达机件的外部形状，当物体的内部结构比较复杂时，在视图中会出现很多虚线，从而使图形不清晰，不便于看图和标注尺寸。为了清晰地表达机件的内部结构，常采用“剖视”的表达方法。

6.2.1 剖视的基本概念

1. 剖视图的形成

假想用剖切面剖开机件，将处于观察者与剖切面之间的部分移去，而将其余部分向投影面投射所得的图形称为剖视图，简称剖视，如图 6－5 所示。

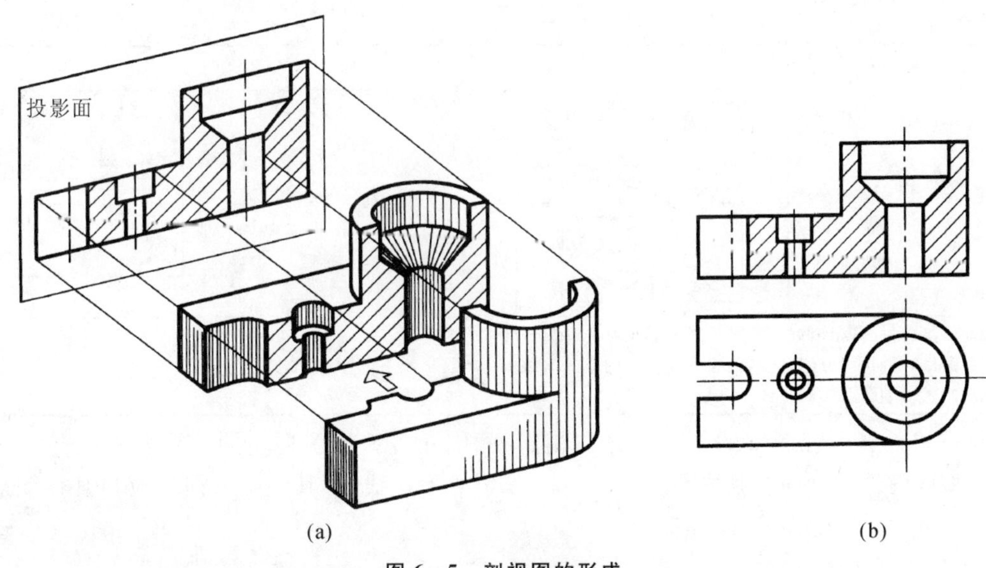

(a)　(b)

图 6-5　剖视图的形成

2. 剖面符号

机件被假想剖切面剖开后，机件与剖切面相接触的剖面图形上，应画上剖面符号，以区分机件的实体与空腔部分。机件材料不同，其剖面符号画法也不同。

表 6-1 列出了各种材料的剖面符号。其中金属材料的剖面符号为与机件主要轮廓线成 45°(左、右倾斜均可)互相平行且间距相等的细实线，也称剖面线，如图 6-5 所示。

表 6-1　各种材料的剖面符号(摘自 GB/T4457.5—2013)

材料名称	剖面符号	材料名称	剖面符号
金属材料 (已有规定剖面符号者除外)		基础周围的泥土	
非金属材料 (已有规定剖面符号者除外)		混凝土	
型砂、粉末冶金、陶瓷、硬质合金等		钢筋混凝土	
线圈绕组元件		砖	
转子、变压器等的叠钢片		玻璃及其他透明材料	
木质胶合板		格网 (筛网、过滤网等)	

续表

材料名称		剖面符号	材料名称	剖面符号
木材	纵断面		液体	
	横断面			
注:1. 剖面符号仅表示材料的类型,材料的名称和代号另行注明。 2. 叠钢片的剖面线方向,应与束装中叠钢片的方向一致。 3. 液面线用细实线绘制				

同一机件各个视图中的剖面线方向相同、间隔相等。当图形中的主要轮廓线与水平成45°,应将该图形的剖面线画成与水平成30°或60°的平行线,但其倾斜方向仍应与其他图形的剖面线一致,如图6-6所示。

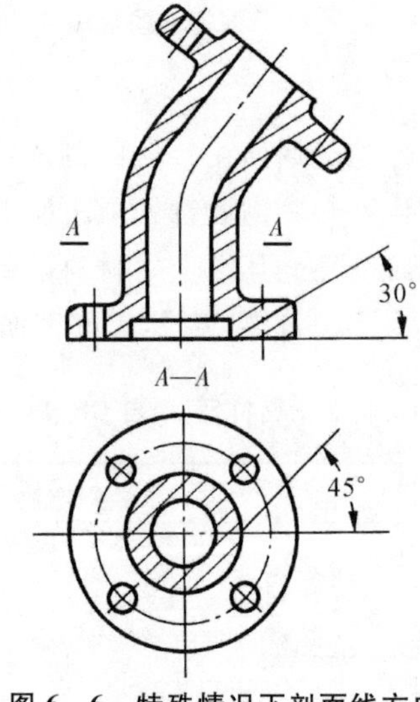

图6-6 特殊情况下剖面线方向

3. 剖视图的标注

为了便于找出剖切位置和判断投影关系,剖视图应进行标注,如图6-6所示。

(1)在剖视图的上方注出"×—×"(×为大写拉丁字母),表示剖视图的名称。

(2)剖切符号用断开的粗短线,线宽为1~1.5d(d为粗实线的宽度),长约为5 mm,表示剖切面起、讫和转折位置。起讫处的粗短线外端,用细实线箭头表示投射方向,再注上相应的字母(×);若同一张图纸上有几个剖视图,应用不同的字母表示。

(3)当剖视图按投影关系配置,中间无图形隔开时,也可省略箭头。在这种情况下,若为单一剖切平面,且剖切平面是对称面时,可省略标注,图6-6中主视图是剖视图,也可不标注。

4. 画剖视图应注意的问题

(1)剖视图是假想将机件剖开后画出的。因此,除剖视图外,其他视图仍须按完整的机件画出。

(2)剖切平面一般应通过机件的对称面或轴线,并平行或垂直于某一投影面。

(3)在剖切面后面的可见轮廓线也应画出,如图 6－7(a)所示的画法是错误的,如图 6－7(b)所示画法是正确的。

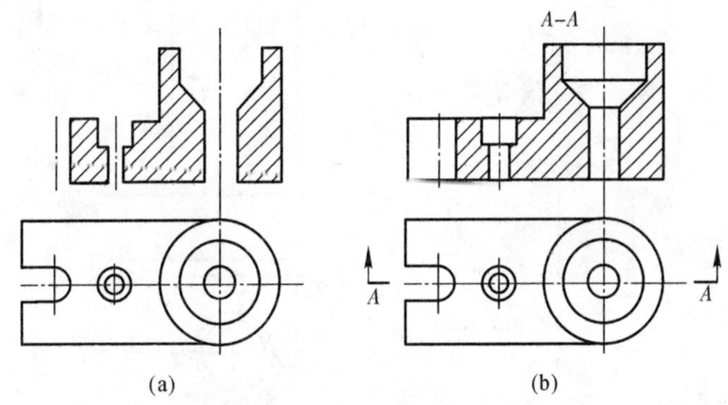

图 6－7　剖切面后的可见轮廓线

(4)剖视图中已表达清楚的内部结构,若在其他视图上为虚线时不必画出;没有表达清楚的结构,可在剖视图或其他视图中仍用虚线画出,如图 6－8 所示。

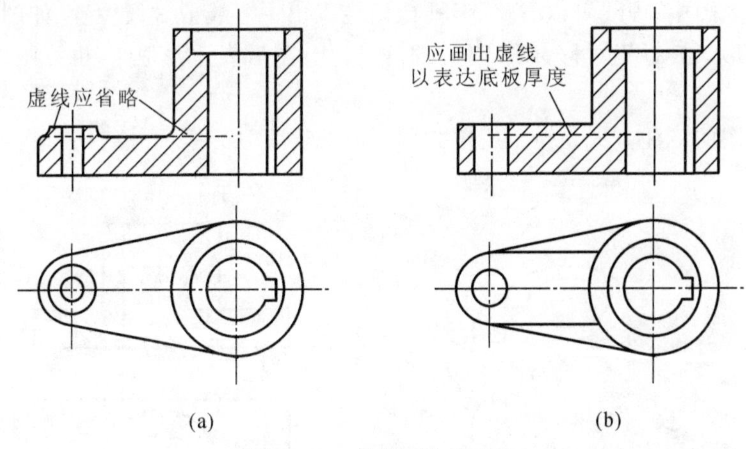

图 6－8　剖视图上的虚线

6.2.2　剖视图的种类

按剖切范围的大小,可将剖视图分为全剖视图、半剖视图和局部剖视图。

1. 全剖视图

用剖切面完全地剖开机件所得的剖视图称为全剖视图,如图 6－5～图 6－8 所示。全剖视图常用于表达外形简单、内形复杂且沿剖切方向不对称的机件。

2. 半剖视图

当机件具有对称平面时,向垂直于对称平面的投影面上投射所得到的图形,可以以对称中心线为界,一半画成剖视图,另一半画成视图,这种由半个视图和半个剖视图组成的图形称为半剖视图,如图 6－9 所示。

画半剖视图时应注意:

(1)视图与剖视图的分界线应是对称中心线而不应画成粗实线,也不应与轮廓线重合。如

图 6-9、图 6-10 所示。

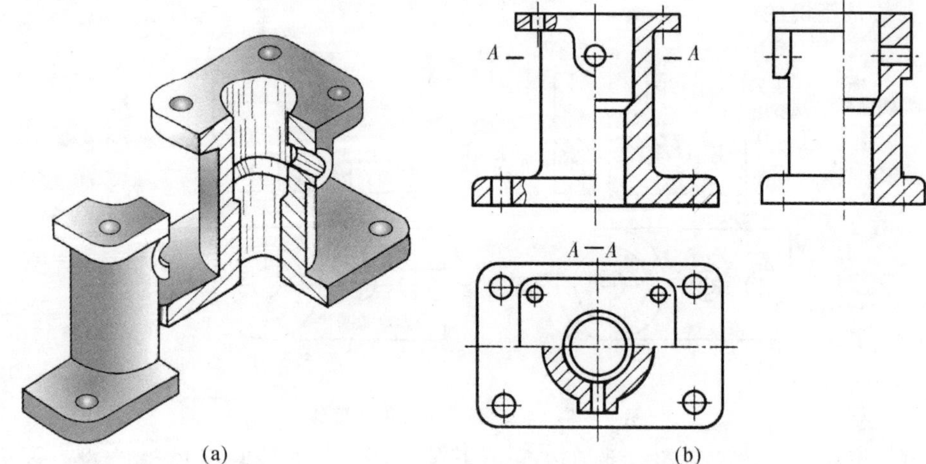

(a) (b)

图 6-9　半剖视图

(2)在半个视图中,虚线可以省略,但孔或槽应画出中心线或轴线位置,如图 6-10 所示。

(3)机件的形状接近于对称,而不对称部分已另有图形表达清楚时,也可画成半剖视图,如图 6-11 所示。

(4)半剖视图的标注方式与全剖视图相同,如图 6-9 所示。

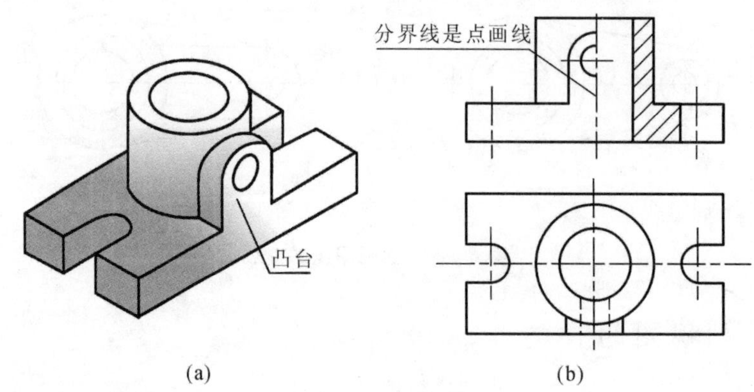

(a) (b)

图 6-10　半剖视图画法

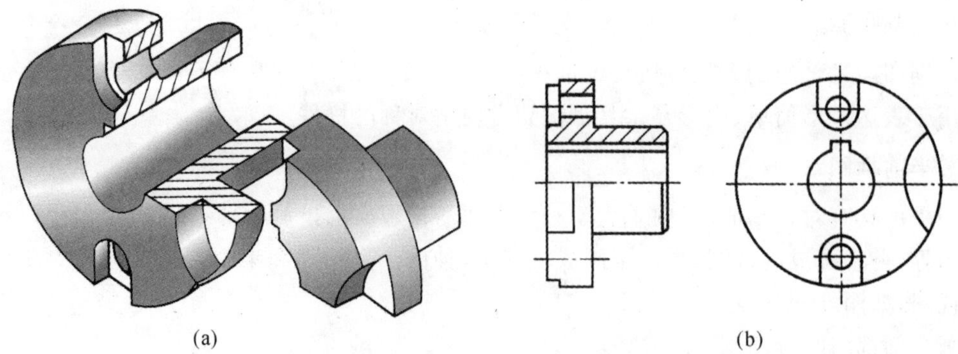

(a) (b)

图 6-11　接近对称的机件的半剖视图

3. 局部剖视图

用剖切面局部地剖开机件所得的剖视图称为局部剖视图。作局部剖视图时，部分剖视图与部分视图之间用波浪线表示机件的断裂边界。

(1)局部剖视图适用于：

1)只需要表达机件上局部结构的内部形状，不必或不宜采用全剖视图时，如图 6－12 所示。

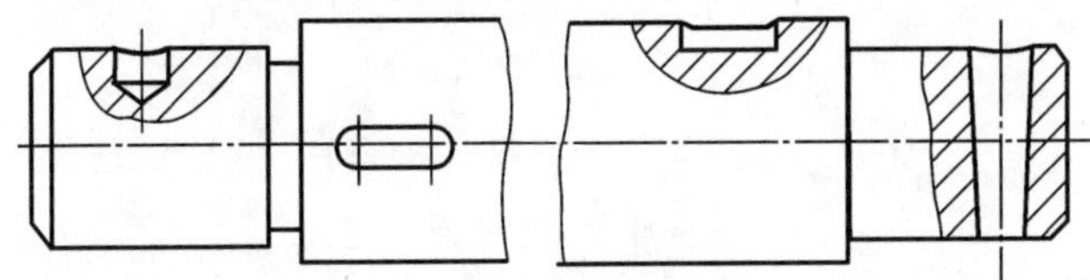

图 6－12　局部剖视图(一)

2)对称的机件，其图形的对称中心线正好与轮廓线重合而不宜采用半剖视图时，如图 6－13 所示。

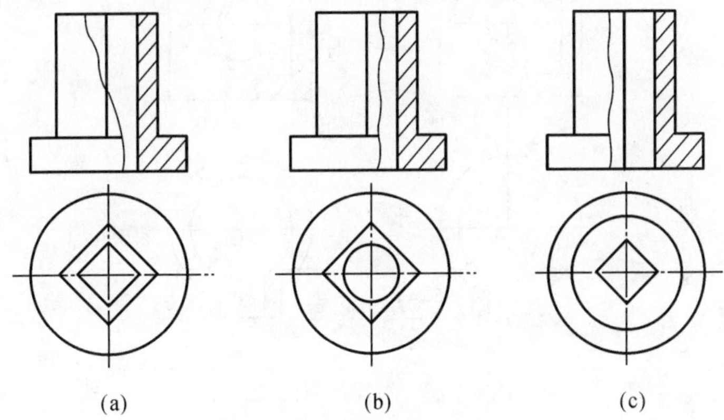

图 6－13　局部剖视图(二)

3)不对称的机件，既需要表达内部结构，又需要保留局部外形时，如图 6－14 所示。

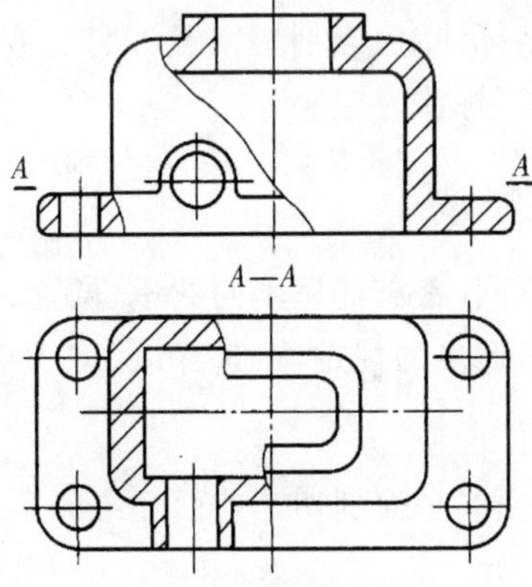

图 6－14　局部剖视图(三)

(2)画局部剖视图时应注意以下几点：

1)波浪线不能与视图中的轮廓线重合，也不能画在其延长线上，如图 6－15 所示。

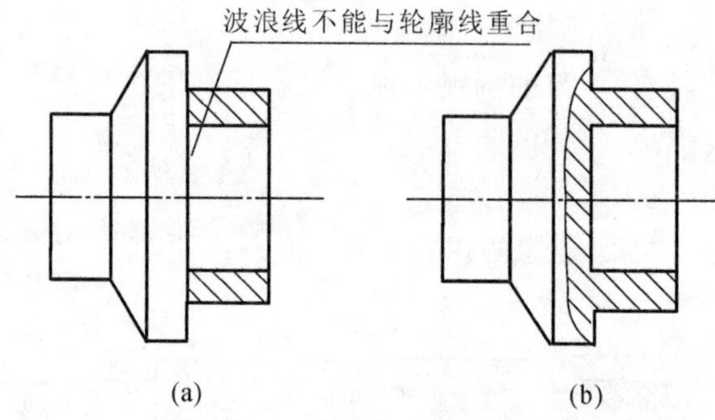

图 6-15　局部剖视图(四)

(a)错误;(b)正确

2)波浪线只能画在机件的实体部分,如遇孔、槽等中空结构应自动断开,也不能超出视图中被剖切部分的轮廓线,如图 6-16 所示。

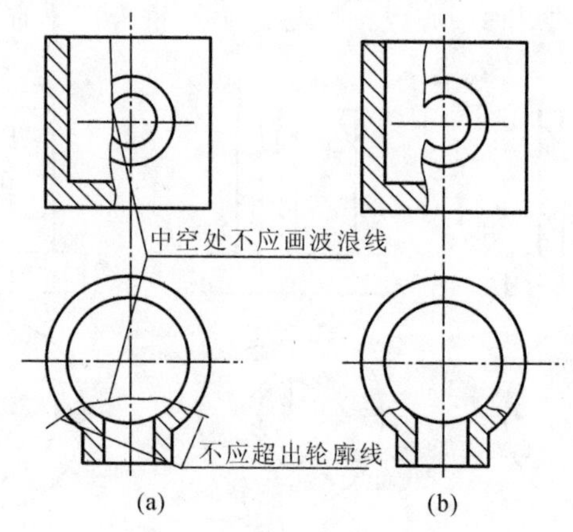

图 6-16　局部剖视图(五)

(a)错误;(b)正确

3)局部剖视图是一种比较灵活的表达方法,在需要的地方均可使用。但在同一视图中局部剖的数量不宜过多,否则会使图形表达显得零乱。

4)局部剖视图一般可以省略标注,但当剖切位置不明显或局部剖视图未按投影关系配置时,则按全剖视图的标注方法进行标注。

6.2.3　剖切面的种类

因为机件的内部结构形状不同,常需选用不同数量、位置、范围及形状的剖切面来剖切,以使内部结构表达清晰。按照国家标准的规定,可选择以下三种剖切面剖开机件。

1. 单一剖切面

(1)用平行于某一基本投影面的平面剖切。前面介绍的全剖视图、半剖视图和局部剖视图均为单一剖切面剖切的图例。

(2)用不平行于任何基本投影面的平面剖切。用不平行于任何基本投影面的平面剖切机件的方法。这种剖切主要用于表达机件上倾斜部分的内部结构,除应画出剖面线外,其画法、图形的配置及标注与斜视图相同,如图 6-17 所示的 B—B。

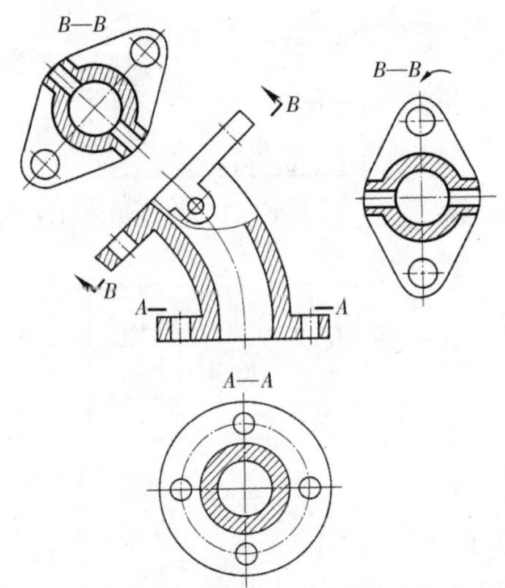

图 6 - 17　不平行于基本投影面的单一剖切面

2. 用几个平行的剖切平面

如图 6 - 18 所示的机件，用了两个互相平行的剖切面剖切。这种剖切方法主要适用于机件上有较多的内部结构，并分布在几个互相平行的平面上的情况。

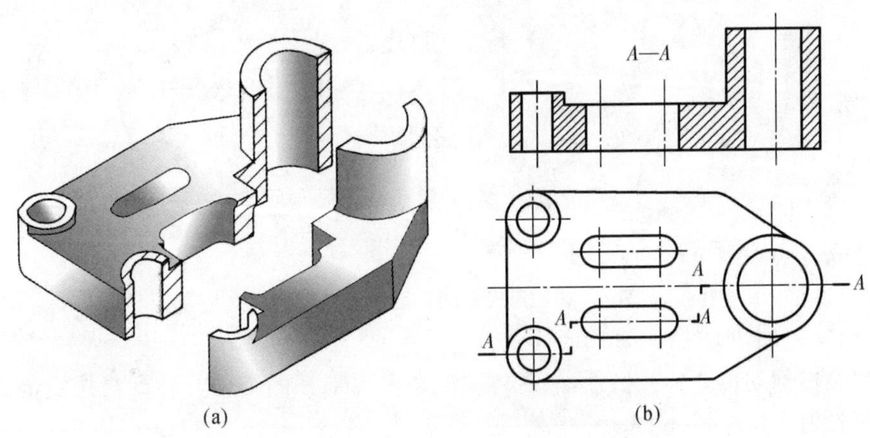

图 6 - 18　用几个平行的剖切平面剖切(一)

(1)用几个平行的剖切平面剖切时，其标注应注意：

1)剖切平面起、讫、转折处画粗短线标注字母，并在起讫外侧画上箭头，表示投射方向。

2)在相应的剖视图上方以相同的字母"×—×"标注剖视图的名称。当剖视图按投影关系配置，中间又无图形隔开时，也可省略箭头。

(2)如图 6 - 19 所示，采用几个平行的剖切平面剖切，画图时应注意：

1)两个剖切平面的转折处不应画出轮廓线。

2)剖切平面的转折处不应与图形中的轮廓线重合。

3)要恰当地选择剖切位置，避免在剖视图上出现不完整的要素。

4)当两个要素在图形上具有公共对称中心线或轴线时，可以以对称中心线为界，各画一半。

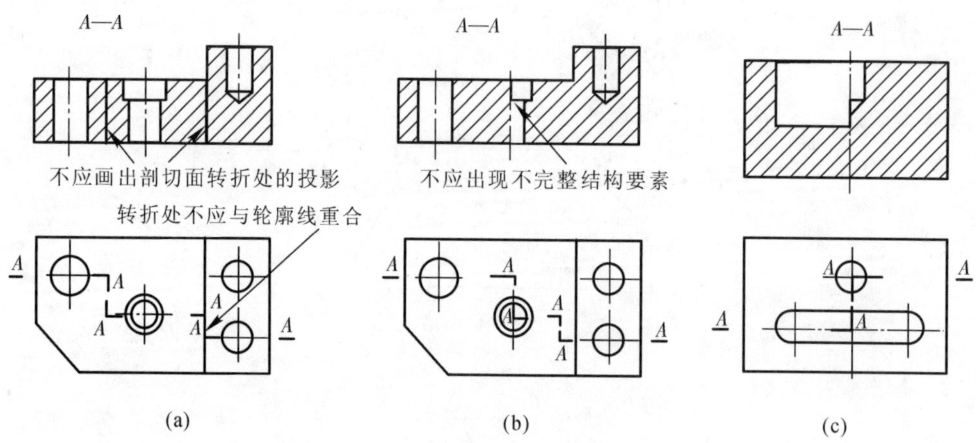

图 6-19　用几个平行的剖切平面剖切(二)

3. 用几个相交的剖切面剖切

用两相交的剖切平面(交线垂直于某一基本投影面)剖开机件的方法，如图 6-20 所示。这种方法主要用于表达具有公共回转轴线的机件，如轮、盘、盖等机件上的孔、槽等内部结构。

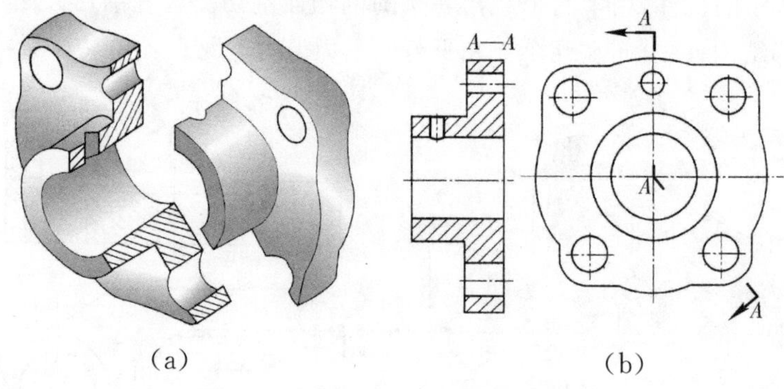

图 6-20　用相交的剖切平面剖切(一)

(1)采用这种剖切方法时，画图时注意：

1)先假想按剖切位置剖开机件，然后将被剖切平面剖开的结构旋转到与选定的投影面平行后再进行投射。

2)剖切平面后的其他结构一般仍按原来的位置投影，如图 6-21 中的小油孔。

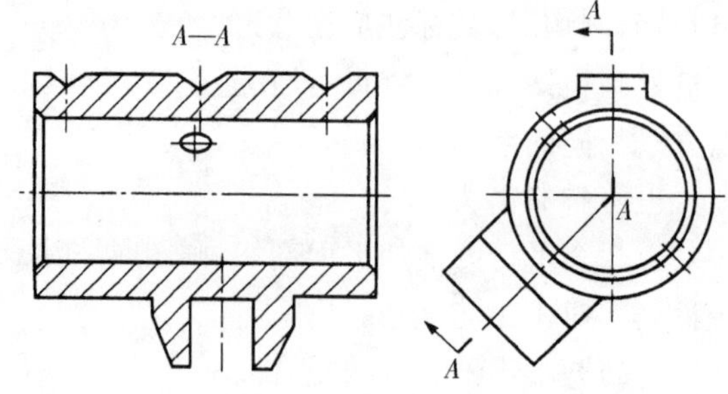

图 6-21　用相交的剖切平面剖切(二)

3)当剖切后会产生不完整要素时，则将此部分按不剖绘制，如图 6-22 所示机件右边中间部分的形体在主视图中按不剖处理。

4)用两个以上组合的相交剖切平面剖切,可结合展开画法,如图 6-23 所示。

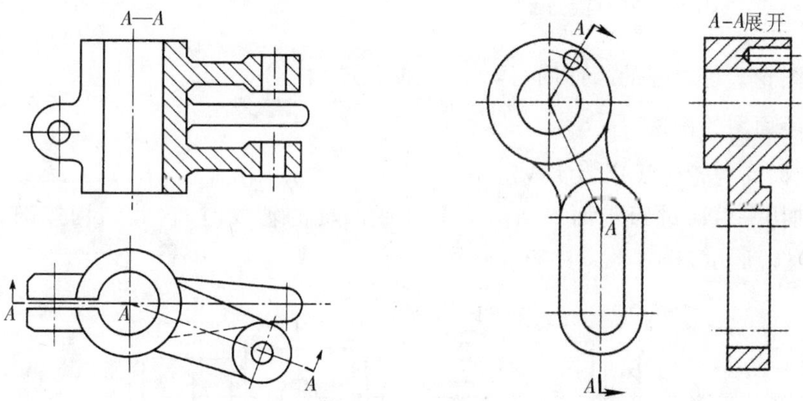

图 6-22　用相交的剖切平面剖切(三)　　图 6-23　用相交的剖切平面剖切(四)

(2)采用相交的剖切面剖切时在标注时应注意:

1)在剖切的起讫和转折处画粗短线并标注字母"×",在起讫外侧画上箭头。

2)在剖视图上方注明剖视图的名称"×—×"。

6.3 断 面 图

6.3.1 断面图的概念

假想用剖切面将机件的某处切断,仅画出该剖切面与机件接触部分的图形,称为断面图,简称断面,如图 6-24(a)所示。

断面图与剖视图的区别在于,断面图一般只画出切断面的形状,而剖视图不仅画出切断面的形状,而且画出切断面后的可见轮廓的投影,如图 6-24(b)(c)所示。根据位置不同,断面图可分为移出断面图和重合断面图。

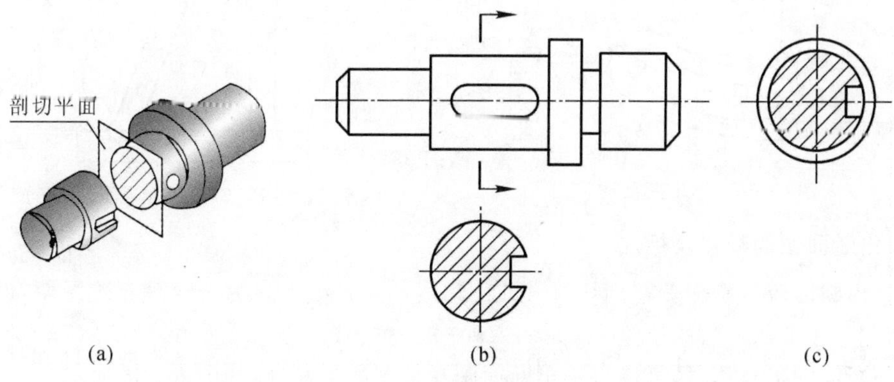

图 6-24　断面图的形成

6.3.2 移出断面图

画在视图轮廓线之外的断面图，称为移出断面图，如图 6 - 25 所示。

1. 移出断面图的画法

(1)移出断面的轮廓线用粗实线绘制。

(2)当剖切平面通过回转面表面形成的孔或凹坑的轴线时，这些结构按剖视绘制，如图 6 - 25(a)(c)(d)所示。

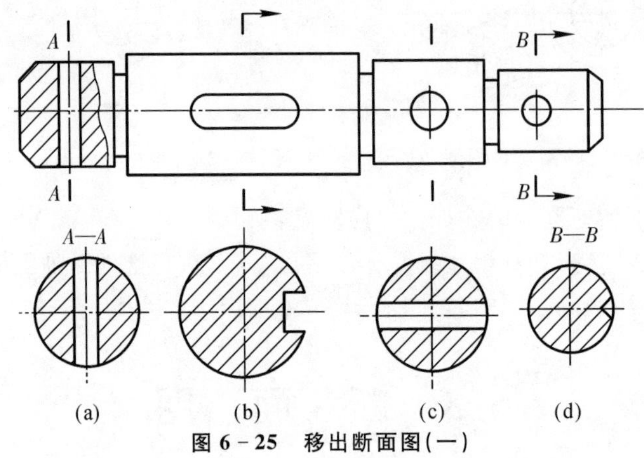

图 6 - 25 移出断面图(一)

(3)当剖切平面通过非圆孔，会导致出现完全分离的两个断面时，这些结构应按剖视绘制，如图 6 - 26 所示。

(4)由两个或多个相交的平面剖切得出的移出断面，中间应断开，如图 6 - 27 所示。

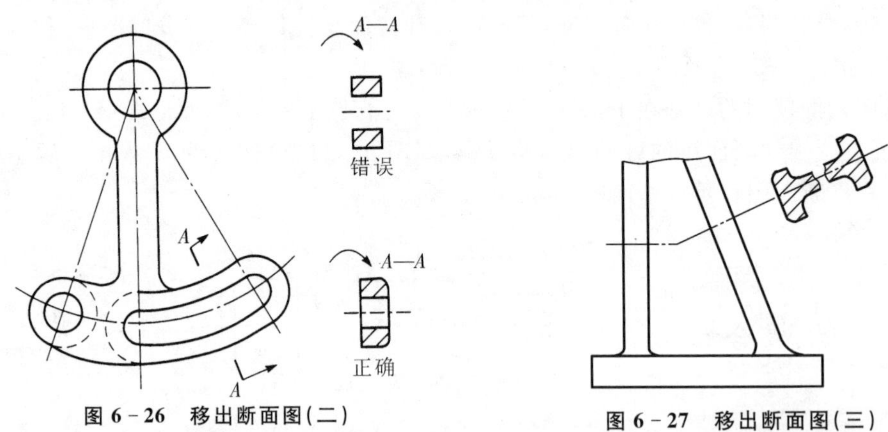

图 6 - 26 移出断面图(二)

图 6 - 27 移出断面图(三)

2. 移出断面图的配置及标注

(1)移出断面应尽量配置在剖切符号或剖切线的延长线上。为了合理布置图面，也可将移出断面图配置在其他适当的位置，如图 6 - 25 中的“A—A”“B—B”所示。

(2)当断面图形对称时，可以将移出断面画在视图的中断处，如图 6 - 28 所示。

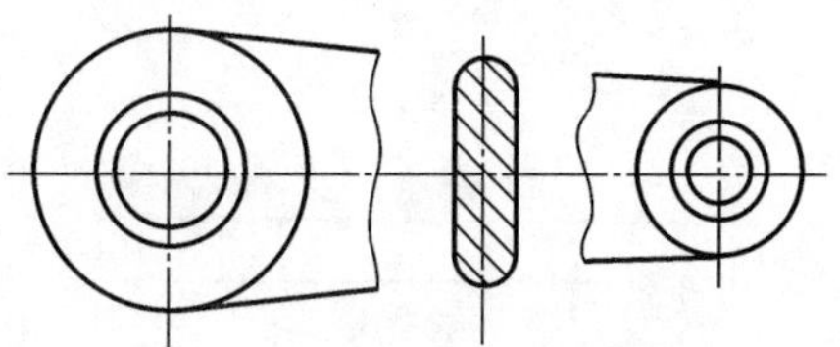

图 6-28　移出断面图(四)

具体配置及标注方法见表 6-2。

表 6-2　移出断面图的配置与标注

配置	对称的移出断面	不对称的移出断面
配置在剖切线或剖切符号延长线上	剖切线(细点画线)	
	不必标出字母和剖切符号	不必标注字母
按投影关系配置	A　A　A—A	A　A　A—A
	不必标注箭头	不必标注箭头
配置在其他位置	A　A　A—A	A　A　A—A
	不必标注箭头	应标注剖切符号(含箭头)和字母

6.3.3　重合断面图

画在视图轮廓线之内的断面图，称为重合断面图，如图 6-29、图 6-30 所示。

1. 重合断面图的画法

(1)重合断面的轮廓线用细实线绘制。

(2)当视图中的轮廓线与重合断面图形重叠时，视图中的轮廓线仍应连续画出，不可间断，如图 6-29、图 6-31 所示。

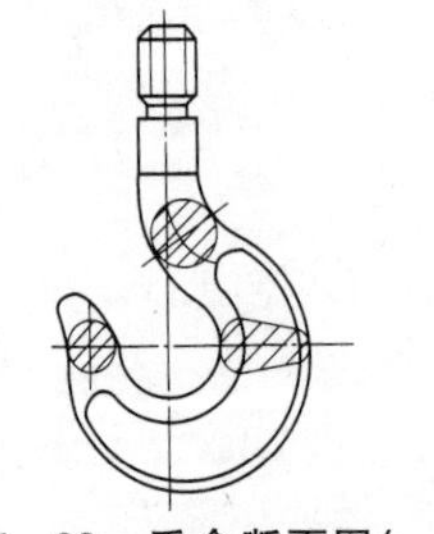

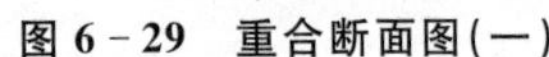

图 6-29 重合断面图(一)

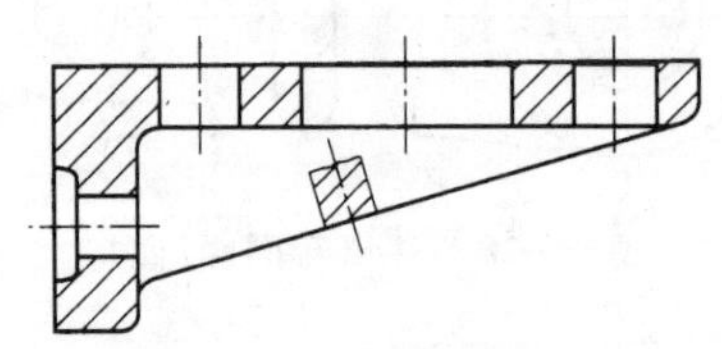

图 6-30 重合断面图(二)

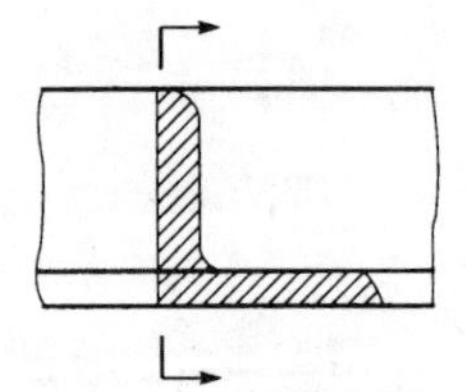

图 6-31 重合断面图(三)

2. 重合断面图的标注

当重合断面图形对称时，可省略标注，如图 6-29 和图 6-30 所示；当重合断面图形不对称时，要标注剖切符号和箭头，如图 6-31 所示。

6.4 局部放大图及其他规定与简化画法

除了前面所介绍的表达方法外，还可采用国标的局部放大图、规定画法和简化画法表示机件，以使画图简便、看图清晰。

6.4.1 局部放大图

将图样上的某部分结构用大于原图形所采用的比例单独画出的图形称为局部放大图，如图 6-32 所示。

1. 局部放大图的画法

(1)局部放大图可以画成视图、剖视图或断面图。它所采用的表达方法与被放大部位的表达方法无关。局部放大图应尽量配置在被放大的部位附近。

(2)局部放大图的断裂边界用波浪线围起来，若局部放大图为剖视图或断面图时，其剖面符号应与被放大部位的剖面符号一致。

2. 局部放大图的标注

(1)用细实线在原图上圈出被放大的部位，并在图形上方注明比例大小。若机件上有几处需放大时，必须用罗马数字依次标明被放大部位。

(2)在局部放大图上方用分数的形式标出相应的罗马数字和比例，如图 6-32 所示。

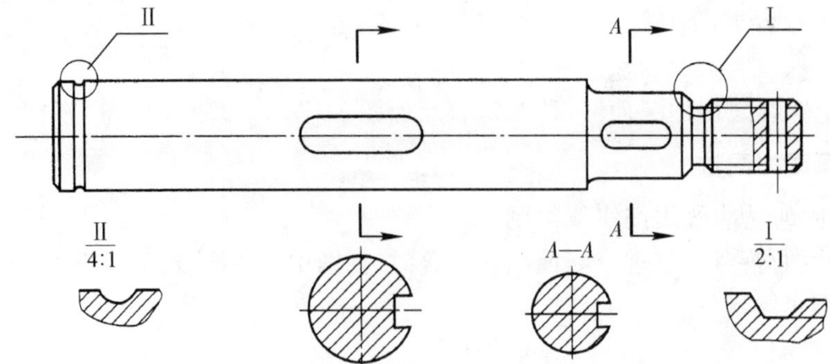

图 6-32 局部放大图

6.4.2　规定及简化画法

1. 剖视图中的简化画法

(1)对于机件上的肋、轮辐等结构，当沿其纵向剖切时，不画剖面符号，而用粗实线将其与相邻部分分开，如图6-33所示。

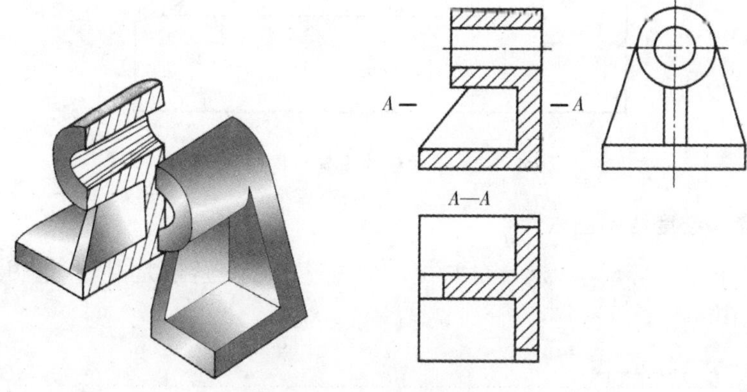

图6-33　肋板剖切画法

(2)机件上均匀分布的肋、轮辐、孔等结构，当其不处在剖切平面上时，可将这些结构旋转到剖切平面上画出，如图6-34所示。

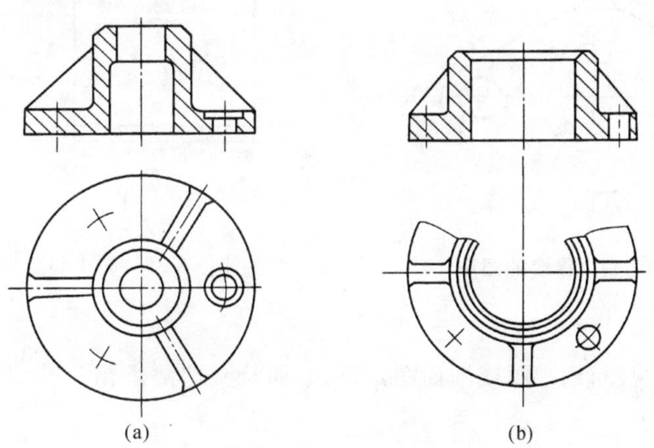

图6-34　均布的孔与肋板的简化画法

(3)均匀分布的孔，只画一个，其余用中心线表示孔的中心位置，如图6-34所示。

2. 重复结构的画法

零件中成规律分布的重复结构，允许只绘制出其中一个或几个完整的结构，并反映其分布情况。对称的重复结构用细点画线表示各对称结构要素的位置，如图6-35、图6-36所示。不对称的重复结构则用相连的细实线代替，如图6-37所示。

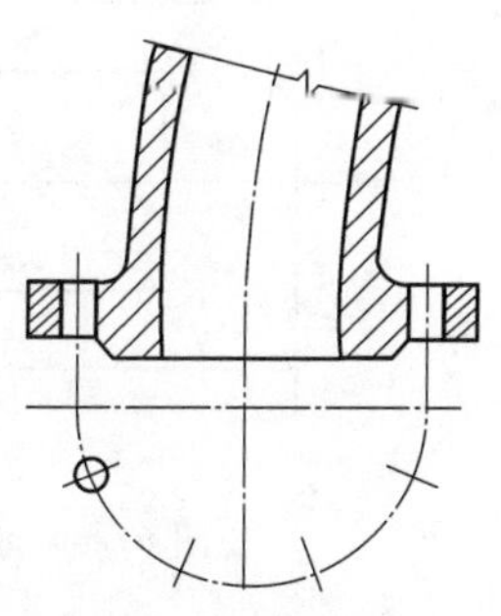

图6-35　对称的重复结构的画法(一)

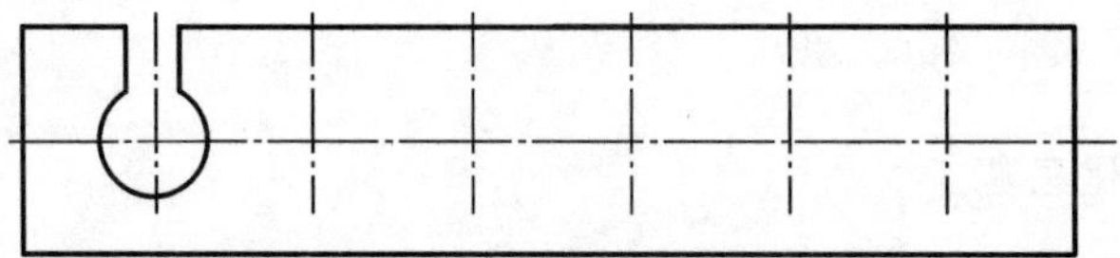

图 6-36 对称的重复结构的画法(二)

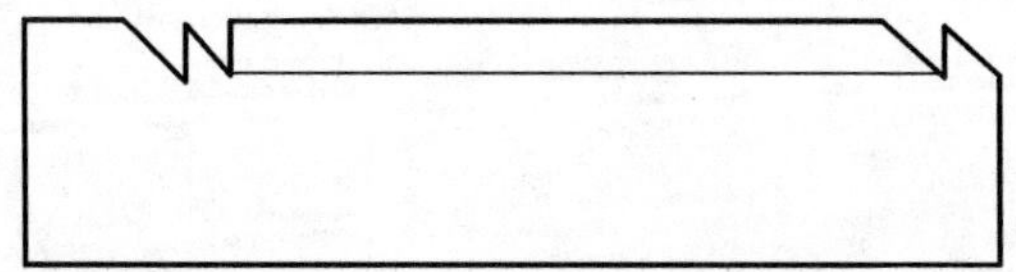

图 6-37 不对称的重复结构的画法

3. 较小斜度和锥度结构画法

机件上斜度和锥度等较小的结构，如在一个图形中已表达清楚时，其他图形可按小端画出，如图 6-38、图 6-39 所示。

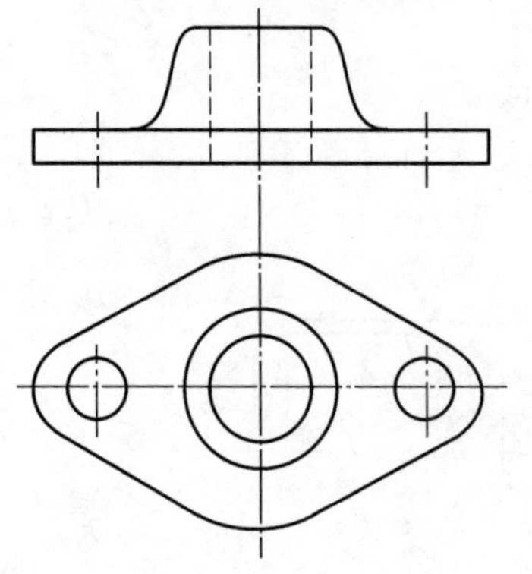

图 6-38 较小锥度的画法

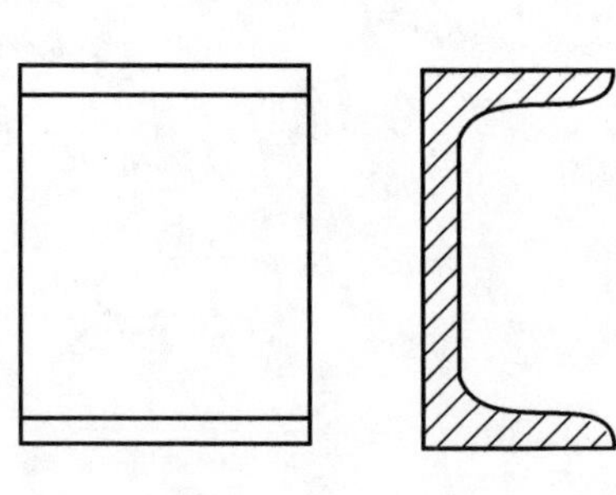

图 6-39 较小斜度的画法

4. 平面的表示法

为了避免增加视图、剖视图或断面图，可用平面符号即两条相交的细实线表示平面，如图 6-40、图 6-41 所示。

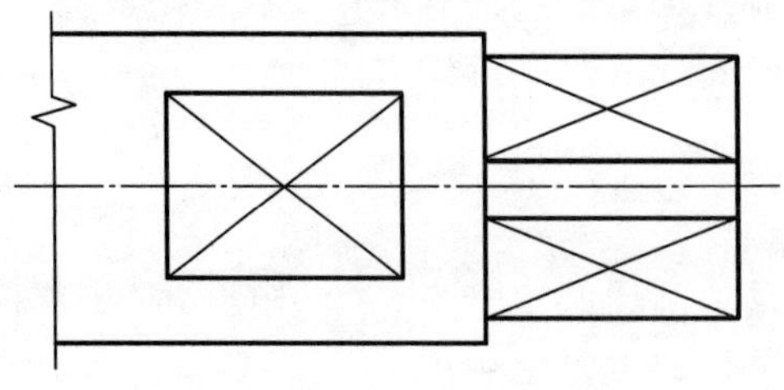

图 6-40 轴上的矩形平面画法

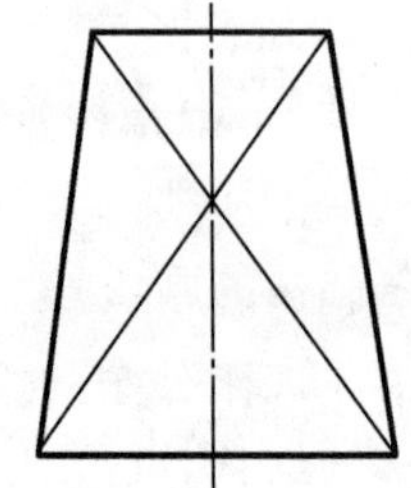

图 6-41 梯形平面画法

5. 零件图中有两个或两个以上相同视图的表示

一个零件上有两个或两个以上图形相同的视图，可以只画一个视图，并用箭头、字母和数字表示其投射方向和位置，如图 6－42、图 6－43 所示。

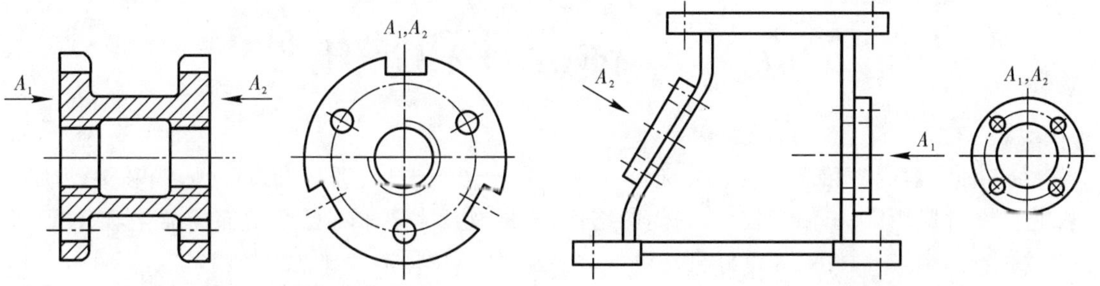

图 6－42　两个相同视图的表示

图 6－43　两个图形相同的局部视图和斜视图的表示

6. 较长机件的简化画法

较长机件（如轴、杆、型材等）沿长度方向的形状一致或按一定规律变化时，可断开绘制，如图 6－44 所示。

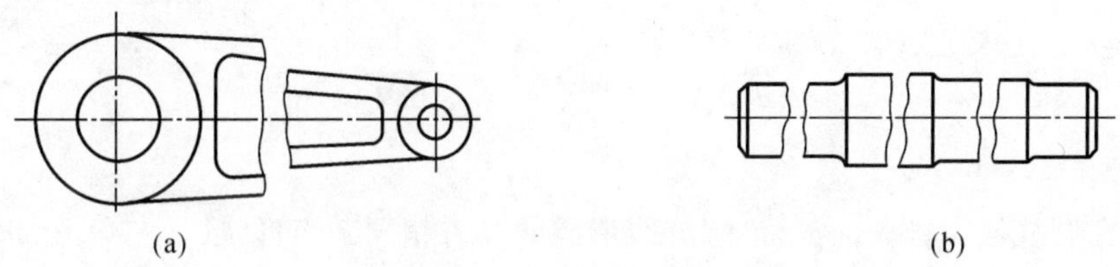

图 6－44　较长机件的简化画法

7. 有较小倾斜角度的圆或圆弧的简化画法

与投影面倾斜角度小于或等于 30°的圆或圆弧，手工绘图时，其投影可用圆或圆弧代替，如图 6－45 所示。

8. 网状结构的简化画法

滚花、槽沟等网状结构应用粗实线完全或部分地表示出来，如图 6－46 所示。

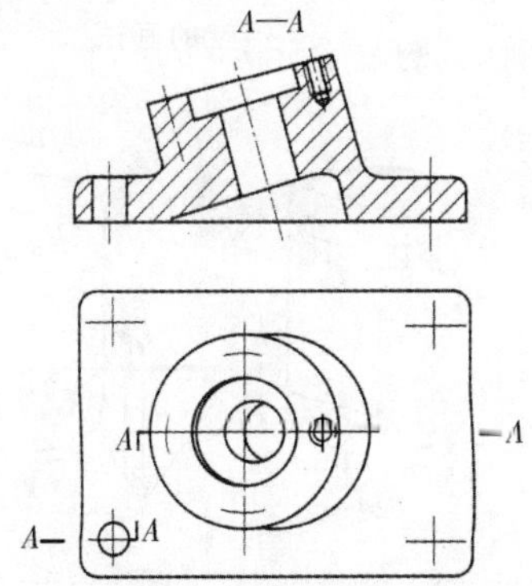

图 6－45　倾斜较小角度的圆或圆弧的简化画法

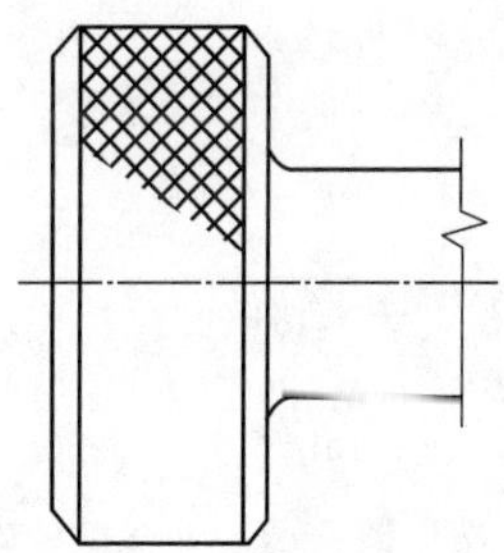

图 6－46　网状结构的画法

第7章　标准件和常用件

在各种机器设备和仪器仪表装配过程中经常会用到螺栓、螺母、螺钉、键、销和滚动轴承等，这些零件应用广泛，用量较大，它们的结构、规格及技术要求都已经全部标准化，这样便于大批量生产，在设计、安装和维修机器设备时，可方便地按标准和规格来选用，这些零件称为标准件。另有一些零件，也经常使用，但国家标准只对其部分结构、尺寸和参数实行了标准化，如齿轮、蜗轮、弹簧等，称为常用件。

本章将分别介绍螺纹、螺纹紧固件、齿轮、键、销、滚动轴承和弹簧的基本知识、规定画法、标注及查表和计算方法。

7.1　螺　　纹

螺纹是在圆柱或圆锥表面上，沿螺旋线形成的具有相同剖面形状（如三角形、正方形、锯齿形等）的连续凸起和沟槽（凸起是指螺纹两侧间的实体部分，又称牙）。

螺纹是零件上常见的一种结构。螺纹分外螺纹和内螺纹两种，成对使用。加工在零件外表面上的螺纹称为外螺纹，加工在零件内表面（孔）上的螺纹称为内螺纹，如图7-1所示。

7.1.1　螺纹的形成和加工方法

各种螺纹都是根据螺旋线原理加工而成的。若圆柱面上一动点 A，它在绕圆柱轴线作等速旋转运动的同时，又沿圆柱轴线作等速直线运动所形成的复合运动轨迹，称为圆柱螺旋线，如图7-2所示。

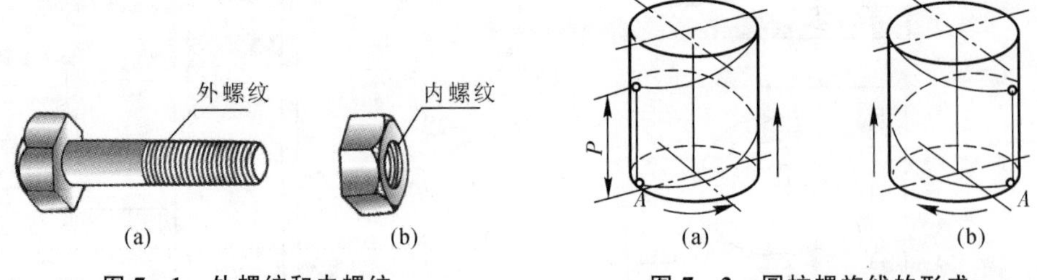

图7-1　外螺纹和内螺纹

(a)外螺纹；(b)内螺纹

图7-2　圆柱螺旋线的形成

(a)右旋；(b)左旋

螺纹的加工方法很多，常见的有在车床上车削内、外螺纹，即工件作等速旋转，车刀沿轴线方向作等速移动，刀尖则在圆柱或圆孔面上形成螺旋运动；也可以用丝锥攻内螺纹和用板牙套外螺纹，即用手工工具加工螺纹，如图7-3所示。

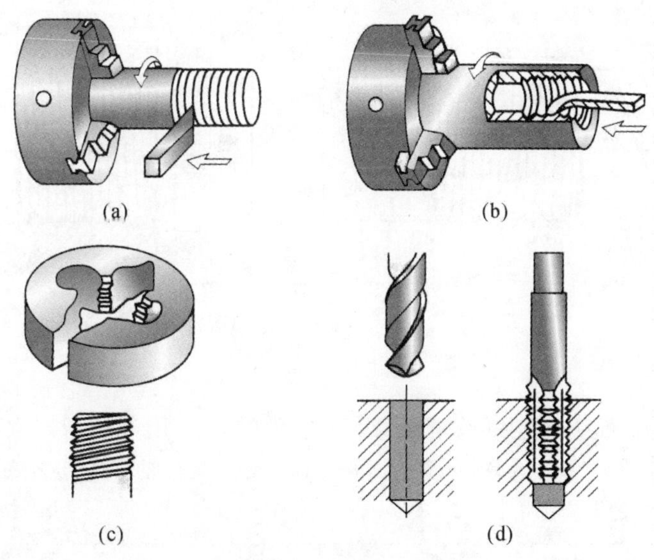

图 7-3　螺纹的加工方法

(a)车外螺纹；(b)车内螺纹；(c)套外螺纹；(d)攻内螺纹

7.1.2　螺纹的基本要素(GB/T14791—2013)

1. 牙型

在通过螺纹轴线的断面上，螺纹的轮廓形状称为螺纹牙型。它由牙顶、牙底和两牙侧构成，并形成一定的牙型角，如图 7-4 所示。螺纹的牙型常见的有三角形、梯形、锯齿形等。

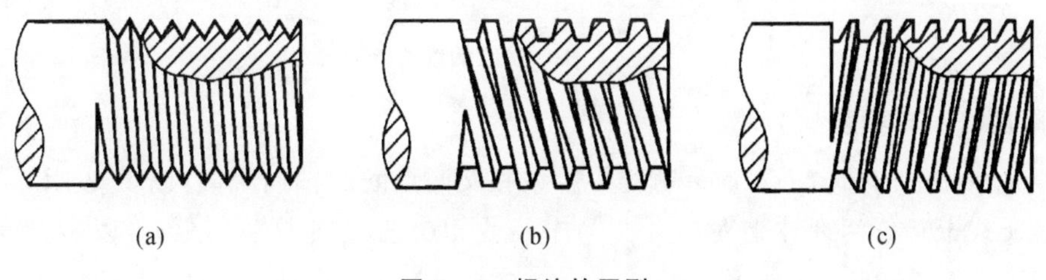

图 7-4　螺纹的牙型

(a)三角形；(b)梯形；(c)锯齿形

2. 螺纹的直径(见图 7-5)

(1)螺纹大径(公称直径)。与外螺纹牙顶或内螺纹牙底相切的假想圆柱或圆锥体的直径，是螺纹的最大直径。外螺纹大径用 d 表示，内螺纹大径用 D 表示。

(2)螺纹小径。螺纹小径是指与外螺纹牙底或内螺纹牙顶相切的假想圆柱或圆锥体的直径，是螺纹的最小直径。外螺纹小径 d_1 用表示，内螺纹小径用 D_1 表示。

(3)螺纹中径。在螺纹大径和小径之间有一假想圆柱，圆柱母线通过螺纹上牙厚和牙槽宽相等的地方，则该假想圆柱直径为螺纹中径。外螺纹中径用 d_2 表示，内螺纹中径用 D_2 表示。

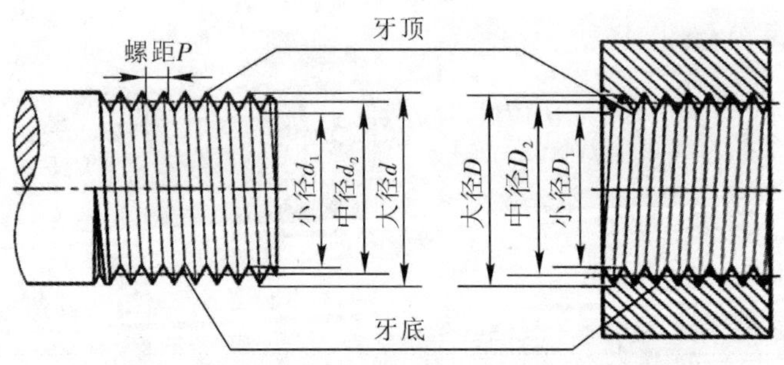

图 7-5 螺纹的牙型和直径

3. 线数(n)

在同一圆柱(锥)面上车制螺纹的条数,称为螺纹线数,用 n 表示。螺纹有单线和多线之分,沿一条螺旋线形成的螺纹称为单线;沿两条或两条以上在轴向等距分布的螺旋线形成的螺纹称为多线螺纹,如图 7-6 所示。

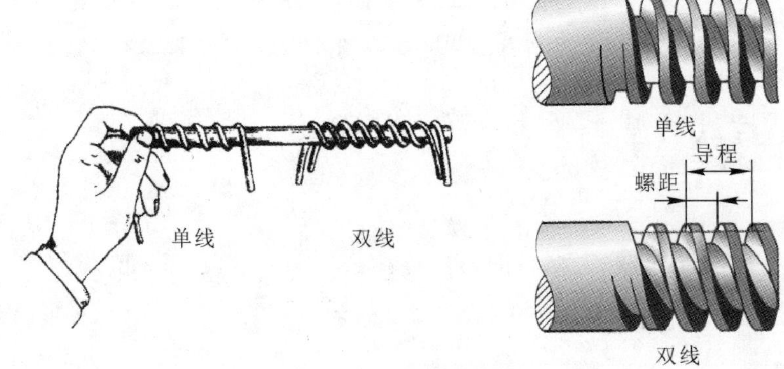

图 7-6 螺纹的线数

4. 螺距(P)与导程(P_h)

螺距是指相邻两牙体上对应牙侧与中径线相交两点间的轴向距离,以 P 表示。导程是指同一条螺旋线上相邻两牙体上对应牙侧与中径线相交两点间的轴向距离,以 P_h 表示。螺距 P、导程 P_h 和线数 n 的关系如下:

单线螺纹:导程=螺距,即 $P_h=P$ 。

多线螺纹:导程=螺距×线数,即 $P_h= nP$。

5. 旋向

螺纹有右旋和左旋之分。按照右螺旋线加工、顺时针旋转时旋入的螺纹称右旋螺纹。按照左螺旋线加工、逆时针旋转时旋入的螺纹称左旋螺纹,如图 7-7 所示。

旋向按下列方法判定:将外螺纹垂直放置,螺纹的可见部分右高左低者为右旋螺纹,左高右低者为左旋螺纹。

国家标准对螺纹五项要素中牙型、公称直径和螺距作了规定。凡是上述三项要素都符合标准规定的称为标准螺纹;仅牙型符合标准的螺纹称为特殊螺纹。三项都不符合标准规定的称为非标准螺纹。

注:只有五项要素完全相同的内、外螺纹才能配合使用。

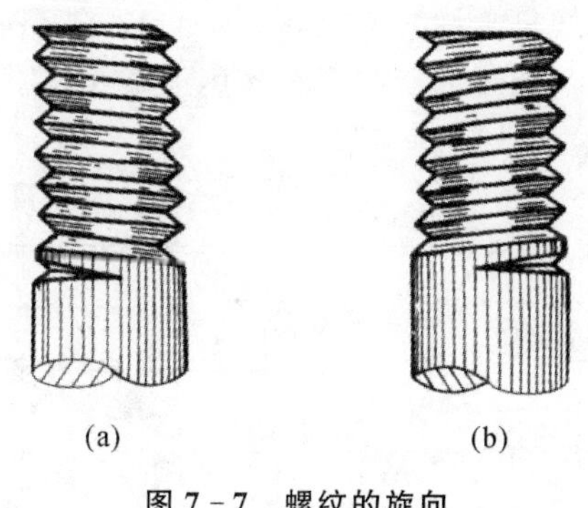

图 7-7　螺纹的旋向

(a)左旋螺纹;(b)右旋螺纹

7.1.3　螺纹的规定画法

螺纹的真实投影十分复杂,为了简化作图,国家标准《机械制图》(GB/T4459.1—1995)对螺纹的画法作了统一规定。根据规定,在图样上绘制螺纹一般不按真实投影作图,不论螺纹的牙型如何,其画法均相同。

1. 外螺纹的规定画法

如图 7-8(b)所示,在投影为非圆的视图上,螺纹的大径用粗实线表示,小径 ($d_1=0.85d$)用细实线表示,并画入倒角内。螺纹的终止线用粗实线表示,螺尾部分一般不用画出,当需要表示螺纹收尾时,螺纹尾部用与轴线成 30°的细实线绘制。

在投影为圆的视图中,表示螺纹大径的圆用粗实线绘制,表示螺纹小径的圆用细实线只画约 3/4 圈,轴端倒角圆省略不画。

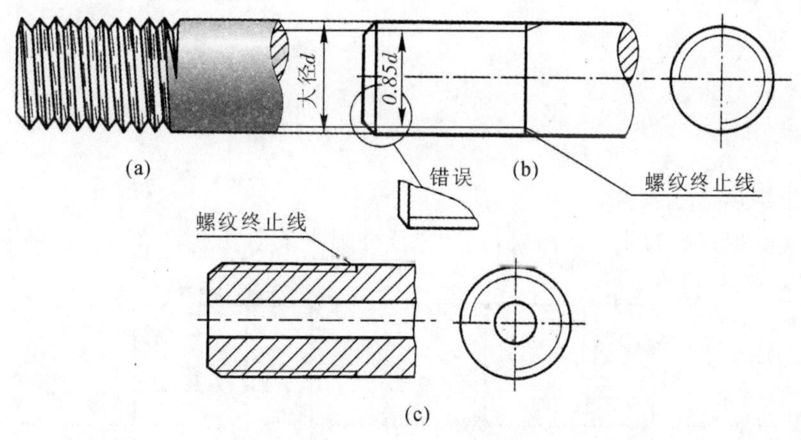

图 7-8　外螺纹的画法

2. 内螺纹的规定画法

如图 7-9 所示,画内螺纹通常采用剖视图,在投影为非圆的视图中,小径($D_1=0.85D$)用粗实线画出,大径用细实线画出,螺纹终止线用粗实线表示,剖面线画到表示小径的粗实线为止，如果螺孔为盲孔，则螺纹终止线距孔底距离为 $0.5D$，锥尖角为 120°。在投影为圆的视图上，表示螺纹大径的圆用细实线只画约 3/4 圈，孔口倒角圆省略不画；表示螺纹小径的圆用粗实线画。当内螺纹为不可见时，螺纹的所有图线均用细虚线绘制。

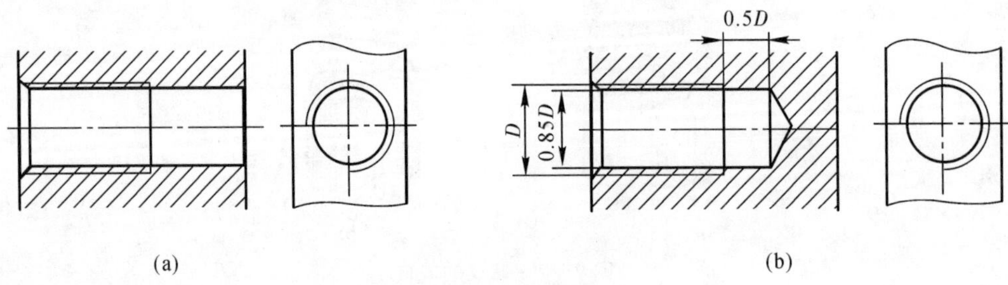

图 7－9　内螺纹的画法

(a)通孔；(b)盲孔

3. 内、外螺纹连接画法

内、外螺纹旋合在一起时，称为螺纹连接。螺纹连接常用剖视图表示。其中，内、外螺纹旋合部分应按外螺纹的画法绘制，其余部分仍按各自的画法绘制。

画图时应注意：表示内、外螺纹大径的细实线和粗实线，以及表示内、外螺纹小径的粗实线和细实线必须分别对齐，以表示相互连接的螺纹具有相同的大径和小径，如图 7－10 所示。

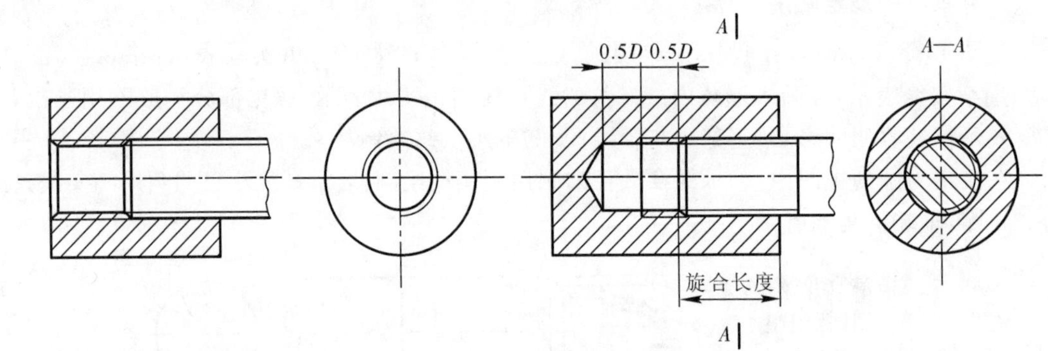

图 7－10　内、外螺纹连接画法

4. 螺孔中相贯线的画法

两螺孔相交或螺孔与光孔相交时，只在牙顶处画一条相贯线，如图 7－11 所示。

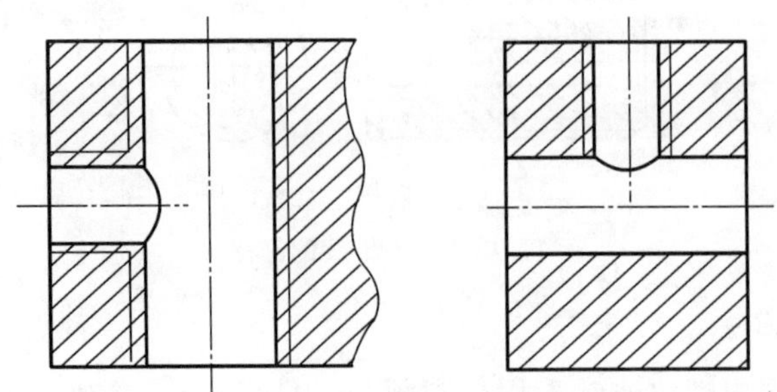

图 7－11　螺纹孔中相贯线的画法

5. 螺纹牙型的表示方法

对于标准螺纹，一般不画牙型，当某些非标准螺纹牙型非画出不可时，可用局部剖视或局部放大图表示，如图 7－12 所示。

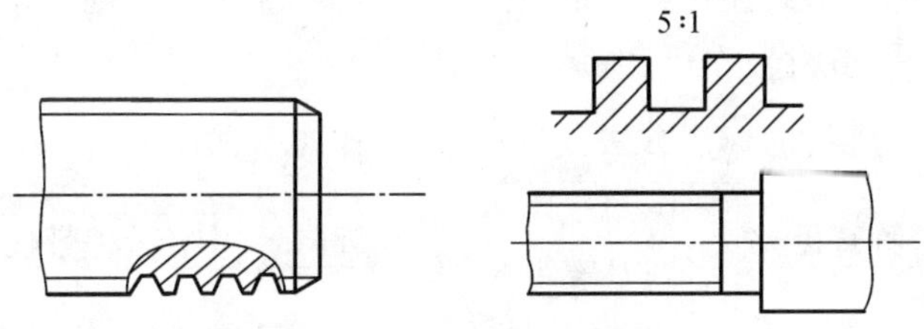

图 7－12　螺纹牙型表示法

6. 圆锥螺纹的画法

具有圆锥螺纹的零件，在垂直于轴线的投影面的视图中，左视图按螺纹大端绘制，右视图按螺纹小端绘制，如图 7－13 所示。

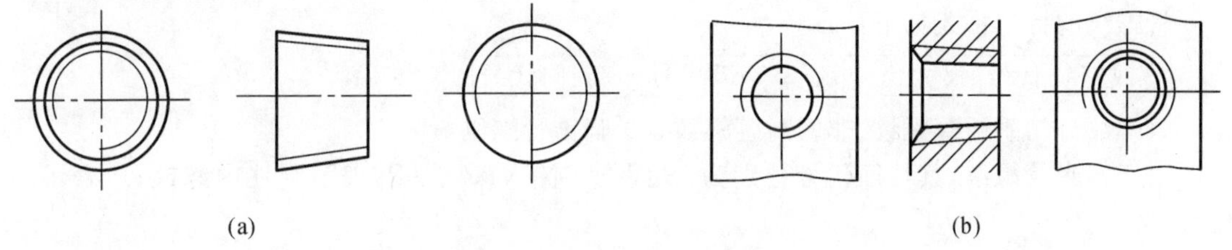

图 7－13　圆锥螺纹的画法

7.1.4　常用螺纹的种类及标注

螺纹的分类方法很多，通常按牙型可分为普通螺纹、梯形螺纹、锯齿形螺纹和管螺纹等；按用途不同可分连接螺纹和传动螺纹两大类。

连接螺纹：起连接作用的螺纹，常见的有粗牙普通螺纹、细牙普通螺纹、管螺纹。其中，管螺纹又分为用螺纹密封的管螺纹、非螺纹密封的管螺纹、60°圆锥管螺纹。

传动螺纹：用于传递动力和运动的螺纹，常见的有梯形螺纹和锯齿形螺纹。

无论哪种螺纹的规定画法都不能表示出螺纹种类和螺纹要素，因而国家标准规定，在图中对标准螺纹用规定的标记格式和相应代号进行标注。

1. 普通螺纹

普通螺纹是最常用的连接螺纹，它的直径与螺距系列及基本尺寸见附录附表 1。

普通螺纹的标记格式规定如下：

螺纹特征代号 公称直径 × 螺距 旋向 － 中径、顶径公差带代号 － 旋合长度代号

(1)普通螺纹的特征代号为 M。公称直径为螺纹的大径；普通螺纹的螺距有粗牙与细牙之分，粗牙普通螺纹螺距只有一个不必注出，细牙螺纹应注出螺距数值。

右旋螺纹不必标注旋向，左旋螺纹应注旋向“LH”。

(2)螺纹公差带代号表示尺寸允许的误差范围，由表示中径及顶径的公差等级的数字和表

示公差位置的基本偏差系列字母组成，大写字母表示内螺纹，小写字母表示外螺纹，如果中径、顶径公差带代号相同时可注写一个代号。

(3)旋合长度有短、中、长三种，其代号分别为S,N,L。如按中等长度旋合时，图上可不标注N。

普通螺纹用尺寸标注形式注在大径上。

2. 梯形螺纹和锯齿形螺纹

梯形螺纹和锯齿形螺纹的标注方法基本一致，格式如下：

[螺纹特征代号][公称直径]×[螺距(单线)
导程(*P* 螺距)(多线)][旋向]－[中径公差带代号]－[旋合长度代号]

梯形螺纹的特征代号为"Tr"。锯齿形螺纹的特征代号为"B"。右旋可不标注旋向代号，左旋时标"LH"。单线螺纹标注螺距，多线螺纹标注导程和螺距。螺纹公差带代号只有中径公差带代号。

旋合长度只分中(N)、长(L)两组，N可省略不注。

3. 管螺纹

管螺纹的标记格式如下：

[螺纹特征代号][尺寸代号][公差等级代号]－[旋向代号]

管螺纹分为密封管螺纹、非密封管螺纹、60°圆锥管螺纹。

对于密封管螺纹，其特征代号分别为：R_C表示圆锥内螺纹；R_P表示圆柱内螺纹；R表示圆锥外螺纹。

注意：圆锥外螺纹R又分为R_1和R_2两种，其中R_1与密封圆柱内螺纹R_P配合使用；R_2与密封圆锥内螺纹R_C配合使用。

对于非密封管螺纹，其螺纹特征代号为G。

公差等级只适用于非螺纹密封的外管螺纹，分为A,B两个精度等级，内螺纹不标此项代号。

右旋螺纹可不标注旋向代号，左旋螺纹标"LH"。

60°圆锥管螺纹标注中，螺纹特征代号为NPT，左旋螺纹标"LH"，右旋不标。

上述管螺纹标注中的"尺寸代号"并非大径数值，而是指管螺纹的管子通径尺寸，单位为英寸，因而这类螺纹需用指引线自大径圆柱(或圆锥)母线上引出标注，作图时，可根据尺寸代号查出螺纹大径尺寸，如尺寸代号为"1"时，螺纹大径为33.249 mm。

4. 特殊螺纹及非标准螺纹的标注

标注特殊螺纹时，应在牙型代号前加注"特"字，如图7－14所示。非标准牙型的螺纹应画出牙型并注出所需尺寸及有关要求。

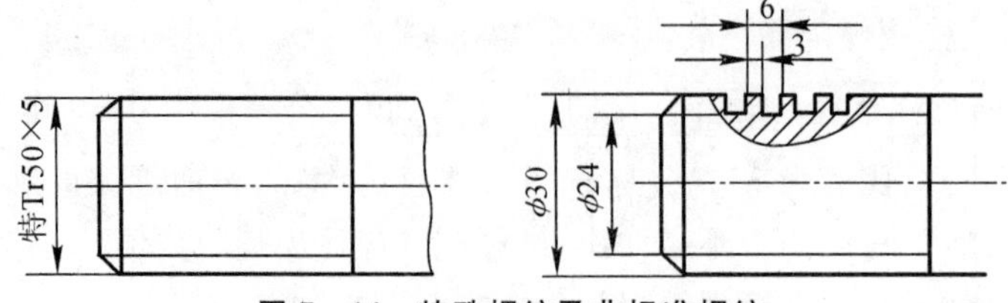

图7－14 特殊螺纹及非标准螺纹

[例7－1] 试说明螺纹标记M20×1.5 LH－5 g6 g－S中各符号代表的含义。

含义：M 为普通螺纹代号，公称直径为 20 mm，细牙，螺距为 1.5 mm，左旋；中径公差带代号为 5g、顶径公差带代号为 6g；短旋合长度。

常用标准螺纹的标注示例见表 7－1。

表 7－1　常用标准螺纹的标注

螺纹类别		特征代号	牙　型	标注示例	说明
普通螺纹	粗牙	M	60°	M24－5g6g－S	表示公称直径为 24 mm 的右旋粗牙普通外螺纹，中径公差带代号为 5g，顶径公差带代号为 6g，短旋合长度
	细牙			M24×2－6H	表示公称直径为 24 mm，螺距为 2 mm 的细牙普通内螺纹，中径、顶径公差带代号为 6H，中等旋合长度
梯形螺纹		Tr	3°　30°	Tr40×14(P7)LH－7e	表示公称直径为 40 mm，导程为 14 mm，螺距为 7 mm 的双线、左旋梯形外螺纹，中径公差带为 7e。
锯齿形螺纹		B	30°	B32×7－7c	表示公称直径为 32 mm，螺距为 7 mm 的右旋锯齿形外螺纹，中径公差带为 7c，中等旋合长度。
密封管螺纹		R	55°	R1/2－LH	表示尺寸代号为 1/2，螺纹密封的左旋圆锥外螺纹
		R_P		R_P3/4	表示尺寸代号为 3/4，螺纹密封的圆柱内螺纹
		R_C		R_c3/4	表示尺寸代号为 3/4，螺纹密封的圆锥内螺纹
非密封管螺纹		G	55°	G3/4　G3/4B	表示尺寸代号为 3/4，非螺纹密封的圆柱内螺纹及 B 级圆柱外螺纹
60°圆锥管螺纹		NPT	60°	NPT3/4　NPT3/4	表示尺寸代号为 3/4，牙型为 60°的圆锥管螺纹

7.2 常用螺纹紧固件及其连接

7.2.1 常用螺纹紧固件的种类及标记

螺纹紧固件是指利用内、外螺纹的旋合作用来连接和紧固一些零件的零件，是工程上应用最广泛的标准件，一般由专门的工厂生产。螺纹紧固件的种类很多，常见的紧固件有螺栓、双头螺柱、螺母、垫圈及螺钉等，如图 7－15 所示。它们的结构、尺寸都已标准化。需要使用或绘图时，根据其标记可以从相应国家标准中查到所需的结构形式、尺寸，一般无需画出它们的零件图，只需标记。常用螺纹紧固件的标记示例见表 7－2。

螺纹紧固件的连接方式通常有螺栓连接、双头螺柱连接和螺钉连接。

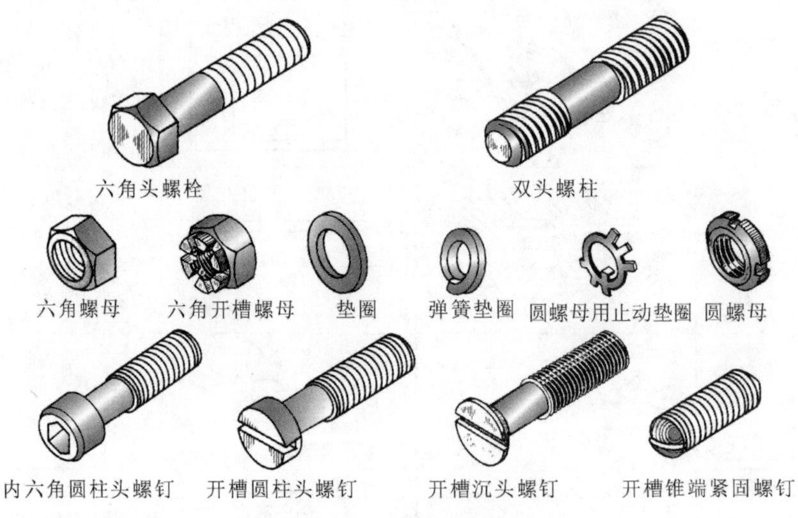

图 7－15 常用螺纹紧固件

表 7－2 常用螺纹紧固件的标记示例

名 称	标记实例	说 明
螺栓	螺栓 GB/T5782—2000 M10×60	表示螺纹公称直径 $d=10$，公称长度 $L=60$（不包括头部）的螺栓
双头螺柱	螺栓 GB/T898—1988 M10×60	表示公称直径 $d=10$，公称长度 $L=60$（不包括旋入端）的双头螺柱
螺母	螺母 GB/T6170—2000 M10	表示螺纹规格 D=M10 的螺母
平垫圈	垫圈 GB/T97.2—2002 10×140HV	表示螺栓直径 $d=10$，性能等级为 HV140，不经表面处理的平垫圈
弹簧垫圈	垫圈 GB/T93—1987 20	表示螺栓直径 $d=20$ 的弹簧垫圈
螺钉	螺钉 GB67—2000 M10×50	表示螺钉公称直径 $d=10$，公称长度 $L=50$（不包括头部）的开槽圆头螺钉
紧定螺钉	螺钉 GB71—1985 M5×12	表示螺钉公称直径 $d=5$，公称长度 $L=12$ 的开槽锥端紧定螺钉

7.2.2　螺纹紧固件及连接图的画法

画螺纹连接图中紧固件，可根据紧固件的标记从相应的标准中查表得出各部分尺寸。但为了简化作图，通常根据螺纹公称直径 d，D，按一定的比例关系计算出各部分尺寸，近似地画出螺纹紧固件，如图 7-16 所示，称为比例画法。

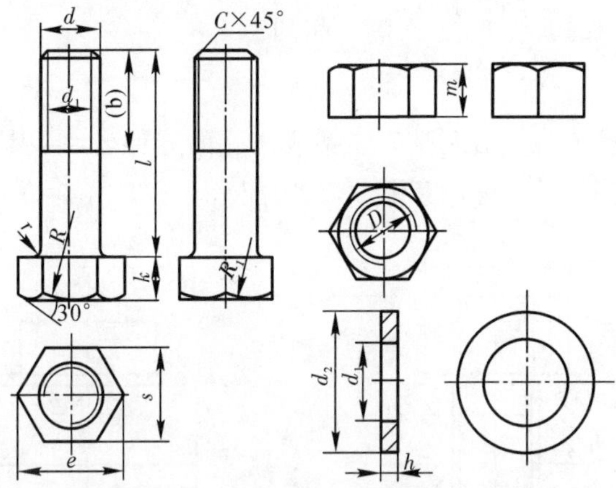

图 7-16　螺栓、螺母、垫圈的比例画

螺纹紧固件的尺寸数值的计算关系为：

螺栓：d，l 根据要求，$R_1=d$，$d_1\approx0.85d$，$R=1.5d$，$K=0.7d$，$b\approx2d$，$e=2d$。

螺母：D 根据要求，$m=0.8d$，其他尺寸与螺栓头部相同。

垫圈：孔径 $d_1=1.1d$，$d_2=2.2d$，$h=0.15d$。

螺栓及螺母头部因 30°倒角而产生的截交线在连接图中可简化不画，如要求表示时，按图 7-17 所示方法近似画出。

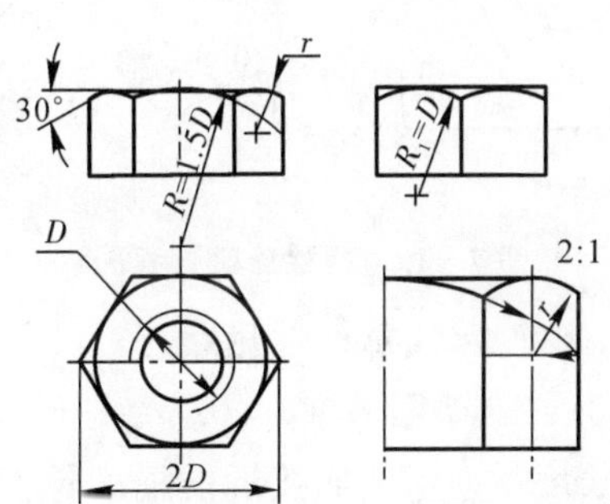

图 7-17　螺栓、螺母头部的近似画法

螺钉头部按螺纹直径 d 成比例的近似画法如图 7-18 所示。

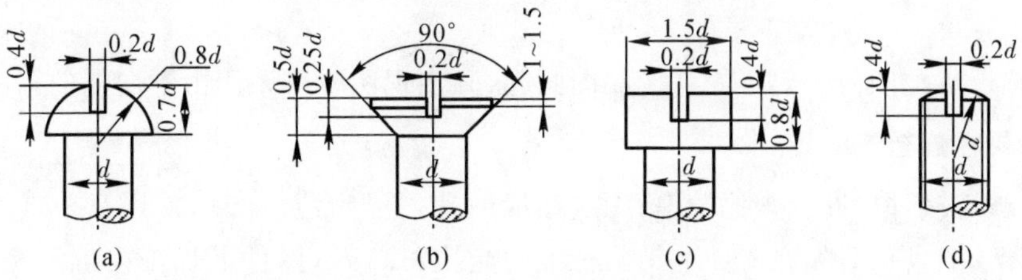

图 7-18　螺钉头部的近似画法

螺纹紧固件的连接形式有螺栓连接、螺柱连接、螺钉连接三种。无论哪种连接，其画法都应遵守下列规定：

(1)两零件接触表面之间，只画一条粗实线，不得在接触面上将轮廓线加粗。凡不接触表面，不论间隙大小，在图上应画出间隙(两条线)。

(2)剖切平面通过螺纹紧固件轴线时，螺栓、螺母、螺柱、螺钉、垫圈等均按不剖绘制。

(3)在剖视图中，相互接触的两个零件，剖面线方向应相反，或方向相同而间隔不同。但同一零件在各个剖视图上的剖面线方向、间隔应相同。

1. 螺栓连接

螺栓连接一般用来连接两个不太厚并能钻成通孔的零件 t_1，t_2，其连接时，先将螺栓的杆部穿过两个通孔，然后套上垫圈，再拧紧螺母，其装配示意图如图 7－19 所示。

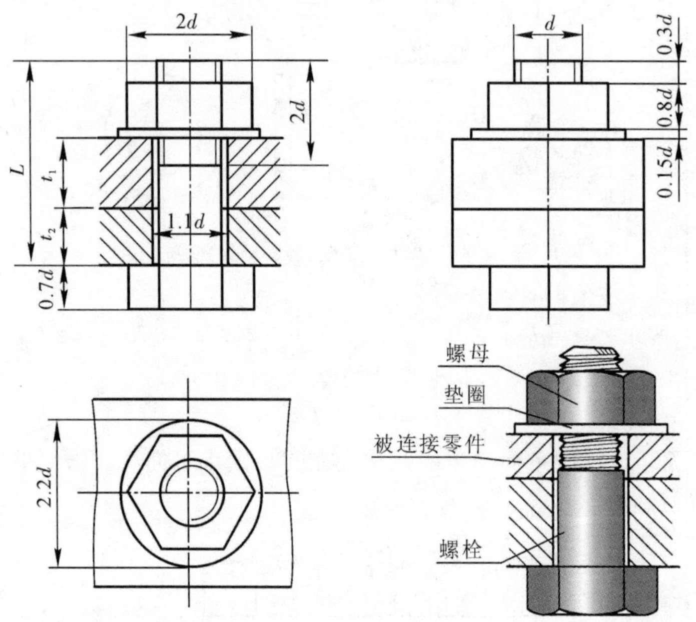

图 7－19　螺栓连接过程图

画螺栓连接图时，应采用比例画法，注意以下几点：

(1)螺栓长度 $l = t_1 + t_2 + 0.15d$(垫圈厚度)$+0.8d$(螺母厚度)$+(0.3 \sim 0.4)d$，l 值应取整数，然后查附表，从螺栓标准长度系列中选取接近的标准长度，过长或不足都为不合理。螺纹终止线应画出，以表示 t_1，t_2已被紧固。

(2)在装配图中可采用螺拴连接简化画法，螺拴末端的倒角、螺母和螺栓头部的倒角可省略不画。

(3)画螺栓装配图时一般可先从俯视图画起，画主视图时可采用由下向上的画图顺序。

2. 双头螺柱连接

当两个被连接件中有一个比较厚，无法钻成通孔，且经常拆卸时，常用双头螺柱连接。连接过程如图 7－20 所示，先在薄件上钻出稍大的光孔(1.1d)，厚件上加工出螺纹孔，螺柱一端(旋入端)全部旋入螺孔内，上端套上垫圈再拧紧螺母。

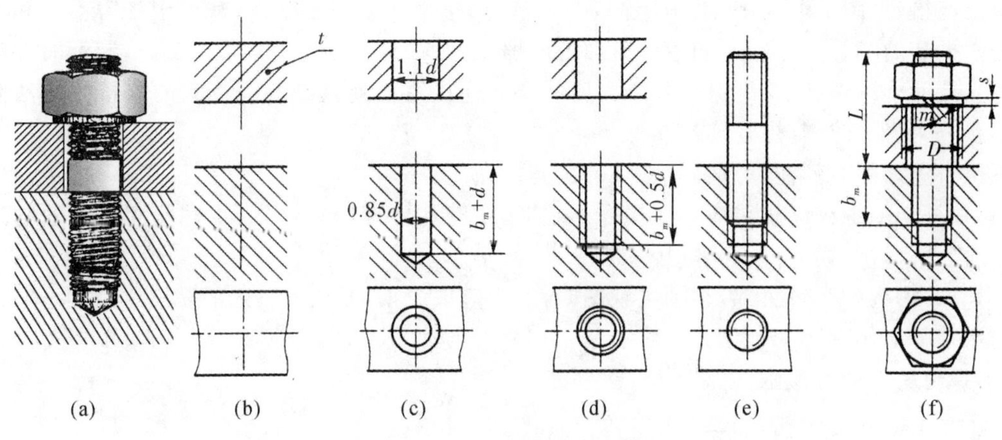

图 7－20　螺柱连接过程图

画双头螺柱连接图时应注意以下几点：

(1)旋入端的长度 b_m 应根据被连接件 t 的材料而定(钢 $b_m = d$；铸铁或铜 $b_m = 1.25d \sim 1.5d$；轻金属 $b_m = 2d$)；

(2)旋入端的螺纹终止线应与结合面平齐，表示旋入端已拧紧。

(3)旋入端螺孔深度取 $b_m + 0.5d$ 左右，钻孔深度取 $b_m + d$。

(4)螺柱的公称长度 $l = t +$ 垫圈厚度＋螺母厚度＋$(0.3 \sim 0.4)d$，取整数，然后查附表，从螺柱标准长度系列中选取接近的标准长度，过长或过短都不合适。

(5)螺柱连接经常会用到弹簧垫圈。弹簧垫圈常采用比例画法：$D = 1.5d$，$S = 0.2d$，$m = 0.1d$，弹簧垫圈开槽方向与水平成左斜 70°，如图 7－20(f)所示。

(6)画螺柱连接时可采用简化画法，即螺母头部的倒角可省略不画，如图 7－21 所示。

如图 7－22 所示为画螺孔底部及螺柱连接图时常见的错误。

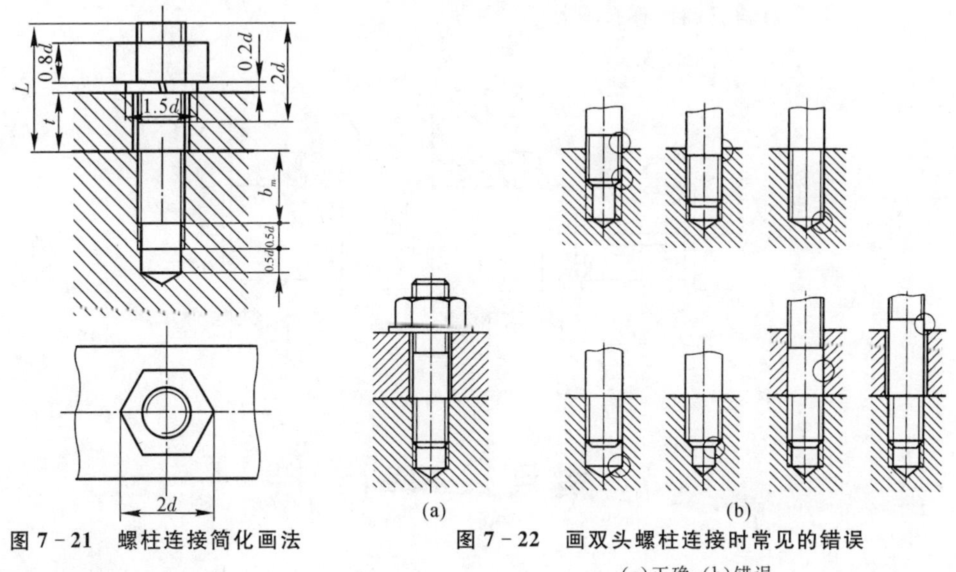

图 7－21　螺柱连接简化画法

图 7－22　画双头螺柱连接时常见的错误

(a)正确；(b)错误

3. 螺钉连接

螺钉的种类很多，按用途分为连接螺钉和紧定螺钉两类。

螺钉连接(见图 7-23)一般用于连接一个较薄、一个较厚的两零件,常用于受力不大和不需要经常拆装的场合。在较厚的零件上加工出螺孔,而在另一零件上加工成光孔,装配时将螺钉穿过光孔而旋进螺孔,靠螺钉头部压紧使两个被连接零件连接在一起。它的连接图画法除头部形状外,其他部分与螺柱连接相似。

画螺钉连接图时的注意点:

(1)螺杆上的螺纹终止线应画在接合面之上,在光孔件范围内,以表示螺钉尚有拧紧的余地,而连接件已被压紧。

(2)具有槽沟的螺钉头部,在画主视图时,槽沟应被放正,而在反映圆的视图中规定一字槽画成与水平方向倾斜 45°,如图 7-23 所示。

(3)螺钉头部的近似画法如图 7-18 所示。

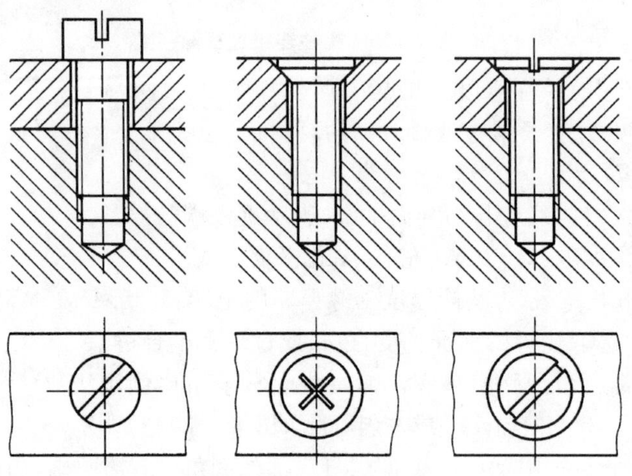

图 7-23 螺钉连接图

如图 7-24 所示为紧定螺钉连接画法。

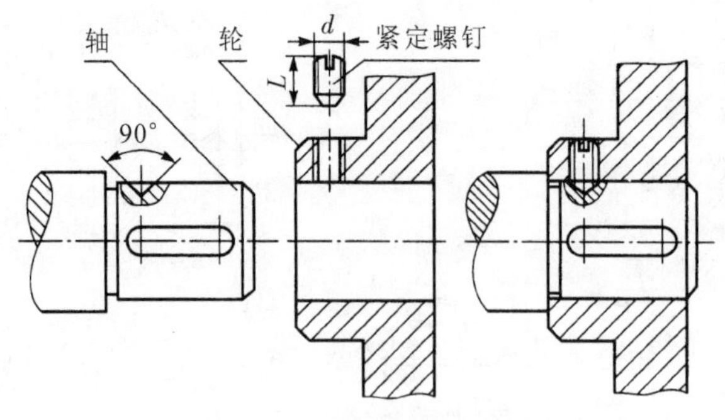

图 7-24 紧定螺钉连接图

7.3 键连接和销连接

7.3.1 常用键及其标记

在机器中,为了使齿轮、带轮等零件与轴一起转动,通常在被连接的轮毂孔中和轴上分别加工出键槽，将键嵌入轴上键槽内，再对准轮毂槽推入，即用键将轴、轮连接起来，如图 7-25 所示。

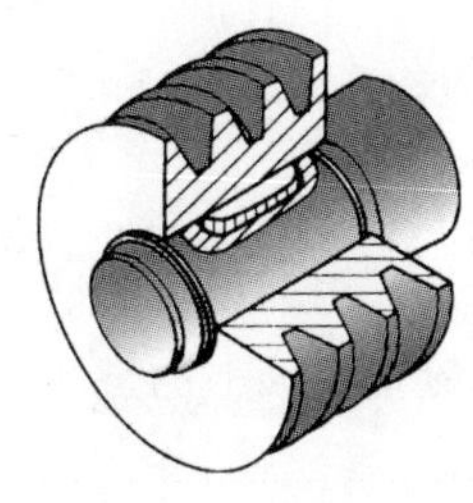

图 7-25　键连接图

键的种类很多，常用的键有普通型平键、普通型半圆键及钩头型楔键等，其中普通平键应用最广泛，它分为 A 型、B 型和 C 型，如图7-26 所示。它们都是标准件，根据连接处的轴径 d 在有关标准中可查得相应的尺寸、结构及标记(见附录附表 15)。

键的标记由国家标准代号，标准件的名称、型号和规格尺寸组成。其中规格尺寸由键宽、键长组成。表 7-3 列出了几种键的类型和规定标记示例。

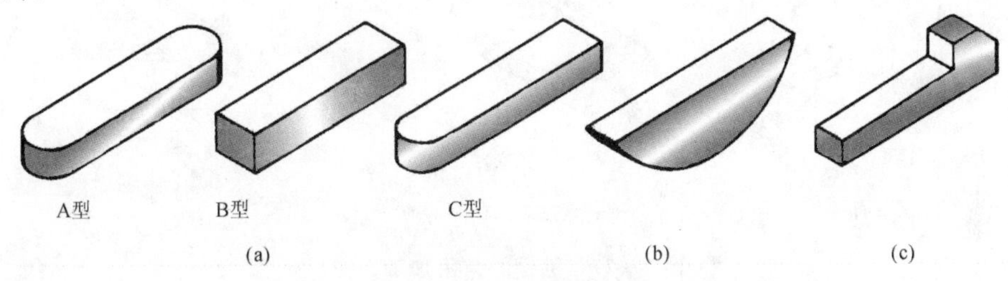

图 7-26　常用键的类型

(a) 普通型平键；(b) 普通型半圆键；(c) 钩头型楔键

表 7-3　键及其标记示例

名称	标准编号	图　例	标记示例
普通型平键(A 型)	GB/T 1096—2003	C或r h R=b/2 b L	宽度 b = 16 mm、高度 h = 10 mm、长度 L = 100 mm 的普通 A 型平键的标记： 键 16×10×100　GB/T 1096—2003
普通型半圆键	GB/T 1099.1—2003	b r D h	宽度 b=6 mm、高度 h=10 mm、直径 D=25 mm 的普通型半圆键的标记： 键 6×10×25　GB/T 1099.1—2003
钩头型楔键	GB/T 1565—2003	45° h C或r 1:100 h_1 b L	宽度 b=16 mm、高度 h=10 mm、长度 L=100 mm 的钩头型楔键标记： 键 16×100　GB/T 1565—2003

7.3.2 键槽的画法及尺寸标注

因为键是标准件，所以一般不必画出它的零件图，但需要画出零件上与键相配合的键槽。键槽有轴上的键槽和轮毂上的键槽两种，其常在插床或铣床上加工，如图 7-27 所示。

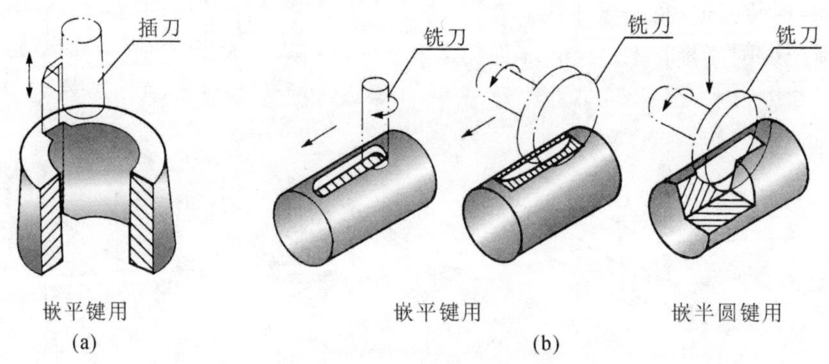

图 7-27　键槽的常用加工方法

(a)在插床上加工；(b)在铣床上加工

键槽的宽度 b 可根据轴的直径 d 查附录附表 15 确定，从附录中查附表 15 可知轴上的槽深 t_1 和轮毂上的键槽深度 t_2，键的长度应小于轮毂的长度 5～10 mm，但要符合附表 15 中的标准长度。键槽的画法和尺寸标注如图 7-28 所示。

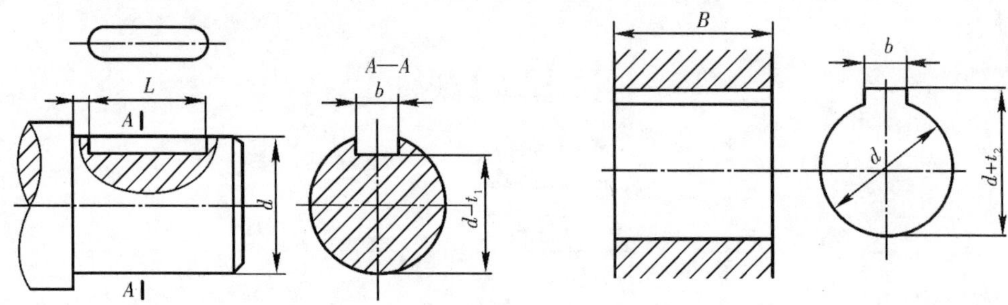

图 7-28　键槽的画法及尺寸标注

7.3.3 键连接画法

1. 普通型平键与普通型半圆键的连接画法

普通平键和半圆键的两侧面为工作面，底面和顶面为非工作面。画图时，键的两侧面分别与轴、轮毂上的键槽两侧面相接触，所以只画一条线；键的底面与轴上键槽的底面也应接触，而键的顶面与轮毂键槽底面有一定的间隙，应画出间隙，也就是画成两条线，如图 7-29、图 7-30 所示。

根据国家标准规定，在装配图中，对于键等实心零件，按纵向剖切时，键按不剖绘制。如需要表明键槽时，在反映键长度方向的剖视图中，采用局部剖视表示。

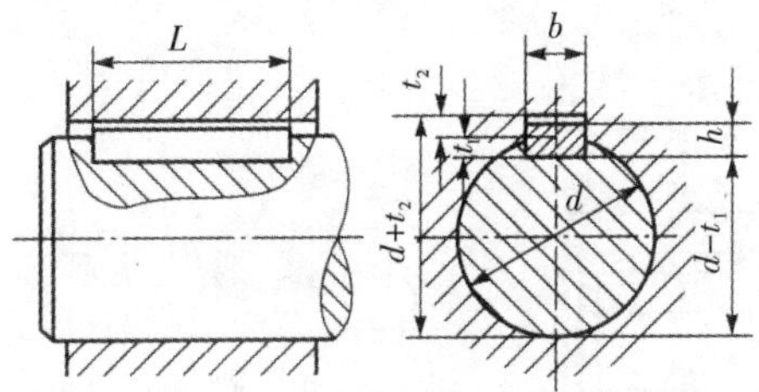

图 7-29　普通型平键连接画法

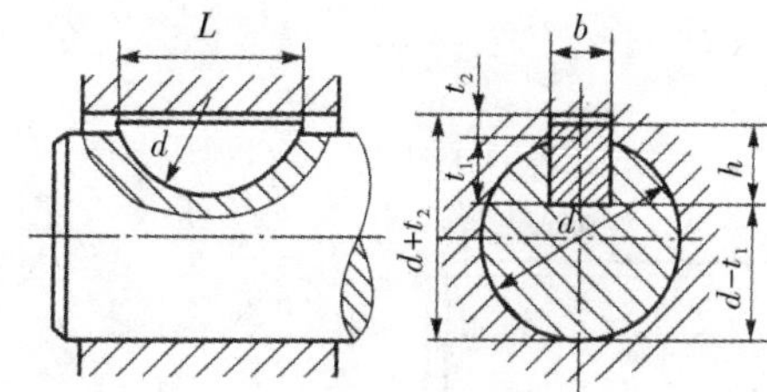

图 7-30　普通型半圆键连接画法

普通平键和半圆键连接作用原理相似。半圆键用于载荷不大的传动轴上。

2. 钩头型楔键连接画法

钩头型楔键的顶面有 1∶100 的斜度，连接时沿轴向将键打入轮毂键槽内，直至打紧为止。因此钩头型楔键的上、下底面为工作面，各画一条线；绘图时，侧面不留间隙也只画一条线，如图 7-31 所示。

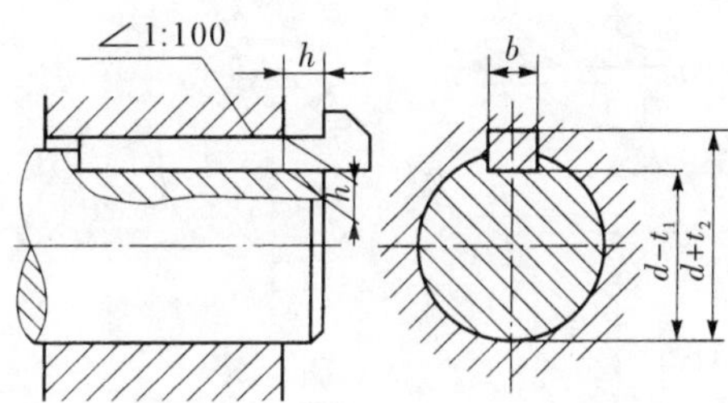

图 7-31　钩头型楔键连接画法

3. 花键与花键连接画法

花键连接在机器中被广泛地应用，它连接可靠、传递扭矩大、导向性好。常见的有矩形花键（见图 7-32）、渐开线花键及梯形花键等，其中以矩形花键应用最普遍，它们的尺寸已标准化，设计、画图时可根据有关标准选用。

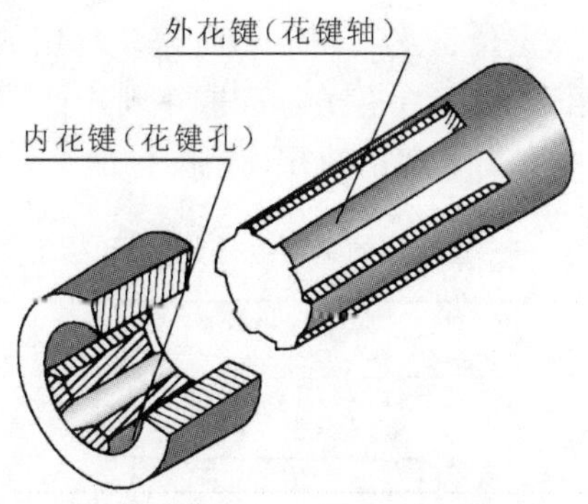

图 7-32　矩形花键连接

矩形外花键的画法如图 7-33(a)所示，矩形内花键的画法如图 7-33(b)所示，用局部视图画出全部齿形或一部分齿形，注明齿数。

矩形花键尺寸标注时，一般应注出大径 D、小径 d、键宽 B(及齿数)、工作长度等。

矩形花键也可用代号标出，如 6×50×45×12，表示 6 齿、大径为 50、小径为 45、宽为 12 的矩形花键。

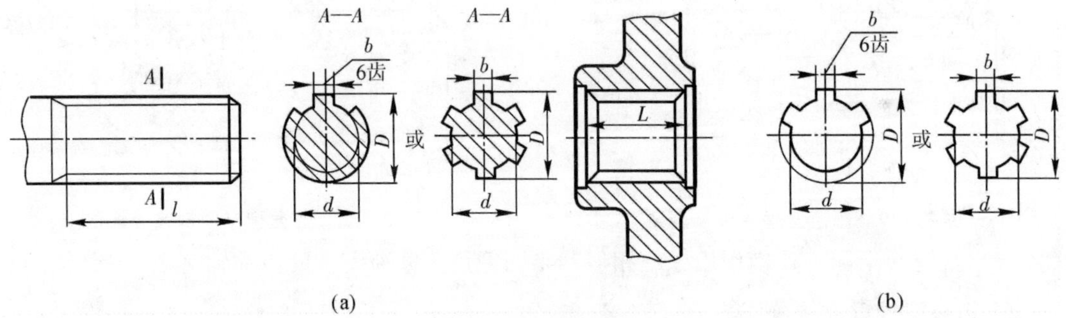

图 7-33 花键的画法

如图 7-34 所示为矩形花键的连接画法。

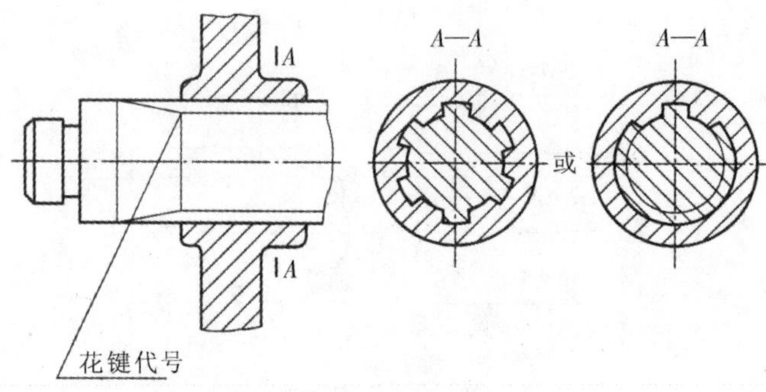

图 7-34 矩形花键的连接画法

7.3.4 销连接

1. 销及其标记

销在机器设备中，主要用于定位、连接、锁定和防松。常用的销有圆柱销、圆锥销、开口销等，它们都是标准件，使用及绘图时，可在有关标准或手册中查得其规格、尺寸及标记(见附录附表16～附表 18)。表 7-4 中列出了常用的几种销的标准编号、类型和标记示例。

表 7-4 常用销的标准编号、类型和标记示例

名称	标准编号	图例	标记示例
圆柱销	GB/T 119.1—2000	15° $R\approx d$ d a a L	公称直径 d=10 mm、长度 L=80 mm、材料 35 钢、热处理硬度为 HRC28～38、表面氧化处理的 A 型圆柱销： 销 GB/T 119.1—2000 A10×80

续表

名称	标准编号	图例	标记示例
圆锥销	GB/T 117—2000		公称直径 $d=10$ mm、长度 $L=80$ mm、材料 35 钢、热处理硬度为 HRC28～38、表面氧化处理的 A 型圆锥销： 销 GB/T 117—2000　10×80
开口销	GB/T 91—2000		公称直径 $d=8$ mm、长度 $L=45$ mm 材料为低碳钢、不经表面处理的开口销： 销 GB/T 91—2000　8×45

2. 销连接的画法

圆柱销和圆锥销的连接画法如图 7-35 所示。

用销连接或定位的两个零件，由于它们的装配要求较高，销孔一般要在被连接件装配后一起加工，以保证相互位置的准确性。因此，在零件图上除了注明销孔的尺寸外，还要注明其加工情况，需用“装配时作”或“与×件同钻铰”字样在零件图上注明。锥销孔的直径指小端直径，标注时可采用旁注法。销孔加工时按公称直径先钻孔，再用定值铰刀扩铰成销孔，如图 7-36 所示。

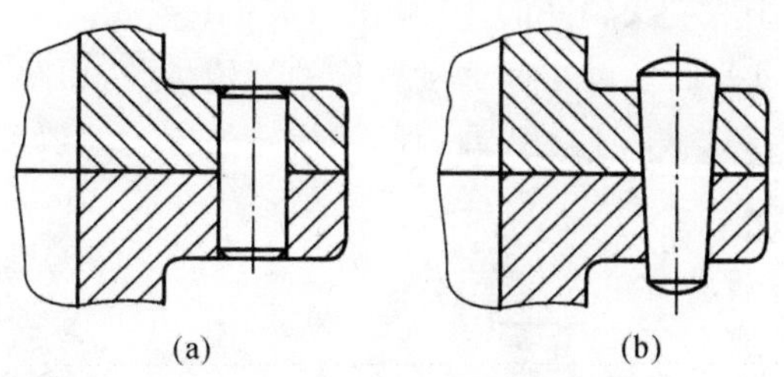

图 7-35　销连接的画法

(a)圆柱销连接；(b)圆锥销连接

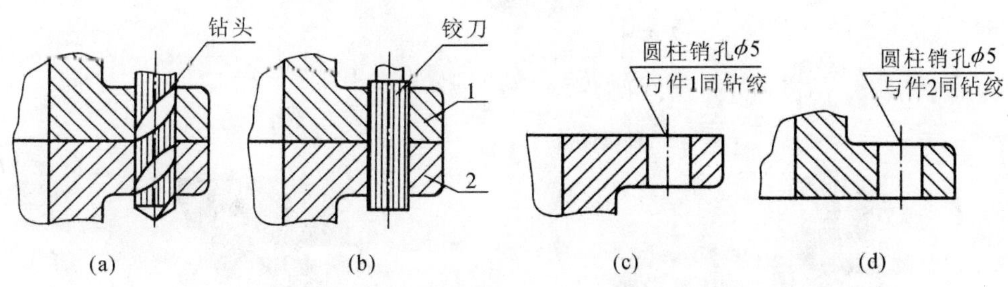

图 7-36　销孔的加工过程及尺寸标注

(a)钻孔；(b)铰孔；(c)件 2 的尺寸标注；(d)件 1 的尺寸标注

如图 7－37 所示为带销孔螺杆和开槽螺母用开口销锁紧放松的连接图。

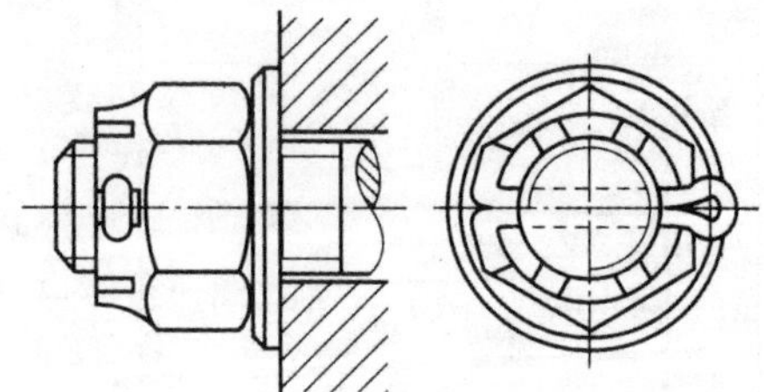

图 7－37　开口销锁紧防松图的画法

7.4 齿　　轮

7.4.1　齿轮的作用与种类

齿轮是广泛应用于机器设备中的传动零件，它的主要作用是将一根轴的动力及旋转运动传递给另一根轴，也可改变运动方向和转速。齿轮的种类很多，常见的有以下几种：

(1)圆柱齿轮——用于两平行轴间的传动，如图 7－38 所示。

(2)圆锥齿轮——用于两相交轴间的传动，如图 7－39 所示。

(3)蜗杆蜗轮——用于两交叉轴间的传动，如图 7－40 所示。

此外，还有用于转动和平行移动之间运动转换的齿轮齿条，如图 7－38(c)所示。

圆柱齿轮的应用最为广泛，以下主要介绍圆柱齿轮的有关知识和规定画法。

(a)

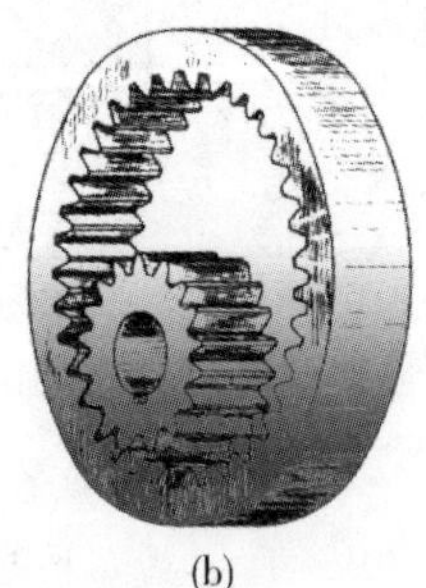

(b)

(c)

图 7－38　圆柱齿轮传动

(a)外啮合传动；(b) 内啮合传动；(c) 齿轮齿条传动

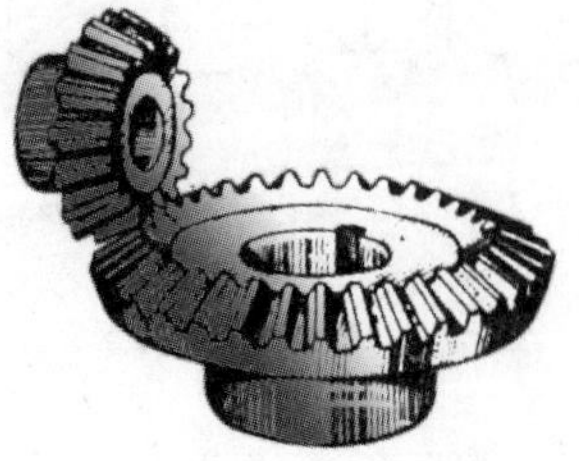

图 7－39　圆锥齿轮传动

图 7－40　蜗杆蜗轮传动

7.4.2　圆柱齿轮

圆柱齿轮外形是圆柱形，一般由轮体(轮毂、轮辐、轮缘)及轮齿组成。轮齿齿廓形状，有渐开线、摆线和圆弧，目前最常用的为渐开线形，本节介绍的齿轮均为渐开线齿轮。

圆柱齿轮的齿形方向有直齿、斜齿、人字齿等，如图 7-41 所示。这里主要介绍直齿圆柱齿轮。

图 7-41　圆柱齿轮

1. 直齿圆柱齿轮各部分名称及参数(见图 7-42)

(1)各部分名称及代号。

1)齿顶圆 d_a：通过齿轮各齿顶的圆。

2)齿根圆 d_f：通过齿轮各齿槽底部的圆。

3)分度圆 d：一个假想圆，在该圆上齿厚 s 与槽宽 e 相等。分度圆的位置在齿顶圆与齿根圆之间。分度圆是设计、制造齿轮时计算与测量的依据。

4)齿距 P：在分度圆周上，相邻两齿对应齿廓之间的弧长。在标准情况下，分度圆齿厚 s 与槽宽 e 近似相等，则 $s=e=\frac{1}{2}P$。

5)齿顶高 h_a：齿顶圆与分度圆之间的径向距离。

6)齿根高 h_f：分度圆与齿根圆之间的径向距离。

7)全齿高 h：轮齿在齿顶圆和齿根圆之间的径向距离，$h=h_a+h_f$。分度圆将轮齿分成两部分，分度圆到齿顶圆的距离是齿顶高，分度圆到齿根圆的距离是齿根高。

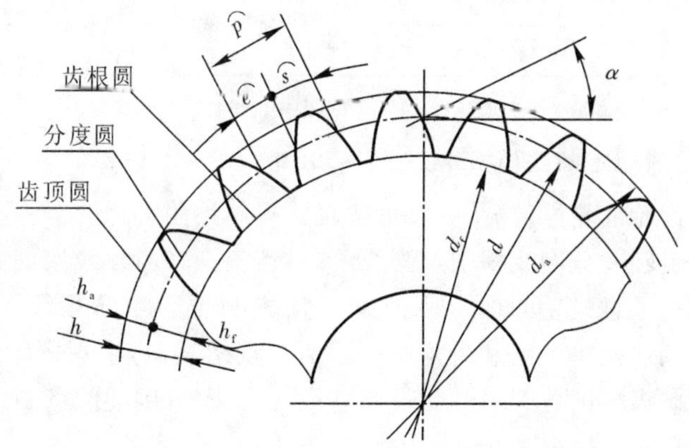

图 7-42　直齿轮各部分名称与代号

8)中心距 a:两啮合齿轮轴线之间的距离称中心距,以 a 表示。

(2)直齿圆柱齿轮的基本参数。

1)齿数 z:齿轮上轮齿的个数。

2)模数 m:当齿轮齿数为 z 时,分度圆周长 $\pi d = pz$,则 $d = \frac{P}{\pi}z$,其中 π 为无理数。为计算方便,把 p/π 的值给以规定,用 m 表示,称为模数,则 $m = p/\pi$,$d = mz$。模数 m 已标准化,标准模数系列见表 7-5。

表 7-5 渐开线圆柱齿轮模数(摘自 GB/T 1357—2008)

第一系列	1,1.25,1.5,2,2.5,3,4,5,6,8,10,12,16,20,25,32,40,50
第二系列	1.125,1.375,1.75,2.25,2.75,3.5,4.5,5.5,(6.5),7,9,11,14,18,22,28,35,45

注:选用模数时,应优先采用第一系列,括号内的模数尽可能不用。

模数是设计、制造齿轮的重要参数,模数大,分度圆直径大,齿距大,轮齿就大,齿轮各部分尺寸也按比例增大。齿轮模数不同,轮齿的大小不同,应选用不同模数的刀具进行加工。

3)压力角 α:一对啮合齿轮,其受力方向(齿廓曲线公法线)与运动方向(接触点受力方向)之间所夹的锐角,称为压力角,如图 7-42 所示。压力角大小不同,齿廓形状也不同,国标规定,标准齿轮的为 20°,它是齿轮加工时选择刀具的重要数据。

齿轮的齿数 z 和模数 m 确定后,就可以按表 7-6 中的公式计算齿轮各部分的尺寸。

表 7-6 直齿轮各部分尺寸计算

名 称	计 算 公 式	名 称	计 算 公 式
齿 数 z	根据设计要求或测绘而定	齿顶高 h_a	$h_a = m$
模 数 m	$m = p/\pi$	齿根高 h_f	$h_f = 1.25m$
分度圆直径 d	$d = mz$	齿高 h	$h = h_a + h_f = 2.25m$
齿顶圆直径 d_a	$d_a = d + 2h_a = m(z+2)$	齿距 p	$p = \pi m$
齿根圆直径 d_f	$d_f = d - 2h_f = m(z-2.5)$	中心距 α	$\alpha = \frac{d_1}{2} + \frac{d_1}{2} = m\frac{(z_1+z_2)}{2}$
齿 宽 b	$b = 2p \sim 3p$		

注:d_1,d_2 是相啮合的两个齿轮的分度圆直径;z_1,z_2 是两个齿轮的齿数。

2. 直齿圆柱齿轮的规定画法(GB 4459.2—2003)

国家标准规定,齿轮的轮齿部分,一般不按真实投影绘制,而是按规定画法:齿顶圆和齿顶线用粗实线绘制;分度圆和分度线用细点画线绘制;齿根圆和齿根线用细实线绘制,可以省略;在剖视图中,当剖切面通过齿轮的轴线时,轮齿一律按不剖绘制,齿根线用粗实线绘制。

(1)单个齿轮的画法。单个圆柱齿轮通常用两个视图表示,主视图轴线放成水平,反映齿轮的宽度,左视图反映齿轮的各圆,如图 7-43 所示。表示分度线的点画线应超出轮廓线。

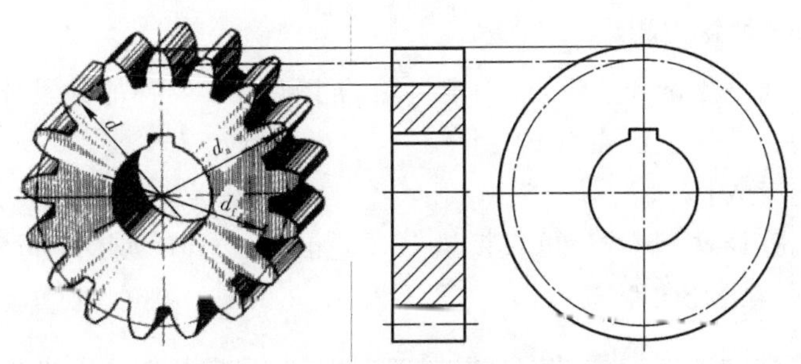

图 7-43　单个直齿圆柱齿轮的画法

(2)两齿轮的啮合画法。一对标准齿轮啮合，它们的模数必须相等，两分度圆相切。

画啮合图时，一般可采用两个视图，在投影反映为圆的视图中，啮合区内的齿顶圆均用粗实线绘制，相切的两分度圆用细点画线绘出，齿根圆可省略不画，如图 7-44(b)所示。也可用省略画法，如图 7-44(d)所示。在平行于齿轮轴线的投影面的视图中，不剖时，两分度线重合，用粗实线绘制，啮合区的齿顶线不需画出，如图 7-44(c)所示。当采用剖视画法时，啮合区两分度线重合处用细点画线绘制，齿根线用粗实线绘制，一个齿轮的齿顶线画成粗实线，另一个齿轮的轮齿被遮挡，齿顶线画成细虚线（细虚线也可省略），如图 7-44(a)所示。

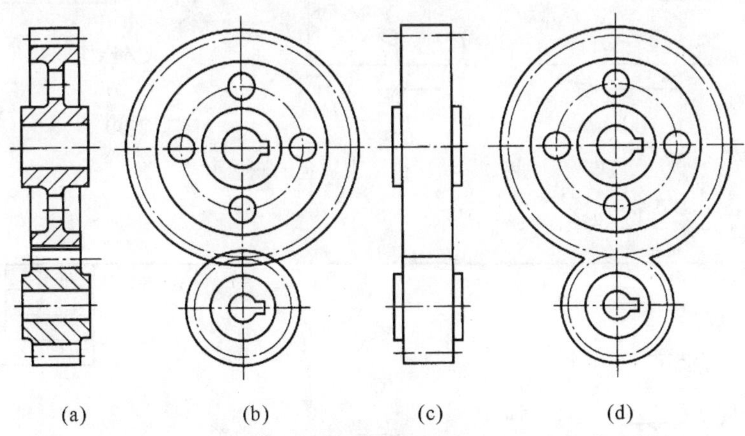

图 7-44　直齿圆柱齿轮的啮合画法

一对啮合的圆柱齿轮，由于齿根高与齿顶高相差 $0.25m$，因此，一个齿轮的齿根线和另一齿轮的齿顶线之间应有 $0.25m$ 的间隙，如图 7-45 所示。

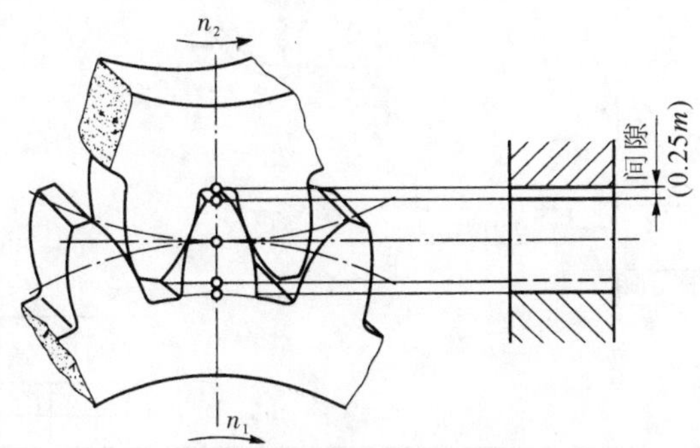

图 7-45　轮齿啮合区在剖视图上的画法

3. 标准直齿圆柱齿轮的测绘

根据齿轮实物，通过测量和计算，以确定齿轮的主要参数及各部分尺寸，绘制其零件图的过程，称为齿轮测绘。其一般步骤如下：

(1)数出齿轮的齿数 z。

(2)测量齿顶圆直径 d_a：偶数齿可直接量得 d_a，如图 7－46(a)所示；奇数齿则应先测出孔径 D_1 及孔壁到齿顶间的径向距离 H，$d_a = 2H + D_1$，如图 7－46(c)所示。

(3)算出模数 m：根据 $m=\dfrac{d_a}{z+2}$得 m，根据表 7－6 中标准模数对照，取较接近的标准模数。

(4)计算齿轮的各部分尺寸。根据标准模数和齿数，按表 7－6 公式计算 d，d_a，d_f等。

(5)按齿轮实物测量其他尺寸。

(6)绘制标准直齿圆柱齿轮零件草图，再根据草图绘制工作图。

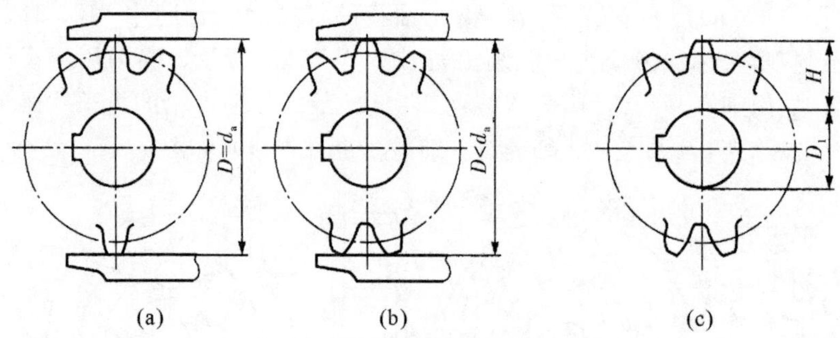

图 7－46 齿顶圆直径的测量

直齿圆柱齿轮零件图如图 7－47 所示。

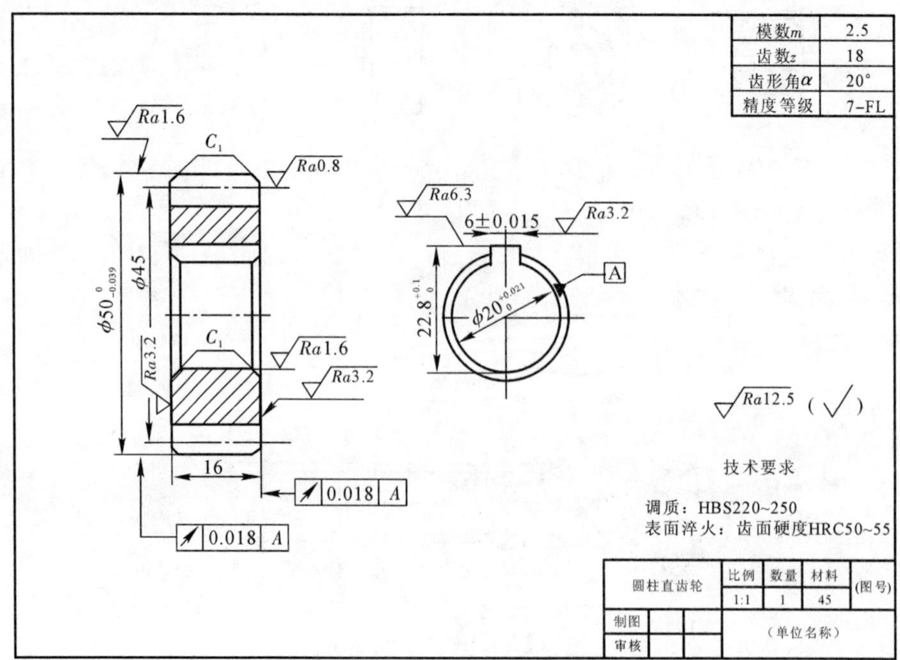

图 7－47 直齿圆柱齿轮零件图

7.4.3　直齿圆锥齿轮

直齿圆锥齿轮通常用于垂直相交的两轴之间的传动。其主体结构由顶锥、前锥和背锥组成。直齿圆锥齿轮的轮齿是在圆锥面上加工而成的，因而轮齿沿圆锥素线方向一端大，另一端小，齿厚、齿槽宽、齿高及模数也随之变化。为了设计和制造方便，通常规定以大端模数为标准模数，用它来计算和决定齿轮其他各部分的尺寸。

1. 直齿圆锥齿轮各部分名称及尺寸关系

直齿圆锥齿轮各部分名称和代号如图 7－48 所示，其各部分的尺寸关系见表 7－7。

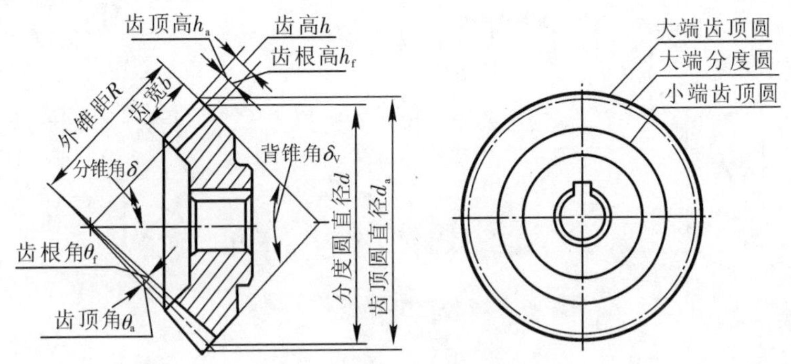

图 7－48　锥齿轮各部分名称

表 7－7　直齿锥齿轮各部分尺寸计算公式

名称	代号	计算公式	名称	代号	计算公式
齿顶高	h_a	$h_a = m$	齿根圆直径	d_f	$d_f = m(z - 2.4\cos\delta)$
齿根高	h_f	$h_f = 1.2m$	外锥距	R	$R = mz/2\sin\delta$
分度圆锥角	δ	$\delta_1 = \arctan z_1/z_2$	齿顶角	θ_a	$\theta_a = \arctan(2\sin\delta/z)$
		$\delta_2 = \mathrm{arcan}\ z_2/z_1$	齿根角	θ_f	$\theta_f = \arctan(2.4\sin\delta/z)$
大端分度圆直径	d	$d = mz$	安装距	A	按结构确定
齿顶圆直径	d_a	$d_a = m(z + 2\cos\delta)$	齿宽	b	$b \leqslant R/3$

2. 直齿锥齿轮的规定画法

(1)单个锥齿轮的规定画法。单个锥齿轮的画图步骤如图 7－49 所示。

单个锥齿轮通常用两个视图表示，主视图采用剖视，轮齿按不剖处理。规定用粗实线画出大端和小端的顶圆，用点画线画出大端的分度圆。大端、小端根圆及小端分度圆均不画。齿轮轮齿部分以外的结构均按真实投影绘制。

(2)两锥齿轮的啮合画法及画图步骤。锥齿轮啮合区的画法与圆柱齿轮啮合画法基本相同，一般采用主、左视图表示，主视图画成剖视图。在啮合区内，将一个齿轮的齿顶线画成粗实线，而将另一个齿轮的齿顶线画成虚线或省略不画，如图 7－50(d)所示的主视图中一个齿轮的齿顶线为虚线。此外两齿轮啮合时，其分度线应相切，具体画图步骤如图 7－50 所示。

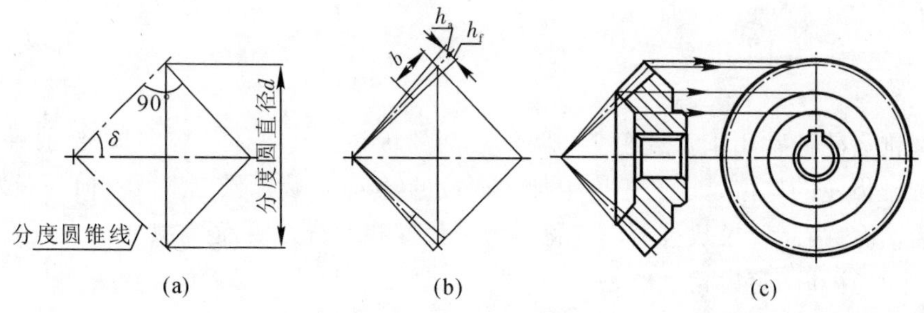

图 7-49 单个锥齿轮的画法

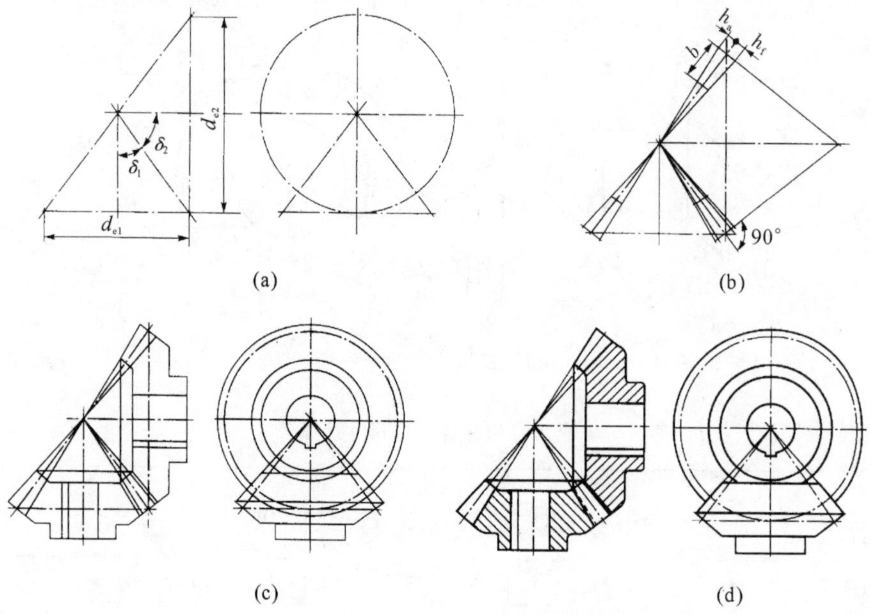

图 7-50 锥齿轮啮合画法的画图步骤

7.5 滚动轴承

滚动轴承是支承转动轴的标准部件，它具有结构紧凑、摩擦阻力小、效率高、使用寿命长的优点，在机器中被广泛采用。滚动轴承的规格、类型很多，但都已标准化，选用时可参阅有关标准。

7.5.1 滚动轴承的结构和种类

滚动轴承的种类很多，但它们结构相似。一般由外圈、内圈、滚动体和保持架 4 部分组成，如图 7-51 所示。其外圈装在机座或轴承座内，固定不动；内圈套在轴上，随轴转动。

滚动轴承的分类方法很多，常见的有以下两种分类。

1. 按承受载荷方向分类

向心轴承——主要承受径向载荷，如深沟球轴承（见图 7－51(a)）。

推力轴承——只承受轴向载荷，如推力球轴承（见图 7－51(b)）。

向心推力轴承——同时承受径向和轴向载荷，如圆锥滚子轴承（见图 7－51(c)）。

2. 按滚动体的形状分类

球轴承——滚动体为球体的轴承。

滚子轴承——滚动体为圆柱滚子、圆锥滚子和滚针等。

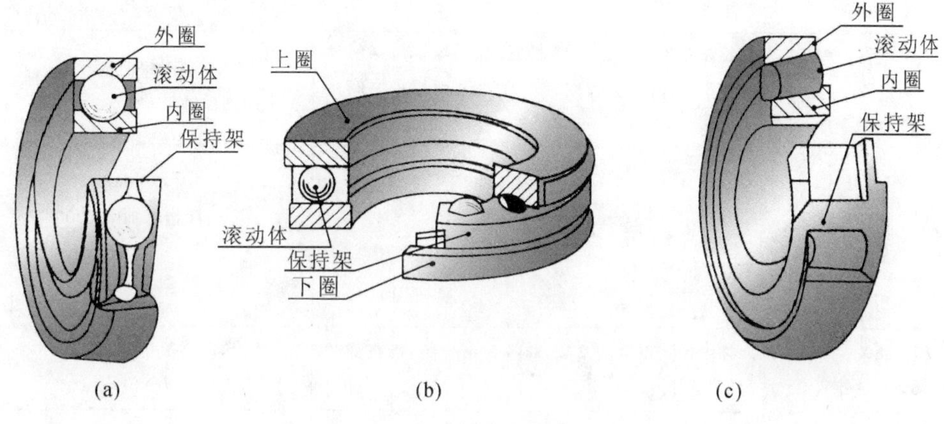

图 7－51　常用滚动轴承

(a)深沟球轴承；(b)推力球轴承；(c)圆锥滚子轴承

7.5.2　滚动轴承的代号

滚动轴承代号是用字母加数字来表示滚动轴承的结构尺寸、公差等级、技术性能等特征的产品符号。国家标准规定轴承代号由前置代号、基本代号和后置代号构成，其排列如下：

前置代号　基本代号　后置代号

1. 基本代号

基本代号表示轴承的基本类型、结构和尺寸，是轴承代号的基础。基本代号由轴承类型代号、尺寸系列代号和内径代号三部分构成，其排列顺序如下：

类型代号　尺寸系列代号　内径代号

轴承类型代号用数字或大写拉丁字母表示，见表 7－8。

表 7－8　轴承类型代号（摘自 GB/T272—1993）

代号	轴承类型	代号	轴承类型
0	双列角接触球轴承	6	深沟球轴承
1	调心球轴承	7	角接触球轴承
2	调心球轴承和推力调心滚子轴承	8	推力圆柱滚子轴承
3	圆锥滚子轴承	N	圆柱滚子轴承（双列或多列用字母 NN 表示）
4	双列深沟球轴承	U	外球面球轴承
5	推力球轴承	QJ	四点接触球轴承

尺寸系列代号由轴承宽(高)度系列代号和直径系列代号组成,用两位阿拉伯数字表示。尺寸系列代号主要用于区别内径相同而宽(高)度和外径不同的轴承。例如,“02”,0 是宽(高)系列代号,2 是直径系列代号。宽度系列为 0 时,通常省略。

滚动轴承内径代号表示轴承的公称内径,具体见表 7-9。

表 7-9 滚动轴承内径代号(摘自 GB/T272—1993)

<table>
<tr><th colspan="2">轴承公称内径/mm</th><th>内径代号</th><th>示例</th></tr>
<tr><td colspan="2">0.6～10
(非整数)</td><td>用公称内径毫米数直接表示,在其余尺寸系列代号之间用“/”分开</td><td>深沟球轴承 618/2.5
d=2.5 mm</td></tr>
<tr><td colspan="2">1～ 9(整数)</td><td>用公称内径毫米数直接表示,对深沟及角接触球轴承 7,8,9 直径系列,内径与尺寸系列代号之间用“/”分开</td><td>深沟球轴承 625
深沟球轴承 618/5 d=5 mm</td></tr>
<tr><td rowspan="4">10～17</td><td>10</td><td>00</td><td rowspan="4">深沟球轴承 6200
d=10 mm</td></tr>
<tr><td>12</td><td>01</td></tr>
<tr><td>15</td><td>02</td></tr>
<tr><td>17</td><td>03</td></tr>
<tr><td colspan="2">20～480
(22,28,32 除外)</td><td>公称内径除以 5 的商数,商数为个位数,需在商数左边加“0”如 08</td><td>调心滚子轴承 23208
d=40 mm</td></tr>
<tr><td colspan="2">≥500 以及
22,28,32</td><td>用公称内径毫米数直接表示,但在与尺寸系列代号之间用“/”分开</td><td>调心滚子轴承 230/500 d=500 mm
深沟球轴承 62/22 d=22 mm</td></tr>
</table>

2. 前置、后置代号

前置、后置代号是轴承在结构形状、尺寸、公差、技术要求等有改变时,在其基本代号左、右添加的补充代号。前置代号用字母表示;后置代号用字母(或加数字)表示。

轴承代号标记示例:

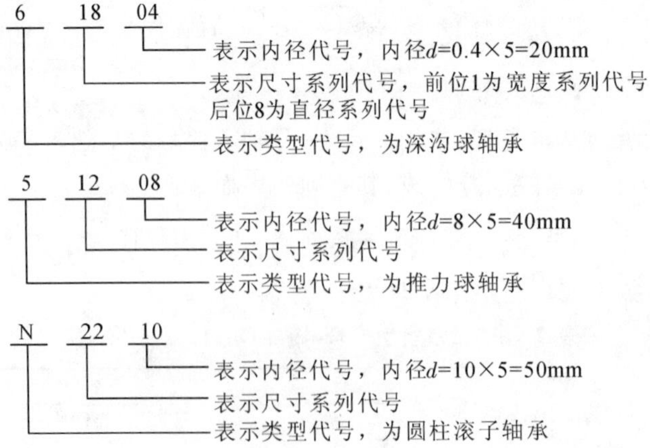

7.5.3 滚动轴承的画法

国家标准对滚动轴承的画法作了统一的规定,有简化画法和规定画法两种。其中简化画法又分为通用画法和特征画法。

滚动轴承是标准部件，由专门工厂生产，使用单位一般不必画出其部件图。在装配图中，可根据国标规定采用通用画法、特征画法及规定画法，其具体的画法和规定见表 7-10。

表 7-10　常用滚动轴承的画法

轴承类型	查表主要数据	简化画法		规定画法	装配示意图
		通用画法	特征画法		
深沟球轴承 GB/T276—1994 6000 型	D d B		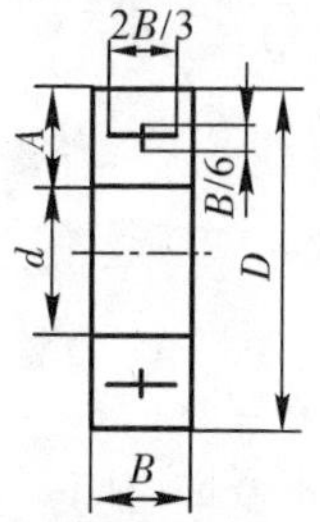	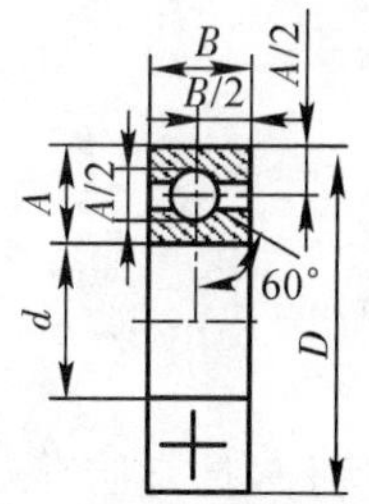	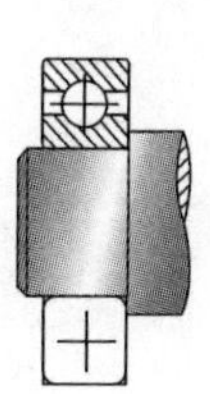
圆锥滚子轴承 GB/T297—1994 3000 型	D d B T C	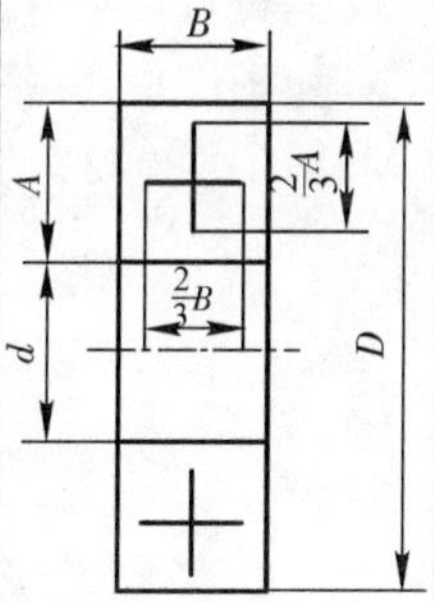	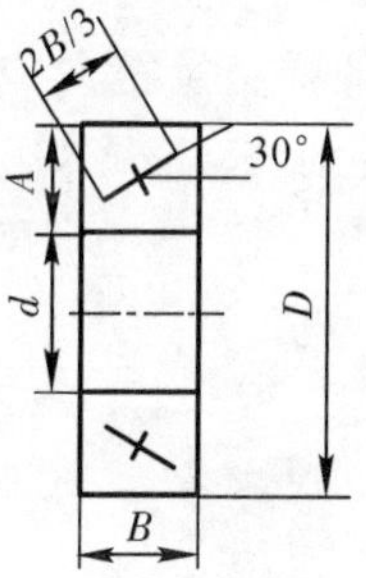	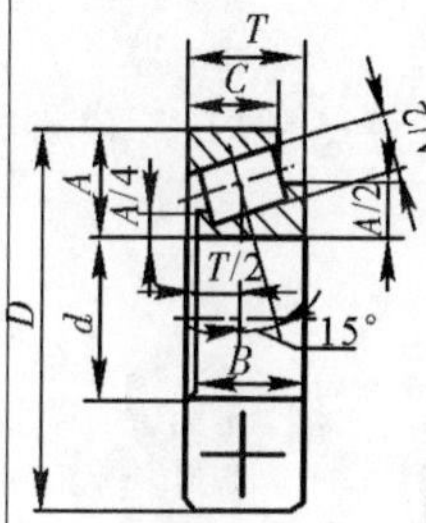	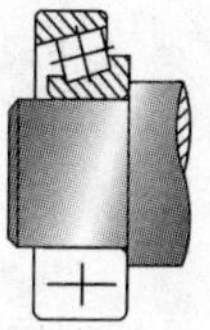
推力球轴承 GB/T301—1995 5900 型	D d T		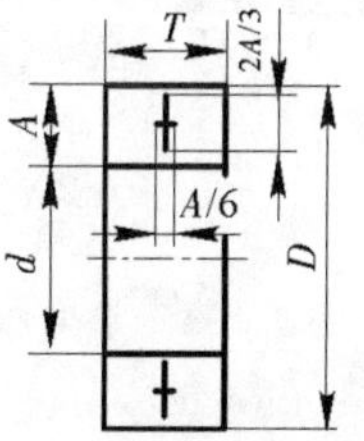	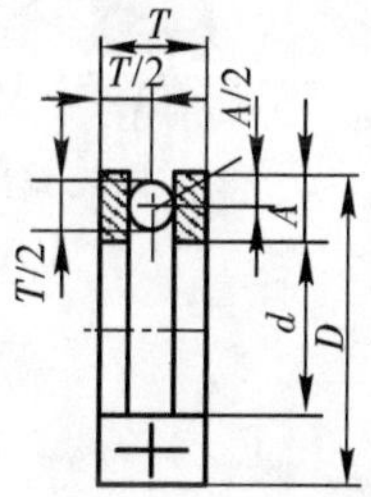	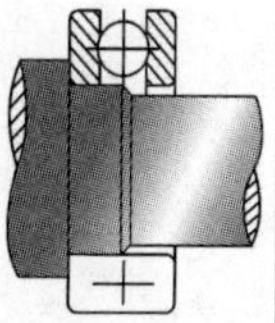
三种画法的选用		当不需要确切地表示滚动轴承的外形轮廓、承载特性和结构特征时采用	当需要较形象地表示滚动轴承的结构特征时采用	滚动轴承的产品图样、产品样本、产品标准和产品使用说明书中采用	

注：通用画法、特征画法和规定画法均指滚动轴承在所属装配图中的剖视图画法。

1. 简化画法

(1)通用画法。在剖视图中，当不需要确切地表示滚动轴承的外形轮廓、载荷特征和结构特征时，可用矩形线框及位于线框中央正立的十字型符号表示滚动轴承。

(2)特征画法。在剖视图中，如需较形象地表示滚动轴承的结构特征时，可采用在矩形线框内画出结构要素符号表示滚动轴承。

通用画法和特征画法应该绘制在轴两侧。矩形线框、符号和轮廓线均用粗实线绘制。

2. 规定画法

必要时,在滚动轴承的产品图样、产品样本和产品标准中,可采用规定画法表示滚动轴承。采用规定画法绘制滚动轴承的剖视图时,轴承的滚动体不画剖面线,其内、外圈可画成方向和间隔相同的剖面线;在不至引起误解的情况下,也允许省略不画。规定画法一般绘制在轴的一侧,另一侧按通用画法绘制。

7.6 弹 簧

7.6.1 弹簧概述

弹簧属于常用件,具有储存能量的特性,在机械工程中广泛用来减震、压紧、复位、测力等。它的种类很多,常见的有圆柱螺旋弹簧、平面涡卷弹簧、板弹簧等。其中圆柱螺旋弹簧最为常见,这种弹簧又可分为压缩弹簧、拉伸弹簧及扭力弹簧等,如图 7-52 所示。以下主要介绍圆柱螺旋压缩弹簧的尺寸计算和规定画法(参见 GB/T4459.4—2003),其他弹簧可参阅有关规定。

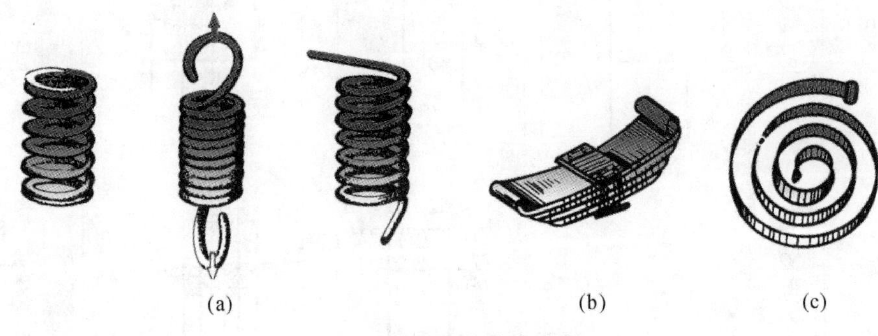

图 7-52 常见弹簧种类

(a)螺旋弹簧;(b) 板簧;(c)涡卷弹簧

7.6.2 圆柱螺旋压缩弹簧各部分名称及尺寸计算

(1)簧丝直径 d:制造弹簧用的材料直径。

(2)弹簧直径:

1)外径 D:弹簧最大直径,$D= D_2+d$;

2)内径 D_1:弹簧最小直径,$D_1= D_2-d= D-2d$;

3)中径 D_2:弹簧内、外径的平均值,$D_2=\dfrac{D+D_1}{2}= D_1+d = D-d$。

(3)节距 t:除两端的支撑圈外,螺旋弹簧相邻两有效圈对应两点之间的轴向距离。

(4)有效圈数 n:保持节距相等的圈数。

(5)支承圈数 n_2:为了保证弹簧在工作时平稳,受力均匀,制造时将弹簧两端磨平并压紧的圈数，支承圈有 1.5 圈、2 圈和 2.5 圈三种，以 2.5 圈居多，支撑圈仅起支撑作用。如果弹簧两端各并紧 1/2 圈，磨平 3/4 圈，则 $n_2 = 2.5$ 圈。

(6)总圈数 n_1：有效圈数与支承圈数之和，$n_1 = n + n_2$。

(7)弹簧自由高度(长度)H_0：弹簧未受任何外力时的高度，有

$$H_0 = nt + (n_2 - 0.5)d$$

(8)簧丝伸开长度 L：制造弹簧前，簧丝的落料长度，即螺旋线的展开长度，有

$$L = \sqrt{(n_1 \pi D_2)^2 + (n_1 t)^2} = n_1 \sqrt{(\pi D_2)^2 + t^2}$$

7.6.3　圆柱螺旋压缩弹簧的规定画法

圆柱螺旋压缩弹簧可画成剖视图、视图或示意图，如图 7-53 所示。

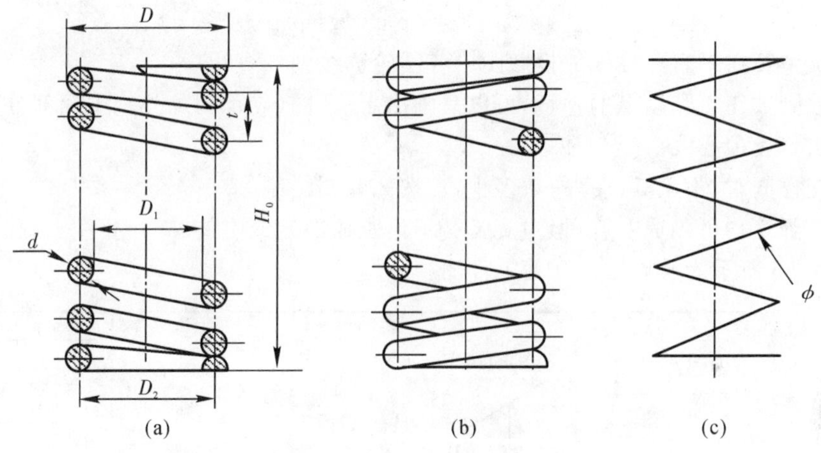

图 7-53　螺旋压缩弹簧

(a) 剖视图；(b) 视图；(c)示意图

圆柱螺旋压缩弹簧的作图步骤如图 7-54 所示。

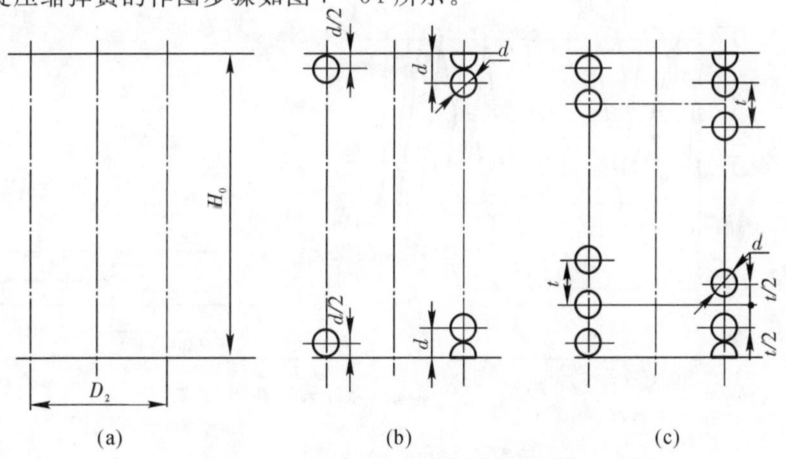

图 7-54　螺旋压缩弹簧的作图步骤

(a)以自由高度 H_0 和弹簧中径 D_2 作出矩形(两平行中心线)；

(b)画出支承圈部分与弹簧簧丝直径相等的圆和半圆；

(c)画出有效圈数部分，根据节距 t 作与弹簧簧丝直径相等的圆

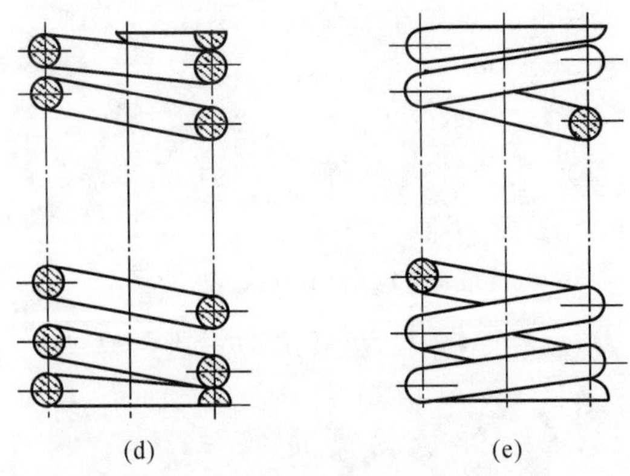

续图 7-54 螺旋压缩弹簧的作图步骤

(d)按右旋方向作簧丝断面的切线，再画上剖面符号，校核、加深；

(e)若不画成剖视图，可按右旋方向作簧丝断面的切线，完成弹簧外形图

(1)螺旋弹簧在平行于轴线的投影图中各圈轮廓线画成直线。

(2)有效圈数在4圈以上的弹簧，可以只画出1～2圈(支承圈除外)，中间部分可以省略不画，但应画出簧丝中心线。

(3)有支撑圈时，不论其支撑圈数多少，均按2.5圈绘制。

(4)螺旋弹簧均可画成右旋，但左旋弹簧不论画成左旋或右旋，一律要注出旋向“左”字。

如图7-55所示为螺旋压缩弹簧零件图。

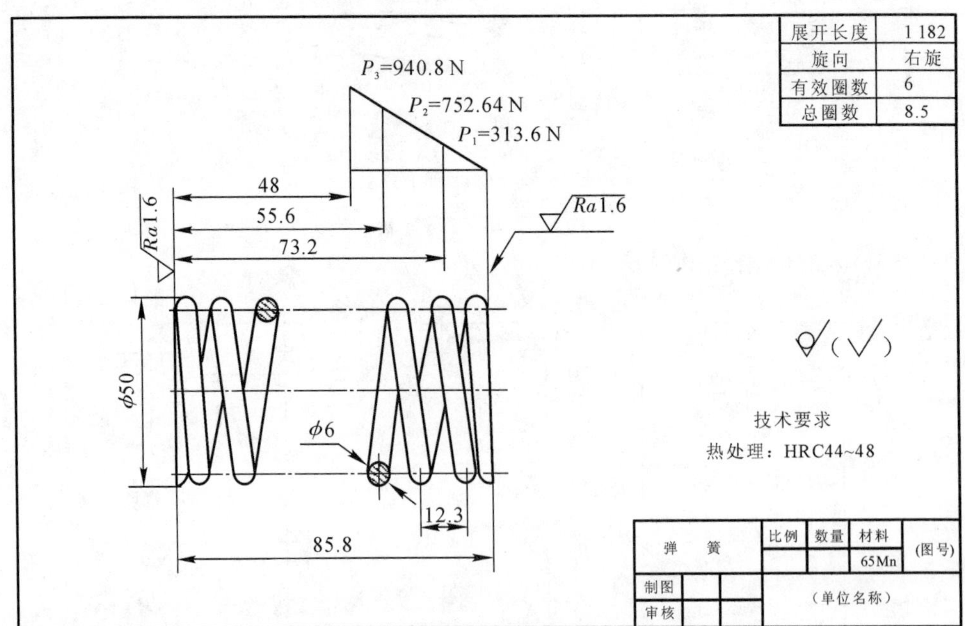

图 7-55 螺旋压缩弹簧零件图

7.6.4 装配图中螺旋压缩弹簧的简化画法

在装配图中，螺旋弹簧被剖切时，可按如图7-56所示的三种方法绘制。当弹簧被剖切

时，弹簧丝直径在图形上小于或等于 2 mm 时，可用涂黑表示，也可采用示意画法，如图 7－56(a)(c)所示。弹簧被看作实心物体，因此，被弹簧挡住的结构一般不画出，但可见部分应从弹簧的外轮廓或从弹簧丝断面的中心线画起。

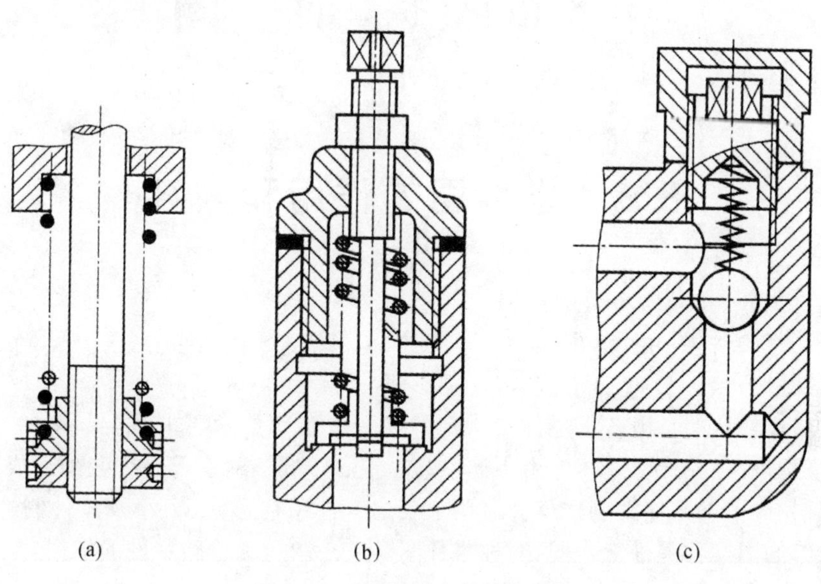

图 7－56　装配图中弹簧的画法

第8章　零　件　图

8.1　零件图的作用和内容

8.1.1　零件图的作用

任何机器或部件都是由若干零件按一定的装配关系和技术要求装配起来的。如图 8-1 所示，齿轮泵是机床的一个部件，它由泵体，端盖，主、从动轴，衬套等零件装配而成。要制造机器或部件，首先应根据零件图制作零件。用来表达零件结构形状、大小及零件制造、检验有关的技术要求等的图样称零件工作图，简称零件图。它是制造和检验零件的依据，是生产中最重要的技术文件之一。

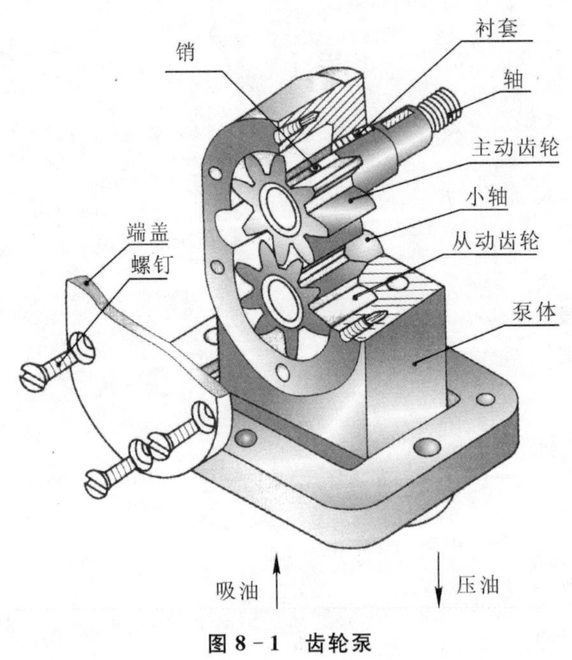

图 8-1　齿轮泵

8.1.2　零件图的内容

如图 8-2 所示，一张完整的零件图，应具有下列几项内容：

(1)一组视图。正确、完整、清晰地表达出零件的内、外结构和形状。

(2)足够的尺寸。正确、完整、清晰、合理地标注出制造、检验、装配所需的全部尺寸。

(3)技术要求。表明零件在加工、检验、装配等过程中应达到的技术要求,如表面粗糙度,尺寸公差,形状和位置公差,热处理要求等。

(4)标题栏。填写零件的名称、材料、数量、图号、比例及制图、审核等人员的签名等。

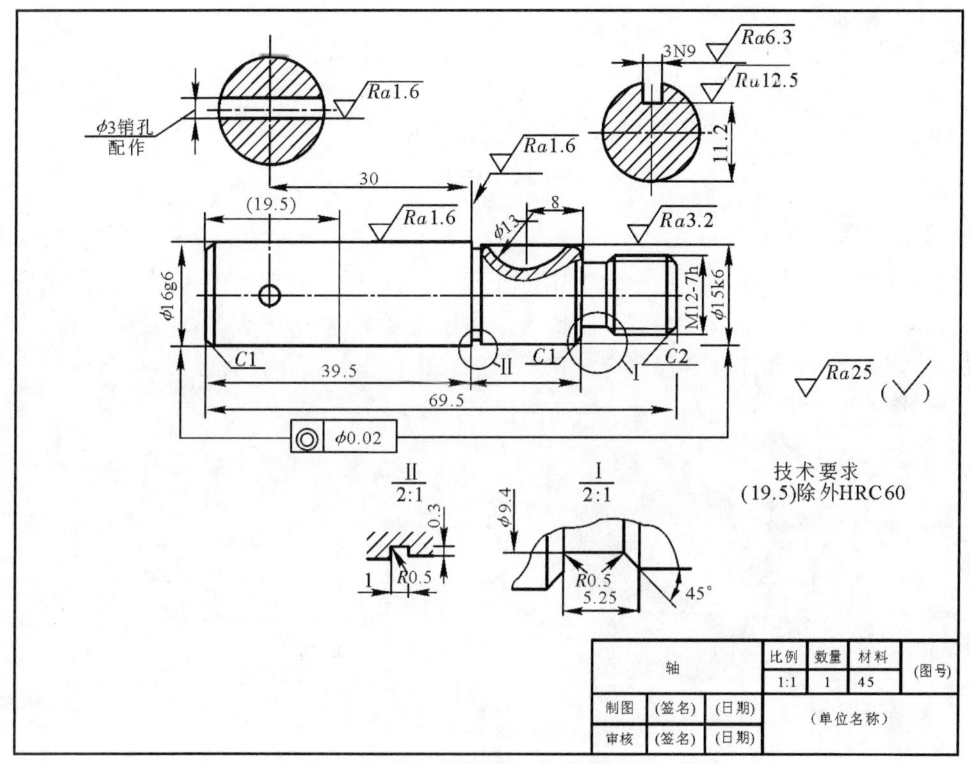

图 8－2　齿轮泵轴的零件图

8.2　零件图视图的选择

零件图的视图选择,应分析零件形状、结构特点,选用适当的视图、剖视、剖面等表达方法,把零件内、外结构和形状正确、完整、清晰地表达出来。视图的选择原则是,首先选好主视图,然后再根据表达需要选择其他视图。

8.2.1　视图的选择

主视图是零件最重要的视图,其选择得是否恰当,将直接影响绘图、读图是否方便。因此,在选择主视图时,一般应考虑以下三个原则。

1. 形状特征原则

主视图的投影方向应是最能反映零件形状、结构特征的方向,通常被称为“形状特征原则”。如图 8－3 所示的轴,显然,以 A 向作为该轴的主视图的投影方向,最能反映轴的形状特征。

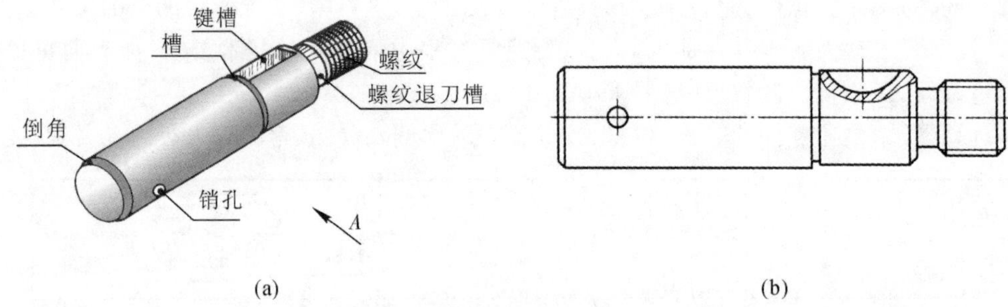

(a) (b)

图 8-3 轴主视图投影方向及位置

2. 工作位置原则

主视图应尽量与零件在机器中的工作位置相一致，这样便于把零件和整个机器联系起来，方便阅读零件图。如叉架、箱体等零件，由于结构比较复杂，加工面较多，并且需要在不同的机床上加工，因此，这类零件的主视图应按该零件的在机器中的工作位置画出，如图 8-4 所示。

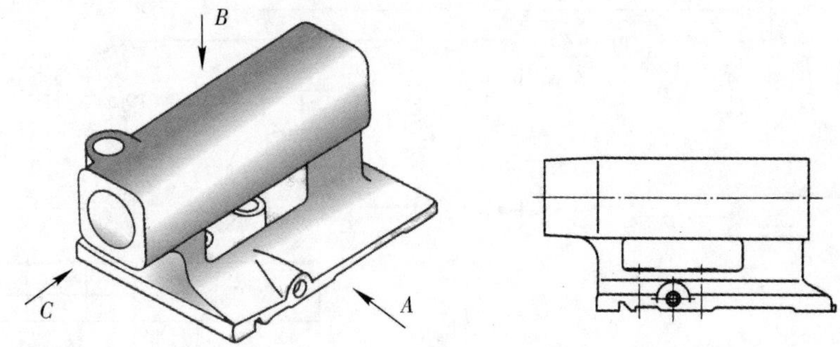

图 8-4 尾架体的主视图投影方向和位置

3. 加工位置原则

主视图应尽量与零件在机械加工中所处的位置相一致，这样在加工时看图方便，减少差错。轴、套、轮和圆盖等零件的主视图，一般按车削加工位置安放，即将轴线水平放置，如图 8-5所示。

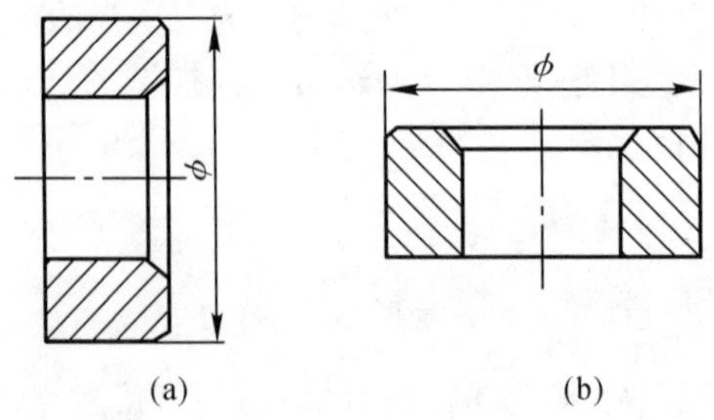

(a) (b)

图 8-5 轴套主视图应符合加工位置

(a)合理；(b)不合理

总之，零件主视图的选择，应尽可能多地反映零件的形状、结构特征，并应符合零件在机器中的工作位置或在机床上的加工位置。

8.2.2 其他视图的选择

主视图选定以后，再按完整、清晰地表达零件各部分结构形状和相互位置的要求，针对零件内、外结构的具体特征，选择其他视图、剖视图、剖面图等，使各个视图侧重表达零件某些方面的结构形状。

视图的选择，应在将零件内、外结构形状完整、清晰表达的前提下，力求使读图、绘图更方便，而不应该为表达而表达，使图形复杂化。对于同一零件，特别是结构形状复杂的零件，可选择不同的表达方案，进行分析比较，最后选择一个比较好的方案。

8.3 零件图上的尺寸标注

8.3.1 零件图上尺寸标注的要求

零件图上的尺寸是零件加工、检验的重要依据。标注尺寸时，除应做到标注正确、完整、清晰外，还应尽量标注得合理。所谓标注合理，是按所注尺寸加工零件，能保证达到设计要求，同时又便于加工和测量，但要使标注的尺寸能真正做到工艺上合理，还需要有较丰富的生产经验和有关的机械制造知识。有关这方面知识，将在机械零件、制造工艺等后继课程中讲述。本节仅介绍合理标注尺寸的基本知识。

8.3.2 零件图上尺寸注法

1. 尺寸基准的选择

尺寸基准即为标注尺寸的起始点，由于用途不同，基准可分为设计基准和工艺基准。

(1)设计基准。设计基准是在机器工作时确定零件准确位置而选定的尺寸起始点。

(2)工艺基准。工艺基准是在加工、测量时确定零件位置而选定的尺寸起始点。

从设计基准出发标注尺寸，其优点是在标注中反映了设计要求，能保证所设计的零件在机器中的工作性能。

从工艺基准出发标注尺寸，其优点是把尺寸的标注与零件的加工、测量联系起来，能反映工艺要求，使零件便于制造、加工和测量。

一般标注尺寸时，最好是将设计基准和工艺基准重合统一起来。这样既满足设计要求又满足工艺要求。如两者不能统一时，应以满足设计要求为主。

为了使零件上注出的尺寸既符合设计要求，又便于加工、测量，就需要恰当地选择基准。任何一个零件总有长、宽、高三个方向的尺寸，因此，至少有三个基准，必要时还可以增加一些基准，其中决定零件主要尺寸的基准称为主要基准，增加的基准称为辅助基准。

2. 尺寸标注的步骤

(1)选择尺寸基准。在零件图上可以作为基准的几何要素有零件的主要回转轴线、轴肩面，以及零件的安装面、重要端面、对称平面等。如图 8-6 所示，泵体的左、右对称面是零件长度方向的设计基准，以其作为长度方向的主要尺寸基准，前端面是泵体与泵盖的结合安装端面，以前端面作为宽度方向的主要基准，下底面是泵体、泵盖的设计、加工基准，以其作为高度方向的主要尺寸基准。

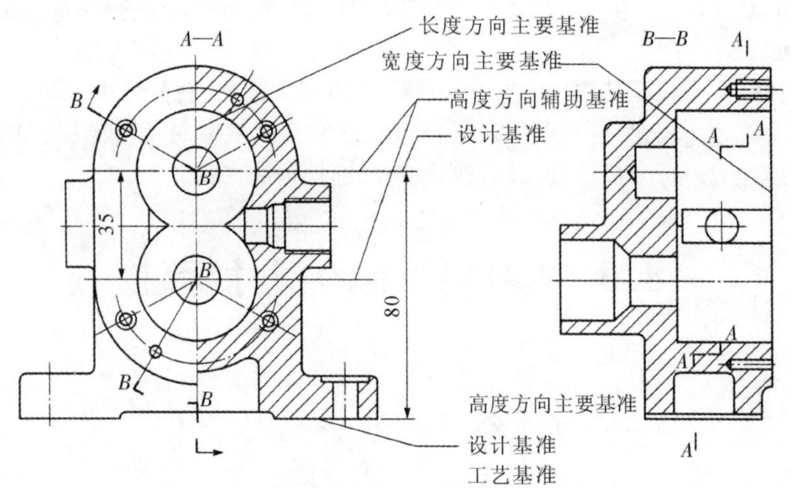

图 8-6　泵体三个方向的尺寸基准

(2)标注定形尺寸、定位尺寸。由尺寸基准出发，标注零件的定形尺寸、定位尺寸。根据零件的结构特点，标注尺寸的形式分为以下三种形式，如图 8-7 所示。

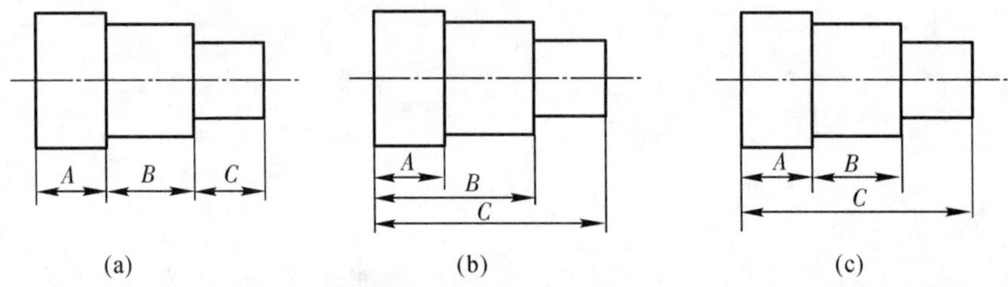

图 8-7　尺寸标注的三种形式

1)链状式。把尺寸依次注写成链状，即后一个尺寸分别以前一个尺寸为基准，如图 8-7(a)所示。它的优点是尺寸精度只受这一段加工误差的影响，前面各尺寸的误差并不影响正在加工的尺寸精度。

2)坐标式。所有尺寸从一个事先选定的基准开始，如图 8-7(b)所示。它的优点是每一个尺寸的加工精度只决定这一部分加工的加工误差，不受其他尺寸误差的影响，而总体尺寸误差是各尺寸的累积误差。

3)综合式。把链状式和坐标式综合起来，如图 8-7 (c)所示。这是应用最广泛的一种标注形式，具有两种标注的优点。当零件上一些较重要的尺寸要求误差较小时，常采用这种标注方法。在实际应用中，单纯坐标式或链状式的形式并不多见。

(3)检查。标注尺寸后，要认真检查。首先根据装配图检查主要尺寸的基准、数值及公差与相关零件是否协调，是否符合设计要求。其次根据零件的结构，分析并检查所标注的尺寸是否完整，是否便于加工和测量。

3. 尺寸标注注意事项

(1)主要尺寸必须直接注出。所谓主要尺寸是指零件的性能尺寸和影响零件在机器中工作精度、装配精度等的尺寸,以保证加工时达到设计要求,避免尺寸之间的换算。如图 8-6 所示,从动齿轮轴孔的中心高尺寸 80 必须从高度方向的主要基准直接标出,以保证中心高尺寸的精度。如图 8-8 所示的尺寸 a 必须直接标出。

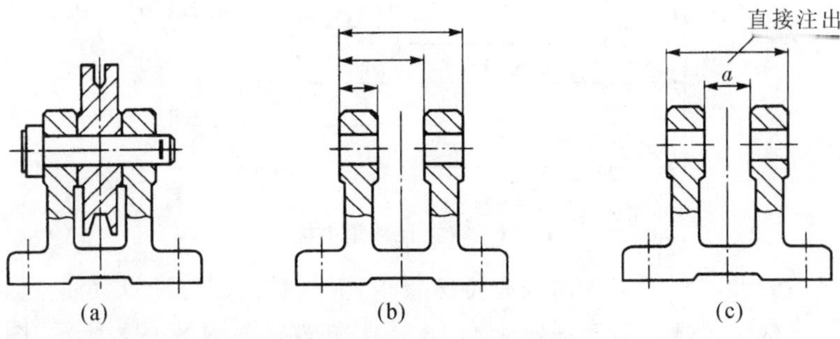

图 8-8　重要尺寸应直接注出

(a)装配图;(b)不合理;(c)合理

(2)避免注成封闭的尺寸链。封闭尺寸链是指首尾相接,绕成一整圈的一组尺寸,如图 8-9(a)所示。组成尺寸链的各尺寸称为尺寸链的组成环。在尺寸链中,任何一环的尺寸误差与其他各环的加工误差有关,应避免注成封闭尺寸链,应选择其中不太重要的一环不注尺寸,如图 8-9(b)所示。

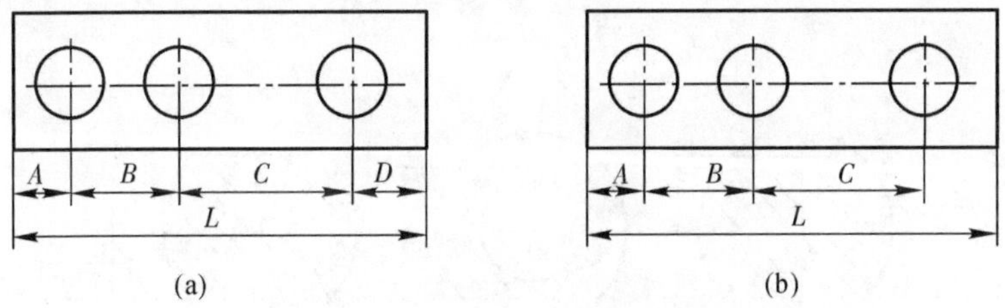

图 8-9　尺寸不应注成封闭尺寸链

(a)不合理;(b)合理

(3)尺寸标注应符合工艺要求。

1)按加工顺序标注尺寸。按加工顺序标注尺寸,便于看图,便于加工、测量,减少差错,且容易保证加工精度,如图 8-10 所示。从图 8-10(a)所示的加工顺序可以看出图 8-10(b)合理,图 8-10(c)不合理。

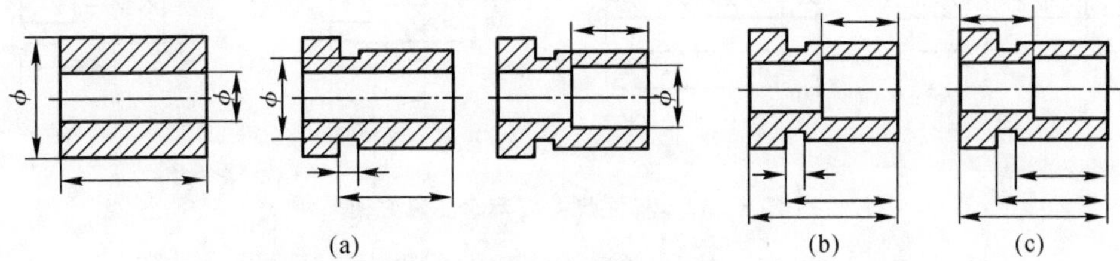

图 8-10　符合加工顺序和尺寸标注

(a)零件加工顺序;(b)合理;(c)不合理

2)按加工方法集中标注。用不同工种加工的尺寸应尽量分开标注,这样配置的尺寸清晰,便于加工时看图。如图 8-11 所示为铣工和车工尺寸分布。

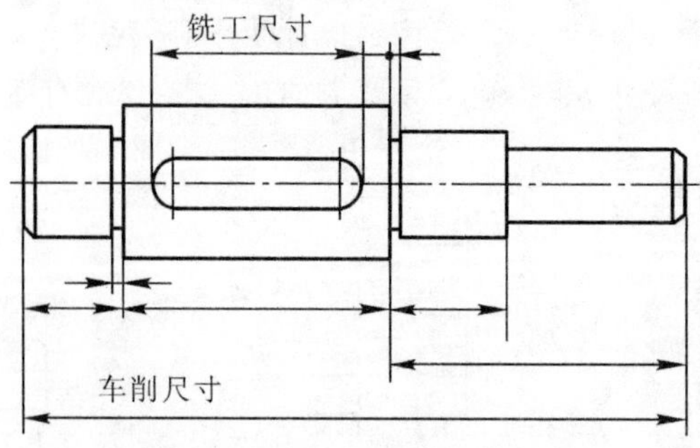

图 8-11　有关尺寸集中标注

3)考虑测量的方便与可能。如果没有特殊要求,应尽量使用普通量具测量,以减少专用量具的设计与制造。标注尺寸时应考虑便于加工、便于测量。如图 8-12 所示,图(a)(d)(f)中标注的尺寸不便于测量,标注不正确,应分别改用图(b)(c)(e)的标注方式。

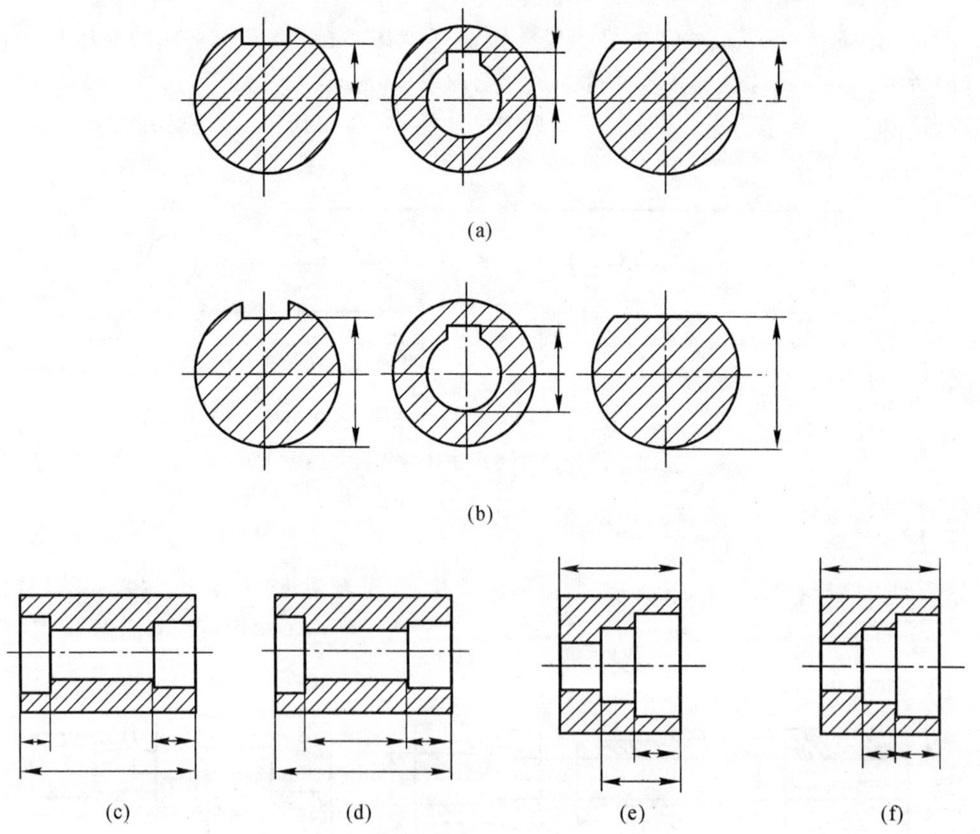

图 8-12　标注尺寸应考虑测量方便

(a)(d)(f)不便于测量;(b)(c)(e)便于测量

8.3.3　常见零件结构的尺寸注法

常见零件结构的尺寸注法见表8-1。

表8-1　常见零件结构的尺寸注法

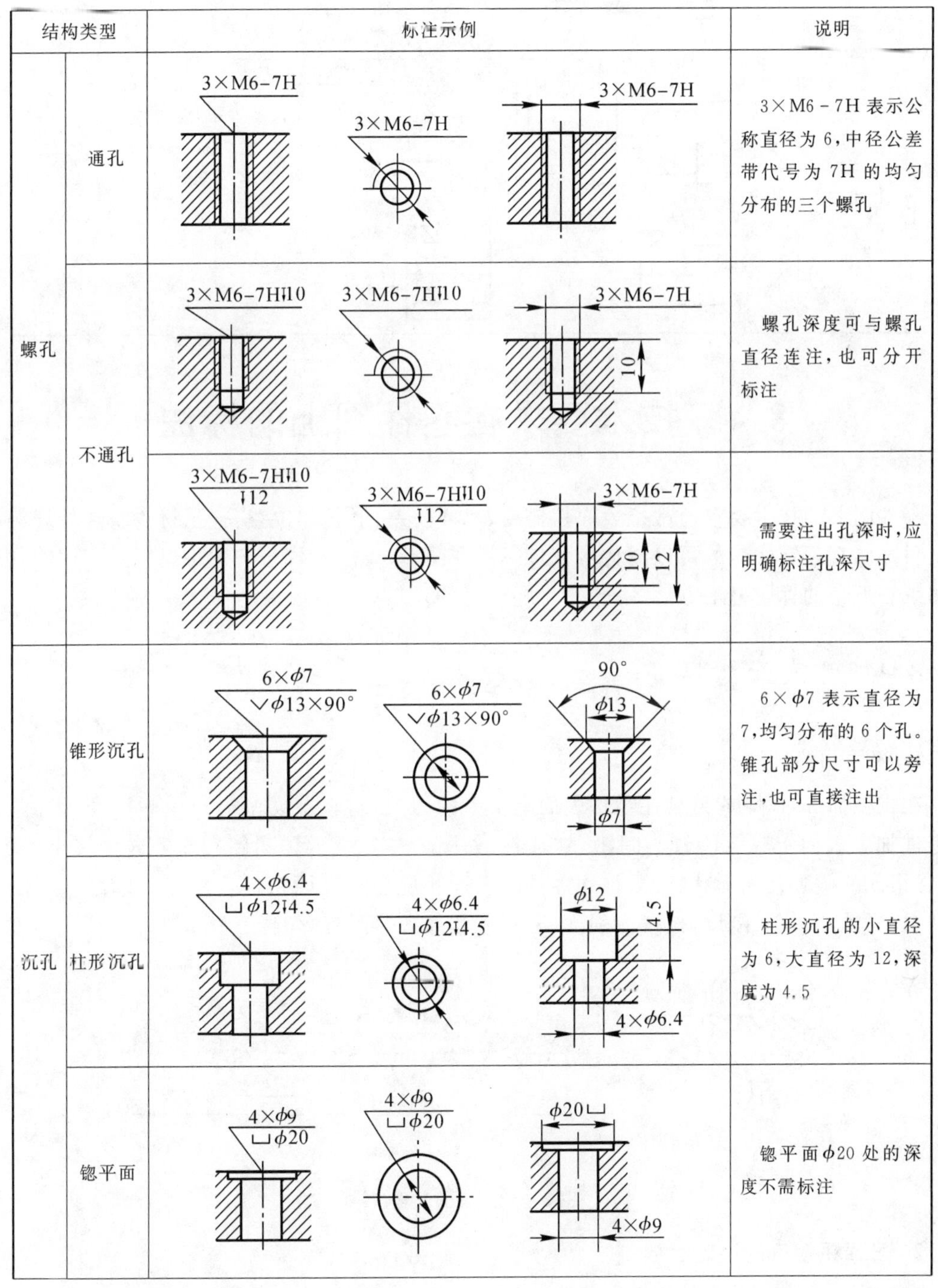

结构类型		标注示例	说明
螺孔	通孔	3×M6-7H；3×M6-7H；3×M6-7H	3×M6-7H表示公称直径为6，中径公差带代号为7H的均匀分布的三个螺孔
	不通孔	3×M6-7H↧10；3×M6-7H↧10；3×M6-7H，10	螺孔深度可与螺孔直径连注，也可分开标注
		3×M6-7H↧10 ↧12；3×M6-7H↧10 ↧12；3×M6-7H，10，12	需要注出孔深时，应明确标注孔深尺寸
沉孔	锥形沉孔	6×ϕ7 ⌵ϕ13×90°；6×ϕ7 ⌵ϕ13×90°；90°，ϕ13，ϕ7	6×ϕ7表示直径为7，均匀分布的6个孔。锥孔部分尺寸可以旁注，也可直接注出
	柱形沉孔	4×ϕ6.4 ⌴ϕ12↧4.5；4×ϕ6.4 ⌴ϕ12↧4.5；ϕ12，4.5，4×ϕ6.4	柱形沉孔的小直径为6，大直径为12，深度为4.5
	锪平面	4×ϕ9 ⌴ϕ20；4×ϕ9 ⌴ϕ20；ϕ20⌴，4×ϕ9	锪平面ϕ20处的深度不需标注

续表

结构类型	标注示例	说明
退刀槽和越程槽	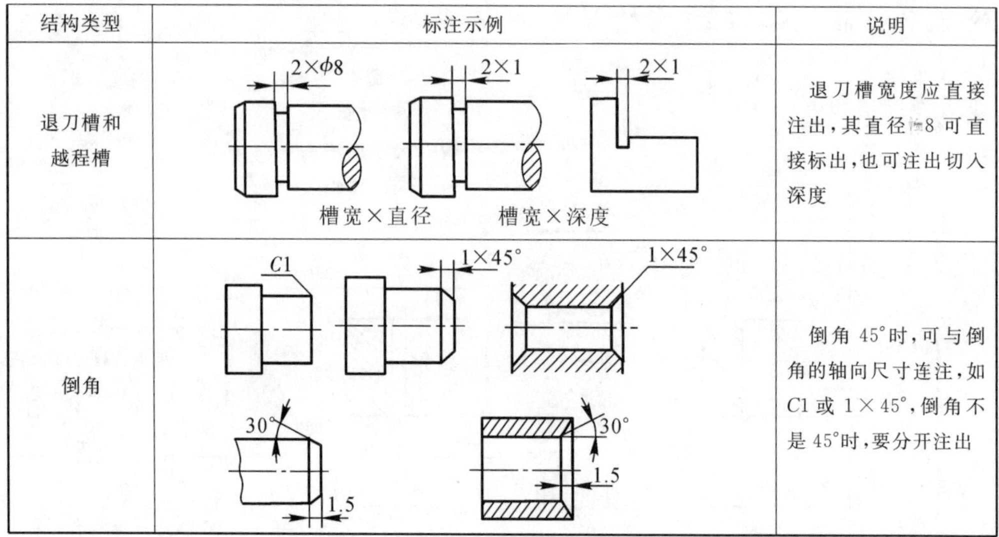	退刀槽宽度应直接注出，其直径φ8 可直接标出，也可注出切入深度
倒角		倒角 45°时，可与倒角的轴向尺寸连注，如 C1 或 1×45°，倒角不是 45°时，要分开注出

8.4 技术要求在零件图上的标注

零件图上的技术要求通常指表面粗糙度、尺寸公差、形状和位置公差、材料及热处理等，这些项目凡已有规定代号的可以用代号直接标注在图上，无规定代号的则可以用文字说明，书写在图纸右下角的标题栏上方。

8.4.1 表面粗糙度

1. 表面粗糙度的概念

在机械加工过程中，刀具在零件表面上留下的刀痕，材料被切削时产生塑性变形等原因，使零件加工表面上具有的较小间距和峰、谷，如图 8-13 所示。零件表面上这种较小间距的峰、谷组成的微观几何形状特性，称为零件的表面粗糙度。表面粗糙度对零件的配合性质、耐磨性、抗腐蚀性、接触刚度、抗疲劳强度、密封性和外观等都有影响。

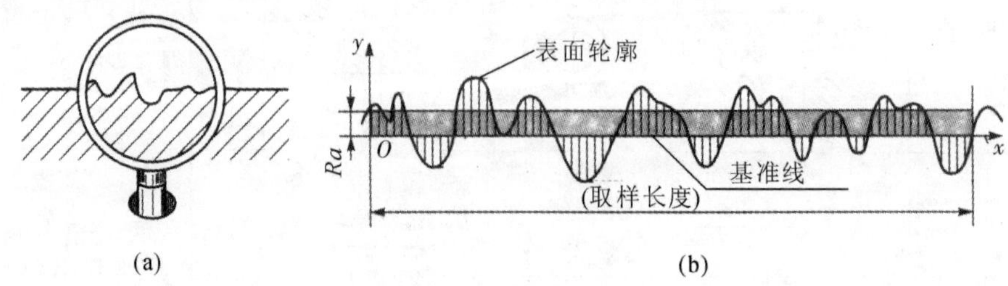

图 8-13 表面粗糙度

2. 表面粗糙度的评定参数

表面粗糙度是评定零件表面质量的一项技术指标。表面粗糙度的评定参数主要有轮廓算

术平均偏差 Ra、轮廓微观不平度十点高度 Rz，其中最常用的是轮廓算术平均偏差 Ra。Ra 是指在取样长度 l 内，轮廓上各点到基准线距离绝对值的算术平均值，如图 8－13(b)所示，即

$$Ra=\frac{1}{l}\int_0^l |y(x)| \mathrm{d}x \text{ 或 } Ra=\frac{1}{n}\sum_{i=1}^{n} |y_i|$$

国家标准规定的 Ra 值见表 8－2。Ra 值越小，零件表面质量要求越高；Ra 越大，零件表面质量要求越低。机器设备对零件的表面粗糙度要求不一样，一般来说，凡零件上有配合要求或有相对运动的表面，表面粗糙度参数值小。零件表面粗糙度要求越高，则其加工成本越高，因此，应在满足零件使用功能的前提下，合理选用表面粗糙度参数。

表 8－2　轮廓算术平均偏差的数值(摘自 GB/T1031—2009)(单位：μm)

轮廓算术平均偏差	数　值			
Ra	0.012	0.2	3.2	
	0.025	0.4	6.3	50
	0.05	0.8	12.5	100
	0.1	1.6	25	

3. 表面粗糙度的符号、代号

(1)表面粗糙度符号。表面粗糙度符号画法、尺寸如图 8－14 所示。其意义见表 8－3。

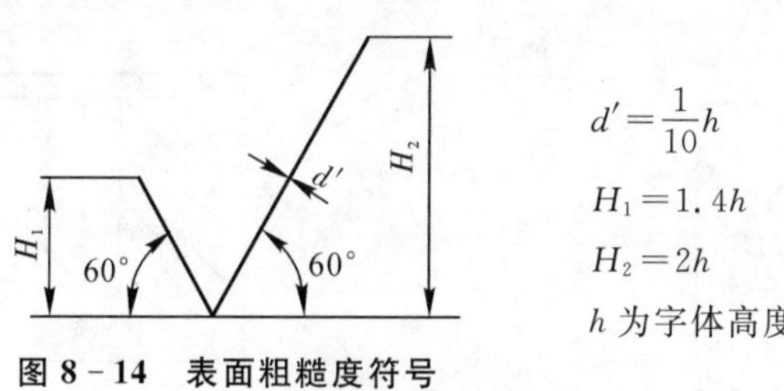

图 8－14　表面粗糙度符号

表 8－3　表面粗糙度符号的意义

符号名称	符　号	含　义
基本图形符号		未指定工艺方法的表面，当通过一个注释时可单独使用
扩展图形符号		用去除材料方法获得的表面；仅当其含义是"被加工表面"时可单独使用
		非去除材料的表面，也可用于表示保持上道工序形成的表面，不管这种状况是通过去除或不去除材料形成的
完整图形符号		在以上各种符号的长边上加一横线，以便注写表面结构的各种要求

(2)表面粗糙度代号。表面粗糙度的参数值和补充要求注写在表面粗糙度符号中，则形成表面粗糙度代号，如图 8－15 所示。

图 8－15　表面粗糙度代号

4. 表面粗糙度标注方法

(1)一般标注方法。

1)表面粗糙度要求对每一表面一般只标注一次,并尽可能注在相应的尺寸及其公差的同一视图上。除非另有说明,所标注的表面粗糙度要求是对完工零件表面的要求。

2)粗糙度的注写和读取方向与尺寸的注写和读取方向一致,如图 8-16 所示。

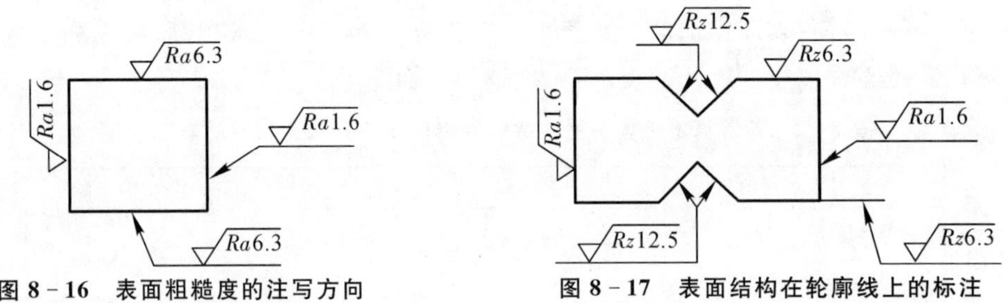

图 8-16 表面粗糙度的注写方向　　图 8-17 表面结构在轮廓线上的标注

3)表面结构要求可标注在轮廓线上,其符号应从材料外指向并接触表面,必要时,表面结构符号也可用带箭头或黑点的指引线引出标注。如图 8-17、图 8-18 所示。

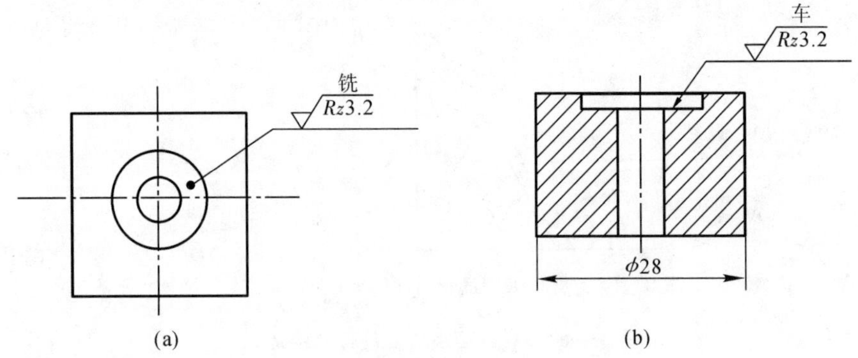

图 8-18 用引线引出标注表面结构要求

(2)简化标注方法。

1)有相同表面结构要求的简化注法。如果在工件的多数(包括全部)表面有相同的表面粗糙度要求,则其表面粗糙度要求可统一标注在图样的标题栏附近。此时(除全部表面有相同要求的情况外),表面结构要求的符号后面应有:

——在圆括号内给出无任何其他标注的基本符号,如图 8-19 所示;

——在圆括号内给出不同的表面结构要求,如图 8-20 所示。

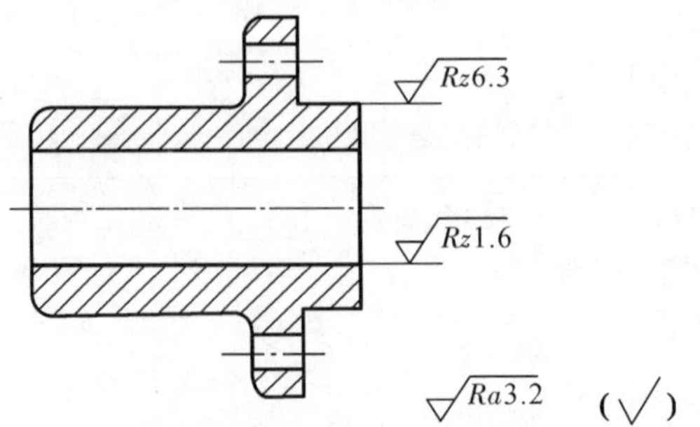

图 8-19 大多数表面有相同表面结构要求的简化注法(一)

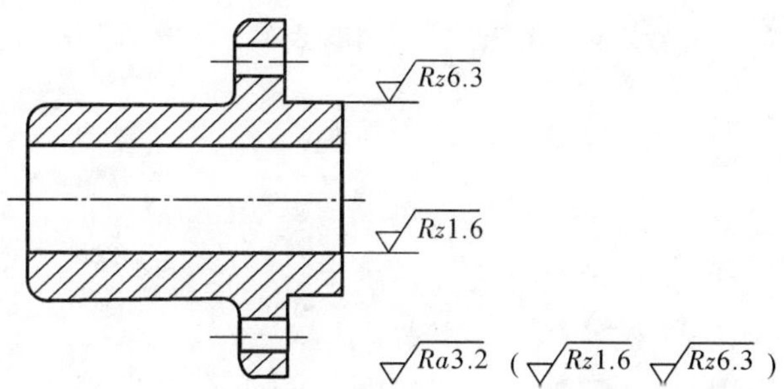

图 8 - 20　大多数表面有相同表面结构要求的简化注法(二)

不同的表面结构要求应直接标注在图形中。

2)多个表面有共同要求的注法。当多个表面具有相同的表面结构要求或图纸空间有限时,可以采用简化注法。

①用带字母的完整符号的简化注法。可用带字母的完整符号,以等式的形式,在图形或标题栏附近,对有相同表面结构要求的表面进行简化标注,如图 8 - 21 所示。

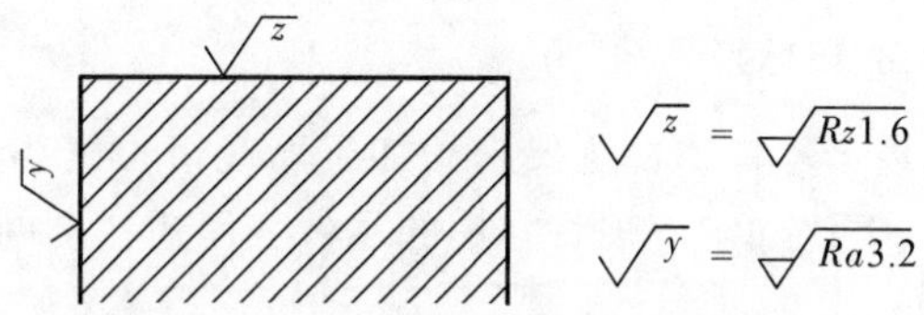

图 8 - 21　在图纸空间有限时的简化注法

②只用表面结构符号的简化注法。可用表面结构符号以等式的形式给出对多个表面共同的表面结构要求,如图 8 - 22 所示。

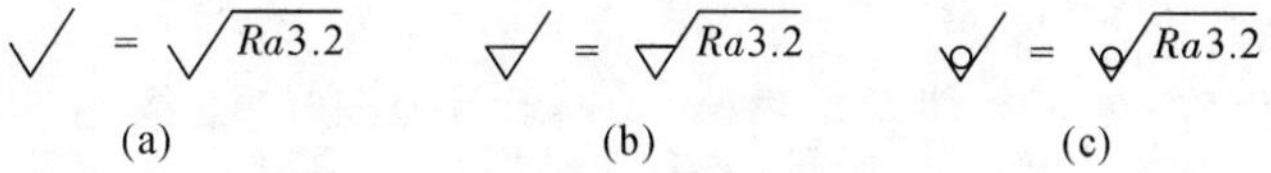

√ = √Ra3.2　　　√ = √Ra3.2　　　√ = √Ra3.2

(a)　　　(b)　　　(c)

图 8 - 22　只用表面结构符号的简化注法

(a)未指定工艺方法;(b)要求去除材料;(c)不允许去除材料

(3)常用零件表面粗糙度的标注。

1)齿轮、螺纹等工作表面没有画出齿(牙)形时,其表面粗糙度代号的标注方式如图 8 - 23 所示。

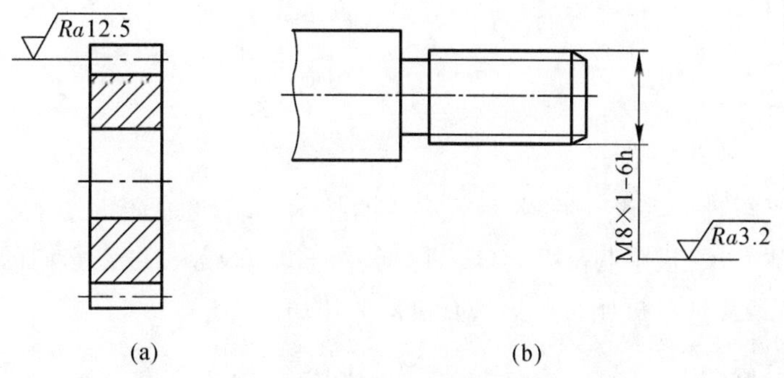

图 8 - 23　齿轮、螺纹工作表面粗糙度的标注

2)零件上连续表面及重复要素(孔、槽、齿等)的表面,其表面粗糙度代号可按图 8-24 所示的形式标注。

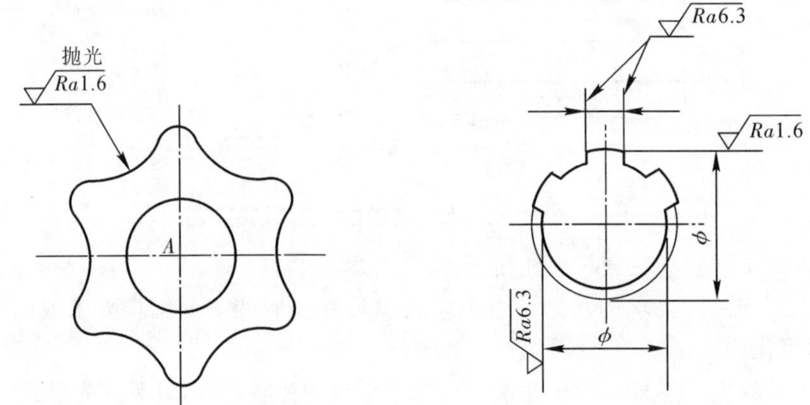

图 8-24 连续表面及重复要素的表面粗糙度的标注

5. 表面粗糙度一般的选用情况

零件的表面粗糙度应根据零件的使用要求和加工的经济性进行综合考虑,合理选择。具体选择时,可参考同类产品类比确定。现将常用的零件表面粗糙度的一般选用情况简述如下,仅供参考。

(1)重要配合面,如高速转动的轴颈与衬套孔的工作表面,曲轴、凸轮轴的工作表面,汽缸与活塞的配合面,滑动导轨的工作面,齿轮的孔与轴、销孔等可选用 *Ra*0.8。

(2)较重要的配合面,如齿轮的齿廓面、滑动轴承配合的轴与孔、中速转动的轴颈等可选用 *Ra*1.6。

(3)传动零件的配合表面,如端盖的内侧面、轴承盖的凸肩表面等可选用 *Ra*3.2。

(4)有相对运动或重要的接触面,如箱体的安装底面、轴肩端面、键槽的工作表面等可选用 *Ra*6.3。

(5)尺寸精度不高,没有相对运动的接触面或重要零件的非工作表面,如可壳体、支座的底面,轴、套、盘的端面,齿轮、皮带轮的侧面,键槽的非工作表面等可选用 *Ra*12.5。

(6)不重要的加工表面,如螺栓通孔、油孔、倒角、不重要的端面等可选用 *Ra*25。

(7)铸件、锻件、冲压件、热轧、冷轧等用不去除材料的方法获得的表面,其对表面粗糙度没有其他要求时,可标注表面粗糙度符号 ◇/。

8.4.2 极限与配合

极限与配合是零件图和装配图中一项重要的技术要求,也是检验产品质量的技术指标。国家技术监督局颁布了《极限与配合》(GB/T1800.1—2009)等标准。它们的应用几乎涉及国民经济的各个部门,特别对机械工业更具有重要的作用。

1. 互换性的概念

从一批规格相同的零件(部件)中任选一件,不经过任何加工或修配,在装配后都能达到使用要求，零(部)件具有的这种性质称为互换性。例如汽车、摩托车、缝纫机、手表等机器或仪表的零件坏了，只要换一个相同规格的新零件即可。零(部)件具有互换性，可简化零(部)件的制造和维修工作，使产品的生产周期缩短，生产率提高，成本降低，也保证了产品质量的稳定性，为成批、大量生产创造了条件。

2. 极限与配合

当制造加工零件时，为了使零件具有互换性，对零件的尺寸规定一个允许变动的范围，设计时根据零件的使用要求制定允许尺寸的变动量，称为尺寸公差，简称公差。

(1)有关尺寸公差的基本术语及定义(见图 8-25)。

1)公称尺寸：由图样规范确定的理想要素的尺寸。

2)实际尺寸：通过实际测量得到的尺寸。

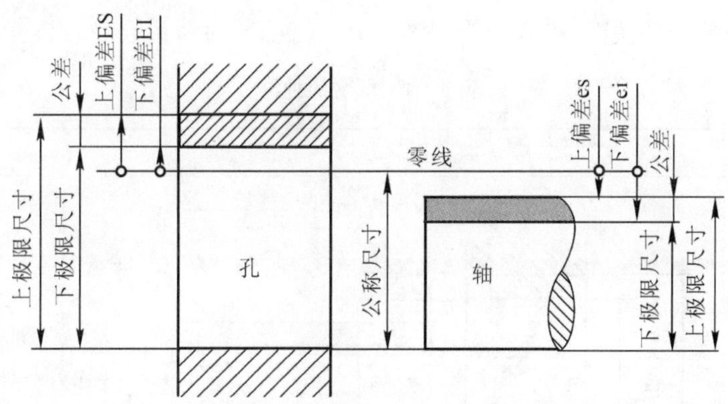

图 8-25　公差与配合示意图

3)极限尺寸：尺寸要素允许的尺寸的两个极端。

上极限尺寸是尺寸要素允许的最大尺寸。

下极限尺寸是尺寸要素允许的最小尺寸。

4)上、下极限偏差：上、下极限尺寸与基本尺寸的代数差分别称为上极限偏差、下极限偏差，简称上偏差、下偏差。国标规定孔的上、下极限偏差代号分别用 ES,EI 表示；轴的上、下极限偏差代号分别用 es,ei 表示。

5)尺寸公差：允许尺寸的变动量。它等于上、下极限尺寸之差或上、下极限偏差之差。

6)尺寸公差带：在公差带图中由代表上、下极限偏差的两条直线限定的区域，如图 8-26 所示。

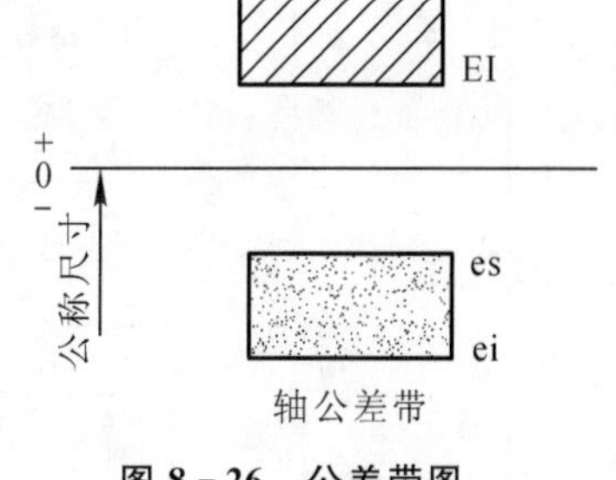

图 8-26　公差带图

7)零线：在公差带图中表示公称尺寸或零偏差的一条直线。

8)基本偏差：在极限与配合制中，确定公差带相对零线位置的那个极限偏差。国家标准规定，靠近零线的那个极限偏差为基本偏差。

9)标准公差：国家标准列表中，用于确定公差带大小的任一公差。

(2)配合和配合的种类。

1)配合:公称尺寸相同的、相互结合的孔和轴公差带之间的关系,称为配合。

2)间隙与过盈:由于孔、轴实际尺寸不同,因而孔与轴配合松紧程度不同,将产生间隙和过盈,如图 8-27 所示。

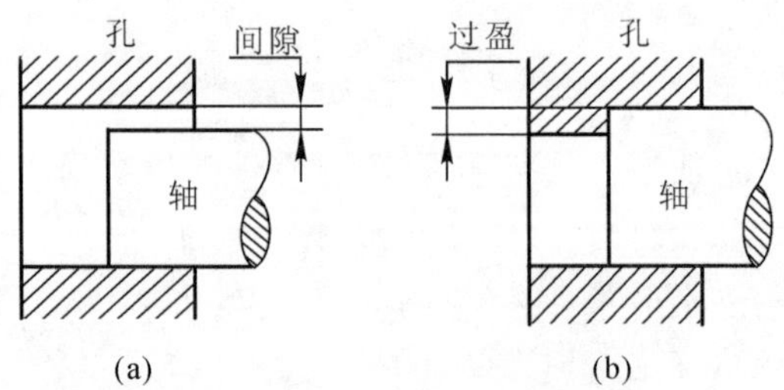

图 8-27 配合的间隙与过盈

根据孔、轴公差带的关系,配合分为三类,即间隙配合、过盈配合及过渡配合,见表 8-4。

表 8-4 配合的种类

配合名称	图例	说明
间隙配合	最小间隙 最大间隙 孔的上极限尺寸 孔的下极限尺寸 轴的下极限尺寸 轴的上极限尺寸	孔公差带在轴公差带之上,任取一个孔和轴配合,都有间隙,包括间隙为零的极限情况
过盈配合	最大过盈 最小过盈 轴的上极限尺寸 孔的下极限尺寸 孔的上极限尺寸 轴的下极限尺寸	孔公差带在轴公差带之下,任取一个孔和轴配合,都有过盈,包括过盈为零的极限情况
过渡配合	最大过盈 最大间隙 孔的上极限尺寸 孔的下极限尺寸 轴的下极限尺寸 轴的上极限尺寸	孔公差带在轴公差带相互交叠,任取一个孔和轴配合,可能具有间隙,也可能有过盈

3)标准公差与基本偏差:公差带由“标准公差”与“基本偏差”两个部分组成,“标准公差”确定了公差带的大小,而“基本偏差”则确定了公差带相对于零线的位置。国家标准《公差与配合》对这两个独立的要素分别进行了标准化。

①标准公差。国家标准规定“标准公差”用“IT”表示，共分 20 个等级，即 IT01，IT0，IT1～IT18。其中 IT01 为最高，依次降低，IT18 为最低。换言之，在同一公称尺寸下，IT01 的公差数值为最小，IT18 的公差数值为最大。各级标准公差的数值可查阅附表 20。如公称尺寸为ϕ25 的孔（轴），若公差等级为 IT7，其标准公差值可由附表 20 查得为 0.021。

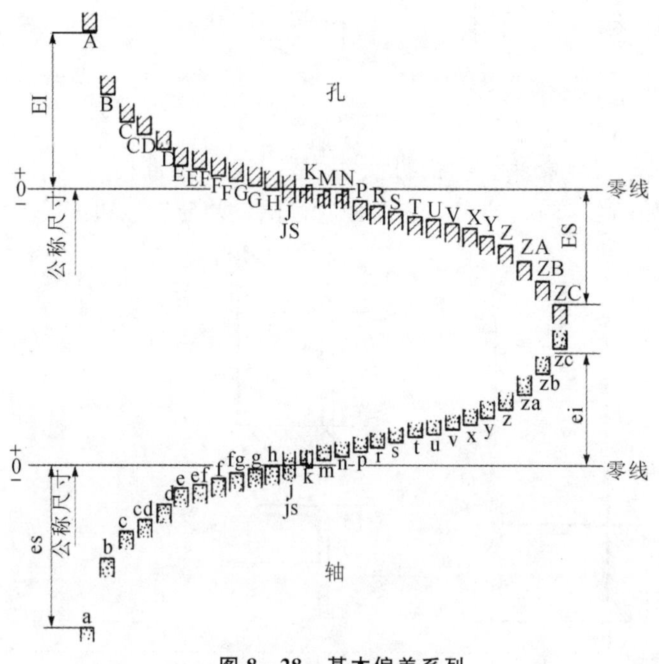

图 8－28　基本偏差系列

②基本偏差。基本偏差用来确定公差带相对于零线位置的上偏差或下偏差，一般为靠近零线的那个偏差。当公差带位于零线之上时，其基本偏差为下偏差，孔的下偏差用 EI 表示，轴的下偏差用 ei 表示。当公差带位于零线之下时，其基本偏差为上偏差，孔的上偏差用 ES 表示，轴的上偏差用 es 表示。基本偏差共有 28 个，它的代号用拉丁字母表示，孔用大写字母表示，轴用小写字母表示，如图 8－28 所示。

孔和轴的公差代号由基本偏差代号和公差等级代号组成。例如：ϕ25H8 是指该孔的公称尺寸是 25，基本偏差代号为 H，公差等级代号为 8 级。ϕ25f7 是指轴的公称尺寸是 25，基本偏差代号为 f，公差等级代号为 7 级。

4）基孔制与基轴制。公称尺寸确定以后，确定孔和轴的基本偏差可得到不同性质的配合。如果两者都允许变动，则将会出现很多种配合情况，太多的配合不利于零件的设计和制造，因此根据生产实际需要，国家标准规定了两种配合制度。

①基孔制：基本偏差为一定的孔的公差带，与不同基本偏差的轴的公差带形成各种配合的一种制度，称为基孔制。基孔制的孔，称为基准孔，基本偏差代号用 H 表示，下偏差为零，如图 8－29 所示。

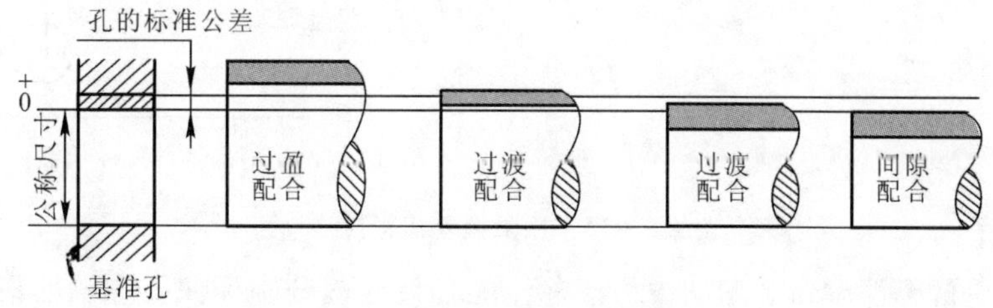

图 8－29　基孔制配合示意图

②基轴制：基本偏差为一定的轴的公差带，与不同基本偏差的孔的公差带形成各种配合的一种制度，称为基轴制。基轴制的轴，称为基准轴，基本偏差代号为 h，上偏差为零，如图 8－30 所示。

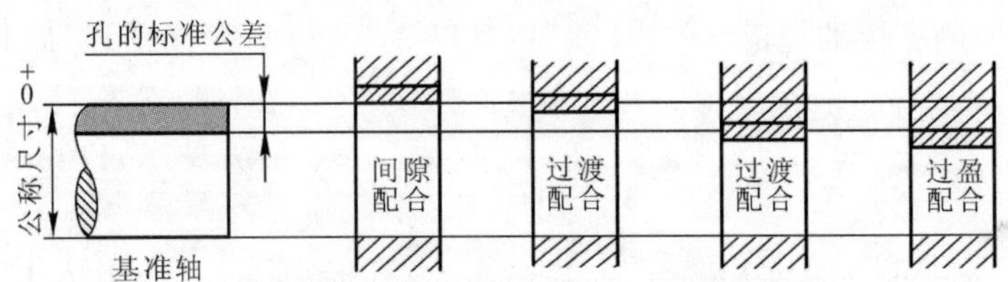

图 8-30 基轴制配合示意图

5)极限与配合的标注及查表方法。

①零件图上的标注。在零件图中有三种标注公差的方法:一是标注公差带代号,如图 8-31(a)所示;二是标注极限偏差值,如图 8-31(b)所示;三是同时标注公差带代号和极限偏差值,如图 8-31(c)所示。

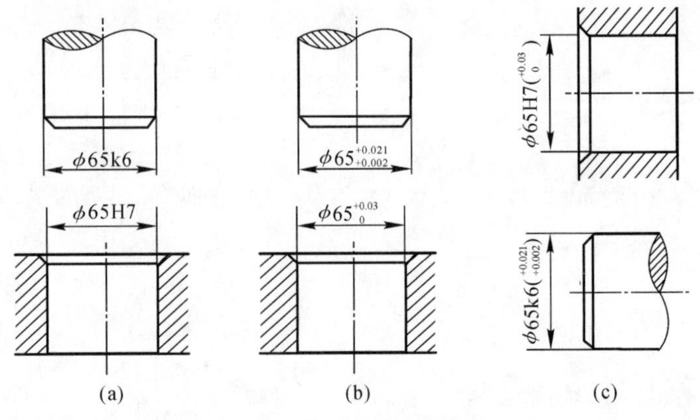

图 8-31 尺寸公差的注法

标注极限偏差数值时,应注意上、下偏差的小数点必须对齐,小数点后的位数也必须相同,如图 8-32(a)所示。如上偏差或下偏差为"零"时,用数字"0"标出,并与下偏差或上偏差的小数点前的个位数对齐,如图 8-32(b)所示。如公差带相对于公称尺寸对称配置时,两个偏差值相同,只需注写一次,并在偏差与公称尺寸之间注出符号"±",且两者数字高度相同,如图 8-32(c)所示。

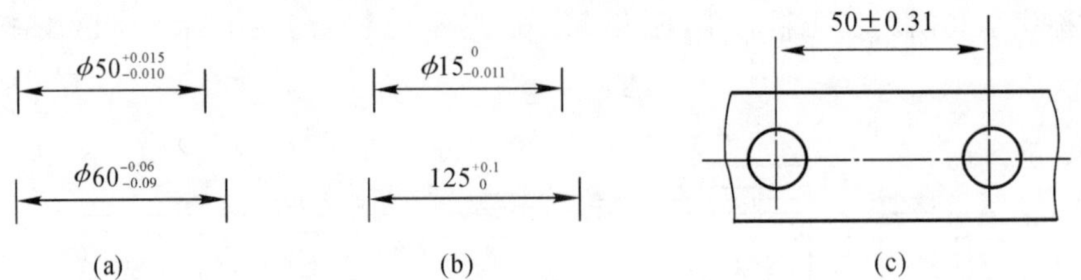

图 8-32 极限偏差值标注法

②装配图上的标注。在装配图中一般标注配合代号或分别标注孔和轴的极限偏差值,如图 8-33、图 8-34 所示。在装配图上标注配合代号时,用分数形式在公称尺寸的右边注出,分子为孔的公差带代号,分母为轴的公差带代号,如图 8-33(a)所示,也允许按图 8-33(b)或图 8-33(c)所示形式标注。在装配图中标注相配零件的极限偏差时,孔的公称尺寸和极限偏差值注写在尺寸线的上方,轴的公称尺寸和极限偏差值注写在尺寸线下方,如图 8-34(a)所示,也允许按 8-34(b)(c)所示形式标注。

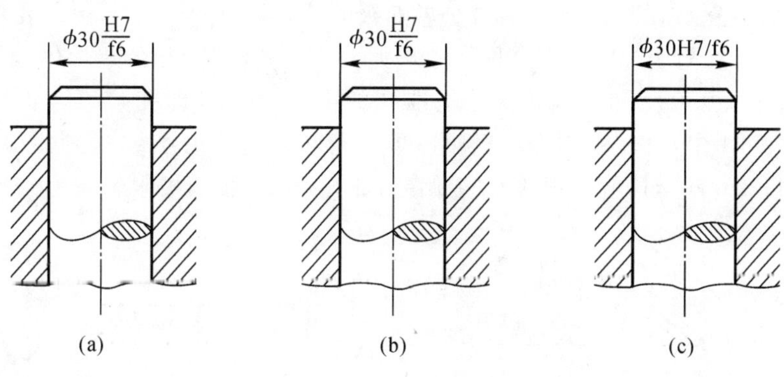

图 8 - 33　装配图上配合代号的标注

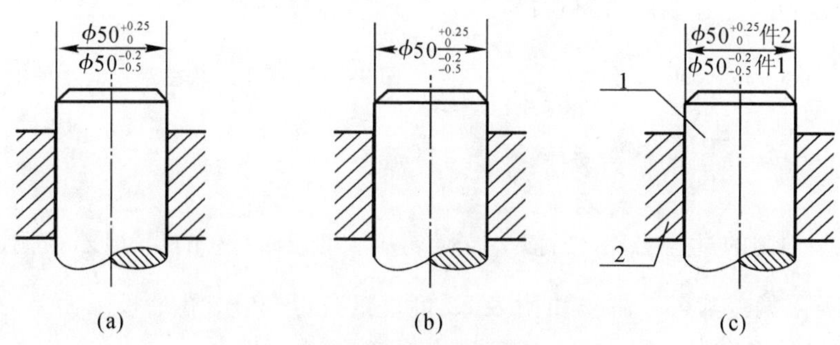

图 8 - 34　配合零件的偏差值标注法

标注标准件、外购件与零件(孔或轴)的配合代号时,可以只标注相配零件的公差带代号,如图 8 - 35 所示,因为滚动轴承的公差不能选用《公差与配合》标准,因而不能注成分数形式。

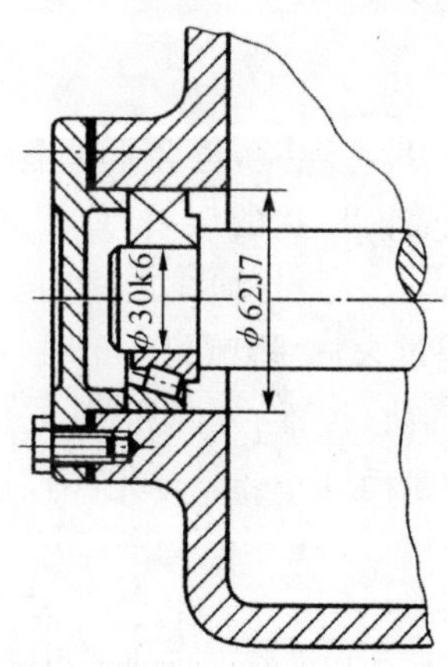

图 8 - 35　零件与标准件配合时只标注零件的公差带代号

③查表方法举例。公称尺寸、基本偏差、公差等级确定以后,公差配合的偏差数值可以从相应表格中查得。

[例 8 - 1]　查$\phi30\ \dfrac{H7}{g6}$的偏差数值。

$\phi30\ \dfrac{H7}{g6}$为基孔制间隙配合,公称尺寸 30 属于大于 18～30 mm 尺寸段,由附表 20 可查得标准公差7级的孔公差值为21μm。标准公差6级的轴公差值为13 μm，由附表21、附表22查出其极限偏差值。在附表22中，由公称尺寸从大于18～30的行和公差带代号H7的列相交处，查得$^{+0.021}_{0}$（即＋0.021和0)，这就是基准孔的上、下偏差，即孔ϕ30H7的极限偏差为$\phi 30^{+0.021}_{0}$。在附表21中，由公称尺寸大于18～30的行和公差带代号g6的列相交处，查得$^{-0.007}_{-0.020}$（即－0.007和－0.020)，这就是轴的上、下偏差，即孔ϕ30g7轴的极限偏差为$\phi 30^{-0.007}_{-0.020}$，其公差带的分布如图8-36所示。

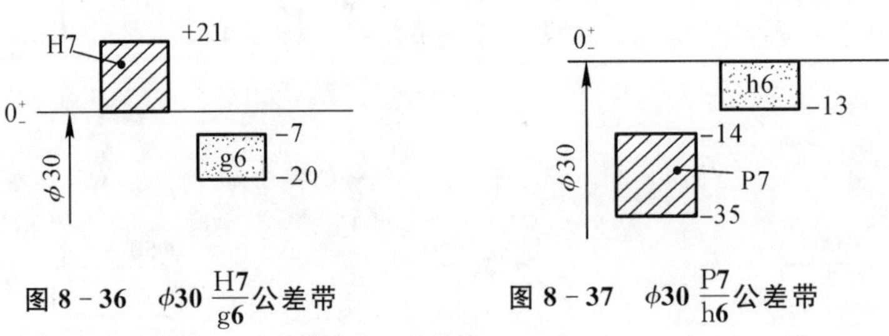

图8-36　$\phi 30\ \dfrac{H7}{g6}$公差带　　图8-37　$\phi 30\ \dfrac{P7}{h6}$公差带

［例8-2］　查$\phi 30\ \dfrac{P7}{h6}$的偏差数值。

$\phi 30\ \dfrac{P7}{h6}$是基轴制的过盈配合，公称尺寸30属于大于18～30的尺寸段，由附表21直接查得轴的ϕ30h6极限偏差为$\phi 30^{0}_{-0.013}$，由附表22可直接查得ϕ30P7孔的极限偏差为$\phi 30^{-0.014}_{-0.035}$，其公差带的分布如图8-37所示。

8.4.3　几何公差

1.概述

在零件加工过程中，不仅会产生尺寸误差，也会出现形状、位置、方向和跳动误差。形状误差是指加工后实际表面形状对理想表面形状的误差，如图8-38所示。位置、方向、跳动误差是指零件的各表面之间、轴线与轴线或表面与轴线之间的实际相对位置对理想相对位置的误差，如图8-39所示。如果几何误差过大，会影响机器的性能，因此对精度高要求高的零件，除了应保证尺寸精度外，还应控制其形状、位置、方向和跳动公差即几何公差。因此几何公差（旧标准称形位公差）同尺寸公差、表面粗糙度一样是评定零件质量的一项重要指标。

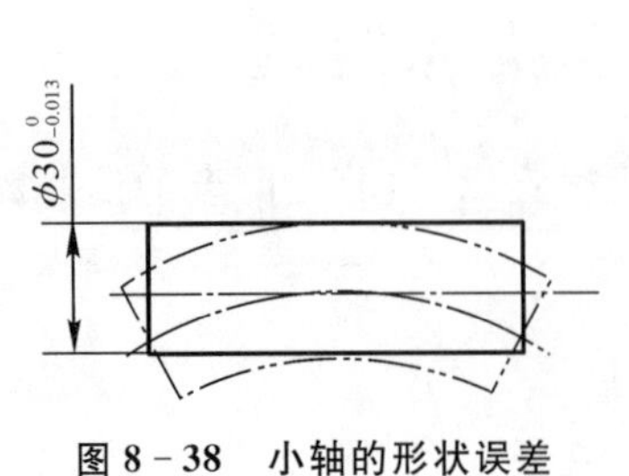

图8-38　小轴的形状误差

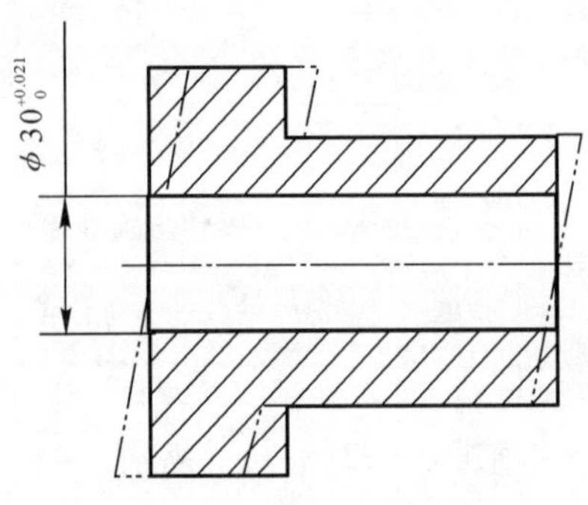

图8-39　轴套的几何误差

几何公差是指零件的实际形状、位置、方向和跳动相对于理想形状、位置、方向和跳动的允许变动量。

2. 几何公差的符号及代号

(1)几何公差的几何特征、符号。国家标准规定几何公差有四大类，共有 19 个项目，各项目的名称及对应符号见表 8－5。

表 8－5　几何公差的几何特征、符号

公差类型	几何特征	符号	有无基准
形状公差	直线度	⏤	无
	平面度	⏥	无
	圆度	○	无
	圆柱度	⌭	无
	面轮廓度	⌒	无
	线轮廓度	⌓	无
方向公差	平行度	∥	有
	垂直度	⊥	有
	倾斜度	∠	有
	线轮廓度	⌒	有
	面轮廓度	⌓	有
位置公差	位置度	⌖	有或无
	同心度(位于中心点)	◎	有
	同轴度	◎	有
	对称度(位于轴线)	⌯	有
	线轮廓度	⌒	有
	面轮廓度	⌓	有
跳动公差	圆跳动	↗	有
	全跳动	⌰	有

(2)公差框格。用公差框格标注几何公差时，公差要求注写在划分成两格或多格的矩形框格内。各格自左至右顺序标注以下内容，如图 8 - 39 所示，框格高为图样中数字高度的 2 倍(2h)，框格中的字母和数字高应为 h。

几何特征符号见表 8 - 5。

公差值，以线性尺寸单位表示的量值。如果公差带为圆形或圆柱形，公差值前应加注符号“ϕ”；如果公差带为圆球形，公差值前应加注符号“S ϕ”。基准，用一个字母表示单个基准或用几个字母表示基准体系或公共基准，如图 8 - 40(b)～(e)所示。

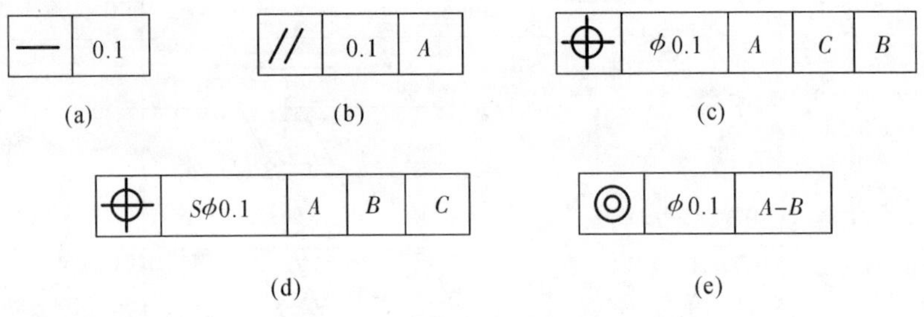

图 8 - 40　几何公差框格(一)

如果需要就某个要素给出几种几何特征的公差，可将一个公差框格放在另一个的下面，如图 8 - 41 所示。

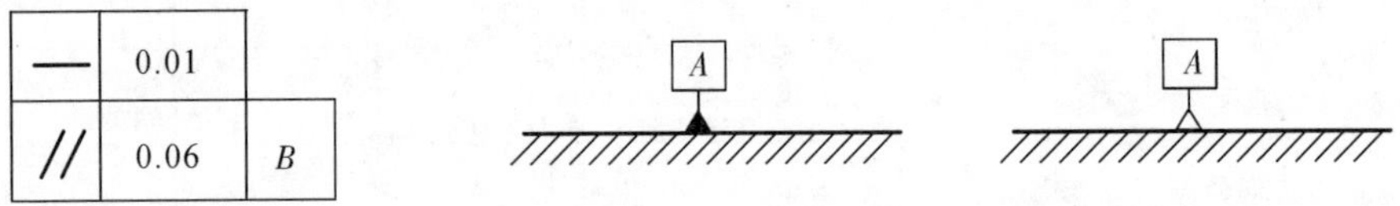

图 8 - 41　几何公差框格(二)　　**图 8 - 42　基准代号**

(3)基准代号。与被测要素相关的基准用一个大写字母表示。字母标注在基准方格内，与一个涂黑的或空白的三角形相连以表示基准，如图 8 - 42 所示；表示基准的字母还应标注在公差框格内。涂黑的和空白的基准三角形含义相同。框格高为图样中数字高度的 2 倍(2h)，框格中的字母和数字高应为 h。

3. 基准代号的标注方法

(1)带基准字母的基准三角形应按如下规定放置：当基准要素是轮廓线或轮廓面时，基准三角形放置在要素的轮廓线或其延长线上，与尺寸线明显错开，如图 8 - 43 所示；基准三角形也可放置在该轮廓面引出线的水平线上，如图 8 - 44 所示。

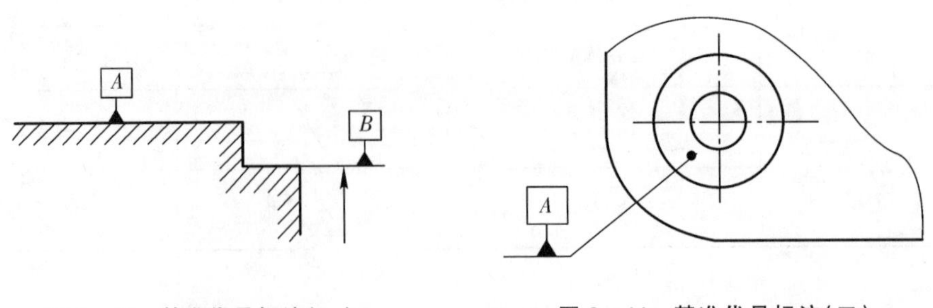

图 8 - 43　基准代号标注(一)　　**图 8 - 44　基准代号标注(二)**

(2)当基准是尺寸要素确定的轴线、中心平面或中心点时，基准三角形应放置在该尺寸线的延长线上，如图 8-45(a)所示。如果没有足够的位置标注基准要素尺寸的两个尺寸箭头，则其中一个箭头可用基准三角形代替，如图 8-45(b)(c)所示。

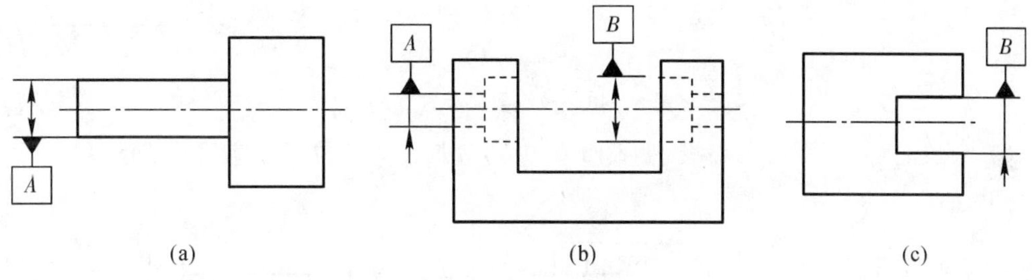

图 8-45 基准代号标注(三)

(3)如果只以要素的某一局部作基准，则应用粗点画线示出该部分并加注尺寸，如图 8-46 所示。

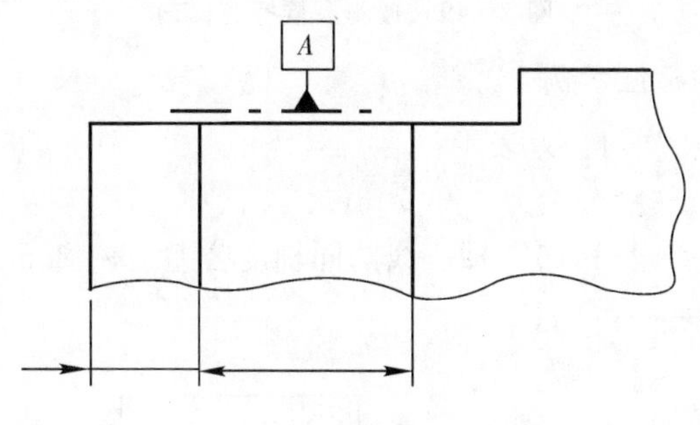

图 8-46 基准代号标注(四)

(4) 以单个要素作基准时，用一个大写字母表示，如图 8-47(a)所示。以两个要素建立公共基准时，用中间加连字符的两个大写字母表示，如图 8-47(b)所示。以两个或三个基准建立基准体系(即采用多基准)时，表示基准的大写字母按基准的优先顺序自左至右填写在各框格内，如图 8-47(c)所示。

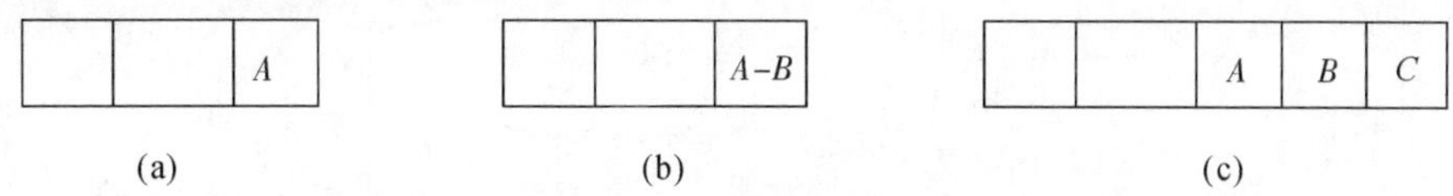

图 8-47 基准代号标注(五)

4. 被测要素的标注方法

用指引线连接被测要素和公差框格。指引线引自框格的任意一侧，终端带一箭头。

(1)当公差涉及轮廓线或轮廓面时，箭头指向该要素的轮廓线或其延长线(应与尺寸线明显错开，如图 8-48(a)(b)所示；箭头也可指向引出线的水平线，引出线引自被测面，如图8-48(c)所示。

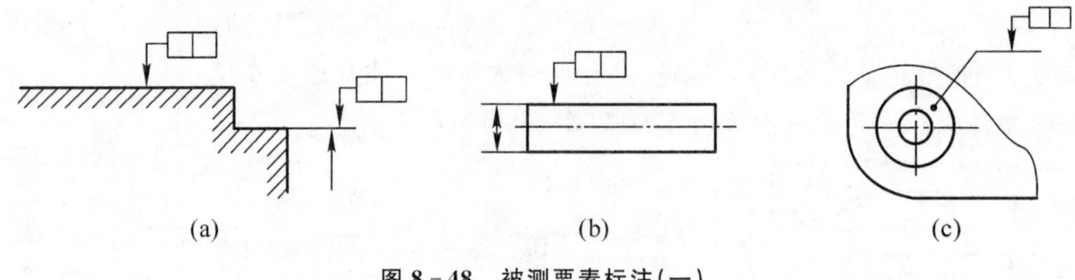

图 8-48 被测要素标注(一)

(2)当公差涉及要素的中心线、中心面或中心点时,箭头应位于相应尺寸线的延长线上,如图 8-49 所示。

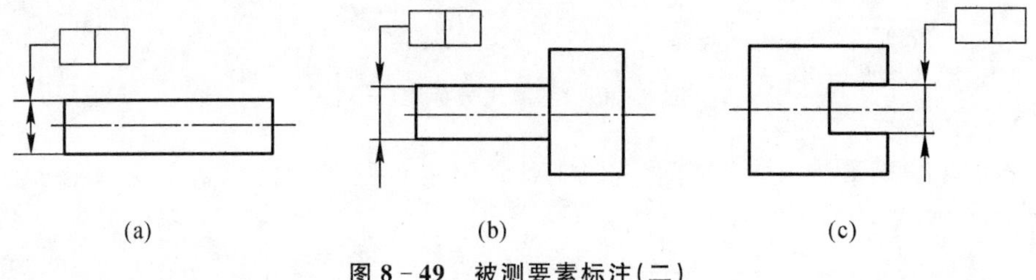

图 8-49 被测要素标注(二)

5. 几何公差在图上的标注示例

如图 8-50 所示,所注几何公差表示:

(1)ϕ16f7 圆柱体的圆柱度公差为 0.005 mm。

(2)M8×1 螺孔的轴心线对ϕ16f7 轴心线的同轴度公差为ϕ0.1 mm。

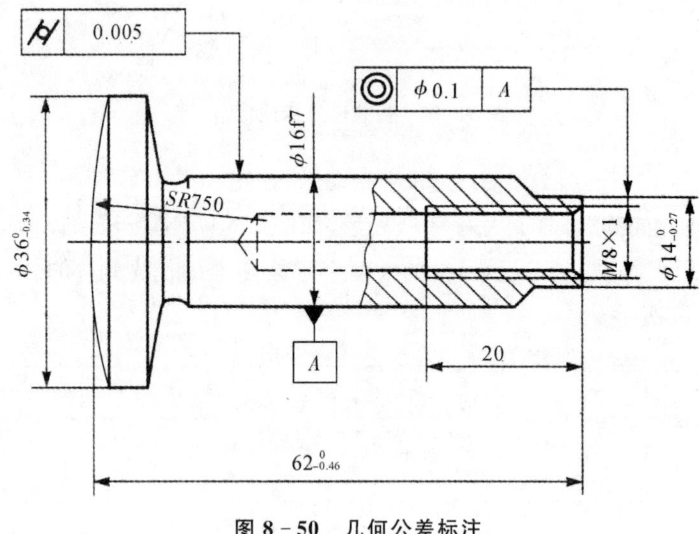

图 8-50 几何公差标注

8.5 零件的工艺结构

零件的结构除应满足设计要求外,同时应考虑到加工、制造的方便与可能。为了避免使零件制造工艺复杂化及造成废品,必须使零件具有良好的结构工艺性,下面介绍一些常见的工艺结构。

8.5.1　零件的铸造工艺结构

1. 铸造圆角

铸件表面转角处设计成圆角过渡，称为铸造圆角。铸造圆角可防止转角处的型砂脱落，冷却收缩时产生缩孔、开裂等缺陷，还可增加零件的强度。圆角半径一般取 $R3 \sim R5$，或取壁厚的 0.2～0.4 倍，如图 8－51 所示。

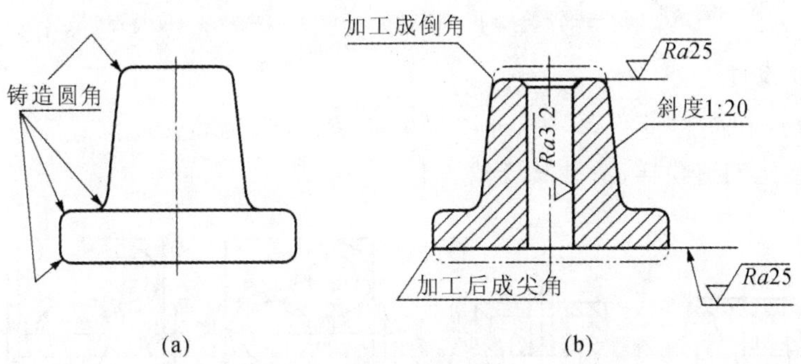

图 8－51　铸造圆角

铸件表面经机械加工后，铸造圆角被切除，如图 8－51(b)所示。因此只有两个不加工的铸件表面相交处才有铸造圆角，当其中一个是加工面时，不应画圆角。

2. 起模斜度

铸件在造型时，为使金属模样或木模样从铸型中取出，沿起模方向设计一定的斜度，称为起模斜度。起模斜度的大小一般为 1∶10～1∶20，即 1°～3°，如图 8－52 所示。

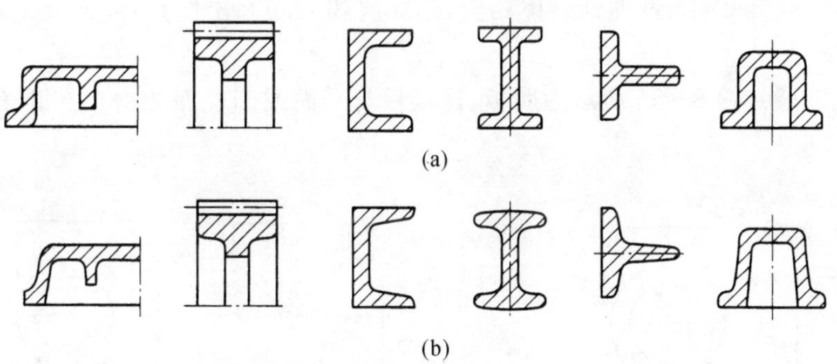

图 8－52　起模斜度

(a)无起模斜度不合理；(b)有起模斜度合理

3. 铸件壁厚

铸件各处的壁厚、薄壁转折处应尽量均匀或逐渐过渡，如图 8－53(b)(c)所示，否则由于壁厚不均匀，致使金属冷却速度不同而产生裂纹或缩孔，如图 8－53(a)所示。

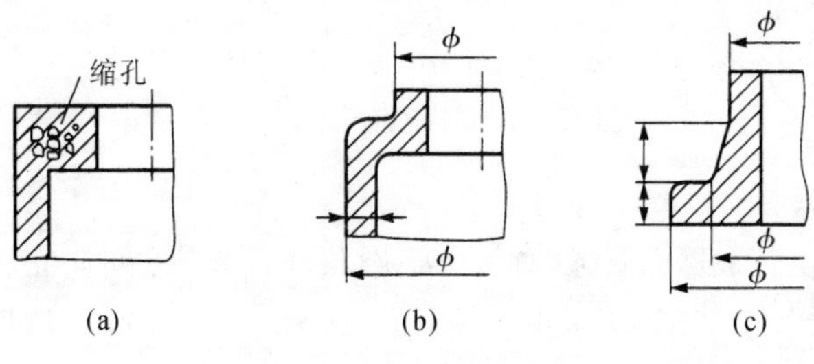

图 8-53 铸件壁厚应均匀

(a)壁厚不均匀产生缩孔;(b)壁厚均匀合理;(c)壁厚渐变合理

4. 铸件形状设计

铸件各部分形状应尽量简单,内、外壁尽可能平直,凸台等安放位置应合理,如图 8-54(a)(c)所示,以便于制造模样、清砂及机械加工。

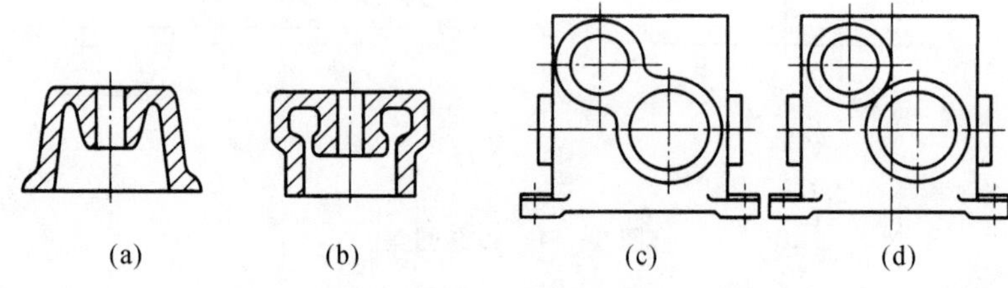

图 8-54 形状设计应合理

(a) (c)合理;(b) (d)不合理

5. 过渡线

由于铸造圆角的存在,铸件表面的截交线、相贯线变得不明显,但为了区分不同表面,在原相交处仍画出交线,这种交线称为过渡线。

(1)如图 8-55 所示为两曲面立体相交,轮廓线相交处画出圆角,曲面交线端部与轮廓线间留出空隙。

(2)如图 8-56、图 8-57 所示为肋板、连接板与平面或圆柱面相交且有圆角过渡时,过渡线的画法。

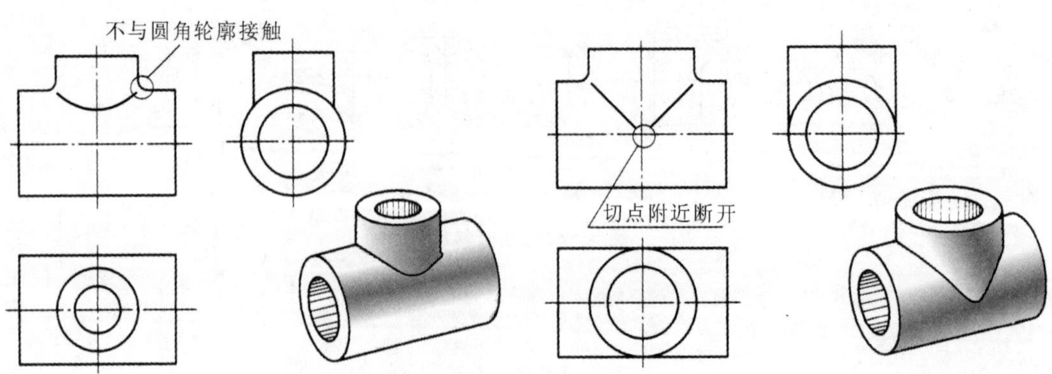

图 8-55 两曲面相交、相切时过渡线的画法

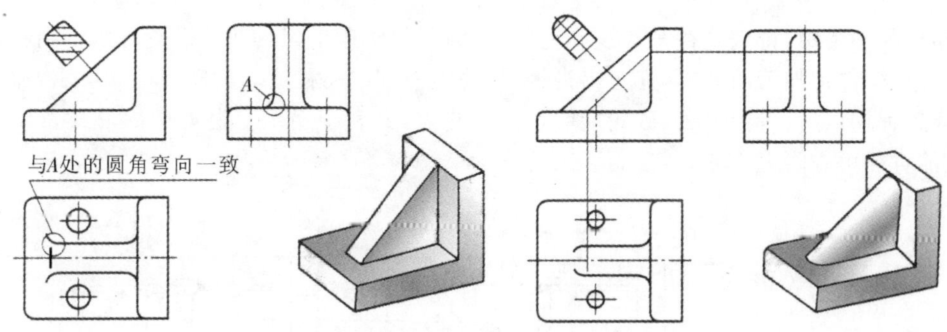

图 8-56　肋板相交时过渡线的画法

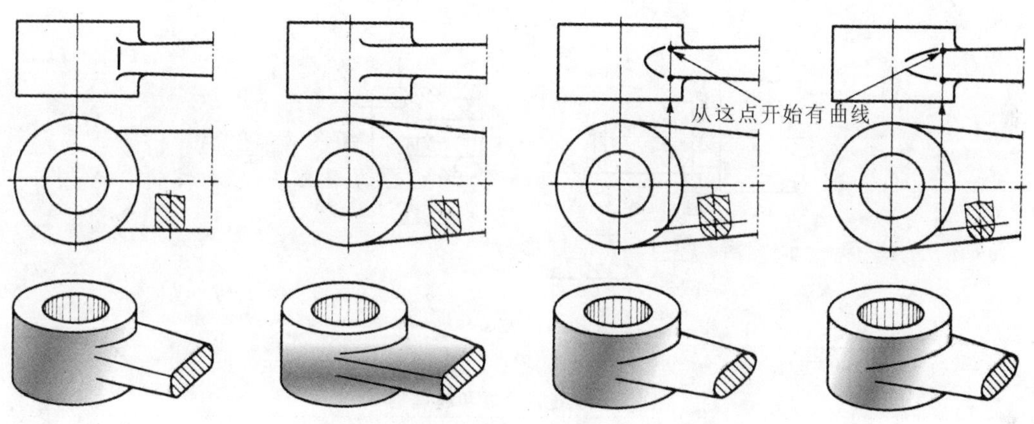

图 8-57　连接板与圆柱组合时的过渡线画法

(a)(c)合理;(b)(d)不合理

8.5.2　机械加工工艺结构

1. 倒角和倒圆

为了去除锋利边缘,同时在孔、轴装配时便于定心对中,在轴端或孔口,加工出 45°或 30°,60°的锥台称倒角。为了减少转折处的应力集中,增加强度,在阶梯轴或孔中,直径不等的两段交接处,常加工成环面过渡,称为倒圆,如图 8-58 所示。

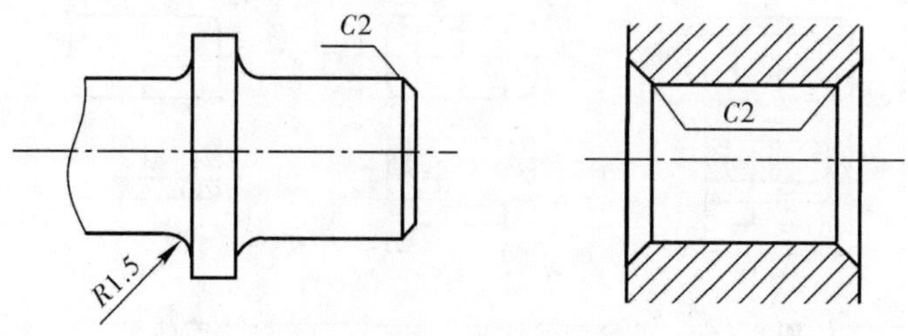

图 8-58　倒角与圆角

2. 螺纹退刀槽和砂轮越程槽

在切削加工中，特别是在车螺纹和磨削时，为了便于退出刀具或使砂轮可以稍稍越过加工面，常常在零件待加工的末端，先车出沟槽，称为退刀槽或越程槽。如图 8-59 所示，加工出退刀槽或越程槽以后，可使刀具、砂轮能够切削到终点，又利于退出。退刀槽的形式及尺寸根据轴、孔的直径可查附表 5。

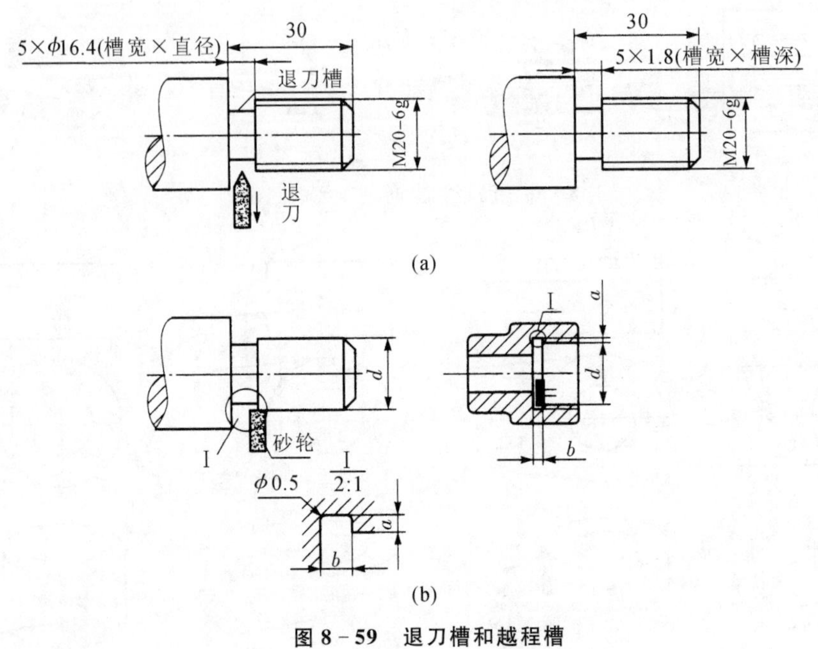

图 8-59 退刀槽和越程槽

(a)车刀退刀槽；(b)砂轮越程槽

3. 凸台和沉孔

为了减少加工面积和保证零件与零件间良好接触，常在铸件表面设计凸台或凹坑(见图 8-60)。

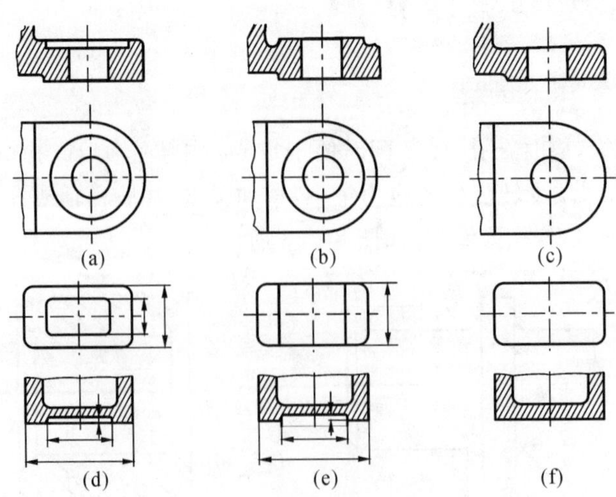

图 8-60 凸台和凹坑减少加工面积及加工面数量

(a)(b)(d)(e)合理；(c)(f)不合理

4. 钻孔结构

用钻头钻出的盲孔，在其底部留有一个 120°的锥角，应画出。钻的阶梯孔，在阶梯过渡处，有 120°锥角的圆锥台应画出，钻孔深度指圆柱部分的深度，不包括锥坑，其画法及尺寸标注如图 8－61 所示。

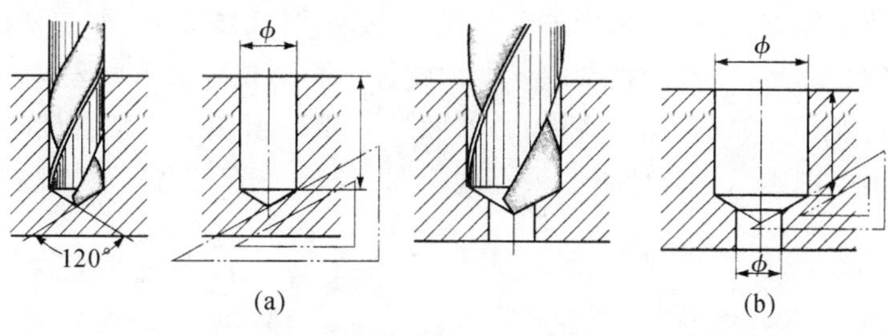

图 8－61　钻孔结构

(a)钻不通孔；(b)钻台阶孔

用钻头钻孔时，要求钻头的轴线垂直被钻孔零件的表面，否则钻头的轴线容易偏歪，致使孔的位置不准，甚至把钻头折断，如图 8－62 所示。

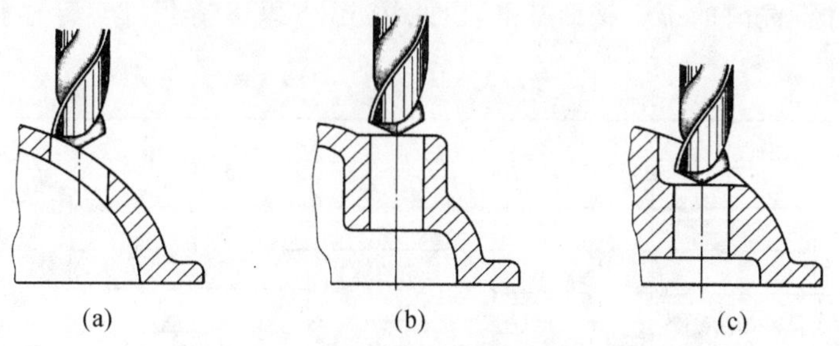

图 8－62　钻头轴线应垂直被钻孔零件的表面

(a)不正确；(b)，(c)正确

8.6　典型零件分析

机器或部件中有许多零件，如图 8－1、图 8－63 所示。由于每个零件作用各不相同，其结构、形状、材料及加工方法等也各不相同，分析这些零件在表达方式、尺寸标注、技术要求等方面的特点，找出它们之间的共性，一般将零件分为轴套类、轮盘类、箱体类、叉架类四类典型零件。

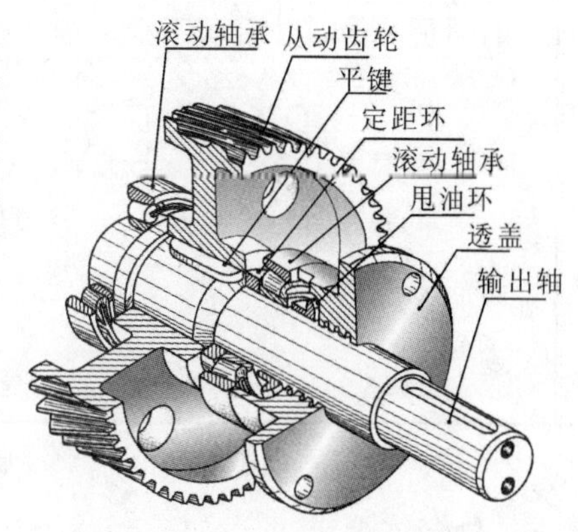

图 8－63　减速器输出轴系

8.6.1　轴套类零件

1. 结构分析

轴类零件主要用来支承传动零件(如齿轮、皮带轮等)和传递动力；套类零件一般装在轴上或孔中，用来定位、支承、保护传动零件。轴类零件大多数长度方向的尺寸一般比回转体直径尺寸大，沿轴向常有倒角、圆角、退刀槽、键槽及锥度等结构，如图 8－2、图 8－64 所示的轴。

2. 表达方法

轴套类零件多在车床、镗床、磨床上加工，为便于操作工人对照图纸进行加工，通常按加工位置原则和形状特征原则，主视图采用加工位置、显示轴线长度方向，即主视图将轴线水平放置，用一个基本视图或局部剖视图把轴上各段回转体的相对位置和形状表达清楚，同时又能反映出轴上的轴肩、键槽、退刀槽、倒角等结构，如图 8－64 所示。空心轴套因存在内部结构，可用全剖视图或半剖视图表示。其他视图采用剖面图、局部视图或局部放大图等表达方式表示轴上的结构形状。

3. 尺寸标注

轴套类零件常以端面作为长度方向的主要尺寸基准，而以回转轴线作为另两个方向的主要尺寸基准。如图 8－64 所示的输出轴，轴肩端面 E 为从动齿轮装配时的定位端面，因此以 E 面为长度方向尺寸标注的主要基准，由此定出 38，7 及键槽位置尺寸 2 等，以端面 F 为长度方向尺寸标注的第一辅助基准，注出 55，3 及全长 200 等尺寸，两基准之间的联系尺寸为 175。G 面为长度方向尺寸标注时的第二辅助基准，由此注出 38 及 8 等尺寸。标注径向尺寸时，以轴线作为主要基准。

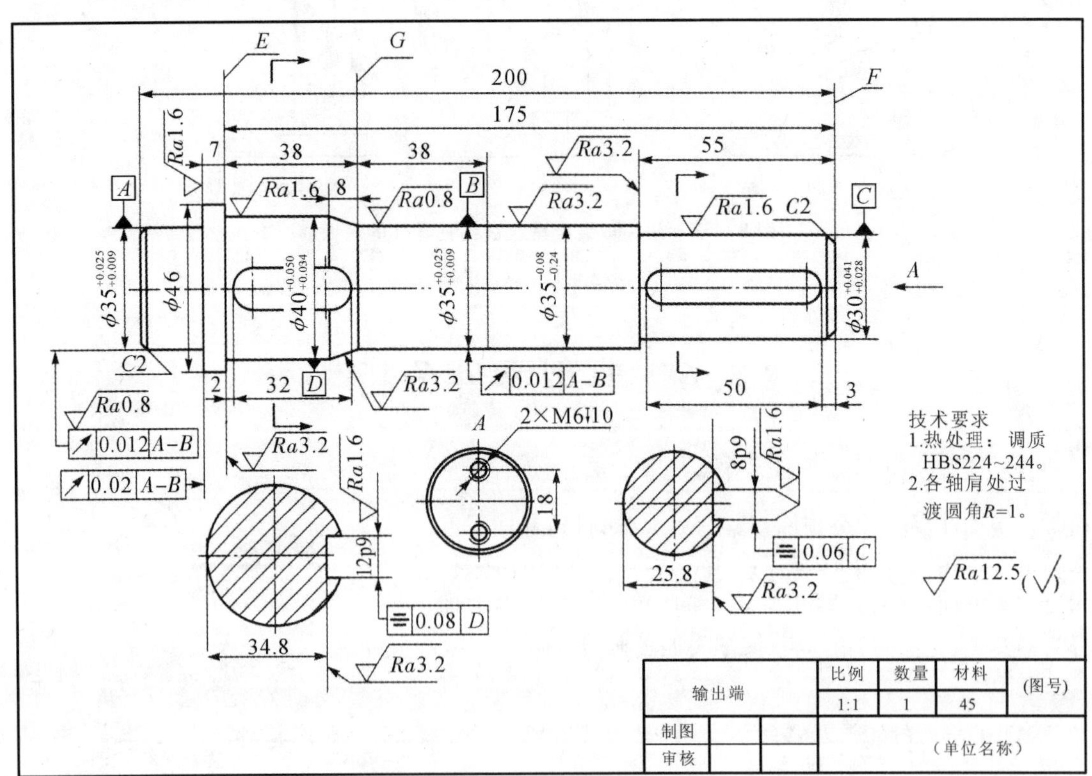

图 8－64 输出轴零件图

4. 技术要求

根据零件具体工作情况来确定表面粗糙度、尺寸公差及形位公差，如ϕ35，ϕ40 等轴颈，由于分别同滚动轴承及从动齿轮配合，因而表面质量要求较高，其表面粗糙度 Ra 值分别定为 0.8μm 和 1.6μm，尺寸精度要求也较高。

8.6.2　轮盘类零件

1. 结构分析

轮类零件主要用于传递动力和扭矩，盘类零件主要起支承、定位和密封等作用。轮盘类零件的结构形状特点是轴向尺寸小而径向尺寸大，如端盖、齿轮、带轮、手轮、法兰盘等，大多数为共轴回转体，并在径向分布。常见的结构有孔、螺孔、销孔、轮辐、键槽肋、凸台、凹坑等，如图 8-65所示为盘类零件端盖的零件图。

2. 表达方法

轮盘盖类零件的主要回转面和端面多在车床上加工，选择主视图时，应按加工位置将轴线水平放置，一般采用主、左或主、俯两个基本视图，用单一剖切面或几个相交剖切面、一组平行剖切面等剖切方法作出全剖视图或半剖视图表示各部分结构之间的相对位置。可用剖面、局部剖视、局部放大图等方法表达其上个别细节，如图 8-65 所示。

3. 尺寸标注

轮盘盖类零件通常以主要回转面的轴心线、主要形体的对称轴线、对称平面、或经加工的较大的结合面作为长、宽、高方向的尺寸基准。轮盘类零件各组成形体的定位尺寸和定形尺寸比较明显，具体标注时，应注意运用形体分析的方法，使尺寸标注得更完善。如图 8-65 所示端盖，它的右端面为长度方向尺寸的主要基准，ϕ80f7 的轴线为径向（宽、高方向）的尺寸基准。

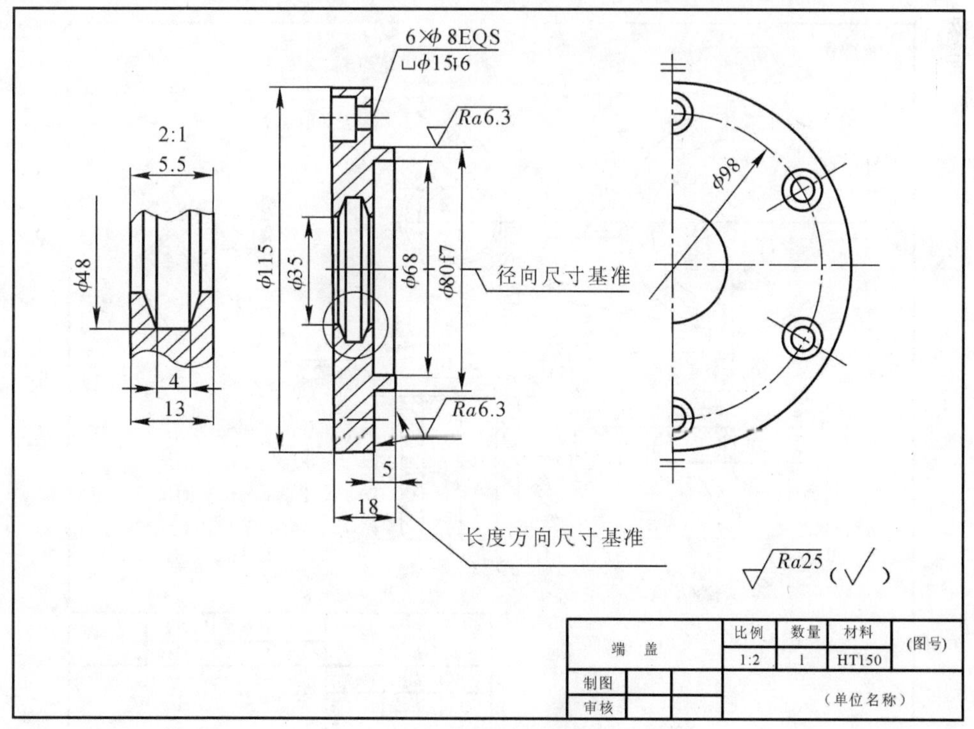

<table>
<tr><td rowspan="2" colspan="3">端　盖</td><td>比例</td><td>数量</td><td>材料</td><td rowspan="2">(图号)</td></tr>
<tr><td>1:2</td><td>1</td><td>HT150</td></tr>
<tr><td>制图</td><td></td><td></td><td rowspan="2" colspan="4">(单位名称)</td></tr>
<tr><td>审核</td><td></td><td></td></tr>
</table>

图 8-65　盘类零件图

4. 技术要求

有配合要求或起定位作用的表面，其表面要求光滑，尺寸精度相应的要求要高。轴颈尺寸，应有尺寸公差要求，轴心线与轴心线之间及端面与轴心线之间常应有形位公差要求。如图 8－65 中轴颈$\phi 80$ 的尺寸公差带代号为 f7。

8.6.3 叉架类零件

1. 结构分析

叉架类零件包括各种拨叉、连杆和支架等，拨叉主要用于机床、内燃机等各种机器上的操纵机构中，操纵机器，调节速度。支架主要起支承和联结作用。常用铸造或模锻制成毛坯，形状多样，结构复杂，经必要的机械加工而成，具有铸（锻）造圆角、起模斜度、凸台、凹坑等常见结构，如图 8－66 所示。

2. 表达方法

叉架类零件的形式较多，一般以自然位置或工作位置，按形状特征方向作为画主视图的方向，用 1～2 个基本视图，根据具体结构需要辅以斜视图或局部视图，用斜剖等方式作全剖视图或半剖视图来表达内部结构，对于连接支承部分的截面形状，可用剖面图表示。如图 8－67 所示反映了拨叉在工作位置是倾斜的，以反映形状结构特征的 S 方向作为画主视图的方向，并将拨叉放平。主视图主要表达外形，在凸台销孔处用局部剖视图表达。俯视图过拨叉基本对称中心线作全剖视图，表达圆柱形套筒、叉架及其连接关系。A 向斜视图表达倾斜凸台的真形。由于拨叉制造过程中，两件合铸，加工后分开，因此在主视图上，用双点画线画出与其对称的另一部分投影，如图 8－66 所示。

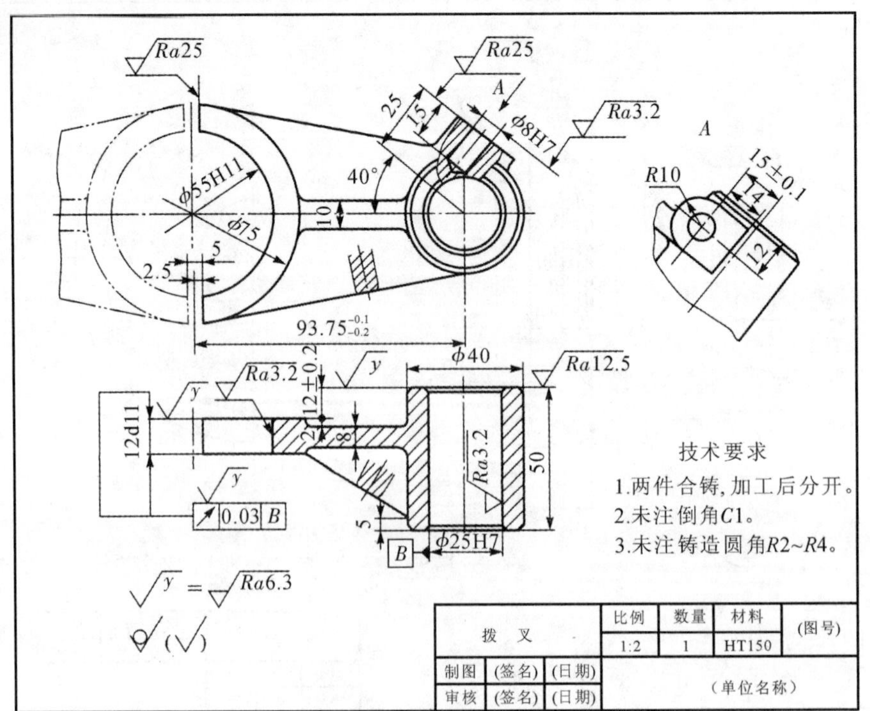

图 8－66 拨叉零件图

3. 尺寸标注

叉架类零件常常以主要轴心线、对称平面、安装平面或较大的端面作为长、宽、高三个方向的尺寸基准，叉架类零件各组成形体的定形尺寸和定位尺寸比较明显，标注时应注意运用形体分析的方法，使尺寸标注得更完善。如图 8－66 所示的拨叉，以叉架孔 ϕ55H11 的轴线为长度方向尺寸的主要基准，标出与 ϕ25H7 轴线之间的中心距 93.75，以拨叉的对称平面作为高度方向的主要基准，再以叉架的两个工作侧面为宽度方向主要基准，标出尺寸 12±0.2 及 12d11。

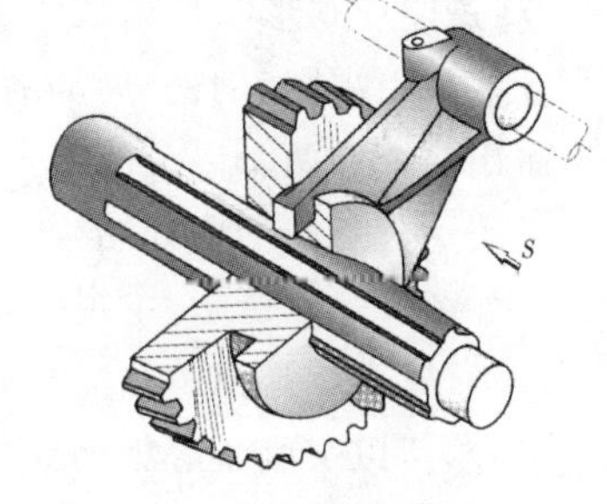

图 8－67　拨叉工作位置

4. 技术要求

叉架类零件应根据具体使用要求确定各加工表面的表面粗糙度、尺寸精度以及各组成部分形状公差和位置公差。

8.6.4　箱体类零件

1. 结构分析

箱体类零件多为铸件，是机器或部件的主要零件，一般可起支承、容纳运动零件及油、汽等介质、定位和密封等作用。它的结构比较复杂，经必要的机械加工而成，具有加强肋、凹坑、凸台、铸造圆角、起模斜度等常见结构，如图 8－68 所示。

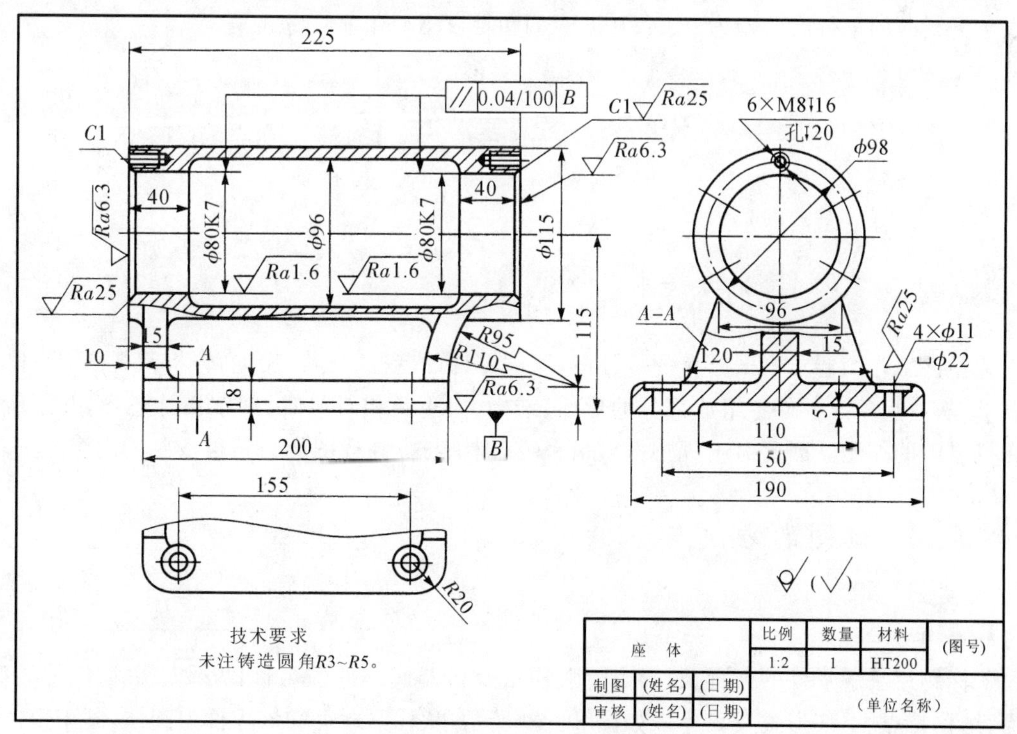

图 8－68　箱体零件图

2. 表达方法

由于箱体类零件结构、形状比较复杂，加工位置变化较多，通常以自然安放位置或工作位置，将最能反映形状特征及各组成部分之间相对位置的一面，作为主视图的投影方向。主视图一般多采用视图、剖视、局部剖视等表达方法表达其复杂的内、外结构。主视图确定之后，一般还需用两个或两个以上的基本视图，并可根据具体零件的需要选择合适的视图、剖视图、剖面图来表达其复杂的内外结构。

如图 6－68 所示，主视图采用工作位置，作局部剖视以表达内腔结构。左视图也采用了局部剖视，以表达端面螺孔的分布情况及连接板、肋板的结构形状。底板上的倒圆 $R20$ 还未表达清楚，所以又画了底板的局部视图。

3. 尺寸标注

箱体类零件由于形体比较复杂，尺寸数量较多，通常运用形体分析的方法来标注尺寸。常选用主要孔的轴心线、对称平面或较大的加工结合面作为长、宽、高方向的尺寸基准。该零件分别以左端面、前后对称面和下底面作为长、宽、高方向的尺寸基准。由于零件尺寸较多，最好用形体分析法标注尺寸，以避免尺寸遗漏。孔与孔之间、孔与底面之间的定位尺寸要直接标出，如图 8－68 所示的尺寸 155，150，115。

4. 技术要求

箱壳类零件应根据具体使用要求确定各加工表面的表面粗糙度及尺寸精度。各重要表面及重要形体之间，如重要的轴心线之间、重要轴心线与结合面、或与端面之间应有形位公差要求。如图 8－68 所示装轴承的 $\phi80$ 孔的尺寸精度要求较高，尺寸公差带代号为 K7。$\phi80$ 孔的轴线与下底面的平行度公差为 0.04/100，表面粗糙度 Ra 值为 1.6μm。

8.7 读 零 件 图

8.7.1 读零件图的要求

读零件工作图要求根据已有的零件图，了解零件的名称、材料、用途，分析其视图、尺寸、技术要求，从而想象出零件各组成部分的形体、结构、大小及相对位置，理解设计意图，并了解零件在机器中的作用。因此对工程技术人员来说，训练与提高读图能力是很重要的内容之一。

8.7.2 读图的方法与步骤

1. 概括了解

从标题栏了解零件的名称、材料、比例、质量及机器或部件的名称，大致了解零件的类型、用途、结构特点、毛坯形式及大小。如图 8－69 所示，从标题栏可知该零件为阀体，属于箱体类零件，结构形状较复杂，材料为铸铝，铸造毛坯，经必要的机械加工而成。

2. 分析视图

在了解了零件表达方案的基础上，运用形体分析法及线面分析法，根据视图的布局情况找出主视图和其他视图的位置，分析剖视、剖面的剖切位置、数量、目的及彼此间的联系，弄清所要表达的内容，进一步搞清各细节的结构、形状，综合想象出零件的立体形象。

如图 8-69 所示阀体的主视图方向选用工作位置，采用全剖视图，表达了阀体空腔与交叉两孔（$\phi16$，$\phi25$）轴线的位置，左视图采用 B—B 全剖视图，反映空腔与在一轴线上两孔（$\phi16$，$\phi20$）的关系，俯视图采用局剖视图，既反映阀体壁厚，又保留了部分外形。C 向及 D 向视图反映了两端凸缘的不同形状。通过上述分析，对照投影关系综合想象出阀体的轮廓。如图 8-70 所示为阀体轴测图，可作读懂零件图后的验证参考。

3. 分析尺寸

分析零件的尺寸，了解零件各部分大小。首先分析零件在长、宽、高三个方向尺寸标注的基准，从基准出发找出各部分的定形尺寸及定位尺寸。如图 8-69 所示阀体长度方向的尺寸以轴线 M 作为基准，因阀体前、后对称，所以其宽方向的尺寸基准为前后对称轴心线所在平面 N，高度方向基准为上底面 P，其他尺寸可根据基准自行分析。

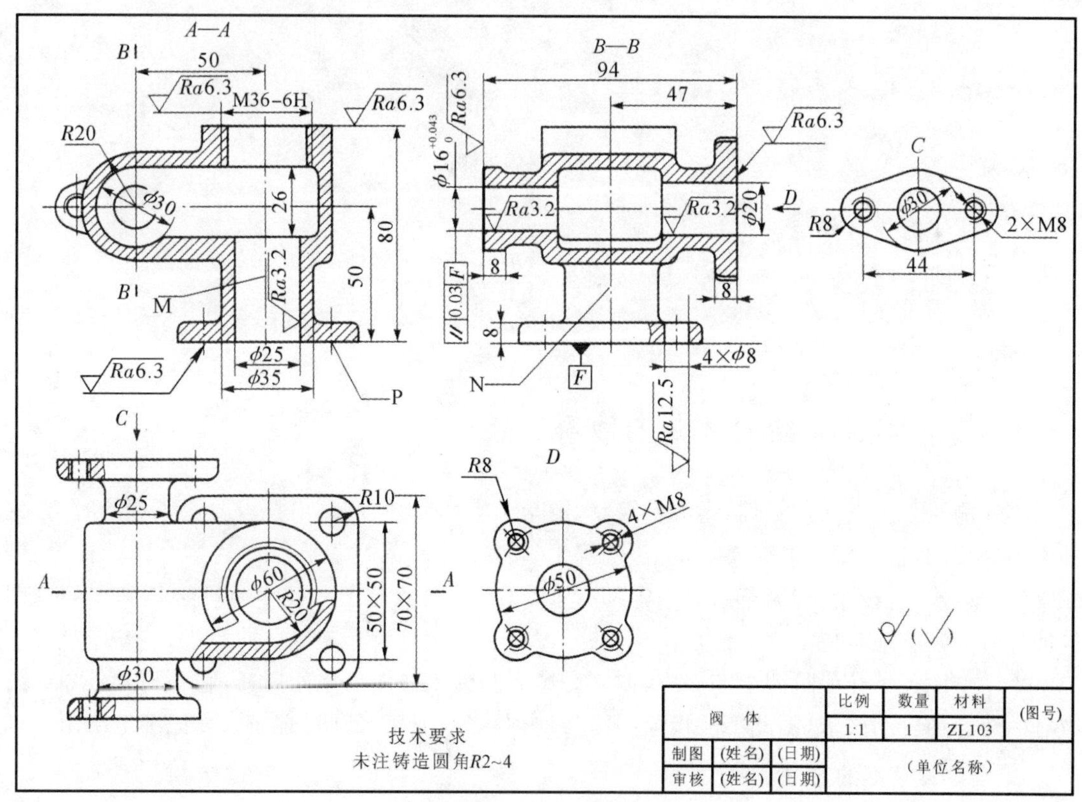

图 8-69　阀体零件图

4. 看技术要求

根据图上标注的表面粗糙度、尺寸公差、形位公差及其他技术要求，理解有关尺寸的加工精度、表面质量及其作用，进一步了解零件的结构特点和设计意图，据此也可以确定零件的制造方法。从图 8-69 可知，阀体中$\phi16$ 孔的尺寸精度和表面粗糙度要求较其他孔和面高，其表面粗糙度为 $Ra3.2$，其尺寸精度要求为$\phi16^{+0.043}_{0}$，其几何公差要求为$\phi16$ 孔的轴线相对于基准面 F 的平行度公差 0.03。

5. 全面总结、归纳

将零件的结构形状、尺寸标注和技术要求等进行综合归纳，就能对零件有较全面的了解，能较全面地读懂零件图。

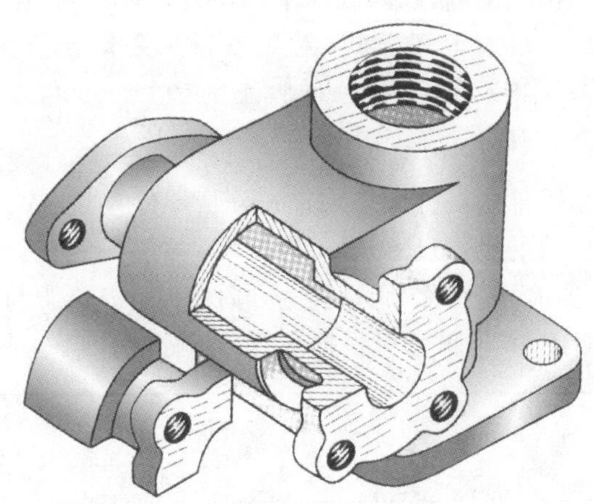

图 8-70 阀体轴测图

8.8 零件测绘

8.8.1 零件测绘的方法与步骤

零件测绘是根据实际零件，用测量工具，测量出它的尺寸，制订出技术要求。测绘时，首先画出零件草图(徒手图)，然后整理，按比例画出零件工作图的过程。零件测绘对设计机器、修配零件、改进现有设备、交流革新成果等都有重要作用，因此是工程技术人员必须掌握的制图技能之一。熟练地掌握零件测绘，对今后的学习和工作都具有非常重要的意义。

零件草图虽是徒手目测绘制而成，但它是绘制零件工作图的原始资料，它必须具备零件图应有的全部内容和要求，因此不能将草图错误地理解为“潦草”的图，必须认真仔细地绘制。

1. 画零件草图的方法步骤

以泵盖的零件草图画图过程为例，泵盖如图 8-71 所示。

(1)分析零件。了解零件的名称、类型，在机器或部件中的作用，使用材料及大致的加工方法，分析零件的结构、形状，查看有无缺陷，鉴定热处理方法，考虑零件的正确表达方案。

泵盖是齿轮油泵上的主要零件之一。齿轮泵是机器上的供油装置，泵盖除起支承和定位作用外，其上还有稳压装置，起调节及稳定油压的作用，如图 8-71(b)所示。

泵盖的材料是铸铁，属于盘盖类零件。装配时与泵体的端面紧密结合，用2个定位销定位、6个螺钉紧固。

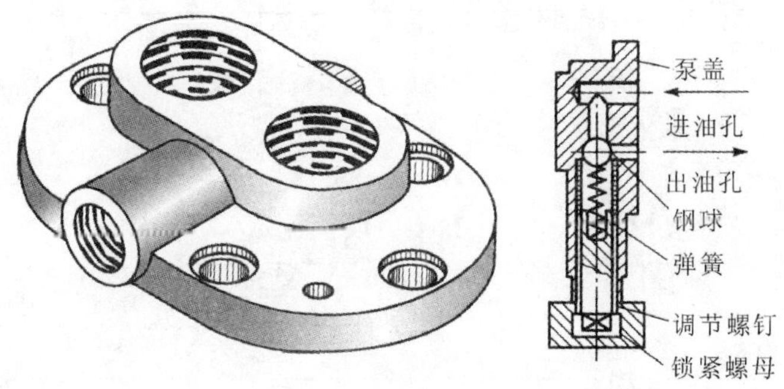

图8-71　泵盖

(a)泵盖立体图；(b)泵盖剖视图

(2)选择、比较并确定零件表达方案。一个零件的表达方案并不是唯一的，应根据正确、完整、清晰、绘图简便，读图方便的原则确定最佳方案。

泵盖的外形较简单，呈长圆形，内部结构较复杂。因此，主视图采用两个相交的剖切平面剖，以反映泵盖部分内部结构及螺钉、定位销孔的大小和深度。左视图表达泵盖的端面形状及紧固螺钉孔的分布情况。内部结构采用 B—B 剖视表达。

(3)徒手目测画出零件图。

1)定位布局。根据零件大小，视图数量，在图纸上定出作图基准线，注意留出注尺寸的地方(见图8-72(a))。

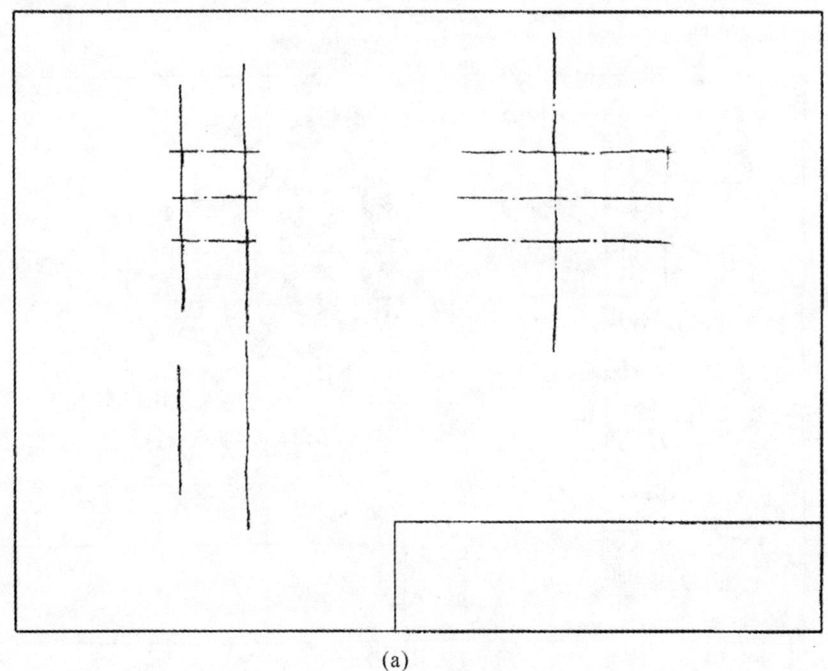

(a)

图8-72　泵盖零件草图绘制步骤

(a)画基准线；

2)详细画出零件的内、外结构形状，各部分结构之间的比例应协调。零件上由于破旧、磨损或其他缺陷(如铸件砂眼、气孔等)不应画出，如图 8-72(b)(c)所示。

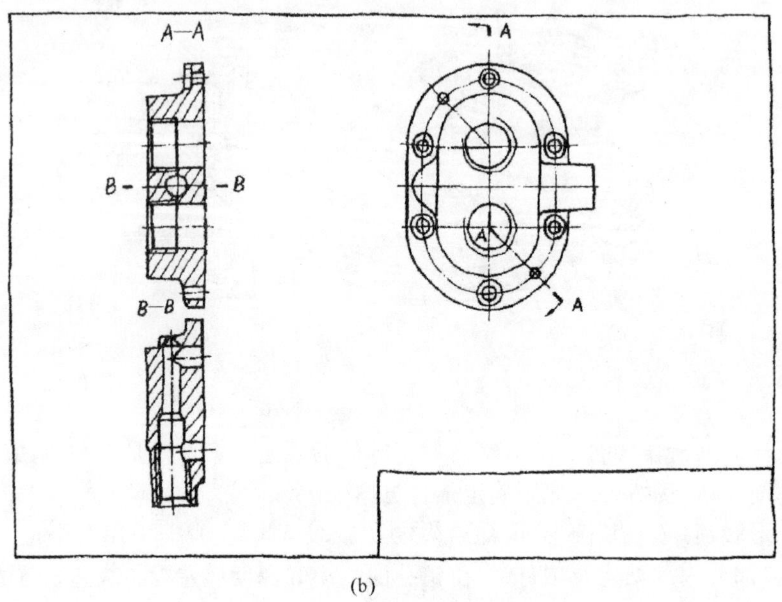

(b)

续图 8-72　泵盖零件草图绘制步骤

(b)画视图；

3)标注、量尺寸。根据尺寸标注的要求，将该注尺寸的尺寸界线、尺寸线全部画出，如图 8-72(c)所示，然后集中测量各个尺寸，逐个填上相应的尺寸数字，切不可画一个、量一个、注一个，这样不但费时，而且容易将所需尺寸画错或遗漏。

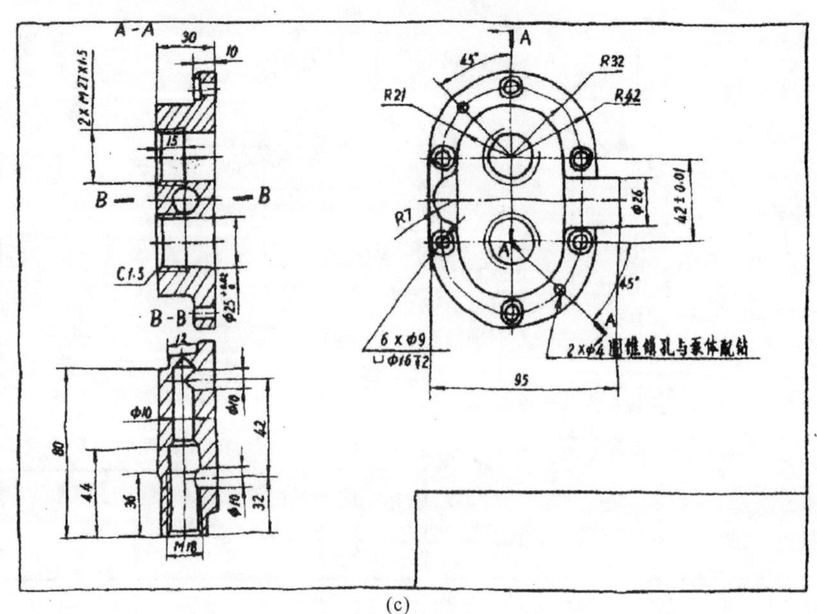

(c)

续图 8-72　泵盖零件草图的画法

(c)测量并标注零件各部分尺寸；

4)制定技术要求。根据实践经验或用样板进行比较,查阅有关资料确定零件的表面粗糙度、尺寸公差、形位公差及热处理等要求,且应尽量标准化和规范化。

5)最后检查、填写标题栏,完成草图,如图 8－72(d)所示。

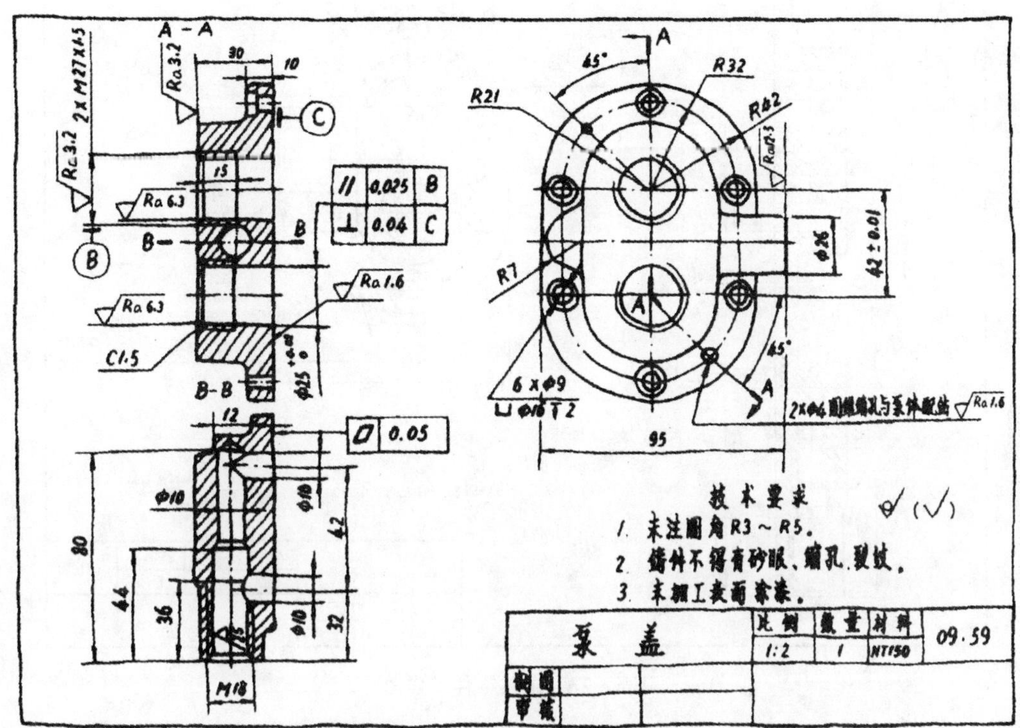

续图 8－72　泵盖零件草图的画法

(d)注写技术要求、填写标题栏

2. 画零件工作图

绘制零件草图时,受时间、地点条件的限制,有些问题不可能处理得很完善,因此在画零件工作图时,还需要对草图进行仔细审核校核,如对视图表达方案、尺寸标注方式进行复查、补充或修改。对表面粗糙度、尺寸公差、形位公差等需进行查对,或重新设计和计算,最后根据草图画出零件工作图。画零件工作图的具体方法如下:

(1)对零件草图进行审查校核。

(2)画零件工作图。

1)选择比例。根据零件表达需要选择比例,应优先选用原值比例 1:1。

2)选择图幅。根据表达方案、比例,留出标注尺寸和技术要求的地方,选择标准图幅。

3)画底稿。

4)检查审核。

5)描粗、加深。

根据零件草图画成的零件工作图,如图 8－73 所示。

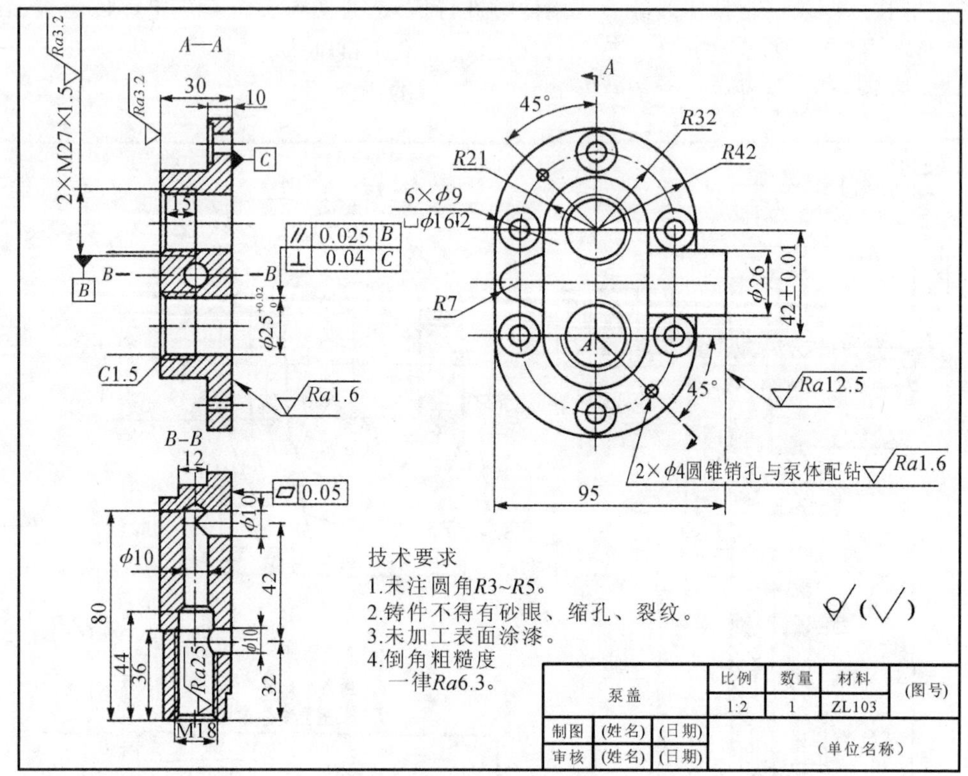

图 8-73　泵盖零件工作图

8.8.2　零件尺寸的测量

1. 测量工具

零件测绘常用的工具有钢直尺、外卡钳和内卡钳，如图 8-74 所示。测量较精密的零件用游标卡尺、千分尺或更精密的工具。测量特殊结构时可用特殊量具如厚薄规、螺纹规及圆角规等，其他尚应准备曲线尺、铅丝或印泥等用具。

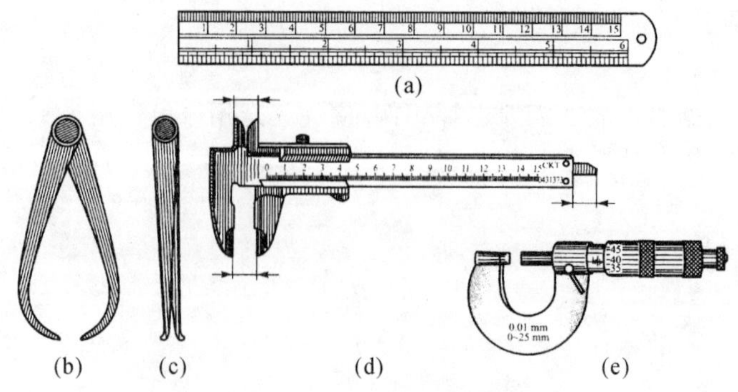

图 8-74　常用的测量工具

(a)钢直尺；(b)外卡钳；(c)内卡钳；(d)游标卡尺；(e)千分尺

2. 几种常用的测量方法

(1)测量直线尺寸(长、宽、高):用钢直尺或游标卡尺直接量得尺寸的大小,如图 8-75 所示。

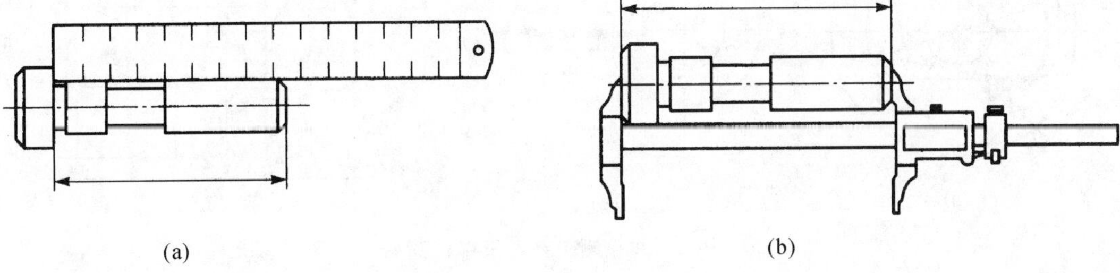

图 8-75 测量直线尺寸

(a)钢直尺测长度;(b)卡尺测长度

(2)测量回转面的直径:通常用内、外卡钳测量或用游标卡尺、千分尺直接量得尺寸,如图 8-76 所示。

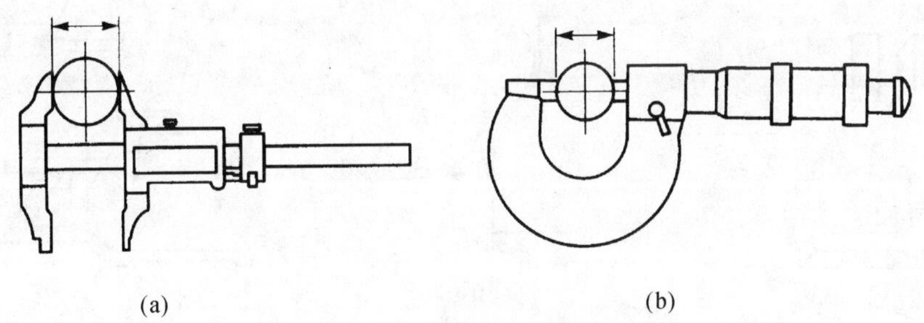

图 8-76 测量回转面的直径

(a)卡尺测直径;(b)千分尺测直径

(3)测量壁厚,如图 8-77 所示。

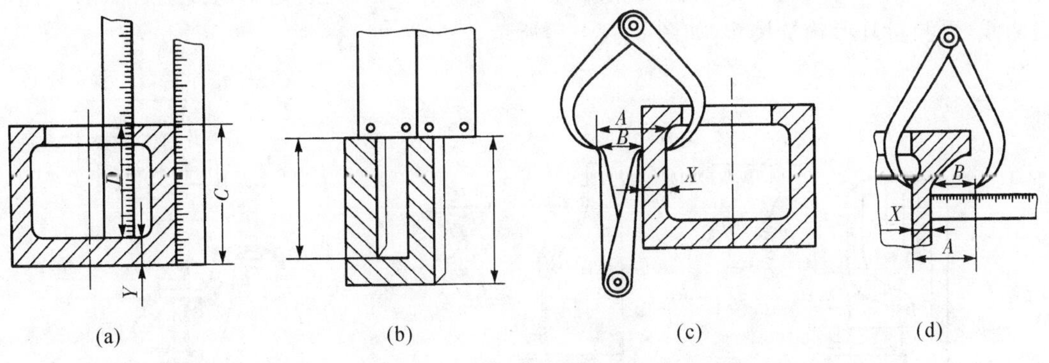

图 8-77 测量壁厚

(a)用钢直尺测量;(b)用深度游标卡尺测量;(c)(d)用卡钳测量

(4)测量孔距及中心高:用游标卡尺、卡钳或钢直尺测量,如图 8-77 所示。

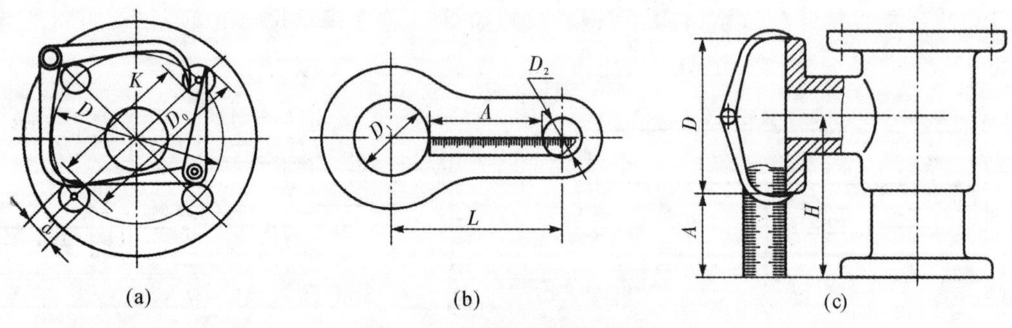

图 8-78 测量孔距及中心高

(a)(b)测量孔距;(c)测量中心高

(5)测量圆角及螺距:用圆角规及螺纹规测圆角、螺距,用零件直接拓印测量半径,如图 8-79 所示。

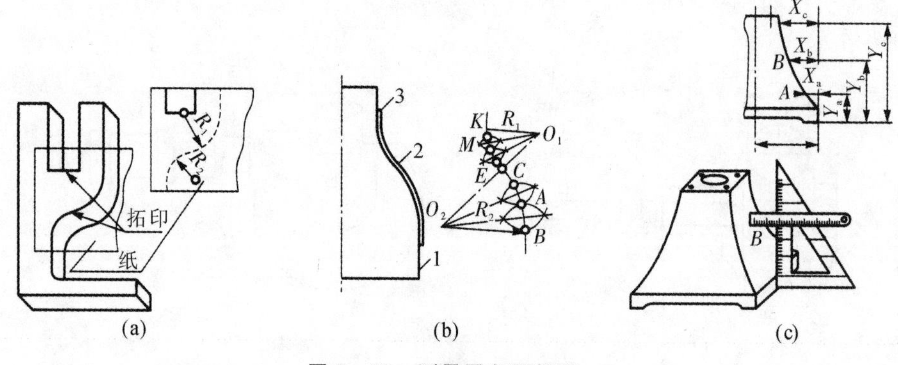

图 8-79 测量圆角及螺距

(a)测螺距;(b)测圆角;(c)直接拓印法测圆角等尺寸

(6)测量曲线、曲面:测量平面曲线,可用纸拓印其轮廓再测量其形状及尺寸,如图 8-80(a)所示。测量曲线回转面的母线,可用铅丝弯成与面相贴的实形,得平面曲线,再测其形状尺寸,如图 8-79(b)所示。一般的曲线和曲面都可用直尺和三角板,定出曲面上各点的坐标,作出曲线,再测量其形状及尺寸,如图 8-80(c)所示。

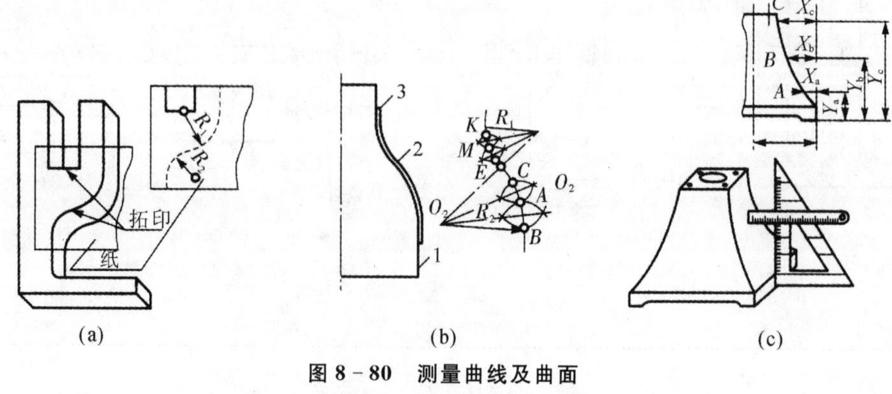

图 8-80 测量曲线及曲面

(a)拓印法;(b)铅丝法;(c)坐标法

第9章 装 配 图

9.1 装配图的作用和内容

9.1.1 装配图的作用

在设计过程中，一般先根据设计要求画出装配图以表达机器或部件的工作原理、传动路线和零件间的装配关系，并通过装配图表达各组成零件在机器或部件上的作用和结构以及零件之间的相对位置和连接方式，以便正确地绘制零件图。在装配过程中，要根据装配图把零件装配成部件和机器，使用者也往往通过装配图了解部件和机器的性能、工作原理和使用方法。

因此装配图是反映设计思想，指导装配和使用机器以及进行技术交流的重要技术资料。

9.1.2 装配图的内容

如图 9－1 所示是铣刀头装配图，从图中可以看出一张完整的装配图应具备下列基本内容。

1. 一组图形

表达装配体的工作原理、各零件的装配关系、零件的连接方式、传动路线以及零件的主要结构形状等。

2. 必要的尺寸

标注出表示机器或部件的性能、规格以及装配、检验、安装时所必要的一些尺寸。

3. 技术要求

用文字或符号说明机器或部件的性能、装配和调整要求、验收条件、试验和使用规则等。

4. 零件的序号和明细表

为了便于进行生产准备工作及读图，在装配图上对每个零件标注序号并编制明细表。明细表说明装配体上各个零件的名称、序号、数量、材料以及备注等。

5. 标题栏

注明装配体的名称、质量、图号、比例以及责任者的签名和日期等。

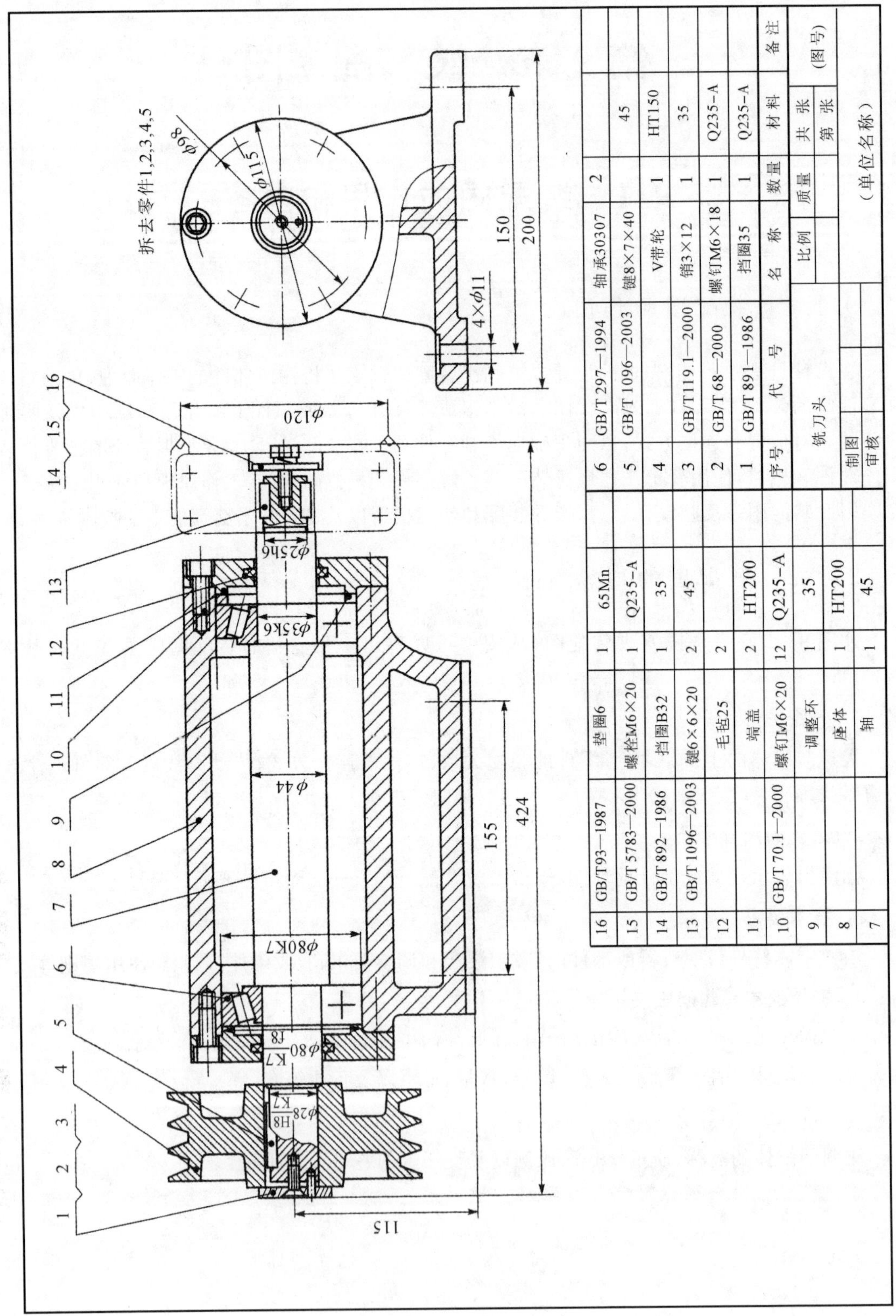
拆去零件1,2,3,4,5
φ98
φ115
150
200
4×φ11
φ120
φ25h6
φ35k6
φ44
φ80K7
155
424
115
φ80 K7/f8
φ28 H8/k7
1 2 3 4 5 6 7 8 9 10 11 12 13 14 15 16
16 GB/T93—1987 垫圈6 1 65Mn
15 GB/T 5783—2000 螺栓M6×20 1 Q235-A
14 GB/T 892—1986 挡圈B32 1 35
13 GB/T 1096—2003 键6×6×20 2 45
12 毛毡25 2
11 端盖 2 HT200
10 GB/T 70.1—2000 螺钉M6×20 12 Q235-A
9 调整环 1 35
8 座体 1 HT200
7 轴 1 45
6 GB/T 297—1994 轴承30307 2
5 GB/T 1096—2003 键8×7×40 1 45
4 V带轮 1 HT150
3 GB/T119.1—2000 销3×12 1 35
2 GB/T 68—2000 螺钉M6×18 1 Q235-A
1 GB/T 891—1986 挡圈35 1 Q235-A
序号 代号 名称 数量 材料 备注
铣刀头
比例 质量 共 张 第 张 (图号)
制图
审核
(单位名称)

图 9-1 铣刀头装配图

9.2　装配图的规定画法和特殊画法

装配体和零件的表达，它们的共同点是都要表达出它们的内、外结构。因此关于零件的各种表达方法和选用原则，在表达部件时也适用。但也有它们的不同点，装配图需要表达的是部件的总体情况，而零件图仅表达零件的结构形状。针对装配图的特点，为了清晰简便地表达出装配体的结构，国家标准制定了装配图的规定画法和特殊画法。

9.2.1　装配图的规定画法

(1)两相邻零件的接触面和配合面规定只画一条线。但当两相邻零件的基本尺寸不相同时，即使间隙很小，也必须画出两条线，如图9-2所示。

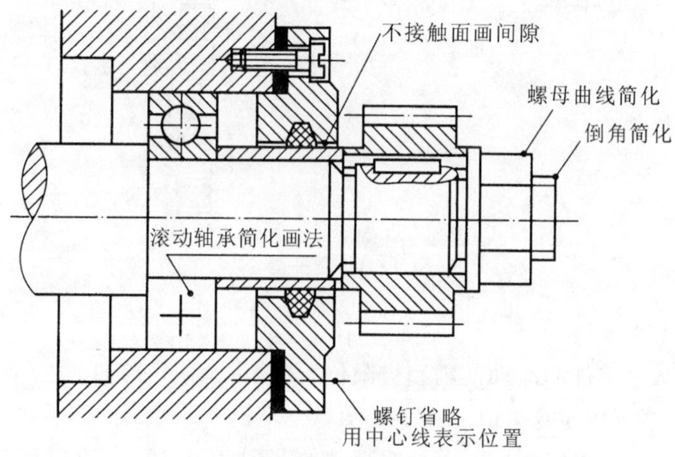

图9-2　装配图中的规定画法和简化画法

(2)两相邻金属零件的剖面线的倾斜方向应相反，或者方向一致，间隔不等。在各视图上，同一零件的剖面线倾斜方向和间隔应保持一致。

(3)对于紧固件以及实心的轴、手柄、连杆、球、键等零件，若剖切平面通过其基本轴线时，则这些零件均按不剖绘制。

9.2.2　装配图的特殊画法

1. 拆卸画法

在装配图的某个视图上，为了使部件的某些部分表达得更清楚，可假想沿某些零件的结合面选取剖切平面或假想将某些零件拆卸后绘制，需要说明时可加注(拆去×××零件等)，如图9-1所示。

2. 展开画法

为了表示传动机构的传动路线和零件间的装配关系，可假想按传动顺序沿轴线剖切，然后依次展开，使剖切平面摊平与选定的投影面平行再画出其剖视图，这种画法称为展开画法，如图 9-3 所示。

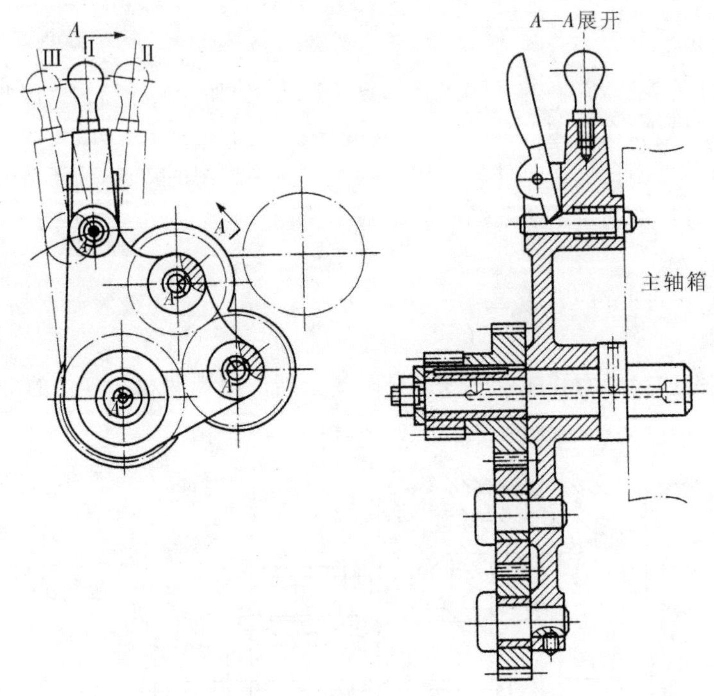

图 9-3　展开画法

3. 假想画法

(1)为了表示某些零件的运动范围和极限位置时，可画出该零件的一个位置，再用双点画线画出其运动范围或极限位置，如图 9-3 所示。

(2)为表示本部件与不属于它的其他零部件的装配、安装关系，可以用双点画线将其他零部件的形状或部分形状假想画出来，如图 9-1 所示的铣刀盘。

4. 夸大画法

在装配图中常有一些薄片零件、细丝弹簧、微小间隙、小锥度等，如果按实际尺寸画出往往表达不清晰，或不易画出，为此可以采用夸大画法，如图 9-2 所示的小间隙夸大画出。

5. 简化画法

(1)装配图中，零件的工艺结构，如圆角、倒角、退刀槽等，允许省略不画，如图 9-2 所示。

(2)对分布有规律而又重复出现的螺纹紧固件及其连接等，允许只详细画出一处，其余用点画线表明其中心位置即可，如图 9-2 所示。

(3)对装配图中的滚动轴承、油封(密封圈)等，允许只画出对称图形的一半，另一半则用规定的简化画法，如图 9-2 所示轴承的画法。

6. 单独表达某个零件

在装配图中，当某个零件的结构未表达清楚，且对理解装配关系有影响时，可以另外用视图单独表达该零件，在该图上方标注该零件的名称，在相应的视图附近用箭头指明投射方向，并注写同样的字母。

9.3　装配图的尺寸标注和技术要求

9.3.1　装配图的尺寸标注

装配图与零件图的作用不同，因此对尺寸标注的要求也不一样。零件图是加工制造零件的主要依据，要求零件图上的尺寸必须完整，而装配图主要是设计和装配机器或部件时用的图样，因此不必注出零件的全部尺寸。装配图上一般标注以下几种尺寸。

1. 规格、性能尺寸

规格、性能尺寸说明机器或部件的性能、规格和特征。它是设计机器，了解机器性能、工作原理、装配关系等的依据，如图 9-1 所示的ϕ120。

2. 装配尺寸

装配尺寸表示机器或部件上相关零件间装配关系的尺寸。一般有下列几种：

(1)配合尺寸。零件间有公差配合要求的一些重要尺寸。如图 9-1 所示中带轮与轴的配合尺寸ϕ28H8/k7 等。

(2)相对位置尺寸。其表示装配时需要保证的零件间较重要的距离、间隙等。如图 9-1 所示铣刀盘轴线的高度尺寸 115。

3. 安装尺寸

安装尺寸表示将部件安装在机器上，或机器安装在基础上，需要确定的尺寸。如图 9-1 所示主视图中的 155 和左视图中的 150 等尺寸。

4. 外形尺寸

外形尺寸表示机器或部件的总长、总宽、总高的尺寸。它反映机器或部件大小及包装、运输、安装、厂房设计时所占有的空间尺寸。

5. 其他重要尺寸

如在设计过程中，经过计算而确定的尺寸，但又不能包括在上述几类中的重要尺寸，如运动零件的极限位置尺寸、主要零件的重要结构尺寸等。

并不是每张装配图必须全部标注上述各类尺寸的，并且有时装配图上同一尺寸往往有几种含义。因此装配图上究竟要标注哪些尺寸，要根据具体情况进行具体分析。

9.3.2　装配图的技术要求

不同性能的机器或部件其技术要求也不同，一般可以从以下几方面来考虑。

1. 装配要求

装配过程中的注意事项和装配后必须保证的准确度。

2. 检验要求

装配后对基本性能的检验、试验方法及技术指标等要求与说明。

3. 使用要求

对产品的基本性能、维护、保养的要求以及使用操作时的注意事项。

上述各项内容,并不要求每张装配图全部注写,要根据具体情况而定。一般用文字注写在明细栏的上方或图纸下方空白处。

9.4 装配图中零部件的序号和明细表

为了便于看图、图样管理以及做好生产准备工作,装配图上对每个零件都必须进行编号,这种编号称为零件的序号,同时要编制相应的明细表。

9.4.1 编写零件序号的方法

将装配图上包括标准件在内的所有零件,按一定顺序统一编号。相同的零件只编一个序号,一个序号只注一次;序号写在图外明显位置,排列整齐,如图 9-1 所示。具体标注规定如下:

(1)在所注零件的可见轮廓内画一小黑点,用细实线引出指引线,指引线相互不可交叉,指引线一端用水平细实线或细实线圆圈表示;指引线通过剖面线区域时,不应与剖面线平行且允许曲折一次,如图 9-4 所示。

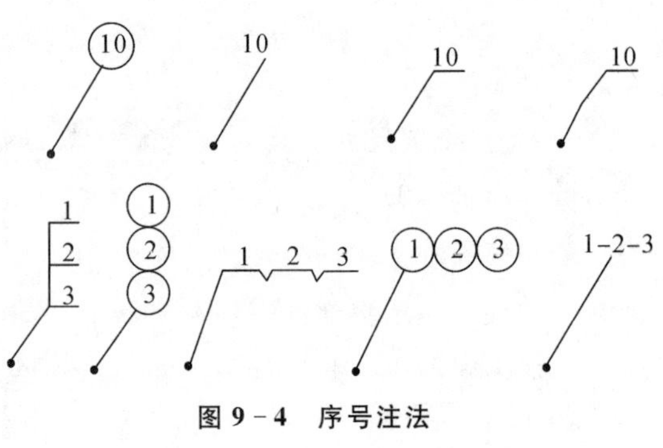

图 9-4 序号注法

(2)紧固件组或装配关系清楚的零件组,允许采用公共指引线,如图 9-4 所示。

(3)序号字高比该装配图中所注尺寸数字高度大一号,其注法如图 9-4 所示。所指的零件很薄或为涂黑者,可用箭头代替小黑点,如图 9-5 所示。

(4)序号在图样中应按水平或垂直方向排列整齐,按顺时针或逆时针方向顺序排列,如图 9-1 所示。

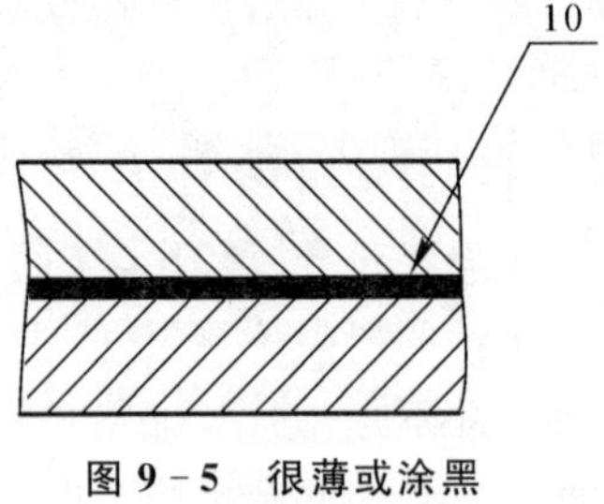

图 9-5 很薄或涂黑零件序号注法

9.4.2 明细栏

明细栏是机器或部件中全部零件的详细目录,一般配置在标题栏上方,当不够时,可将明细栏的一部分移至标题栏左方,其格式如图 9-6 所示。填写时应遵守下列规定:

(1)“代号”栏内,应注出每种零件的图样代号或标准件的标准代号。

(2)“名称”栏内，注出每种零件的名称。若为标准件，应注出规定标记中除标准号以外的其余内容，如螺钉 M6×18。

(3)“材料”栏内，填写制造该零件所用的材料标记。

(4)“备注”栏内，填写必要的附加说明或其他重要内容。

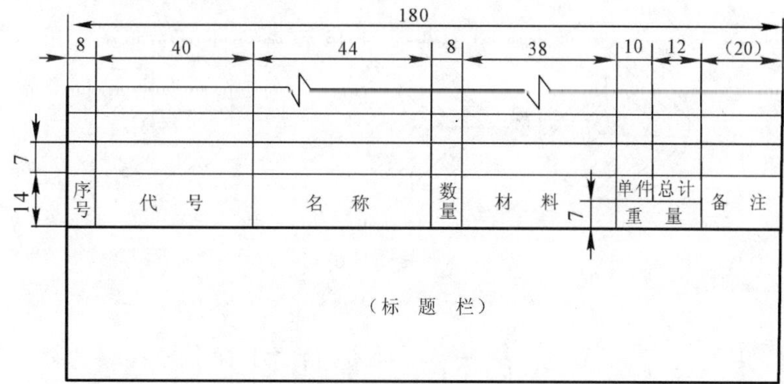

图 9-6　明细栏的格式

9.5　装配结构的合理性

为保证机器或部件的性能，并便于零件装拆，应考虑装配工艺结构有一定的合理性。

9.5.1　接触面与配合面的结构

(1)两个零件在同一方向上只能有一对平面接触，如图 9-7(a)(b)所示。

(2)孔轴配合时，同一方向只允许有一对表面配合，如图 9-7(c)所示。

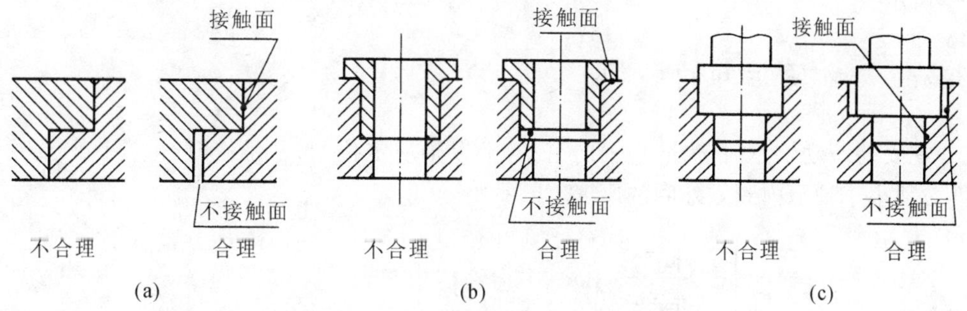

图 9-7　接触面与配合面的结构

(3)两零件有直角相交的表面接触时，在转角处，为保证轴肩端面与孔端面接触良好，应在轴肩处加工出退刀槽，或在孔的端面加工出倒角，如图 9-8 所示。

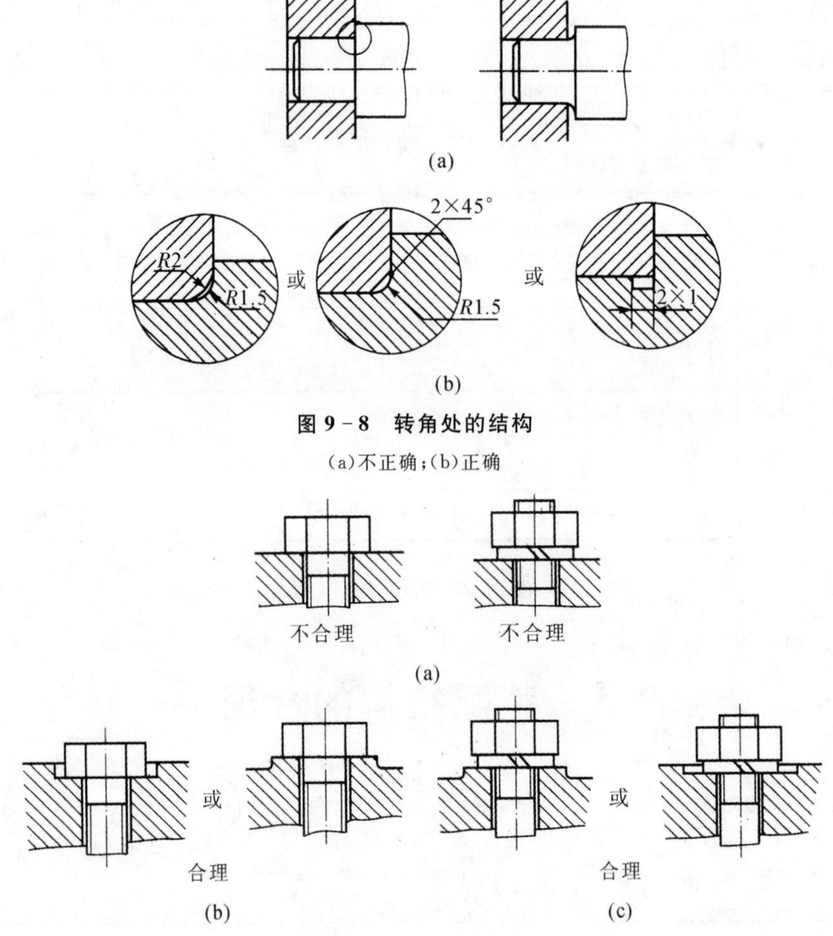

图 9-8　转角处的结构

(a)不正确；(b)正确

图 9-9　沉孔与凸台

4)为了保证接触良好，合理地减少加工面积，在被连接件上常做出沉孔与凸台等结构，如图 9-9 所示。

9.5.2　方便拆卸的结构

(1)在安装滚动轴承时，为防止轴向窜动，常以轴肩定位，为了维修时容易拆卸，要求轴肩的高度必须小于轴承内圈或外圈的厚度，如图 9-10 所示。

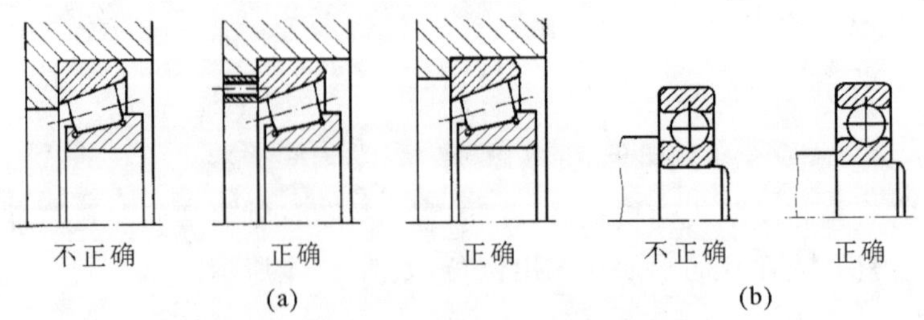

图 9-10　滚动轴承安装应便于拆卸

(2)对于螺纹紧固件连接，对其装配结构应考虑装拆方便，如图 9-11 所示。

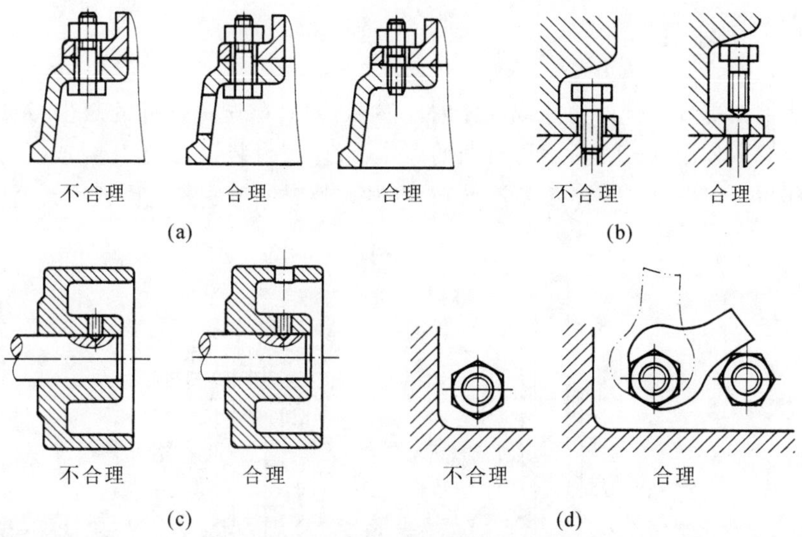

图 9-11 螺纹紧固件装配的合理结构

(3)在装配体中常采用圆柱销或圆锥销定位，为了拆卸方便，应尽量将销孔做成通孔，如图 9-12 所示。

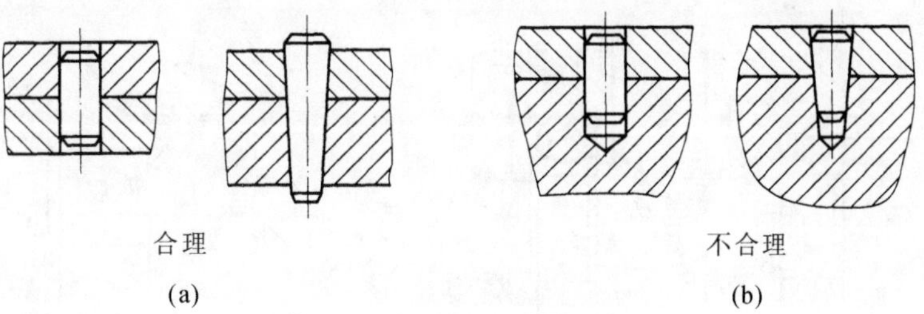

图 9-12 定位销装配结构

9.5.3 防松装置

在机器运动过程中，由于受到或冲击，螺纹紧固件可能发生松动或脱落现象。因此，在某些装置中应有防松结构，如图 9-13 所示是几种常见的防松结构。

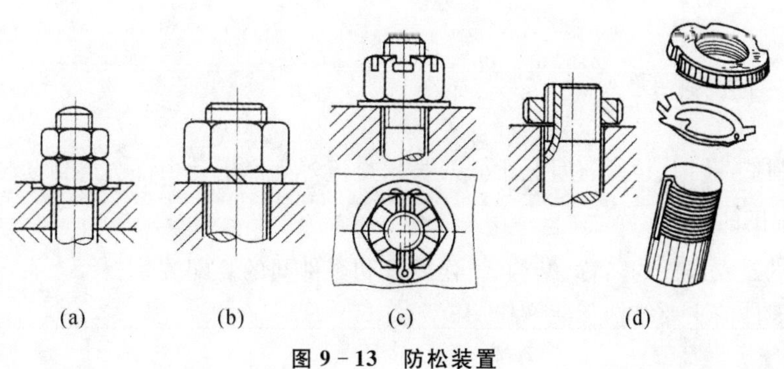

图 9-13 防松装置

9.5.4 密封装置

为防止机器或部件内部的液体或气体向外渗漏，同时也避免外部的灰尘、杂质等侵入，必须采用密封装置。如图 9-14 所示为典型的阀体、缸体密封装置，通过压盖或螺母将填料压紧而起到防漏作用。如图 9-15 所示是滚动轴承的密封结构，分别是毡圈式密封、油沟式密封和迷宫式密封。

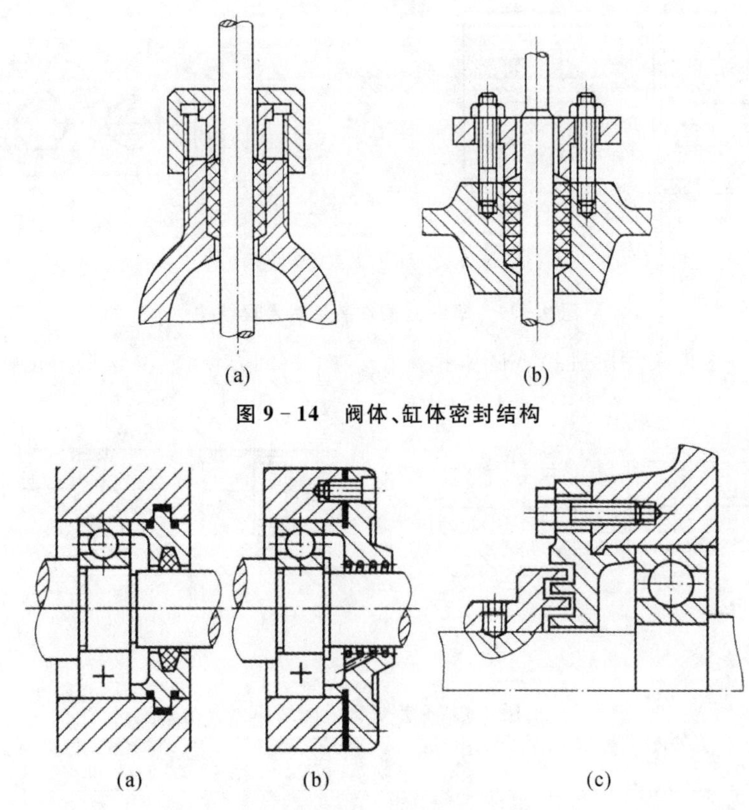

(a) (b)

图 9-14 阀体、缸体密封结构

(a) (b) (c)

图 9-15 滚动轴承密封结构

9.6 读装配图及拆画零件图

9.6.1 读装配图

在设计、制造、装配、检验、使用、维修及技术交流等生产活动中都会遇到读装配图的情况。

1. 读装配图的要求

(1)了解机器或部件的名称、结构、工作原理和零件间的装配关系。

(2)了解零件的主要结构形状和作用。

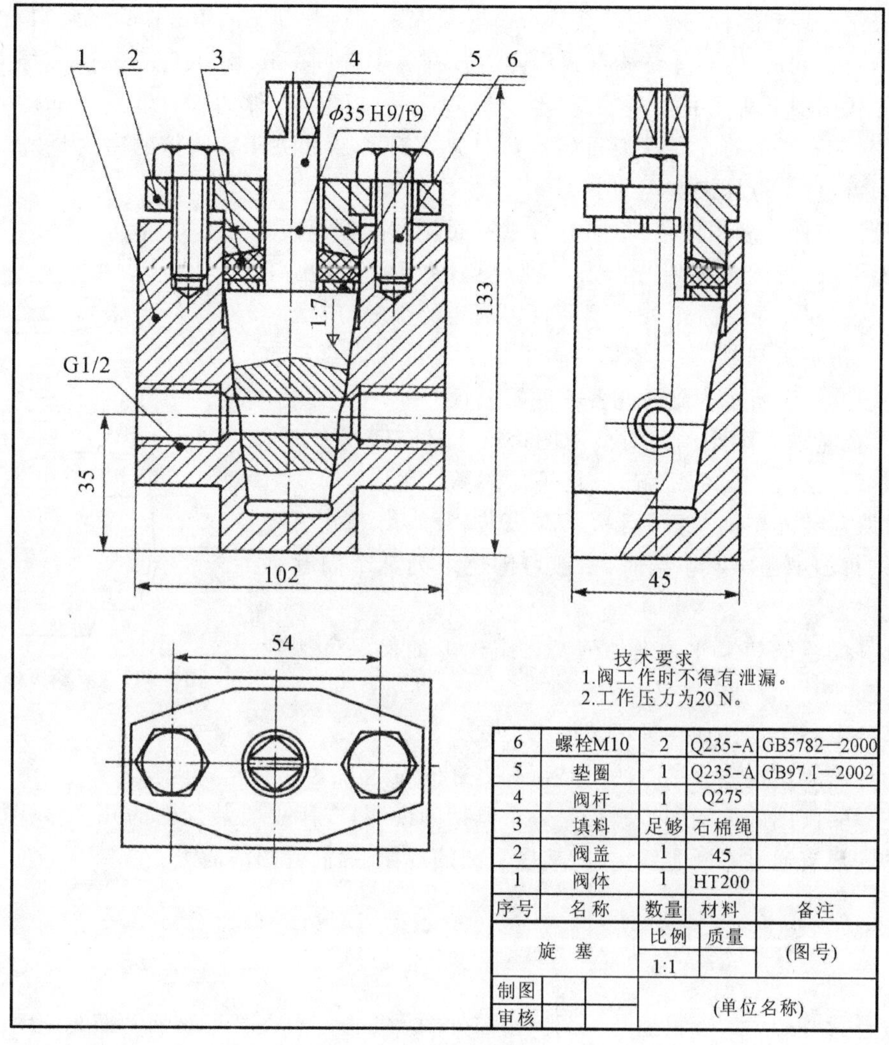

6	螺栓M10	2	Q235-A	GB5782—2000
5	垫圈	1	Q235-A	GB97.1—2002
4	阀杆	1	Q275	
3	填料	足够	石棉绳	
2	阀盖	1	45	
1	阀体	1	HT200	
序号	名称	数量	材料	备注
旋 塞		比例	质量	(图号)
		1:1		
制图			(单位名称)	
审核				

图 9-16 旋塞阀

2. 读装配图的方法和步骤

(1)初步了解部件的作用及其组成零件的名称和位置。看装配图时,首先概括了解一下整个装配图的内容。从标题栏了解此部件的名称,再联系生产实践知识可以知道该部件的大致用途,例如图 9-16,部件的名称为旋塞阀,它是某管路设备中控制液体或气体的阀门。由明细表了解该部件的标准件有 2 种,非标准件有 4 种,按序号依次查明各零件的名称和所在位置,以及标准件的规格。

(2)表达分析。根据图样上的视图、剖视图、断面图等的配置和标注,找出投影方向、剖切位置,搞清各图形之间的投影关系以及它们所表示的主要内容。

主视图采用全剖,主要表达旋塞阀各零件间的装配关系和位置关系。因为件 4 阀杆是实心件,按国标要求,全剖时按不剖画,为了表示它上面的孔与阀体上左、右螺孔相通的关系,又采用了局部剖视的办法。

左视图采用局部剖,与俯视图配合表达清楚了部件及主要零件的外形及结构。

(3)工作原理和零件间装配关系分析。这是深入阅读装配图的重要阶段,要搞清部件的传动、支承,调整、润滑、密封等结构型式。弄清各有关零件间的接触面、配合面的连接方式和装配关系,并利用图上所注的公差或配合代号等,进一步了解零件的配合性质和部件的工作原理。如图 9-16 所示的旋塞是通过转动阀杆来实现开启和关闭。阀体的密封是通过件 3 填料、件 2 阀盖、件 6 螺栓来实现的。

(4)分析零件。利用件号、不同方向或不同疏密的剖面线,把一个个零件的视图范围划分出来,找对投影关系,想象出各零件的形状。对于某些投影关系不易直接确定的部分,应借助于分规和三角板来判断,并应考虑是否采用了简化画法或习惯画法。如图 9-17 所示为旋塞阀各零件的形状。

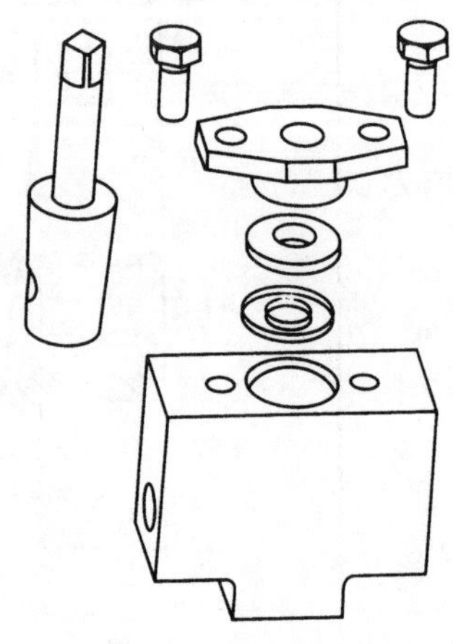

图 9-17　旋塞阀分解图

(5)综合考虑归纳小结。对装配图进行上述各项分析后,一般对该部件已有一定的了解,但还可能不够完全、透彻。为了加深对所看装配图的全面认识,还需从安装、使用等方面综合考虑,进行归纳小结。小结时,一般可围绕下列几个问题进行深入思考。

1)部件的组成和工作原理如何?在结构上如何保证达到这些要求?

2)部件上各个零件如何进行装拆?

3)为什么采用这些表达方法?是否有更好的表达方案?

上述看装配图的方法和步骤仅是一个概括的说明,实际上看装配图的几个步骤往往是交替进行的。只有通过不断实践,才能掌握看图的规律,提高看图的能力。

9.6.2　拆画零件图

在设计过程中常常要根据装配图画出零件图。拆画零件图要在全面看懂装配图的基础上进行。如图 9-18 所示是从旋塞阀装配图中拆画出的阀体零件图。关于零件图的内容和要求,已在第 8 章中叙述,这里着重叙述由装配图画零件图时应注意的几个问题。

1. 零件形状的构思

装配图主要表示零件间的装配关系,至于每个零件的某些个别部分的形状和详细结构,并不一定都已表达完全,这些结构可以在拆零件图时根据零件的作用要求进行设计。

此外,在拆画零件图时还要注意补充装配图上可能省略的工艺结构,如铸造斜度、圆角、退刀槽、倒角等,这样才能使零件的结构形状表达得更合理、更完整。

2. 零件的视图

在拆图时,一般不能简单地抄袭装配图中零件的表达方法。因为装配图的视图选择主要从整个部件出发,不一定符合每个零件视图选择的要求,应根据零件的结构形状,重新考虑最好的表达方案。如阀杆,在装配图的三个视图中都有它的投影,但用采用了局部剖的主视图表示和一个断面即可表达清楚其各部分结构,且轴类零件应水平放置,如图 9-19 所示。

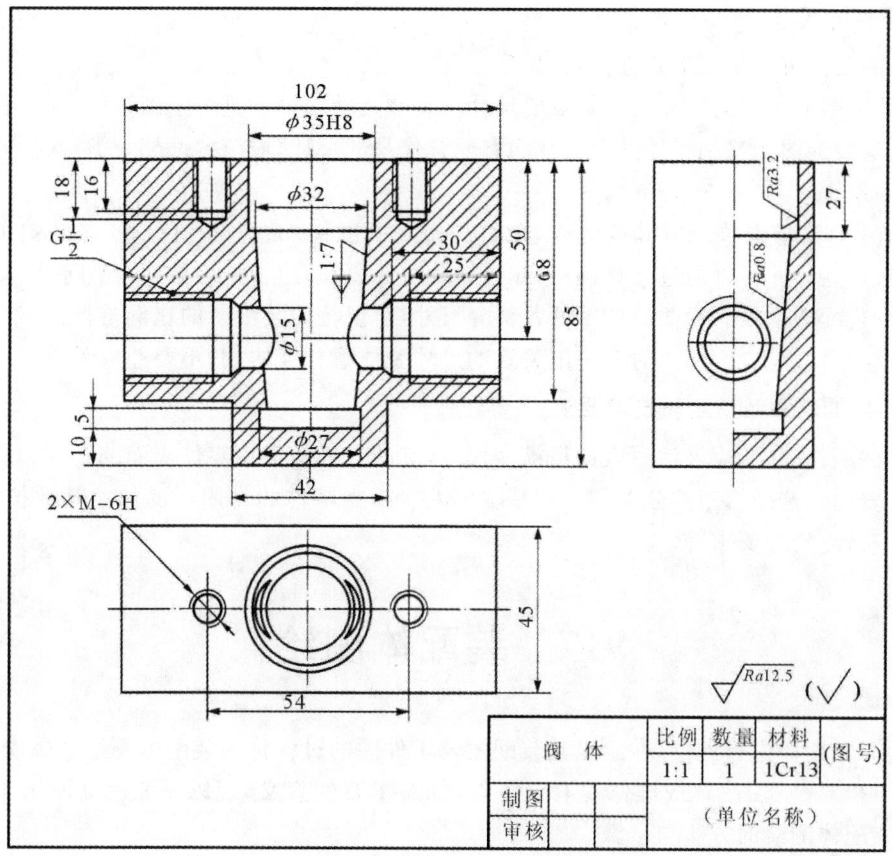

阀 体			比例	数量	材料	(图号)
			1:1	1	1Cr13	
制图			(单位名称)			
审核						

图 9-18 旋塞阀阀体零件图

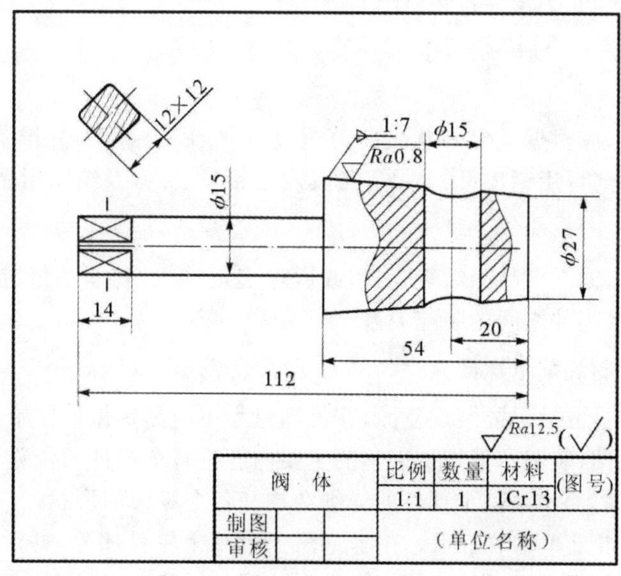

阀 体			比例	数量	材料	(图号)
			1:1	1	1Cr13	
制图			(单位名称)			
审核						

图 9-19 旋塞阀阀杆零件图

3. 零件的尺寸

零件的尺寸可以从以下几方面获得。

(1)装配图上注出的尺寸大多是重要尺寸。有些尺寸本身就是为了画零件图时用的,这些尺寸可以从装配图上移到零件图上。凡注有配合代号的尺寸,应该根据配合类别、公差等级注出上、下偏差。

(2)有些标准结构,如沉孔和螺栓通孔的直径、键槽宽度和深度、螺纹直径等应查阅有关标准。

(3)有一些尺寸可以通过计算确定,如齿轮分度圆直径,应根据模数和齿数等计算而定。

(4)在装配图上没有标注出的零件各部分尺寸,可以按照装配图的比例量得。

在注写零件图上尺寸时,对有装配关系的尺寸要注意相互协调,不要造成矛盾。

4. 零件的表面粗糙度和技术要求

画零件工作图时,应该注写表面粗糙度代号,它的等级应根据零件表面的作用和要求来确定。配合表面要选择恰当的公差等级和基本偏差。根据零件的作用还要加注其他技术要求,如形位公差、热处理要求等。

9.7 装配体测绘

对现有装配体进行测量,并绘出其装配图及零件图的过程称为装配体测绘,它对推广先进技术、交流生产经验、改革或维修现有设备等,都有重要的意义,现以图 9-20 所示千斤顶为例,介绍装配体测绘的方法与步骤。

9.7.1 测绘的方法与步骤

1. 测绘前的准备

测绘装配体之前,应根据其复杂程度编订进度计划、编组分工,并准备拆卸用工具,如扳手、榔头、铜棒、木棒、测量用钢皮尺、卡尺等量具及细铅丝、标签及绘图用品等。

2. 了解装配体

根据产品说明书、同类产品图纸等资料,或通过实地调查,初步了解装配体的用途、性能、工作原理、结构特点及零件之间的装配关系。

3. 拆卸零件并绘制装配示意图

为便于装配体被拆散后仍能装配复原,在拆卸过程中应尽量做好原始记录,最简便常用的方法是绘制装配示意图,装配示意图所表达的主要内容是每个零件的位置、装配关系和部件的工作情况、传动路线等,而不是整个部件的详细结构和各个零件的形状。一般用简单的线条画出零件的大致轮廓,如图 9-21 所示。在示意图上应编上零件序号,并注写零件的名称及数量。在拆下的每个(组)零件上,贴上标签,标签上注明与示意图相对应的序号及名称。

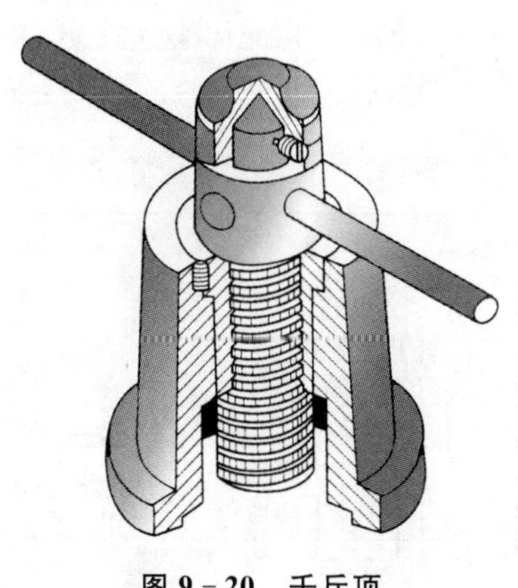

图9-20 千斤顶

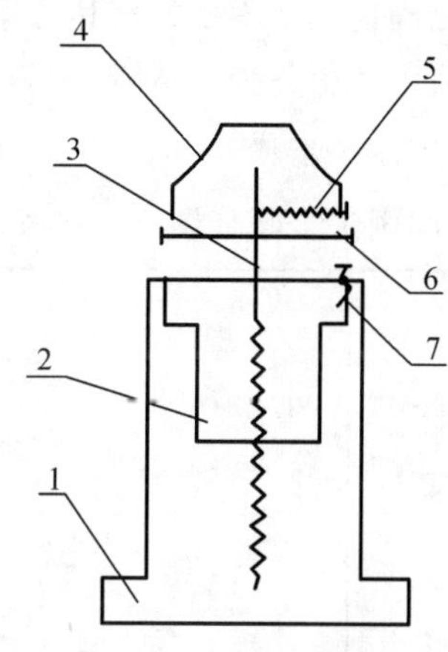

图9-21 装配示意图

在拆卸零件时，要按顺序进行，对不可拆连接和过盈配合的零件尽量不拆，以免影响装配体的性能及精度。拆卸时使用工具要得当，拆下的零件应妥善放置，以免碰坏或丢失。

4. 画零件草图

草图是画装配图和零件图的依据，不能认为是"潦草的图"。应注意：

(1)标准件只需确定其规格，记录其标记，不必画草图。

(2)零件草图所采用的表达方法应与零件图一致。

(3)画零件草图时，应尽可能注意到零件间尺寸的协调。

5. 画装配图

根据装配示意图、零件草图，画出装配图，画装配图的过程，是一次检验、校对零件形状、尺寸的过程，草图中的形状和尺寸如有错误或不妥之处，应及时改正，保证零件之间的装配关系能在装配图上正确地反映出来，以便顺利地拆画零件图。

6. 拆画零件图

根据装配图，拆画出每个零件的零件图，此时的图形和尺寸应比较正确、可靠。

9.7.2 装配图的画法

1. 准备阶段

对现有资料进行整理、分析，进一步了解装配体的性能及结构特点，对装配体的完整形状做到心中有数。

2. 确定表达方案

(1)决定主视图的方向。因为装配体由许多零件装配而成，所以通常以最能反映装配体结构特点和较多地反映装配关系的一面作为画主视图的方向。

(2)决定装配体位置。通常将装配体按工作位置放置，使装配体的主要轴线或主要安装面呈水平或垂直位置。

(3)选择其他视图。选用较少数量的视图、剖视、断面图形，准确、完整、简便地表达出各零件的形状及装配关系。

由于装配图所表达的是各组成零件的结构形状及相互之间的装配关系，因此确定它的表达方案，就比确定单个零件的表达方案复杂得多，有时一种方案，不一定对其中每个零件都合适，只有灵活地运用各种表达方法，认真研究，周密比较，才能把装配体表达得更完善。

3. 画装配图的步骤

装配图的画法步骤如图 9－22 所示。

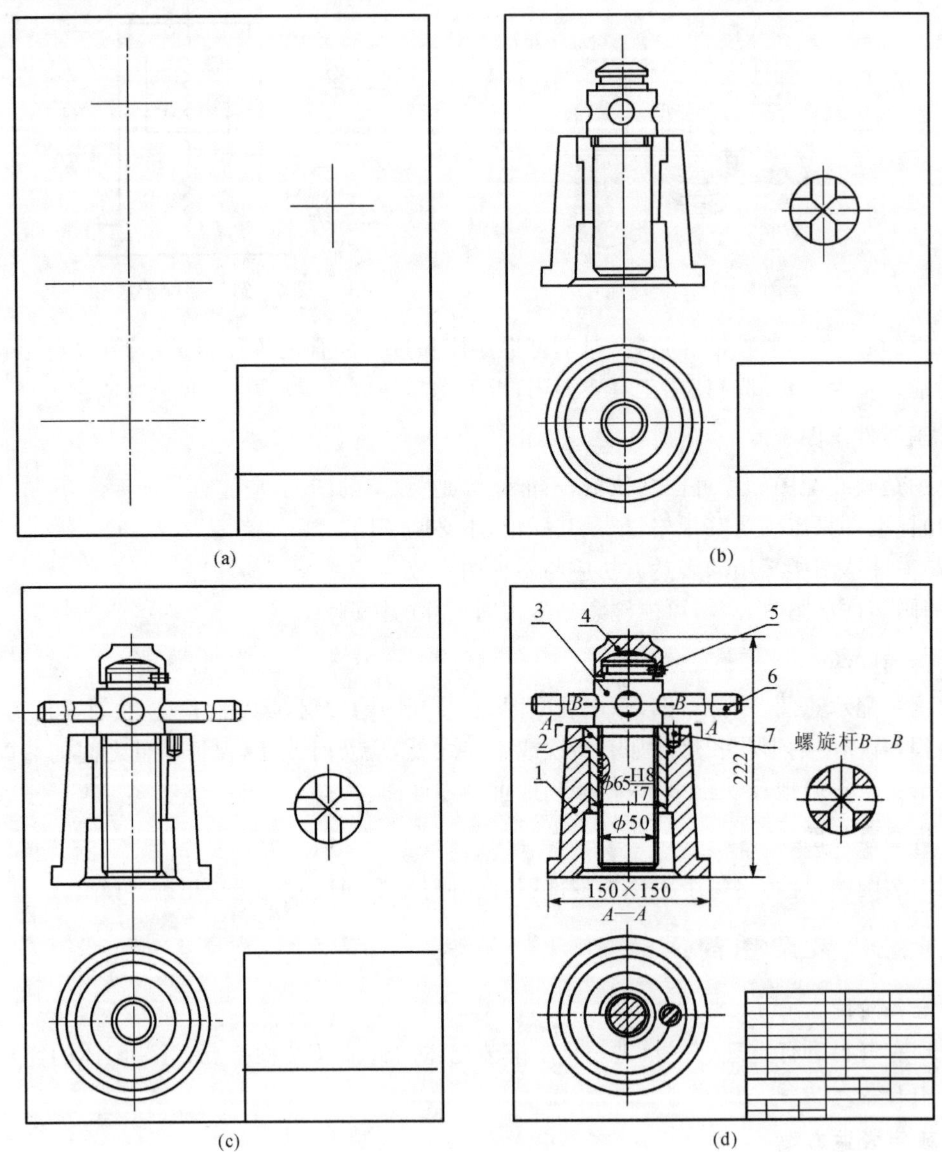

图 9－22　画装配图的步骤

(1)定位布局。表达方案确定以后，画出各视图的主要基准线，如千斤顶中的装配主干线的轴线，孔的中心线，装配体较大的平面或端面等，如图 9－22(a)所示。

(2)逐层画出图形。围绕着装配干线由里向外逐个画出零件的图形，这样可避免被遮盖部分的轮廓线徒劳地画出。剖开的零件，应直接画成剖开后的形状，不要先画好外形再改画成剖视图。作图时，应几个视图配合着画，以提高绘图速度，同时应解决好零件装配时的工艺结构问题，如轴向定位、零件的接触表面及相互遮挡等，如图 9－22(b)(c)(d)所示。

(3)注出必要的尺寸及技术要求。

(4)校对、加深。

(5)编序号、填写明细表、标题栏,如图 9－23 所示。

(6)检查全图、清洁、修饰图面。

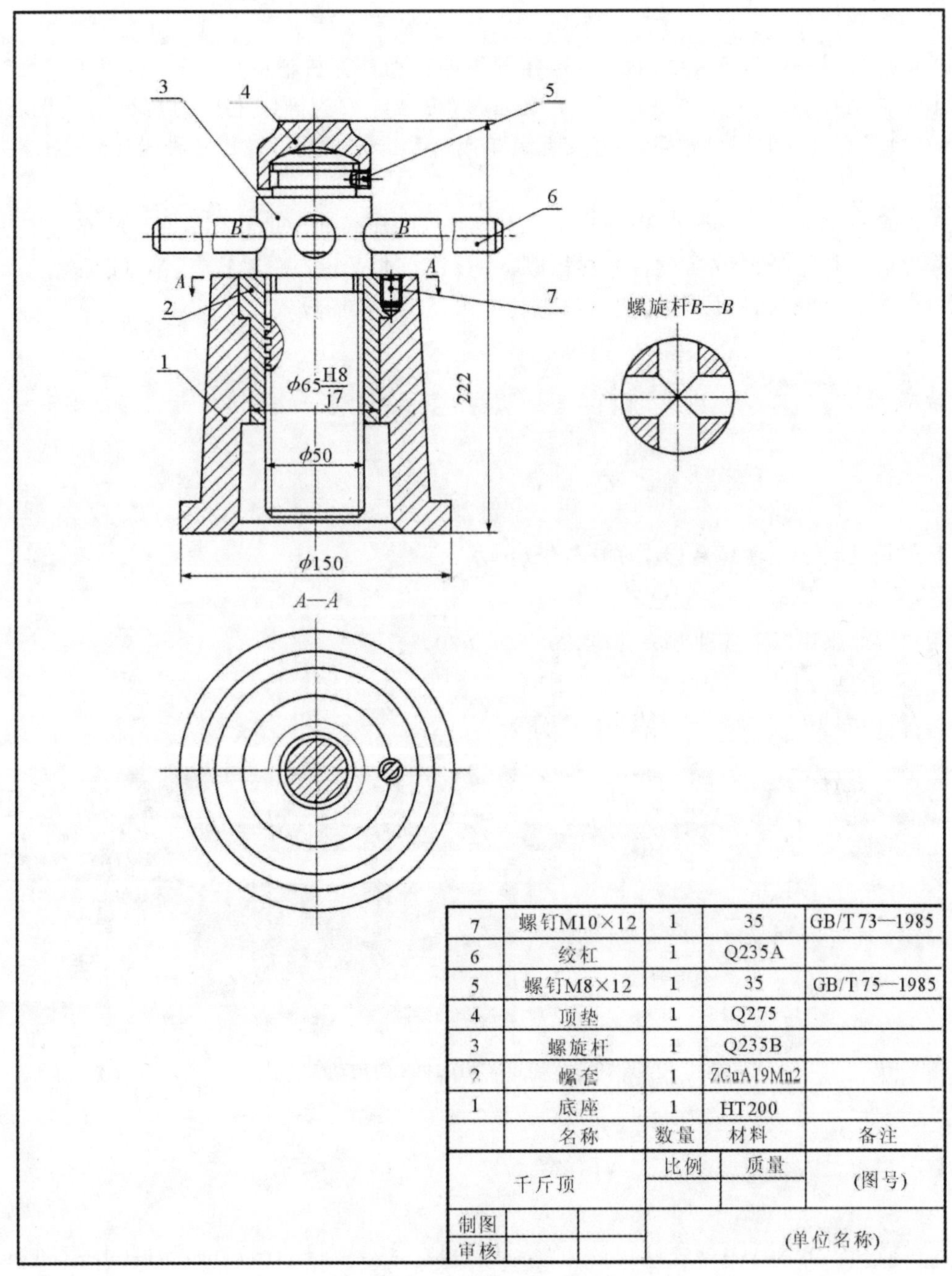

7	螺钉M10×12	1	35	GB/T 73—1985
6	绞杠	1	Q235A	
5	螺钉M8×12	1	35	GB/T 75—1985
4	顶垫	1	Q275	
3	螺旋杆	1	Q235B	
2	螺套	1	ZCuA19Mn2	
1	底座	1	HT200	
	名称	数量	材料	备注

千斤顶	比例	质量	(图号)
制图			(单位名称)
审核			

图 9－23　千斤顶装配图

第10章　计算机绘图

AutoCAD是Autodesk公司于1982年开发的自动计算机辅助设计软件,用于二维绘图和基本三维设计。多年来,AutoCAD不断完善,现已经成为国际上广为流行的绘图工具。AutoCAD具有良好的用户界面,通过交互菜单或命令行方式便可进行各种操作,学习掌握较为容易。

AutoCAD 2008是一个在Windows系统下运行的比较通用的绘图软件。它的启动方法和工作界面与其他Windows软件非常相似,对于学习过Windows系统者,都可以很容易地掌握AutoCAD 2008的启动方法并迅速熟悉其工作界面与绘图设置。

10.1　概　　述

10.1.1　AutoCAD 2008的启动

用户可以采用以下各种方法启动AutoCAD 2008。

(1)双击桌面上的AutoCAD 2008图标。

(2)按如图10-1所示顺序点击各按钮。

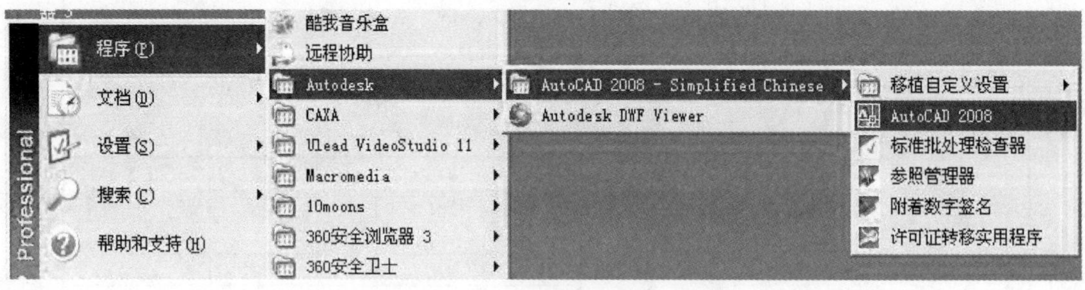

图10-1　AutoCAD 2008的启动

10.1.2　熟悉AutoCAD窗口

每次启动AutoCAD,都会打开AutoCAD窗口。这一窗口是用户的设计工作空间,它包括用于设计和接收设计信息的基本组件。如图10-2所示显示了AutoCAD 2008窗口的一些主要部分。

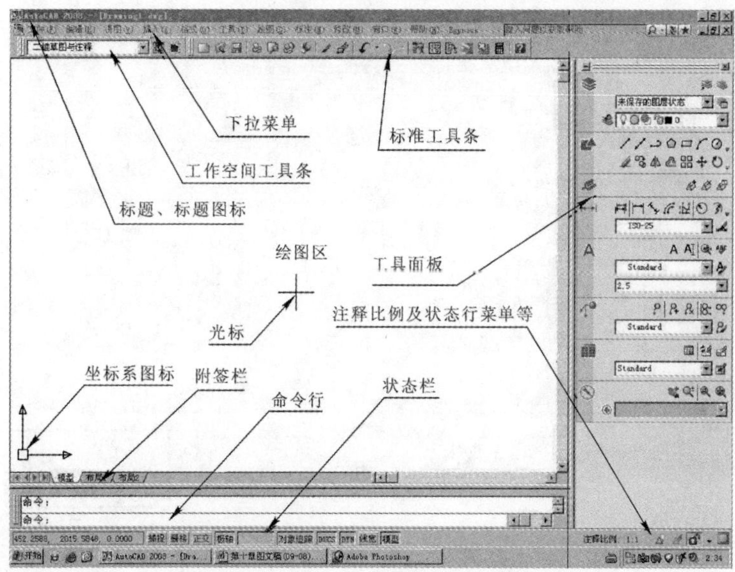

图 10-2　AutoCAD 2008 的基本窗口

熟悉了 AutoCAD 2007 以前版本的读者还可以在“工作空间”工具栏上变换工作空间，“AutoCAD 经典”如图 10-3 所示。

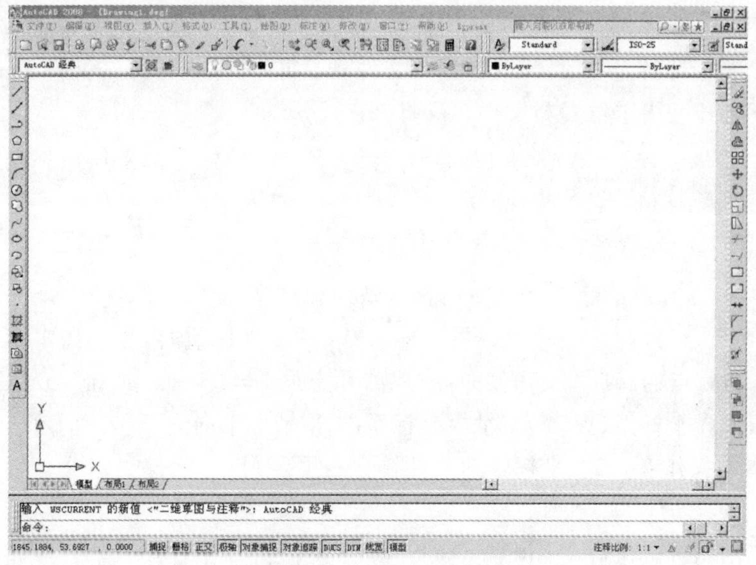

图 10-3 AutoCAD 2008 的经典窗口

10.1.3　文件的新建、保存、打开

1. 文件的新建

点击标准工具栏上的“新建”按钮(或文件→新建)，在如图 10-4 所示的对话框中选择一合适的样板，或在“打开”按钮旁单击箭头并选择“无样板打开(公制)”。

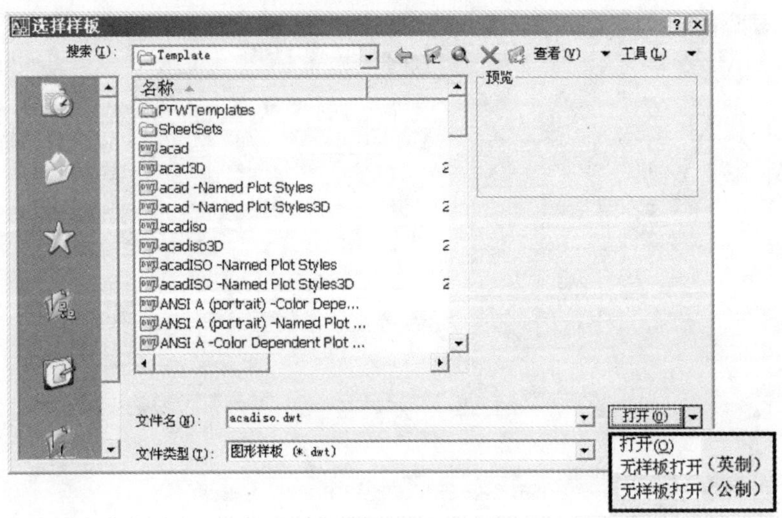

图 10-4 文件的新建

2. 文件的保存

(1)点击标准工具栏上的"保存"按钮(或文件→保存)→指定位置与文件名。

(2)文件→另存为→指定位置与文件名。

3. 文件的打开

(1)点击标准工具栏上的"打开"按钮(或文件→打开)→指定位置与文件名→打开。

(2)文件→打开→指定位置与文件名→打开。

10.1.4 AutoCAD 坐标系

AutoCAD 2008 和以前版本一样使用直角坐标和极坐标。

直角坐标系有 X,Y 和 Z 三个坐标轴。输入 X,Y,Z 坐标值时,需要指定它们与坐标系原点 $O(0,0,0)$或前一点的相应坐标值之间的距离和方向(+或-)。通常 AutoCAD 构造新图形时,自动使用世界坐标系(WCS)。世界坐标系的 X 轴水平向右,Y 轴垂直向上,Z 轴则垂直于 XOY 平面指向操作者,三个坐标轴的关系符合右手定则。

1. 输入坐标

输入 X,Y 的绝对坐标时,应以 X,Y 格式输入其 X 和 Y 坐标值。如果已知某个点精确的 X 和 Y 坐标值,可使用 X,Y 的绝对坐标。

例如,要画一条起点为(-2,1)的直线,在命令行中输入:

命令:line

指定第一点:-2,1

指定下一点或[放弃(U)]:3,4

如果已知某点与前一点的位置关系,可用 X,Y 相对坐标。例如,要相对于(-2,1)定位一点,应在该点坐标前面加"@",如图 10-5 所示。

2. 使用直接距离输入

除了输入坐标值以外，还可用直接距离输入方法定位点。执行任何绘图命令时都可使用这一功能。开始执行命令并指定了第一个点之后，移动光标即可指定方向，然后输入相对于第一点的距离即可确定一个点。这是一种快速确定直线长度的好方法，特别是与正交和极轴追踪一起使用时更为方便。下例是用直接距离输入绘制一条直线。

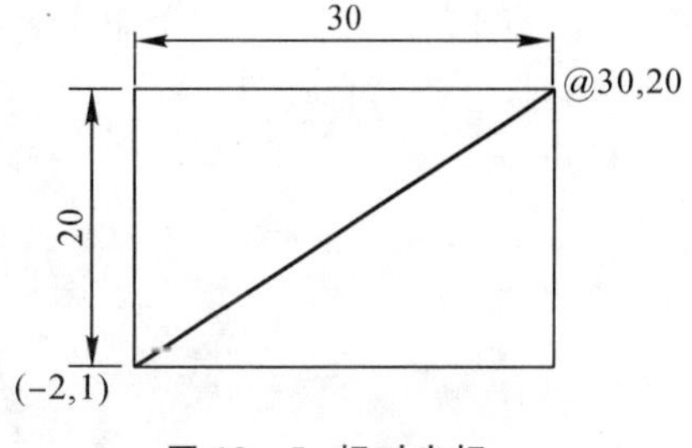

图 10-5　相对坐标

(1) 从“绘图”菜单中选择“直线”。

(2) 指定第一点。

(3) 移动定点设备，直到拖引线达到所需的方向，此时暂不要按 Enter 键。

(4) 在命令行输入直线的长度，然后按 Enter 键。例如，要绘制一条 25 个单位长的直线，则输入 25。

3. 极坐标输入

输入(λ,θ)的绝对极坐标时，为了与直角坐标区别，应以 $\lambda<\theta$ 格式输入其 λ 和 θ 极坐标值。通常很少用绝对极坐标，而用相对极坐标，输入格式为 @$\lambda<\theta$。

例如，要画一条任意起点的直线，它与水平方向的夹角为 30°，长度 20，画图过程是：

在命令行输入命令：line(直线命令)。

指定第一点：在屏幕适当位置用“左键”点击(如图 10-6 中的 a)。

指定第二点：@20＜30(如图 10-6 的 b)。

回车。

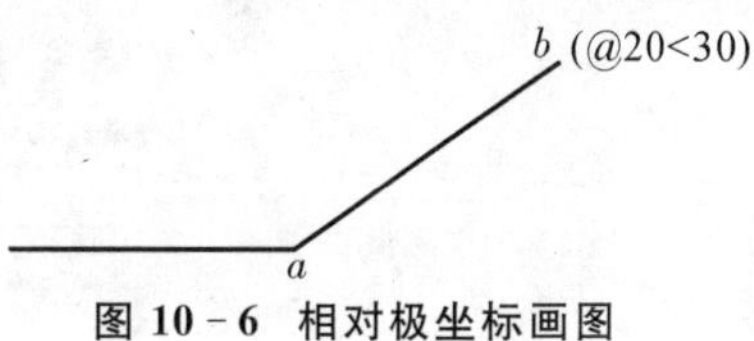

图 10-6　相对极坐标画图

10.1.5　工具面板的调整

如图 10-7 所示为 AutoCAD 2008 特有的面板，它把图层、绘图、尺寸标注、文字、表格等整合在一个面板上，方便了绘图工作。

1. 面板的打开与关闭

用鼠标点击面板上方的“关闭”按钮即可关闭面板。需要启用时，执行“工具菜单→选项板→面板”。

2. 面板的移动与靠边

拖动面板上方的双线即可由靠边移到屏幕的任意位置。不靠边的状态下，可拖动右边蓝色条移动面板，移到最左边、最右边时自动靠边。利用“自动隐藏”按钮(见图 10-7)可使面板变成一窄长条。

3. 控制台的使用

在面板内任意空白处点击鼠标右键都可打开“控制台”，利用控制台可以调整面板的内容，如图 10-7 所示。

4. 面板的自动隐藏

在图 10－7 中的右键菜单上选择“锚点居左”或“锚点居右”可使面板左、右自动隐藏，当鼠标移上蓝色条时自动显示。

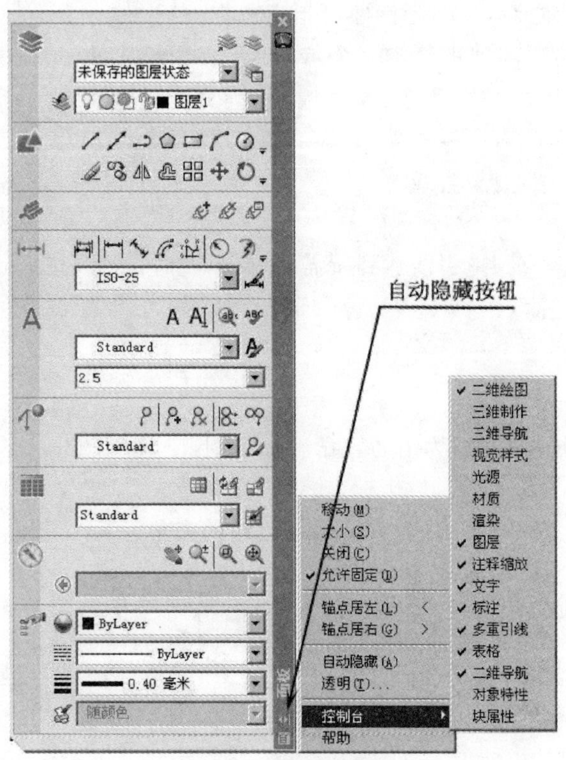

图 10－7 面板及控制

10.1.6 工具栏的调出与关闭

1. 调出工具栏

在已调出的工具栏空白处按右键，在弹出的“工具栏菜单”上点击需要的工具栏，即可调出工具栏。

2. 关闭工具栏

在已调出的工具栏空白处按右键，在弹出的“工具栏菜单”上点击需要关闭的工具栏，即可关闭工具栏。

10.1.7 调整捕捉和栅格对齐方式

捕捉和栅格设置有助于创建和对齐对象。用户可以调整捕捉和栅格间距，使之更适合特定的绘图任务。栅格是按指定间距显示的点，给用户提供直观的距离和位置参照。

1. 修改捕捉角度和基点

要沿着特定的方向或角度绘制对象，可以旋转捕捉角，调整十字光标和栅格。如果正交模式是打开的，AutoCAD 把光标的移动限制到新的捕捉角度和与之垂直的角度上。修改捕捉角度将同时改变栅格角度。用户可以查看新的捕捉对齐方式。

2. 旋转捕捉角度的步骤

(1) 从“工具”菜单中选择“草图设置”。

(2) 在“草图设置”对话框的“捕捉和栅格”选项卡中输入捕捉角度。

例如，要旋转捕捉角 30°，输入 30。

3. 修改捕捉角基点的步骤

(1) 从“工具”菜单中选择“草图设置”。

(2) 在“草图设置”对话框的“捕捉和栅格”选项卡中，在“X 基点”和“Y 基点”中输入新的 X 和 Y 坐标。

(3) 选择“确定”。

10.1.8　捕捉对象上的几何点

在绘图命令运行期间，可以用光标捕捉对象上的几何点，如端点、中点、圆心和交点等。

可以通过以下两种方式之一打开对象捕捉：

方式 1：单点（或替代）对象捕捉，即设置一次使用的对象捕捉。

方式 2：执行对象捕捉，即一直运行对象捕捉直至将其关闭。

单点方式捕捉对象的点的步骤如下：

(1) 启动需要指定点的命令（例如，LINE，CIRCLE，ARC，COPY 或 MOVE）。

(2) 当命令提示指定点时，使用以下方法之一选择一种对象捕捉：

1)调出“对象捕捉”工具栏（见图 10-8），并点击其中的一个按钮。

图 10-8　对象捕捉工具栏

2)按 Shift 键并在绘图区域中单击右键，弹出如图 10-9(a)所示的快捷菜单，然后从快捷菜单中选择一种对象捕捉。

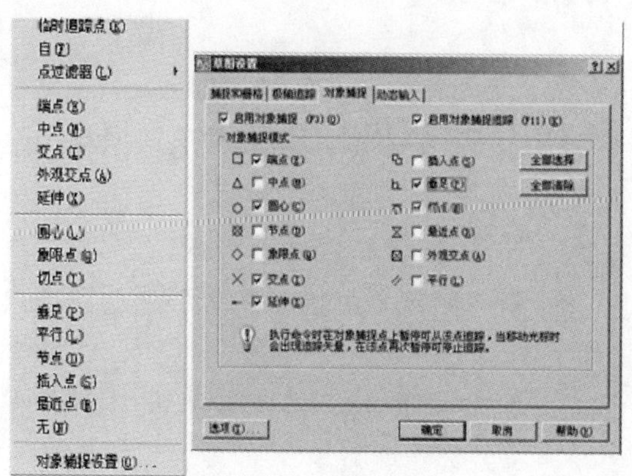

图 10-9　对象捕捉

(a)对象捕捉快捷菜单；(b)草图设置对话框

3)在命令行中输入一种对象捕捉的缩写。

(3)将光标移动到捕捉位置上,然后单击左键。

10.1.9 设置执行对象捕捉

1. 设置执行对象捕捉的步骤

(1)从“工具”菜单中选择“草图设置”。

(2)在“草图设置”的“对象捕捉”选项卡中选择“启用对象捕捉”。

(3)选择所需的执行对象捕捉,然后选择“确定”。

设置执行对象捕捉之后,单击状态栏上的“对象捕捉”(或按 Ctrl+F 或 F3 键),将打开或关闭对象捕捉,而不是显示“草图设置”对话框。如果未设置执行对象捕捉,在单击“对象捕捉”时将显示如图 10-9(b)所示的“草图设置”对话框。自动捕捉标记、捕捉提示和磁吸在缺省状态下是打开的。用户可以在“选项”对话框中修改自动捕捉的设置。

2. 修改自动捕捉设置的步骤

(1)从“工具”菜单中选择“选项”。

(2)在“选项”对话框中选择“草图”选项卡。

(3)在“草图”选项卡上选择或清除各个自动捕捉设置。用户可以改变自动捕捉标记的大小和颜色,或者调整靶框的尺寸。

(4)选择“确定”。

10.1.10 创建临时参照点和使用点过滤器

如果不知道需要输入的点的准确坐标,但知道该点与图形中某个已知点的相对位置,可以利用创建临时参照点的方法来输入该点。也可以利用点过滤器从某个已知点中取出其 X,Y 或 Z 坐标。

10.1.11 使用自动追踪

“自动追踪”可以用指定的角度绘制对象,或者绘制与其他对象有特定关系的对象。当自动追踪打开时,临时的对齐路径有助于以精确的位置和角度创建对象。自动追踪包含极轴追踪和对象捕捉追踪两种追踪选项。

1. 沿极轴角追踪

使用极轴追踪进行追踪时,对齐路径是由相对于命令起点和端点的极轴角定义的。使用极轴追踪绘制对象的步骤如下:

(1)打开极轴追踪并启动一个绘图命令,如 ARC,CIRCLE,LINE 等。也可以将极轴追踪与编辑命令(如 COPY,MOVE 等)结合使用。

(2)选择一个起点。

(3)选择一个端点。

2. 修改 AutoCAD 测量极轴角的方式

修改极轴设置的步骤如下：

(1)从“工具”菜单中选择“草图设置”。

(2)在“草图设置”对话框的“极轴追踪”选项卡中，选择“启用极轴追踪”将打开极轴追踪模式。

(3)在“角增量”下，选择一个递增角度。

(4)如果创建了附加角度，选择“附加角”便可在极轴追踪过程中显示它们。

(5)在“极轴角测量单位”选择测量方法。

(6)选择“确定”。

3. 追踪对象上的点

打开对象捕捉追踪的步骤如下：

(1)打开对象捕捉(单点对象捕捉或执行对象捕捉)。

(2)按 F11 键，或单击状态栏上的“对象追踪”。

使用对象捕捉追踪的步骤如下：

(1)启动一个绘图命令。还可以将对象捕捉追踪与编辑命令(如 COPY 或 MOVE)一同使用。

(2)将光标移动到一个对象捕捉点处，不要单击它，只要暂时停顿即可获取该点。

将对象点用于对象捕捉追踪的方法如下：

(1)设置一个或多个对象捕捉。可以使用端点、中点、圆心、节点、象限点、交点、插入点、平行、延伸、垂足和切点对象捕捉。

(2)获取点。当命令提示指定一个点时，将光标移动到对象点上，然后暂停(不要单击它)。

(3)清除已获取点。将光标移回到点的获取标记处稍微停顿，“+”消失。每个新命令的提示也会自动清除已获取的点。

如图 10－10 所示，利用自动追踪以捕捉矩形框的中心。

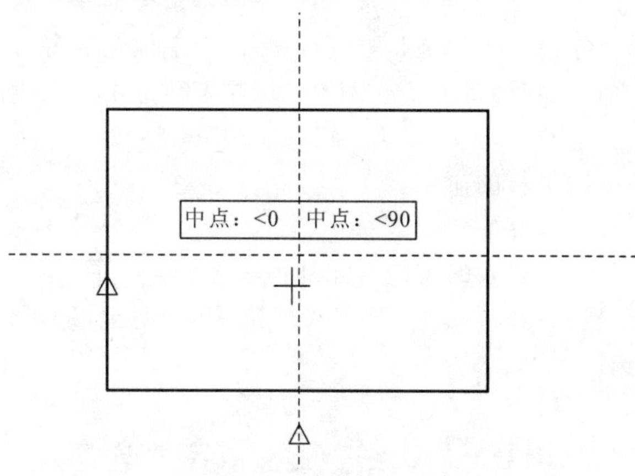

图 10－10　利用自动追踪输入矩形框的中心点

修改对象捕捉追踪设置的方法如下：

(1)从“工具”菜单中选择“草图设置”。

(2)在“草图设置”对话框的“极轴追踪”选项卡中，在“对象捕捉追踪设置”下选择下列选项之一：

1)仅正交追踪:只显示来自被捕获对象点的正交(水平/垂直)追踪路径。

2)用所有极轴角设置追踪:将极轴追踪设置应用到对象捕捉追踪。例如,如果选30°角为极轴角度增量,对象追踪将以30°为增量显示对齐路径。

(3)选择"确定"。

10.1.12 标准注释工具栏与二维导航面板

标准注释工具栏如图10-11所示。二维导航面板如图10-12所示。

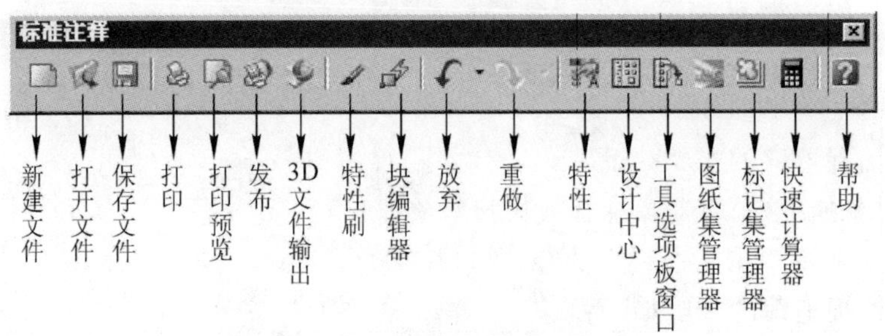

图10-11 标准注释工具栏

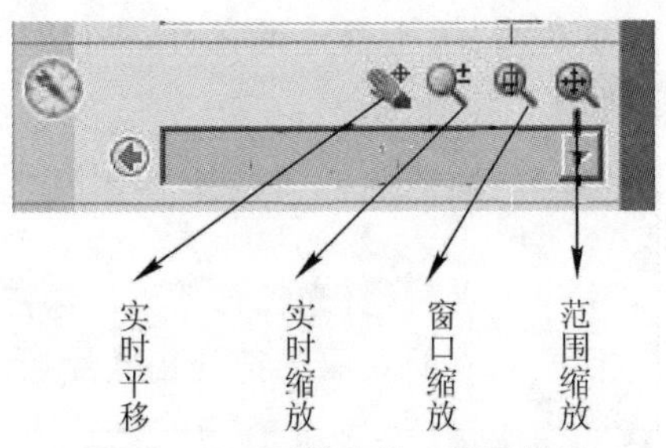

图10-12 面板中的二维导航区

(1)实时平移:用鼠标左键点击命令按钮,然后在屏幕上按下左键移动即可拖动。

(2)范围缩放:用鼠标左键点击"范围缩放"按钮,图形缩放到屏幕可见范围。

(3)窗口缩放:点击命令,在屏幕需要放大的区域左上角点击一点,再在需要放大区域的右下脚点击一点即可。

(4)放弃:放弃最后一次执行的命令。

(5)重做:撤消最后一次放弃的命令。

(6)特性匹配:可以使一个要素的特性匹配到另一个要素。具体操作方法为,选择一个基准要素,点击"特性匹配"按钮,在屏幕上点击(或框选一组)对象,即可使基准要素的线宽、颜色、线型等特性匹配于选择要素。

10.2 绘 图 命 令

10.2.1 绘直线

直线可以是一条线段,也可以是一系列相连的线段,但每条线段都是独立的直线对象。如果线段要进行单个编辑(如擦除、移动、旋转等),可以使用“直线”命令来画单个线段。如果要将一系列线段绘制为一个对象,可使用“多段线”命令来绘制。

绘制直线的步骤如下:

(1)从面板的绘图区点击“直线”按钮,如图 10-13 所示。或在“绘图”菜单中选择“直线”,在如图 10-14 所示绘图工具栏上单击“直线”按钮,在命令行输入 LINE。

(2)指定起点。

(3)指定端点:输入直线的端点。

(4)指定端点:连续输入各段直线的端点。

(5)按 Enter 键结束直线绘制。

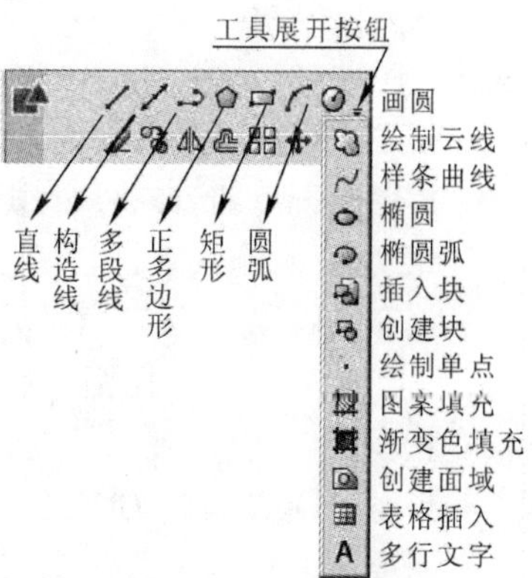

图 10-13 面板中的绘图命令

图 10-14 绘图工具栏

10.2.2 绘制构造线

构造线是一条由一点向两端无限延伸的直线,与直线一样可以进行编辑。构造线可作为水平、竖直或给定方向的参照线,绘制构造线的步骤如下:

(1)从面板的绘图区点击“构造线”按钮,如图 10-13 所示。或在“绘图”菜单中选择“构造线”,在如图 10-14 所示绘图工具栏上单击“构造线”按钮,在命令行输入 XLINE。

(2)指定一点作为中点,再指定一个通过点。回车或按右键结束命令。

执行构造线命令后可有[水平(H)/垂直(V)/角度(A)/二等分(B)/偏移(O)]几个选项,画水平线、垂直线等。画水平线的步骤如下:

(1)选择“构造线”命令。

(2)在命令行输入“H”,回车。

(3)在屏幕适当位置点击,再回车结束命令。

10.2.3 绘多段线

多段线由相连的直线段或弧线序列组成,作为单一对象使用。要想一次编辑所有线段,就要使用“多段线”命令。

绘制由直线和弧线组成的多段线(见图 10-15)的步骤如下:

(1)从面板的绘图区点击“多段线”按钮,如图 10-13 所示。或在“绘图”菜单中选择“多段线”。在如图 10-14 所示绘图工具栏上单击“多段线”按钮,在命令行输入 PLINE。

(2)在屏幕上任意点击指定多段线的起点 A。

(3)输入@50,0 绘制图线至点 B。输入字母 A(ARC),转入绘制圆弧状态,再输入@30<90,绘制图线至点 C。

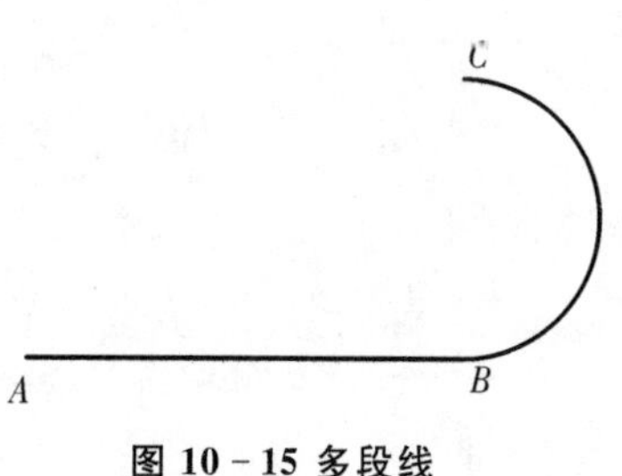

图 10-15 多段线

输入“多段线”命令后，系统提示输入起点，然后显示当前线宽。接着提示要求输入下一点或输入选项，提示为：

指定下一点或[圆弧(A)/闭合(C)/半宽(H)/长度(L)/放弃(U)/宽度(W)]：

指定下一点的方式可采用输入直线端点一样的方式给予响应。其他各个提示的含义为：

宽度(W)：输入字符“W”，然后输入起点宽度和终点宽度可控制多段线的宽度。

放弃(U)：输入字符“U”，可删除多段线中的最后一段。

长度(L)：刚绘制完圆弧后，输入字符“L”，然后输入长度值，可绘制出与圆弧相切的指定长度直线。

半宽(H)：输入字符“H”，然后输入控制多段线中心位置到侧边的宽度值，即宽度的一半。

闭合(C)：输入字符“C”，可封闭多段线并结束命令。

圆弧(A)：输入字符“A”，可转入绘制圆弧方式。其提示变为：

指定圆弧的端点或[角度(A)/圆心(CE)/闭合(CL)/方向(D)/半宽(H)/直线(L)/半径(R)/第二点(S)/放弃(U)/宽度(W)]：

对此提示若直接输入圆弧的端点，可绘制出与刚绘制的线段相切的圆弧。其他各提示的含义为：

角度(A)：输入字符“A”，然后可输入圆弧的角度。注意，角度以逆时针方向为正。

圆心(CE)：输入字符“CE”，然后系统提示输入圆弧的圆心。

闭合(CL)：输入字符“CL”，封闭多段线并结束命令。注意这里要输入两个字符“CL”。

方向(D)：输入字符“D”，系统提示输入圆弧的切线方向。

半宽(H)：与绘制直线段的半宽选项相同。

直线(L)：输入字符“L”，重新转入绘制直线。

半径(R)：输入字符“R”，选择输入圆弧的半径。

第二点(S)：输入字符“S”，选择输入圆弧上的第二点。

放弃(U)：与直线段中的选项相同。

宽度(W)：与直线段中的宽度选项相同。

10.2.4 绘多线

多线可包含1～16条平行线，这些平行线称为元素。通过指定距多线初始位置的偏移量可以确定元素的位置。

输入多线命令后，系统显示：

当前设置：对正＝上，比例＝20.00，样式＝STANDARD

指定起点或[对正(J)/比例(S)/样式(ST)]：显示当前的对正类型、图形宽度比例和多线样式等。

1. 绘制多线的步骤

从“绘图”菜单中选择“多线”(或命令行 MLINE)，系统显示：

命令：_mline

当前设置：对正＝上，比例＝20.00，样式＝STANDARD

指定起点或[对正(J)/比例(S)/样式(ST)]： j

输入对正类型[上(T)/无(Z)/下(B)]＜上＞：　b

当前设置：对正＝下，比例＝20.00，样式＝STANDARD

指定起点或[对正(J)/比例(S)/样式(ST)]：

指定下一点：

指定下一点或[放弃(U)]：

指定下一点或[闭合(C)/放弃(U)]：

绘制出的图形如图 10－16(a)所示。

2. 对绘制出的多线进行编辑

从修改→对象→多线，打开多线编辑工具对话框，如图 10－17 所示。从对话框中选择“角点结合”，点击“确定”后，对话框消失。系统提示：

命令：_mledit

选择第一条多线：

选择第二条多线：

先后点击左边和上边的线段，则对图线的左上角进行编辑。用同样的方法分别对图框中间的图线与上、下两条图线进行编辑。完成后的图形如图 10－16(b)所示。

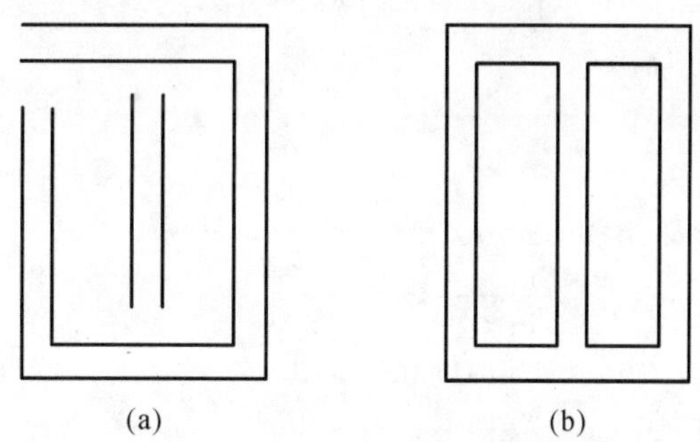

(a)　　(b)

图 10－16　多线的绘制和编辑

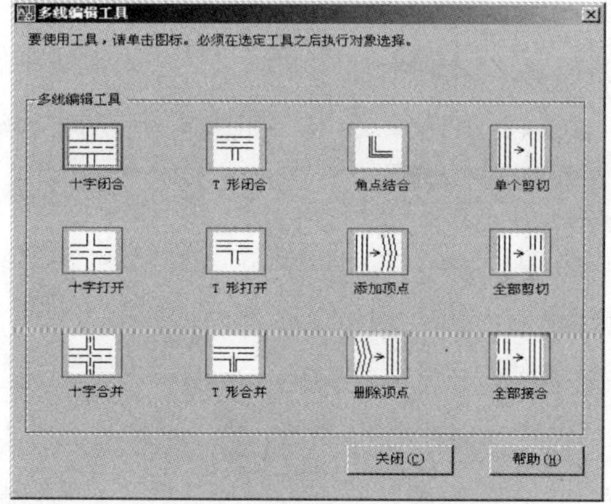

图 10－17　多线编辑工具对话框

10.2.5　绘正多边形

正多边形可以用与假想的圆内接或外切的方法进行绘制，也可用指定正多边形某一边端点的方法来绘制。

图 10－18 给出了绘制正多边形的三种方法。在图 10－18(a)(b)两例中，分别输入的是多边形的中心和其外接(内切)圆的半径，图 10－18(a)所示是作圆的内接正多边形，图 10－18(b)所示是作圆的外切正多边形。图形 10－18(c)是采用输入边长的方法绘制的正多边形，1，2 两点为先后输入的两个点。

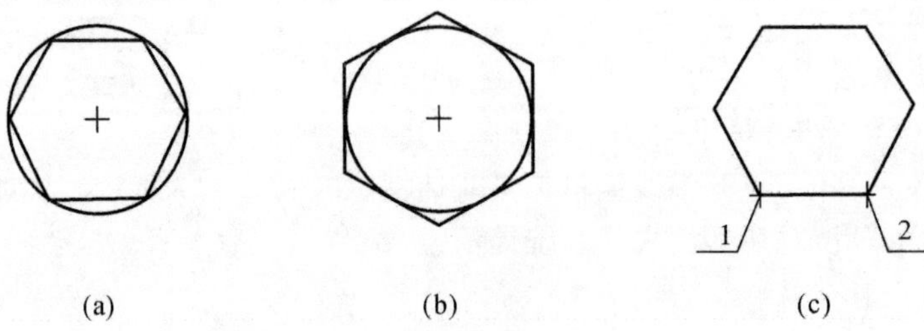

图 10－18　绘制多边形的三种方法

1. 绘制内接正多边形的步骤

(1)从“绘图”菜单中选择“正多边形”(或在面板绘图区选择“正多边形”命令)。

(2)输入 4，指定正多边形有 4 条边，即正方形。

(3)指定正多边形的中心。

(4)输入 i(内接于圆)。

(5)指定半径。

2. 绘制外切正多边形的步骤

(1)从“绘图”菜单中选择“正多边形”。

(2)输入 6，指定正多边形有 6 条边，即正六边形。

(3)指定正多边形的中心点。

(4)输入 c(外切于圆)。

(5)指定半径。

3. 采用输入边长方法绘制正多边形的步骤

如果能确定多边形上两个角点的位置，则可采用输入边长的方法绘制正多边形。

(1)从“绘图”菜单中选择“正多边形”。

(2)输入 6，指定正多边形有 6 条边，即正六边形。

(3)输入字符 e，选择采用输入边长方法。

(4)指定点 1。

(5)指定点 2，系统按照逆时针方向绘制正多边形。

10.2.6　绘圆

绘制圆的方法有多种，如图 10－19 所示。缺省方式是指定圆心和半径(见图 10－19(a))。其他方法还有：指定圆心和直径(见图 10－19(b))，用两点定义直径(见图 10－19(c))，用三点定义圆周(见图 10－19(d))。另外，可以指定半径创建与两个对象相切的圆(见图 10－19(e))或创建与三个对象相切的圆(见图 10－19(f))。

1. 按指定圆心和半径方式绘制圆的步骤

(1)从“绘图”菜单中选择“圆”命令，再选“圆心、半径”方式。

(2)指定圆心。

(3)指定半径。

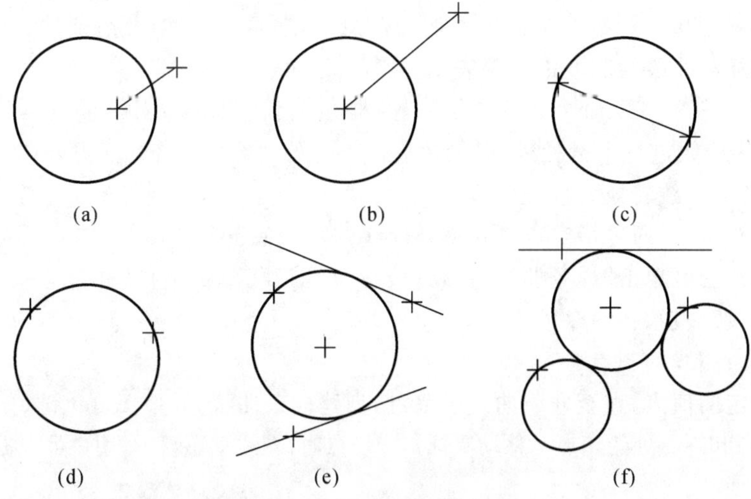

图 10－19　绘制圆的 6 种方法

2. 创建与现有对象相切的圆步骤

(1)从“绘图”菜单中选择“圆”命令，再选“相切、相切、半径”方式。此时处于切点捕捉模式。

(2)选择与圆相切的第一个对象。

(3)选择与圆相切的第二个对象。

(4)指定圆的半径。

10.2.7　绘圆弧

绘制圆弧有多种方法可供选择。缺省方式是指定圆弧起点、圆弧上一点和圆弧端点三个点。还可以指定圆弧的角度、半径、起始方向和弦长。圆弧的弦是两个端点之间的直线段。缺省情况下，AutoCAD 将按逆时针方向绘制圆弧。

1. 指定起点、圆心、端点绘制圆弧的步骤

(1)从“绘图”菜单中选择“圆弧”命令，再选“起点、圆心、端点”方式。

(2)指定起点。

(3)指定圆心。

(4)指定端点。

2. 按起点、圆心和弦长绘制圆弧的步骤

(1)从“绘图”菜单中选择“圆弧”命令，再选“起点、圆心、长度”方式。

(2)指定起点。

(3)指定圆心。

(4)指定弦长。

10.2.8 绘样条曲线

样条曲线是经过一系列给定点的光滑曲线。AutoCAD 使用的是一种称为非均匀有理的(NURBS)特殊曲线。NURBS 曲线可在控制点之间产生一条光滑的曲线。样条曲线适用于创建形状不规则的曲线,例如汽车设计或地理信息系统(GIS)所涉及的曲线。绘制机械零件图形时,经常用样条曲线绘制波浪线等表示折断的线条。

AutoCAD 用 SPLINE 命令创建“真实”的样条曲线,即 NURBS 曲线。用户也可使用 PEDIT 命令对多段线进行平滑处理,以创建近似于样条曲线的线条。使用 SPLINE 命令可把二维和三维平滑多段线转换为样条曲线。

如图 10－20 所示,通过指定点创建样条曲线的步骤如下:

(1)从面板绘图区单击“样条曲线”按钮(或在“绘图”菜单中选择“样条曲线”、在绘图工具栏单击“样条曲线”按钮、在命令输入行 SPLINE)。

(2)指定样条曲线的起点 1。

(3)依次指定插值点,直至样条曲线的终点,创建样条曲线,并按 Enter 键。

(4)指定起点和终点处的切点。移动鼠标指定切点时,图线动态显示,用户可根据需要输入。

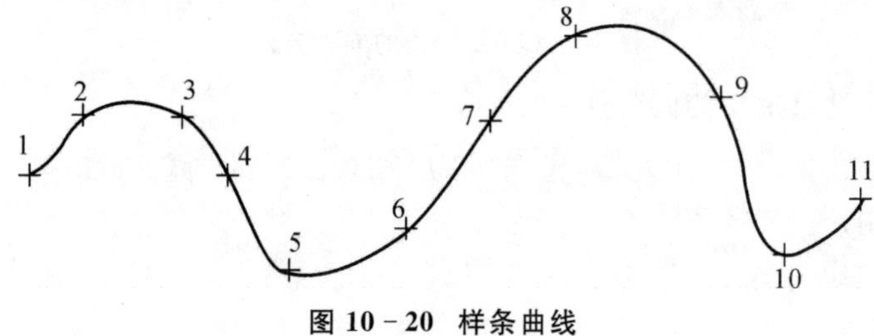

图 10－20 样条曲线

10.2.9 绘椭圆

用户可以创建完整的椭圆或椭圆弧,两者都是椭圆的精确数学表示形式。绘制椭圆的缺省方式是指定第一个轴的两个端点和第二个轴的半轴长度。在椭圆中,较长的轴称为长轴,较短的轴称为短轴,长轴和短轴与定义轴的次序无关。

如图 10－21(a)(b)所示分别为从“绘图”菜单中选择“椭圆”及“轴、端点”和“椭圆”及“中心”,然后输入 1,2,3 点绘制出的椭圆。

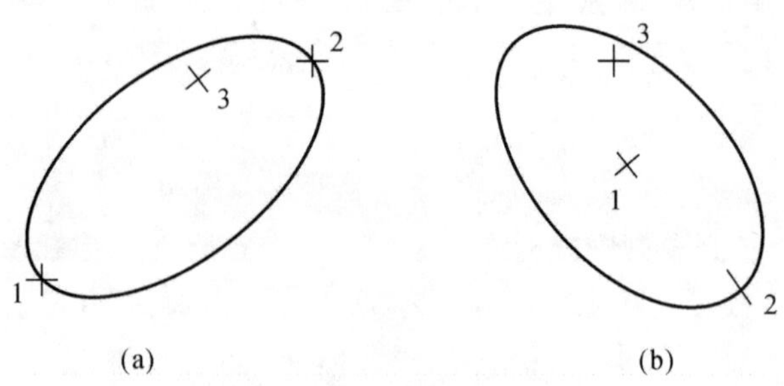

图 10－21 绘制椭圆的两种方法

10.2.10　创建面域

面域是以封闭边界创建的二维封闭区域。边界可以是一条曲线或一系列相连的曲线，组成边界的对象可以是直线、多段线、圆、圆弧、椭圆、椭圆弧、样条曲线、三维面、宽线或实体。这些对象或者是自行封闭的，或者与其他对象有公共端点，从而形成封闭的区域，但它们必须共面，即在同一平面上。可以给面域填充图案和着色，同时还可分析面域的几何特性(如面积)和物理特性(如质心、惯性矩等)。

1. 通过选择对象创建面域的步骤

(1)从面板的绘图区单击“面域”按钮(或在“绘图”菜单中选择“面域”、在绘图工具栏单击“面域”按钮、在命令行输入 REGION)。

(2)选择对象(必须是封闭环)来创建面域。

(3)按 Enter 键。

此时命令行上的信息将说明检测到多少个环以及创建了多少面域。

2. 用边界创建面域的步骤

(1)从“绘图”菜单中选择“边界”(命令行 BOUNDARY)。

(2)在“边界创建”对话框的“对象类型”下，选择“面域”。

(3)在使用“拾取点”创建边界时，如果想限制 AutoCAD 分析对象的数目(缺省情况下，AutoCAD 分析当前视口中的所有可见对象)，请选择“边界集”下的“新建”按钮。

(4)在定义边界时，选择需要 AutoCAD 分析的对象，然后按 Enter 键。

(5)选择“拾取点”。

(6)在每个要定义为面域的区域指定图形中的一点，然后按 Enter 键。

图 10－22(a)中的多边形和圆已经组成为面域。图 10－22(b)(c)(d)所示分别为从“修改”菜单中选择“实体编辑”，再以“实体编辑”中选择“并集”“差集”“交集”，最后从图形中选择已组成面域的多边形和圆而形成的组合面域。

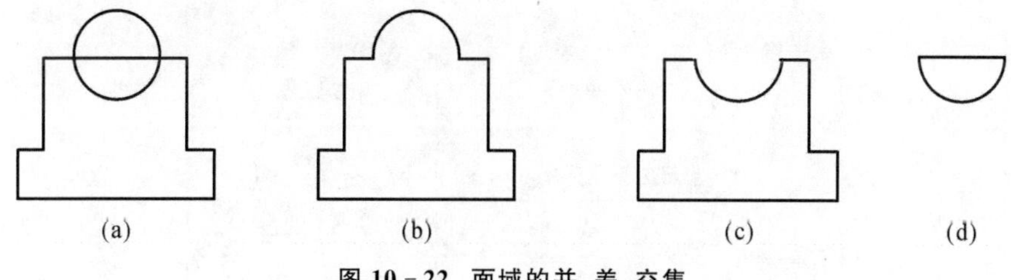

图 10－22　面域的并、差、交集

10.2.11　图案填充区域

图案填充是用某种图案充满图形中的指定区域，机械图样中主要是用这种方法来绘制剖面线，如图 10－23 所示。可使用 BHATCH 和 HATCH 填充封闭的区域或指定的边界。

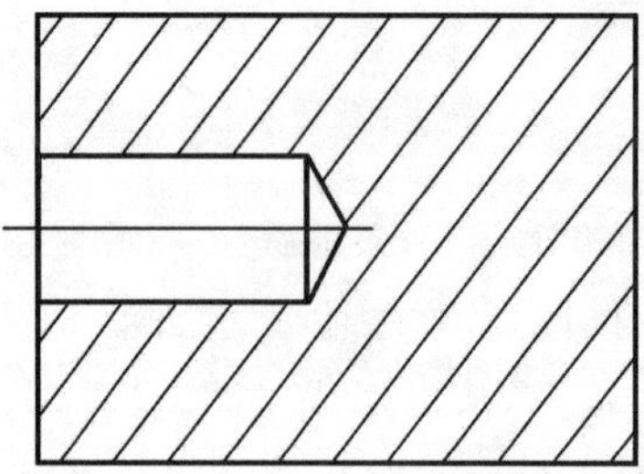

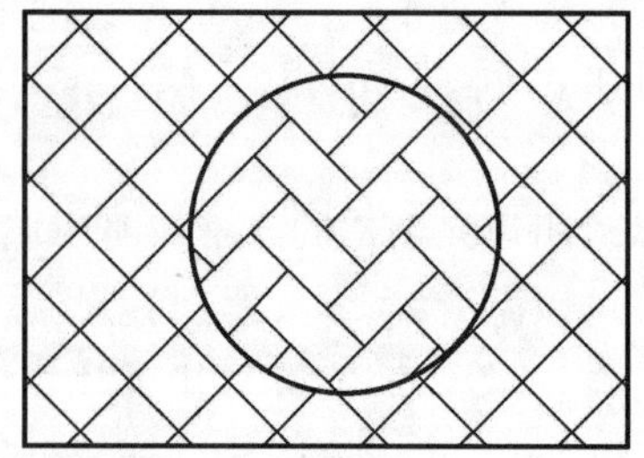

图 10－23　图案填充框

BHATCH 命令可以创建关联的或非关联的图案填充。关联图案填充将与它们的边界联系起来，修改边界时将自动更新。非关联图案填充则独立于它们的边界。在要填充的区域内指定一个点时，BHATCH 命令将自动定义边界。

填充封闭区域的步骤如下：

(1)从“绘图”菜单中选择“图案填充”，打开“边界图案填充”对话框(或绘图工具栏按钮)。图案填充的对话框如图 10－24 所示。

(2)在“边界图案填充”对话框中选择“拾取点”。

(3)在要填充的绘图区域中指定点。如果执行了错误操作，可以单击右键，然后从快捷菜单中选择“全部清除”或“放弃上次选择/拾取”。

(4)在对话框中的图案列表框中选择要填入的图案的类型。机械图样中使用最多的是 ANSI31 和 ANSI37，这两个图案分别为制图标准中金属剖面和非金属边的符号。要预览填充图案，请单击右键，然后选择“预览”。调整对话框中的比例，即可改变填充图案的疏密程度。

(5)按 Enter 键将返回“边界图案填充”对话框。

(6)选择“确定”将应用图案填充。

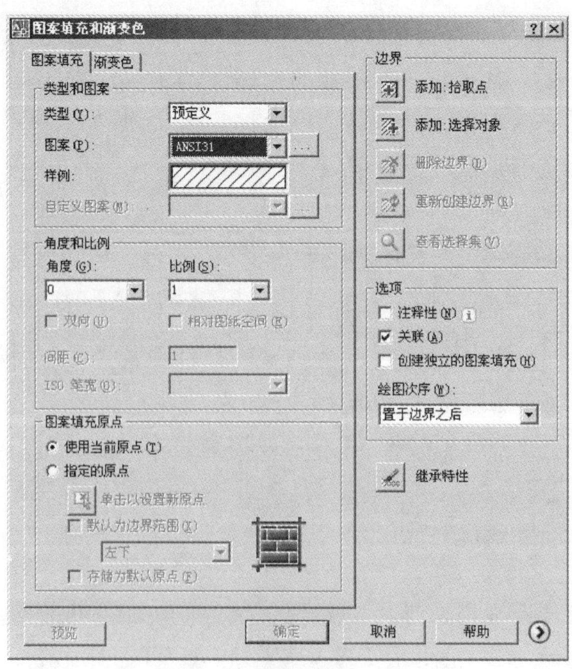

图 10－24　图案填充对话框

10.3　图形编辑命令

图形编辑命令如图 10-25、图 10-26 所示。

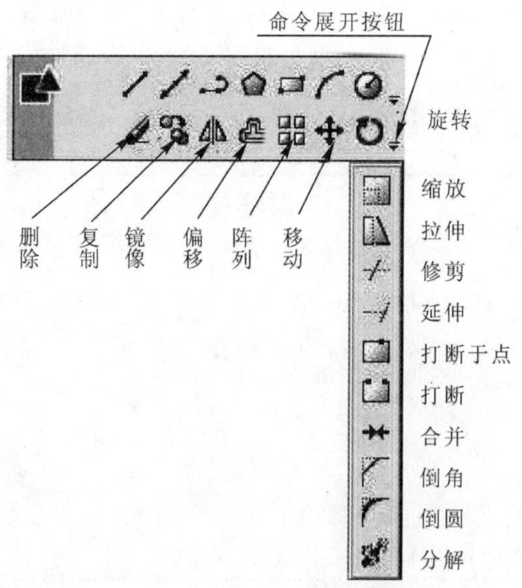

图 10-25　面板中的修改命令

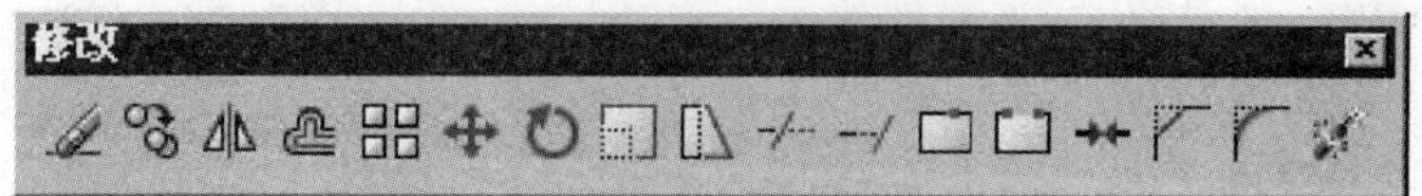

图 10-26　修改工具栏

10.3.1　选择对象

编辑对象前，先要创建对象的选择集。选择集可以包含单个对象，也可以包含更复杂的编组。创建选择集的方法如下：

(1)选择各种编辑命令，然后选择对象并按 Enter 键。

(2)输入 SELECT，然后选择对象并按 Enter 键。

(3)使用夹点编辑(如果夹点是打开的)，在启动命令前先选择对象时，AutoCAD 将用夹点标记被选中的对象("先选择后执行")。

选择对象有如下一些方法：

(1)使用交叉窗口：按下鼠标由右向左拉出窗口来选择对象，此时所有与窗口相交和重合的对象皆被选中。

(2)使用覆盖窗口：按下鼠标由左向右拉出窗口来选择对象，此时所有被窗口覆盖的对象皆被选中。

(3)在一组被选中的对象中，按下 Shift 键，用鼠标点击某对象可取消选择。

10.3.2 编辑对象特性

AutoCAD提供了两个可以很方便地编辑图层、颜色、线型和线宽等对象特性的工具。

1. “对象特性”工具栏

用户可用如图10-27所示“对象特性”工具栏上的控件按钮快速地查看或改变对象图层的颜色、线型、线宽。

图10-27 “对象特性”工具栏

2. “特性”窗口

在命令行中输入PROPERTIES或点击标准注释工具栏中的特性按钮时，AutoCAD显示“特性”窗口，如图10-28所示。

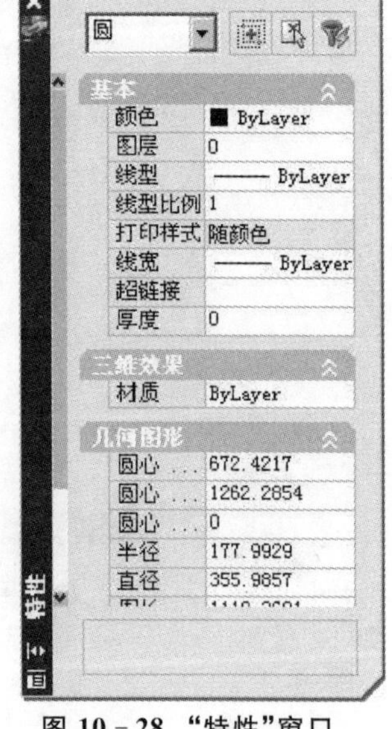

图10-28 “特性”窗口

10.3.3 复制

用复制命令可以在当前图形内复制单个或多个对象，也可以在其他应用程序与图形之间进行复制。

1. 图形内复制

需要在图形内复制对象时，先要创建一个选择集并为副本对象指定起点和到达点。

2. 用夹点多次复制

用户可以在任何夹点模式下创建多个副本对象。

3. 利用剪贴板复制

欲利用另一个AutoCAD图形中的对象或另一个应用程序创建的文件中的对象时，可以先将这些对象剪切或复制到剪贴板，然后将它们从剪贴板粘贴到图形中。

(1)粘贴对象：应用程序可以使用不同的内部格式存储信息。

(2)粘贴方法：从编辑菜单中选择粘贴，或者按Ctrl+V键之后，当前剪贴板上的对象便被粘贴到图形中。

10.3.4 偏移

如图10-29所示，以指定的距离偏移对象的步骤如下：

(1)从面板的二维绘图区选择“偏移”按钮(或在“修改”菜单中选择“偏移”、单击修改工具栏中的偏移按钮、在命令行输入OFFSET)。

(2)用定点设备指定偏移距离，或输入一个值。

(3)选择要偏移的对象。

(4)指定要偏移的边。

(5)选择另一个要偏移的对象,或按 Enter 键结束命令。

10.3.5　镜像

如图 10－30 所示,可围绕用两点定义的镜像轴线来创建对象的镜像。可以删除或保留原对象。镜像作用于与当前 UCS 的 *XOY* 平面平行的任何平面。

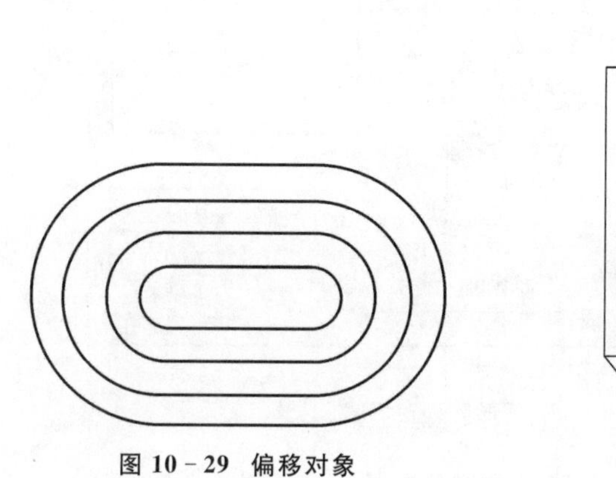

图 10－29　偏移对象

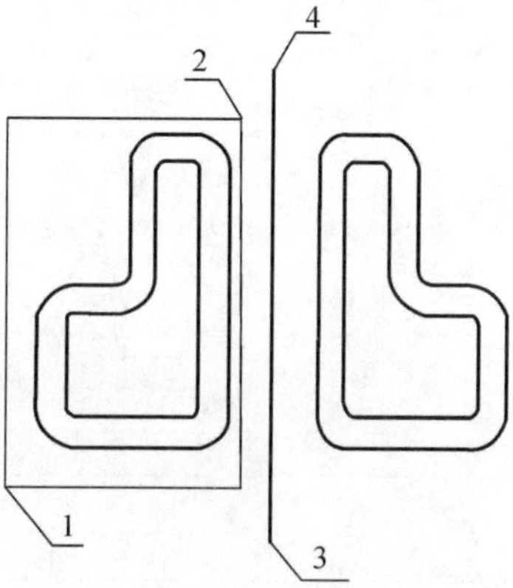

图 10－30　镜像图形

创建对象的镜像的步骤如下:

(1)从面板的二维绘图区上点击“镜像”按钮(或在“修改”菜单中选择“镜像”、单击修改工具栏中的“镜像”按钮、在命令行输入 MIRROR)。

(2)用窗口选择要创建镜像的对象(1 到 2)。

(3)指定镜像直线的第一点 3、第二点 4。

(4)按 Enter 键。

10.3.6　阵列

用阵列命令可以在环形或矩形阵列(图案)中复制对象或选择集。对于环形阵列,可以控制副本对象的数目和决定是否旋转对象。

1. 创建环形阵列

如图 10－31 所示是一个构造螺钉头和垫片环形阵列的例子,在排列时,是通过旋转副本对象来实现螺钉环形排列的。

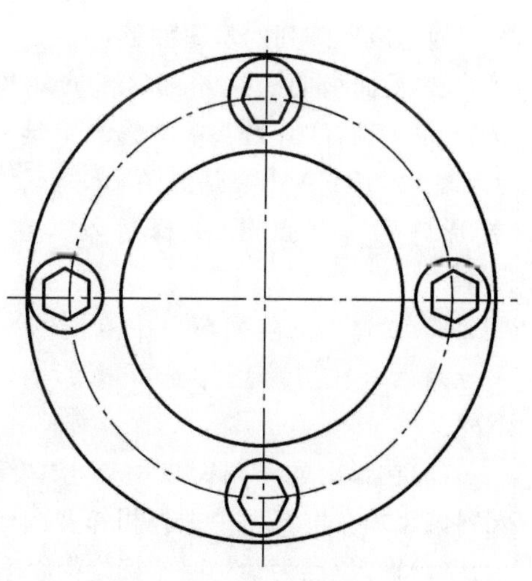

图 10－31　环形阵列

创建环形阵列的步骤如下:

(1)从面板的二维绘图区上点击“阵列”按钮(或在“修改”菜单中选择“阵列”、单击修改工具栏中的阵列按钮、在命令行输入 ARRAY)。从如图 10－32 所示弹出的窗口中选择“环形阵列”,点击“拾取中心”并在图中拾取阵列中心。

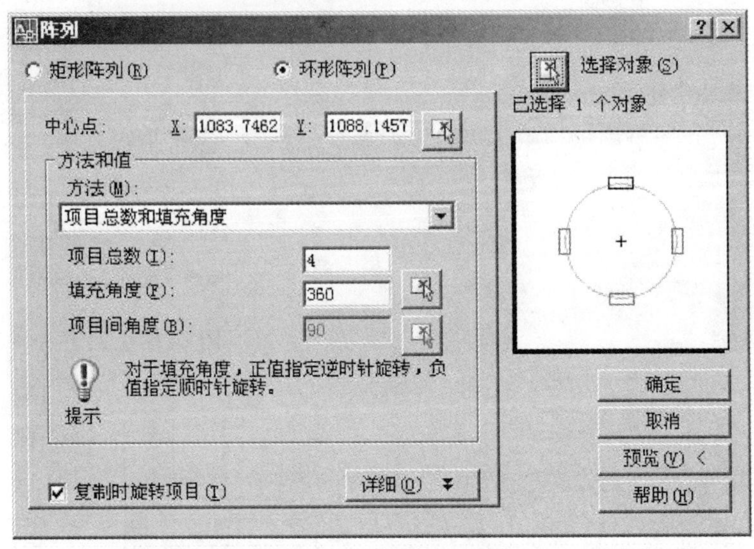

图 10－32 环形阵列窗口

(2)从弹出的窗口中点击“选择对象”,选择原对象并按 Enter 键。

(3)从弹出的窗口中填写阵列中元件的数目(其中包含原对象),输入阵列要填充的角度(0～360°,缺省值为 360°)。

(4)点击“预览”查看结果。

(5)按 Enter 键,即按对象的排列顺序旋转对象。

2. 创建矩形阵列

如图 10－33 所示为沉孔矩形阵列的示例,该阵列有两行两列。

创建矩形阵列的步骤如下:

(1)从面板的二维绘图区上点击“阵列”按钮(或在“修改”菜单中选择“阵列”、单击修改工具栏中的阵列按钮、在命令行输入 ARRAY)。从如图 10－34 所示弹出的窗口中选择“矩形阵列”,并点击“选择对象”,在图中选择沉孔,然后回车。

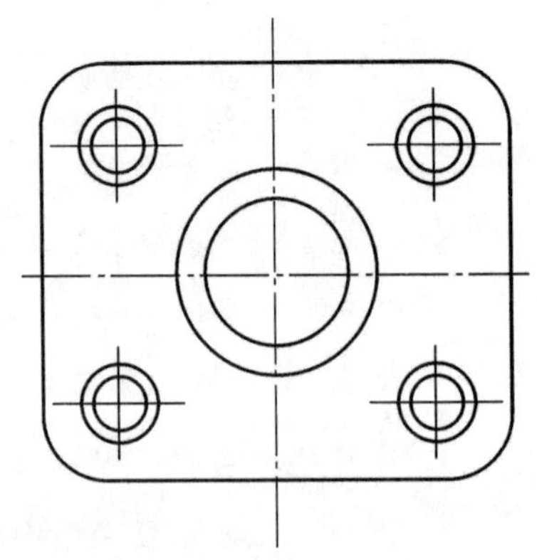

图 10－33 矩形阵列图

(2)在弹出的阵列窗口中点击“拾取行偏移”按钮(或输入行偏距),在屏幕图中选择相邻两图形中心作为行偏移距离。

(3)在弹出的阵列窗口中点击“拾取列偏移”按钮(或输入列偏距),在屏幕图中选择相邻两图形中心作为列偏移距离。

(4)输入行、列数,并按“确定”按钮,如图 10－34 所示。

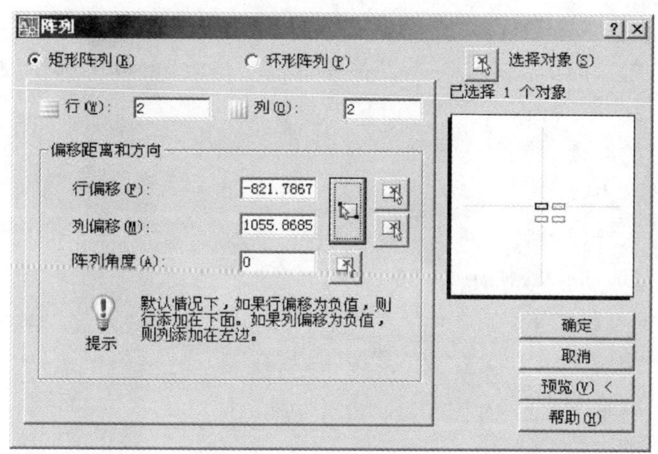

图 10－34　矩形阵列窗口

10.3.7　移动

移动对象的步骤如下：

(1)从面板的二维绘图区上点击“移动”按钮(或在“修改”菜单中选择“移动”、单击修改工具栏按钮、在命令行输入 MOVE)。

(2)选择要移动的对象。

(3)指定移动的基点,可以从键盘上输入移动基点的坐标或位移距离。

(4)指定第二个位移点。如果对此提示以空回车响应,则将刚才的输入作为移动距离移动对象。

10.3.8　旋转

一般旋转对象的步骤如下：

(1)从面板的二维绘图区上点击“旋转”按钮(或在“修改”菜单中选择“旋转”、单击修改工具栏中的旋转按钮、在命令行输入 ROTATE)。

(2)选择要旋转的对象。

(3)指定旋转的基点。

(4)指定旋转角度。

如图 10－35 所示是将一个图形旋转 45°的前、后情况。

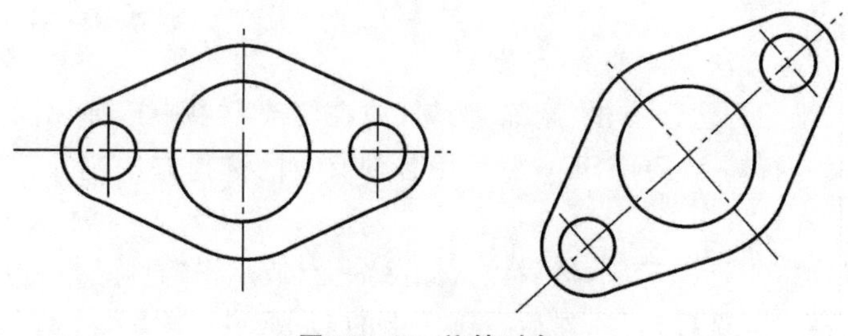

图 10－35　旋转对象

旋转复制对象的步骤如下：

(1)从面板的二维绘图区上点击“旋转”按钮(或在“修改”菜单中选择“旋转”、单击修改工具栏中的旋转按钮、在命令行输入 ROTATE)。

(2)选择要旋转的对象。

(3)指定旋转的基点。

(4)在命令行输入“c(复制)”,回车

(5)输入旋转角度,回车,如图 10－36 所示。

参照旋转对象的步骤如下：

(1)从面板的二维绘图区上点击“旋转”按钮(或在“修改”菜单中选择“旋转”、单击修改工具栏中的旋转按钮、在命令行输入 ROTATE)。

(2)选择要旋转的对象。

(3)指定旋转的基点。

(4)在命令行输入“R”,回车(或按右键选择 “参照”)。

(5)输入参照角度(或者某斜线的两端),如图 10－37 所示的 A,B 两点。

(6)输入新角度(如图 10－37 中的 10°),回车。

图中 α 为参照角度,$\alpha-10°$为参照旋转的角度。

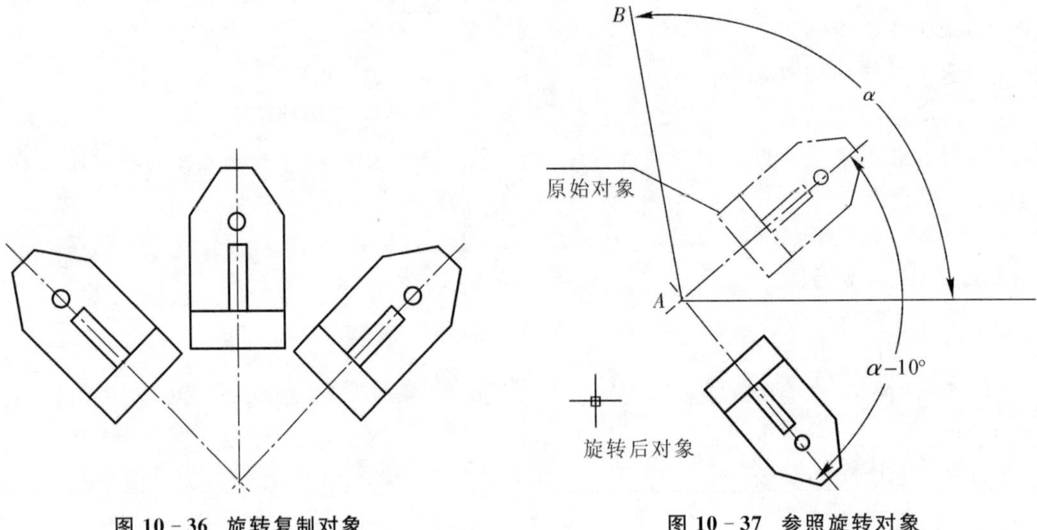

图 10－36 旋转复制对象　　图 10－37 参照旋转对象

10.3.9 删除

可以使用以下各种方法删除对象。

(1)从面板的二维绘图区上点击“删除”按钮(或在修改菜单中选择删除、单击修改工具栏中的删除按钮、在命令行输入 ERASE),然后用各种有效的选择方法选择欲删除的对象,最后按 Enter 键确认,则将对象删除。

(2)无命令执行时,先选择对象,然后输入删除命令(或点击“删除”按钮)。

(3)无命令执行时,先选择对象,然后按键盘上的 Delete 键。

10.3.10　拉伸

图 10－38 所示是拉伸一根轴上孔的位置的前、后对照。注意选择拉伸对象时要用交叉窗口进行选择(图中用虚线方框表示),拉伸过程中完全被包围在方框中的图形对象整体移动(如图中的孔轮廓、剖面线、波浪线等),与方框相交的图线(图中轴的轮廓线等)自动伸缩。

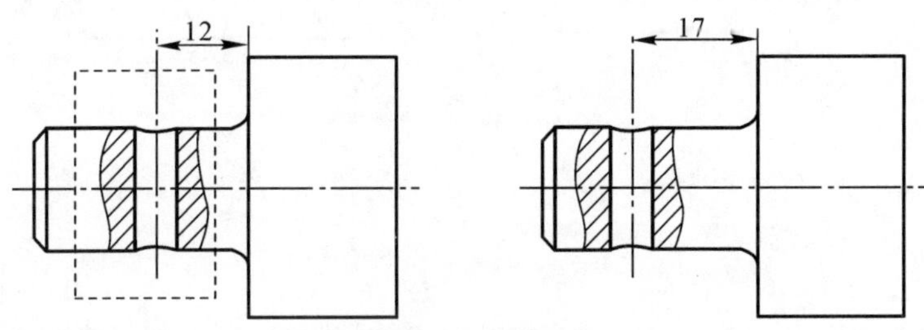

图 10－38　拉伸对象

拉伸对象的步骤如下:

(1)从面板的二维绘图区选择“拉伸”按钮(或在“修改”菜单中选择“拉伸”、单击修改工具栏中的拉伸按钮、在命令行输入 STRETCH)。

(2)用交叉选择框选择对象。

(3)指定基点。

(4)指定位移点。

10.3.11　比例缩放

利用比例因子缩放选择集的步骤如下:

(1)从面板的二维绘图区选择“缩放”按钮(或在“修改”菜单中选择“缩放”、单击修改工具栏中的缩放按钮、在命令行输入 SCALE)。

(2)选择要缩放的对象。

(3)指定基点。

(4)输入比例因子,回车。

10.3.12　延伸

延伸对象的步骤如下:

(1)从面板的二维绘图区选择“延伸”按钮(或在“修改”菜单中选择“延伸”、单击修改工具栏中的延伸按钮、在命令行输入 EXTEND)。

2)选择作为边界的对象并按 Enter 键。

3)选择要延伸的对象,按 Enter 键结束命令。

如图 10－39 所示的图例中,将两条直线和一个圆弧延伸到一条边界。

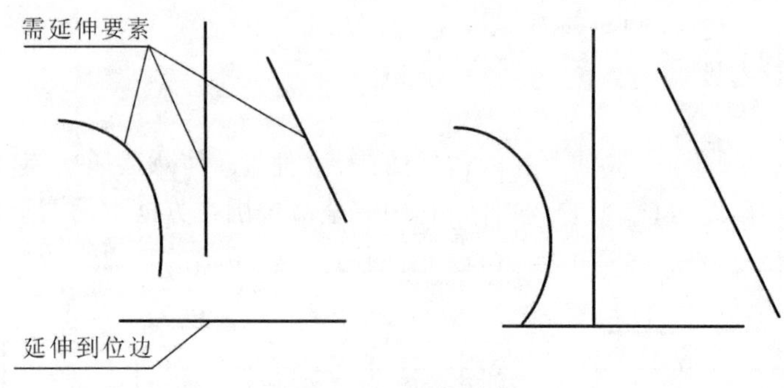

图 10-39 延伸对象

10.3.13 改变长度

改变长度的方法除了夹点状态下动态拖动对象的端点外，还有如下修改对象长度的方法：

(1)从“修改”菜单中选择“拉长”(或命令行 LENGTHEN)。

系统给出提示：

选择对象或[增量(DE)/百分数(P)/全部(T)/动态(DY)]：

(2)选择对象，系统报告长度。如果是圆弧对象，还会报告包含角。输入其他选项可选择某种改变对象长度的方式。

10.3.14 修剪

用修剪命令可以在一个或多个对象定义的边上精确地修剪对象。作为边界的边或剪切边定义的对象不能与正在修剪的对象相交，可以修剪到隐含交点。剪切边可以是直线、圆弧、圆、多段线、椭圆、样条曲线、构造线、射线和图纸空间中的视口。对于设定宽度的多段线，剪切是沿着中心线进行的。

如图 10-40 所示，修剪对象的步骤如下：

(1)从面板的二维绘图区单击“修剪”按钮(或在“修改”菜单中选择“修剪”、单击修改工具中的修剪栏按钮、在命令行输入 TRIM)。

(2)选择两条直线作为剪切边，按 Enter 键，结束剪切边选择。

(3)点击两边圆弧作为需要除掉的部分，按 Enter 键，结束命令。

(4)以直线和圆作为剪切边，点击除掉部分。

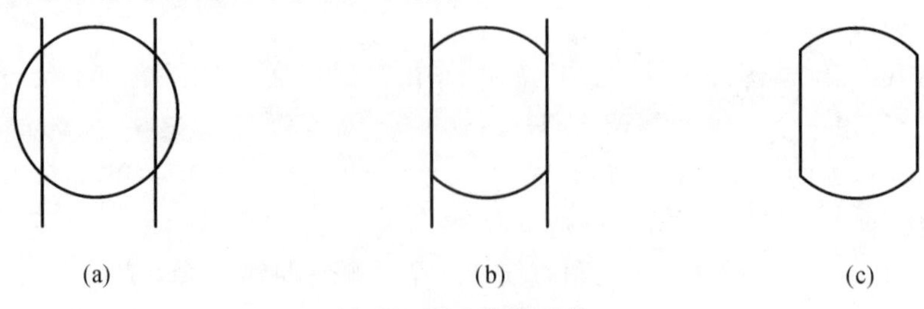

图 10-40 修剪对象

(a)原图；(b)直线作为修剪边；(c)互为修剪边

10.3.15　打断于点

打断对象的步骤如下：

(1)从面板的二维绘图区选择“打断于点”按钮(或单击修改工具栏中的“打断于点”按钮)。

(2)选择要打断的对象。

(3)在对象上指定打断点。

10.3.16　打断

用 BREAK(打断)命令可删除对象的一部分。可以打断直线、圆、圆弧、多段线、椭圆、样条曲线、参照线和射线。

打断对象的步骤如下：

(1)从面板的二维绘图区选择“打断”按钮(或在“修改”菜单中选择“打断”、单击修改工具栏中的打断按钮、在命令行输入 BREAK)。

(2)选择要打断的对象。在缺省情况下，在对象上选择的点将成为第一个打断点。

(3)在对象上指定第二个打断点。

10.3.17　合并与分解

1. 合并对象

如图 10-41 所示，合并对象的步骤如下：

(1)从面板的二维绘图区选择“合并”按钮(或在“修改”菜单中选择“合并”、单击修改工具栏中的“合并”按钮)。

(2)选择需要合并的同位两线或同心圆弧，按 Enter 键或按鼠标右键一次。

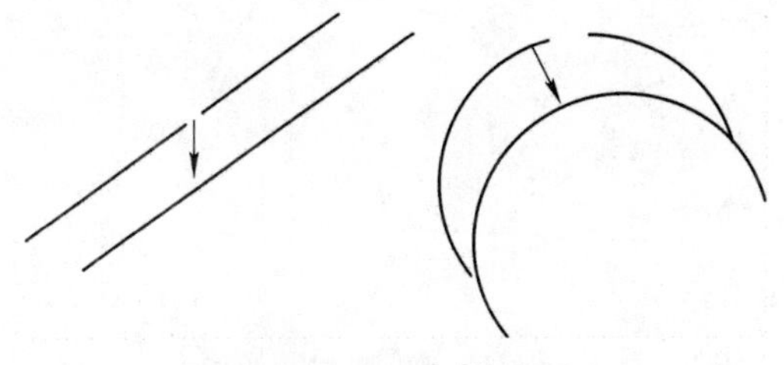

图 10-41　合并对象

2. 分解对象

(1)从“修改”菜单中选择“分解”(或单击修改工具栏中的分解按钮、在命令行输入 EXPLODE)。

(2)选择要分解的对象。

一个被分解的对象看起来与原有对象没有任何不同，但其颜色、线型和线宽可能改变。分解多段线时，AutoCAD 将清除关联的宽度信息。生成的直线和圆弧将遵循多段线的中心位置设置。

10.3.18 倒角

用倒角命令将连接两个非平行的对象，通过延伸或修剪使它们相交或利用斜线连接。可以为直线、多段线、参照线和射线加倒角。

倒角的步骤如下：

(1)从“修改”菜单中选择“倒角”(或单击修改工具栏中的倒角按钮、在命令行输入CHAMFER)。通过命令行“[多段线(P)/距离(D)/角度(A)/修剪(T)/方式(M)/多个(U)]”的这些选项改变倒角距离或倒角角度等。

(2)选择第一条倒角直线。

(3)选择第二条倒角直线。

10.3.19 倒圆

倒圆就是用一个指定半径的圆弧光滑地连接两个对象，此命令的操作概念和方法都与倒角命令的操作相同。倒圆弧命令还可以对圆、圆弧或椭圆应用。

给两条直线段倒圆角的步骤如下：

(1)从“修改”菜单中选择“圆角”(或单击修改工具栏中的倒圆按钮、在命令行输入FILLET)。通过命令行“[多段线(P)/半径(R)/修剪(T)/多个(U)]”的提示，改变圆角半径等。

(2)选择第一条直线。

(3)选择第二条直线。

图10-42(b)所示为修剪方式下，对图10-42(a)所示对象倒圆后的结果。图10-42(c)所示为不修剪方式下，对图10-42(a)所示对象倒圆后的结果。

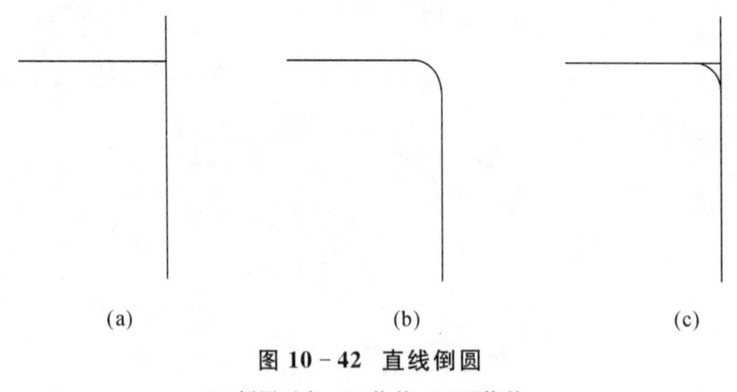

图10-42 直线倒圆

(a)倒圆对象；(b)修剪；(c)不修剪；

10.4 图层和对象特性

10.4.1 概述

图层就像是透明的覆盖图，运用它可以很好地组织不同类型的图形信息。创建的对象所具有的特性包括颜色、线型和线宽等。对象可以直接使用其所在图层定义的特性，也可以专门给各个对象指定特性。颜色有助于区分图形中相似的元素，线型则易于区分不同的绘图元素(例如中心线或隐藏线)。线宽用来表现对象的大小或类，提高了图形的表达能力和可读性。组织图层和图层上的对象使得处理图形中的信息更加容易。

10.4.2　使用图层

任何图形对象都是绘制在图层上的。该图层可能是缺省图层，或者是自己创建和命名的图层。每个图层都有与其相关联的颜色、线型、线宽和打印样式。可以用图层将图形中的对象分组，同时用不同的颜色、线型和线宽识别不同对象。

1. 创建和命名图层

可以为在设计概念上相关的一组对象(例如块或标注)创建和命名图层，并为这些图层指定通用特性。将对象分类放到各自的图层中，可以更方便、更有效地进行编辑和管理。

创建新图层的步骤如下：

(1)从面板的图层区点击“图层特性管理器”或从“格式”菜单中选择“图层”。

(2)如图 10－43 所示，在“图层特性管理器”中选择“新建”。新图层将以临时名称“图层1”显示在列表中。

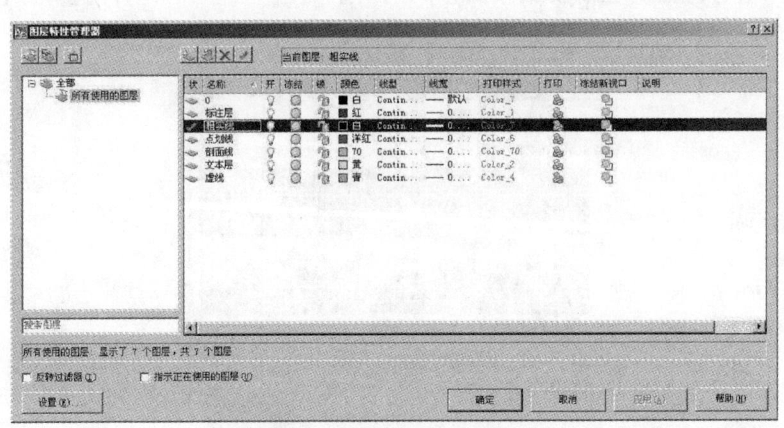

图 10－43　图层特性管理器

(3)输入新的名称。

(4)若要创建多个图层，可再次选择“新建”，输入新的图层名，按 Enter 键。

(5)点击“确定”按钮。

2. 使图层成为当前图层

绘图操作总是在当前图层上进行的。将某个图层设置为当前图层后，可以从中创建新对象。

使图层成为当前图层的方法是在“图层特性管理器”中选择一个图层，然后选择“当前”即可。在“图层特性管理器”中双击一个图层名也可以将其设置为当前图层。

3. 使对象的图层成为当前图层

要使与某个对象相关联的图层成为当前图层，应先选择该对象，然后在“对象特性”工具栏上选择“把对象的图层置为当前”，于是，所选择对象的图层则变为当前图层。

4. 控制图层的可见性

AutoCAD不显示也不打印绘制在不可见图层上的对象。在图形中，被冻结或关闭的图层是不可见的。

5. 使用图层特性

在图形中，既可为单个对象指定特性，也可以为图层指定特性。在图层上绘图时，新对象的缺省设置是随层的颜色、线型、线宽和打印样式。也可随时在如图 10－44 所示“图层特性”中更改。

图 10－44 图层特性工具栏

10.4.3 更改图层颜色

可以指定图层的颜色，也可指定图形中单个对象的颜色，设置当前颜色的步骤如下：

(1)打开图层管理器。在需要更改颜色的图层上点击“颜色”框打开“选择颜色”对话框，如图 10－45 所示。

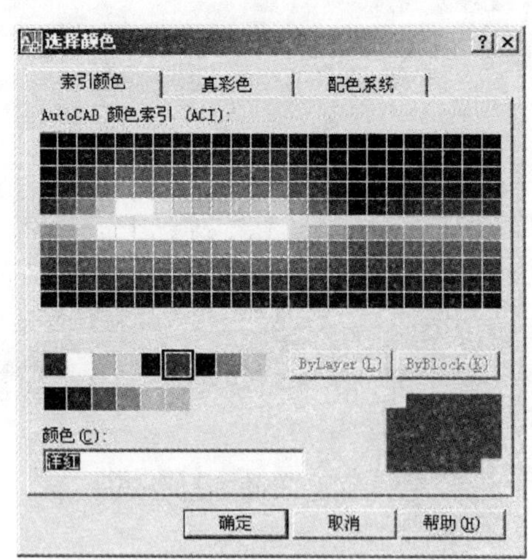

图 10－45 选择颜色对话框

(2)在“选择颜色”对话框中选择一种颜色。

(3)选择“确定”。

(4)点击“图层管理器”上的“确定”按钮。

10.4.4 更改图层线型

线型是点、横线和空格按一定规律重复出现形成的图案。加载线型的步骤如下：

(1)打开图层管理器。在需要更改线型的图层上点击“线型”处，打开“选择线型”对话框，如图 10－46 所示。

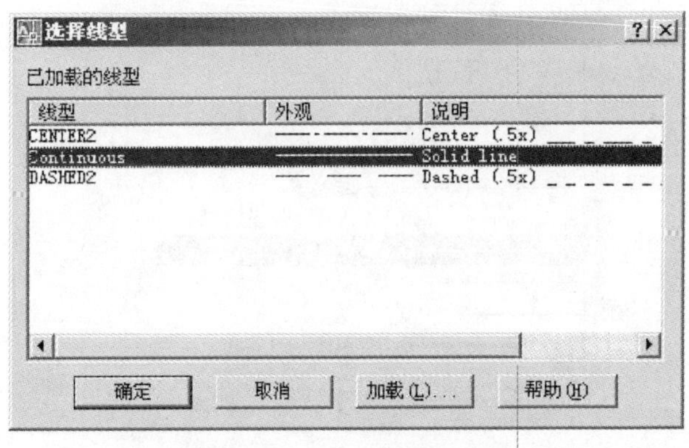

图 10－46　选择线型窗口

(2)在“选择线型”对话框中选择“加载”按钮，打开“加载或重载线型”窗口，如图 10－47 所示。

(3)在“加载或重载线型”对话框中选择一个或多个要加载的线型，然后选择“确定”。

(4)在“选择线型”对话框中选择需要的线型，然后单击“确定”按钮。

(5)在“图层特性管理器”(见图 10－43)中单击“确定”。

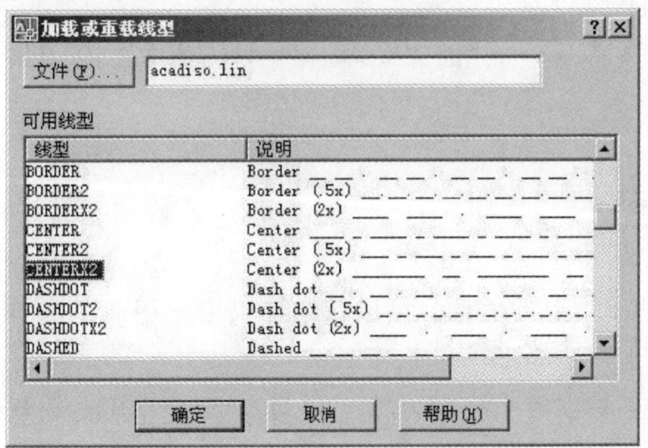

图 10－47　加载或重载线型窗口

10.4.5　更改图层线宽

线宽可增加屏幕上和图纸上对象的宽度。使用线宽，可以用粗线和细线清楚地表现出部件的截面，标高的深度，尺寸线和标记，以及不同的对象厚度。具有线宽的对象以指定的线宽值打印，线宽的显示在模型空间和图纸空间布局中是不同的，在模型空间中，线宽按像素显示线宽；而在图纸空间布局中，线宽以实际打印宽度显示。

加载线型的步骤如下：

(1)打开“图层管理器”。在需要更改线宽的图层上点击“线宽”处，打开“线宽”对话框，如图 10－48 所示。

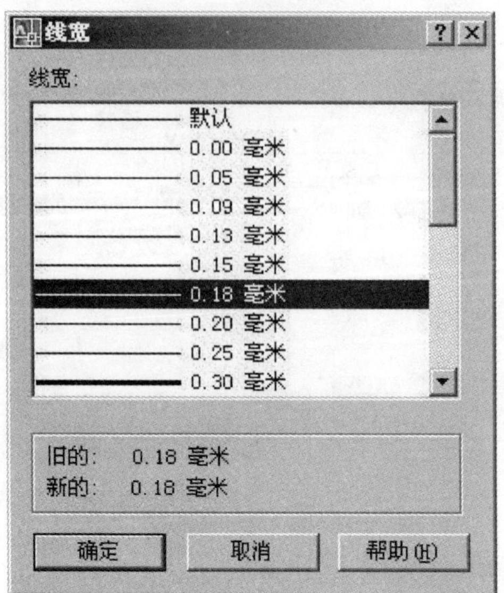

图 10-48 线宽窗口

(2)选择合适的线宽,按“确定”按钮。

(3)在“图层特性管理器”中单击“确定”。

10.5 输入文字和创建表格

10.5.1 概述

图形中的文字表达了重要的信息。可以在标题块中使用文字,还可以用文字标记图形的各个部分、提供说明或进行注释。

AutoCAD 提供了多种创建文字的方法。对简短的输入项使用单行文字,对带有内部格式的较长的输入项使用多行文字。虽然所有输入的文字都可使用当前文字样式建立缺省字体和格式设置,但也可自定义文字外观。

除文字外,AutoCAD 2007 以后版本都增加了表格的插入,对创建标题栏,绘制图形中必须的表格提供了方便,而且它像办公软件中的表格一样容易创建。

10.5.2 处理文字样式

AutoCAD 图形中的所有文字都有与之相关联的文字样式。当输入文字时,AutoCAD 使用当前的文字样式,该样式设置字体、字号、角度、方向和其他文字特性。可以创建多种在图形中使用的文字样式。用 AutoCAD 设计中心可以把创建好的文字样式复制到其他图形中,实现文字样式的重复使用。

从面板文字区中选择“文字样式”按钮(或从“格式”菜单中选择“文字样式”),打开“文字样式”对话框，如图 10－49 所示，利用对话框便可设置文字样式。

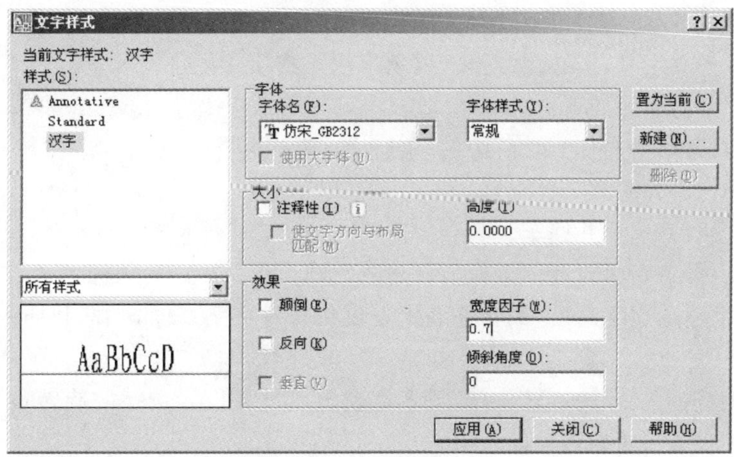

图 10－49　文字样式对话框

(1)在打开的“文字样式”对话框中单击“新建”按钮，进行样式命名。

(2)选择“字体名”，“高度”通常为“0”，填写其他参数。

(3)点击“应用”“关闭”。

10.5.3　使用单行文字

对于不需要使用多种字体的简短内容(如标签)，可使用“TEXT”(单行文本)命令创建单行文字。使用 MTEXT(多行文本)命令则可创建较长的、复杂的多行文字。

1. 创建单行文字

创建单行文字的步骤如下：

(1)从面板的文字区点击“单行文本”按钮(或从“绘图”菜单中选择“文字”中的“单行文字”)。

(2)在屏幕上指定第一个字符的插入点。输入文字高度并回车。

(3)从键盘上输入文字倾斜的角度(默认为 0)并回车。

(4)输入文字，按 Enter 键结束此行文字，开始下一行。

(5)在一个空行上按 Enter 键，结束创建文字的操作。

2. 设置单行文字格式

可以使用命令行选项在创建文字时设置其格式，也可从“绘图”菜单中选择“文字”中的“单行文字”。

命令行提示：

指定文字的起点或[对正(J)/样式(S)]：

“对正”决定文字行中的字符如何与插入点对齐。

选择“对正”后，将提示多种对正方式，选择其中的某一个可使整行文字的右下角、底线中点、整行文字的中间点等与输入点对齐。默认的对齐方式为左下角对齐。

“样式”为正在使用的文字字型。若要使用某种字型，必需先设置利用此字型的样式。

3. 对齐单行文字

创建文字时，可以使它们水平对齐。即根据对齐选项之一对齐文字。缺省设置为左对齐。因此在需要左对齐文字时，不必在“对正”提示下输入选项。

对齐单行文字的步骤如下：

(1)从“绘图”菜单中选择“文字”中的“单行文字”。

(2)输入 j(对正)并回车。

(3)输入一个对齐选项并回车。

(4)通过定点设备指出对齐信息，也可以在命令行上输入 X,Y 坐标。

(5)从键盘上输入文字高度，或者拖动定点设备设置文字高度，光标和插入点之间的距离表明文字的高度。

(6)从键盘上输入文字的旋转角度，或者拖动定点设备设置文字的旋转角度，光标和插入点之间的角度表明文字的旋转角度。

(7)输入文字，按 Enter 键，结束此行文字，开始下一行。

(8)在一空行处按 Enter 键，结束创建文字。

4. 给单行文字指定样式

图形中的所有文字都有与之关联的样式，用以设置字体、字号、角度、方向和其他文字特性。

创建单行文字时指定样式的步骤如下：

(1)从“绘图”菜单中选择“文字”中的“单行文字”。

(2)输入 s(样式)并回车。

(3)在“输入样式名”提示下输入现有样式名。或者输入“?”查看可用样式的列表，然后输入样式名。

(4)若需继续创建文字，可按上述“创建单行文字的步骤”，从步骤(2)开始。

5. 修改单行文字

与任何其他对象一样，可以移动、旋转、删除和复制单行文字对象。也可以镜像或制作反向文字的副本。文字对象也有用于拉伸、缩放和旋转的夹点。单行文字在基线左下角和对齐点处有夹点。命令的效果取决于所选择的夹点。

(1)编辑单行文字内容的步骤如下：

1)从“修改”菜单中选择“文字”(或者选择要编辑的单行文字对象，在绘图区域单击右键，选择“编辑文字”)。

2)选择要编辑的单行文字。每行文字都是独立的对象，因此每次只能编辑一行。

3)在“编辑文字”对话框中输入新文字，选择“确定”。

4)选择要编辑的另一个文字对象，或者按 Enter 退出命令。

(2)修改单行文字对象特性的步骤如下：

1)从“修改”菜单中选择“对象特性”。

2)选择一个单行文字对象。

3)在“特性”窗口中修改文字内容和其他特性。这些修改会影响文字对象中的所有文字。

4)选择“确定”。

10.5.4 使用多行文字

对于较长、较为复杂的内容，可用 MTEXT(多行文本)创建多行文字。多行文字可布满指定宽度，同时还可以在垂直方向上无限延伸。

1. 创建多行文字

在面板的文字区点击“多行文字”按钮(或绘图工具栏上的“多行文字”按钮、在命令行输入“MTEXT”并回车)打开“文字格式”窗口。

使用缺省特性和格式创建多行文字的方法及步骤如下：

(1)从“绘图”菜单中选择“文字”中的“多行文字”。

(2)在“指定第一角点”提示下，用鼠标指定角点。

(3)在下一个提示中，用鼠标指定边界框的对角点(拉对角时边界框中的箭头在当前对正设置的基础上指出输入文字的走向)，或者在命令行中输入宽度值。

在指定了边界框的第二角点后，出现“文字格式”，如图 10－50 所示。

(4)在“文字格式”对话框中输入文字。超出边界框宽度的文字将被折到下一行。

(5)要词语或字符的格式时，可在选择该词语或字符后单击对应的按钮。

(6)若要使用分数、公差等，可使用堆叠文字。使用方法为先输入文字的全部内容(如1/3)，选中该部分内容，堆叠按钮自动显亮，单击此按钮即可。

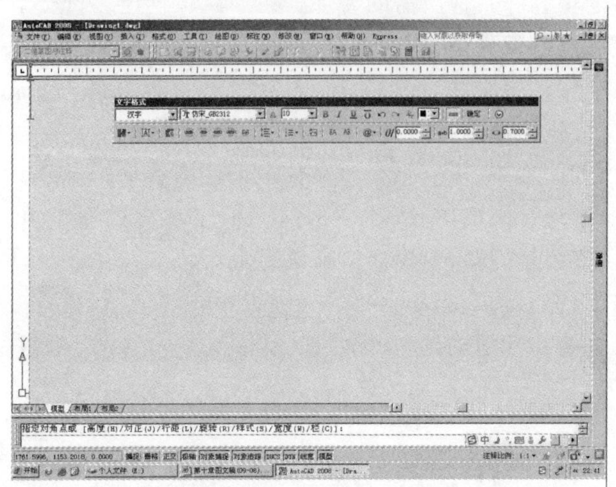

图 10－50 多行文字编辑器

(7)在 AutuCAD 2007 以后的版本中大大增强了文本的编辑性，如文字的对齐，增加上画线、下画线，加深、倾斜、分栏、插入符号等等。

(8)选择“确定”。

2. 设置多行文字的格式

在“文字格式”中新创建的文字自动应用当前文字样式的特性。可以通过以下三种方法修改多行文字的样式：

(1)在“文字格式”中，修改选中的文字或为文字对象的样式。

(2)修改当前文字样式。

(3)也可以在“特性”窗口中编辑多行文字的内容,修改其特性。

在“文字格式”中格式化现有的多行文字的步骤如下:

(1)选择要编辑的多行文字对象,按右键选择“编辑多行文字”。

(2)在“文字格式”中,亮显要编辑的文字。

(3)根据需要,输入新的文字。

(4)使用格式选项修改字体、文字高度、斜体和颜色。

(5)选择“确定”。

利用对象“特性”也可修改多行文字对象:选中多行文字对象,点击“标准工具栏”上的“特性”按钮对多行文字对象上样式、宽度、对正和行距等进行更改。

3. 修改多行文字的位置

若要移动多行文字,可以使用拖放、移动命令。

4. 使用外部文本文件

使用外部文本文件就是将其他字处理器或电子表格程序创建的文本文件输入到 AutoCAD 图形中,或者从 Microsoft Windows 资源管理器中拖放文件。

(1)输入文本文件,输入文本文件的步骤如下:

1)从“绘图”菜单中选择“文字”中的“多行文字”。

2)指定文字边界的位置和其他所需的特性(参见本节“创建多行文字”)。

3)在“文字格式”中按右键选择“输入文字”

4)在打开的对话框中选择文件,然后选择“打开”。

5)根据需要,对文字进行修改,然后选择“确定”。

(2)将文本文件拖到图形中,可以将文本文件拖动到图形中。

从 Windows 资源管理器用拖动方式插入文本文件的步骤如下:

1)打开 Windows 资源管理器,要确保窗口没有最大化。

2)显示包含所需文件的目录。

3)将一个文本文件的图标拖动到 AutoCAD 图形上。

4)要想移动文字对象,可单击该对象然后拖动它。

10.6 尺 寸 标 注

10.6.1 概述

无论用多精确的比例打印图形,都不足以向生产人员传达足够的设计信息。所以通常要添加注释,标记对象的测量值,注明对象间的距离和角度等。

标注就是向图形中添加测量注释。AutoCAD 提供许多标注样式及设置标注格式的方法。可以在各个方向上为各类对象创建标注,也可以方便快速地以一定格式创建符合行业或项目标准的标注。

10.6.2　标注的概念

设计过程通常分为绘图、注释、查看和打印四个阶段。

AutoCAD 提供了多种标注样式和多种设置标注格式的方法。可以指定所有图形对象和形的测量值，可以测量垂直和水平距离、角度、直径和半径，创建一系列从公共基准线引出的尺寸线，或者采用连续标注。图 10－51 所示是一些标注的样例。

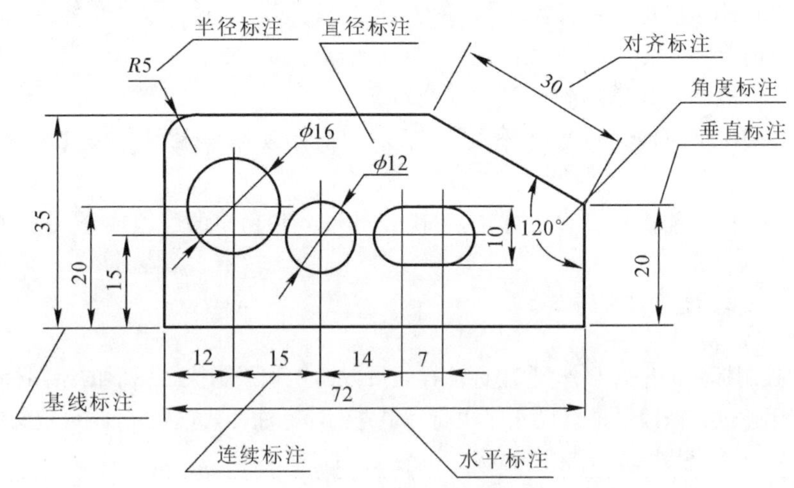

图 10－51　标注样例

10.6.3　创建标注

AutoCAD 提供了多种标注用于测量设计对象。开始进行标注时，可以用面板上的标注区、“标注”菜单或工具栏（用右键单击任意工具栏，可以显示“标注”工具栏，然后选择“标注”），或者在命令行中输入标注命令。

面板上的标注区如图 10－52 所示、“标注”工具栏如图 10－53 所示。

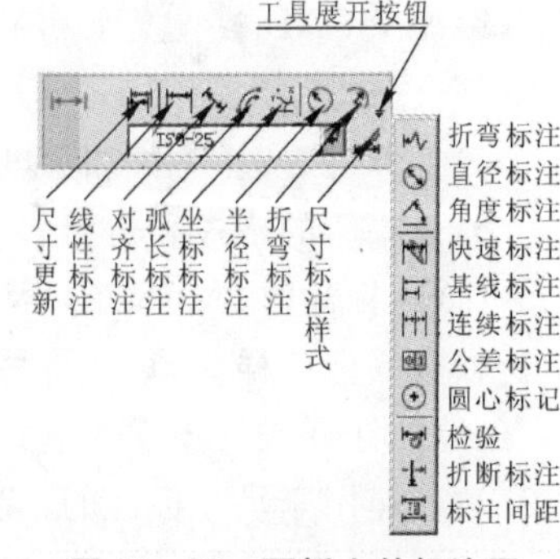

图 10－52　面板上的标注区

图 10－53　标注工具栏

线性：测量并标注两点间的直线距离。包含的选项可以创建水平、垂直或旋转线性标注。

对齐：创建尺寸线平行于尺寸界线原点的线性标注。此标注创建对象的真实长度测量值。

弧长：测量并标注两点间的圆弧长度。

坐标：创建标注，显示从给定原点测量出来的点的 X 或 Y 坐标。

半径：测量并标注圆或圆弧的半径。

圆弧折弯：对于大半径或圆心不便显示的圆弧进行半径折弯尺寸标注。

直径：测量并标注圆或圆弧的直径。

角度:测量并标注角度。

快速标注:通过一次选择多个对象,创建标注阵列,例如基线、连续和坐标标注。

基线:创建一系列线性、角度或坐标标注,都从相同原点测量尺寸。

连续:创建一系列连续的线性、对齐、角度或坐标标注。每个标注都从前一个或最后一个选定的标注的第二个尺寸界线处创建,共享公共的尺寸线。

间距调整:可以自动调整平行的线性标注和角度标注之间的间距。

打断:可以在尺寸线或尺寸界线与几何对象或其他标注相交的位置将其打断。

公差:创建并标注形位公差标注。

圆心标记:创建圆心和中心线,指出圆或圆弧的圆心。

检验:可以将检验标注添加到现有的标注对象中。

线性折弯修改:可以向线性标注添加折弯线,以表示实际测量值与尺寸界线之间的长度不同。

在创建标注时,可能要用到多个方法,可随设计任务和用户的经验或个人偏好而定。

10.6.4 创建标注样式

标注样式控制标注的格式和外观,用标注样式可以建立和强制执行图形的绘图标准,并便于对标注格式及其用途进行修改。进行尺寸标注前一定先创建标注样式,标注样式可定义以下内容:

(1)尺寸线、尺寸界线、箭头和圆心标记的格式和位置;

(2)标注文字的外观、位置和格式;

(3)AutoCAD 放置文字和尺寸线的管理规则;

(4)全局标注比例;

(5)主单位、换算单位和角度标注单位的格式和精度;

(6)公差值的格式和精度。

在创建标注时,AutoCAD 使用当前的标注样式。AutoCAD 中"ISO(国际标准化组织)—25"是缺省的标注样式,直到将另一种样式设置为当前样式为止。

创建标注样式的步骤如下:

(1)创建用于尺寸标注的"文字样式"(字体名为:gbeitc),如图 10 - 54 所示。

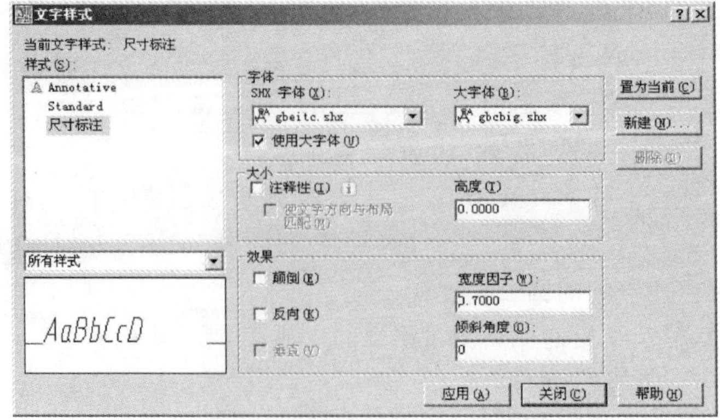

图 10 - 54 尺寸标注文字样式

(2)从“格式”菜单中选择“标注样式”。打开如图 10－55 所示“标注样式管理器”。除了创建新样式外,还可以执行其他许多样式管理任务。

(3)在“标注样式管理器”中,选择“新建”。

(4)在“创建新标注样式”对话框中,输入新样式名。

(5)选择要用作新样式的起点样式。

(6)指出要使用新样式的标注类型,如图 10－56 所示。

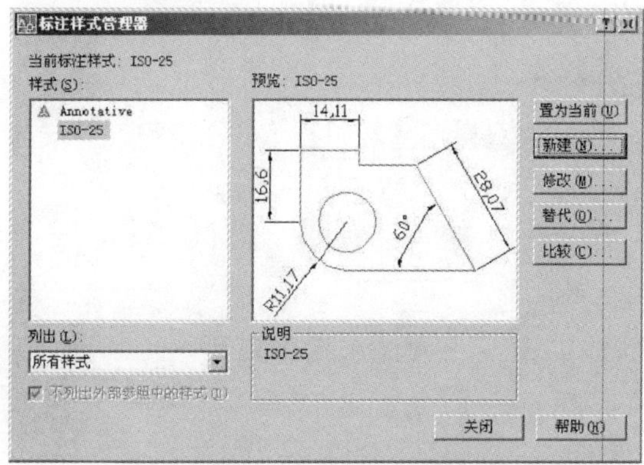

图 10－55　标注样式管理器(一)

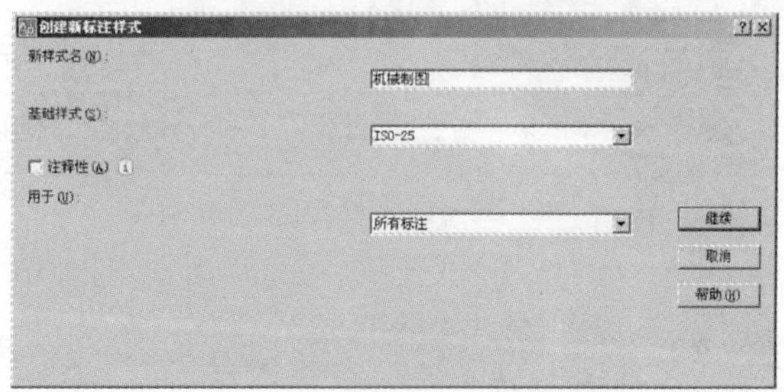

图 10－56　创建新标注样式

(7)选择“继续”打开如图 10－57 所示的对话框,并进行参数更改。

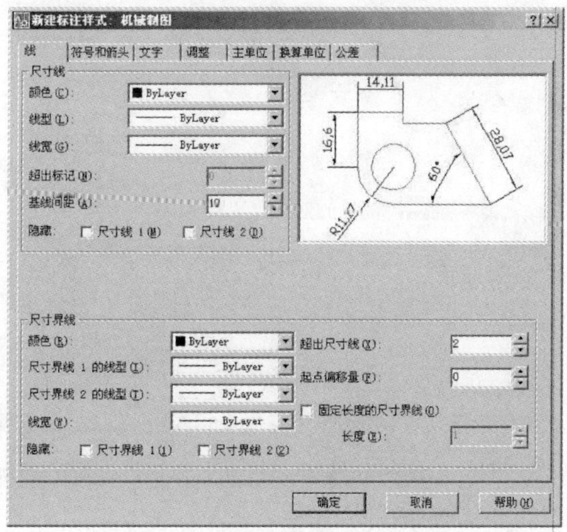

图 10－57　新建标注样式:机械制图

(8)在“新建标注样式:机械制图”对话框中,可选择下列选项卡进行新样式的标注设置。

“线”选项卡:设置尺寸线、尺寸界线,如图 10－57 所示。

“符号和箭头”选项卡:设置如图 10－58 所示。

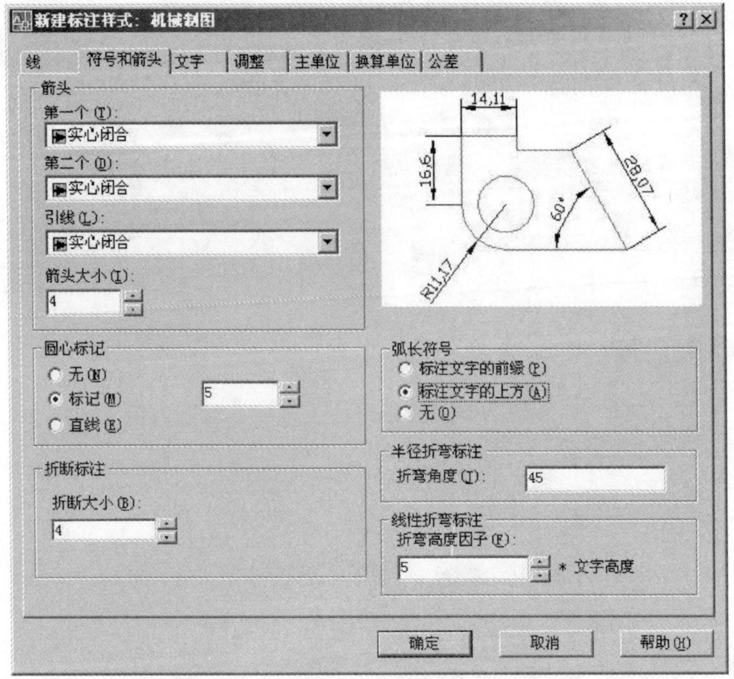

图 10－58　新建标注样式:符号和箭头

“文字”选项卡:设置标注文字的外观、位置、对齐和移动方式,如图 10－59 所示。

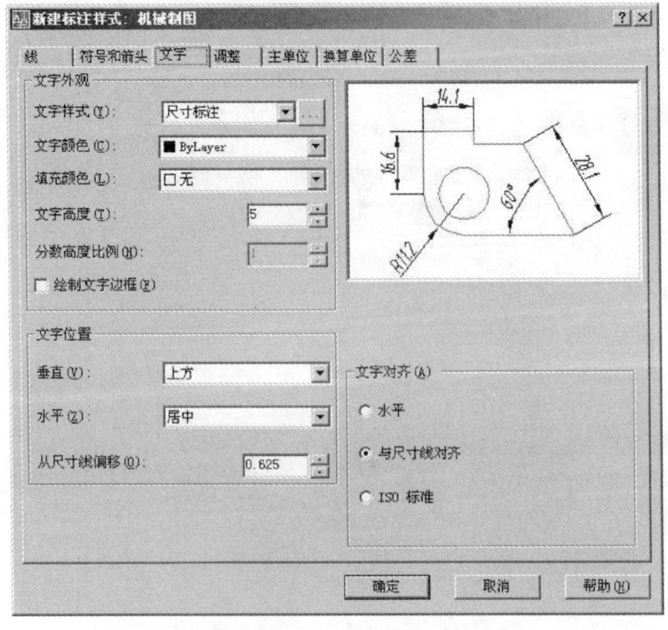

图 10－59　新建标注样式:文字

“调整”选项卡：设置控制 AutoCAD 放置尺寸线、尺寸界线和文字的选项。同时还定义全局标注比例。

“主单位”选项卡：设置线性和角度标注单位的格式和精度，如图 10－60 所示。

“换算单位”选项卡：设置换算单位的格式和精度。

“公差”选项卡：设置尺寸公差的值和精度。

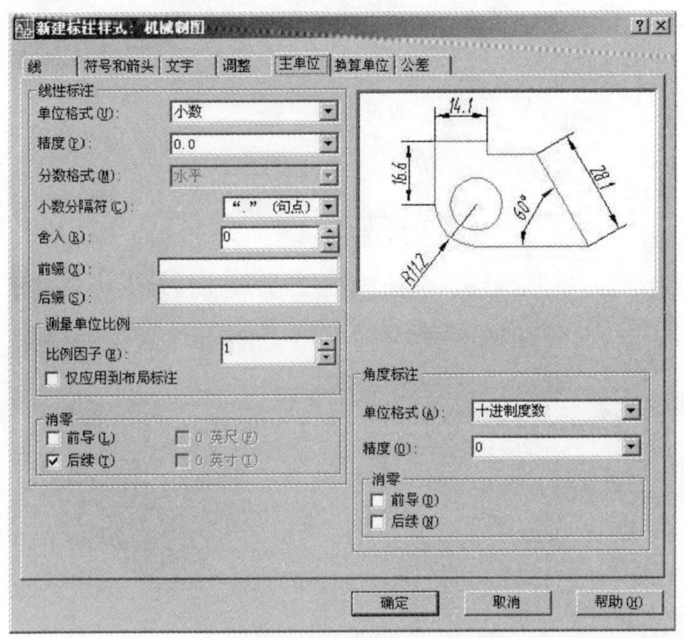

图 10－60　新建标注样式：主单位

(9)在“新建标注样式”对话框的选项卡中完成修改之后，选择“确定”。如图 10－61 所示，如果设置完毕，则选中“机械制图”总样式，点击“置为当前”，点击“关闭”。

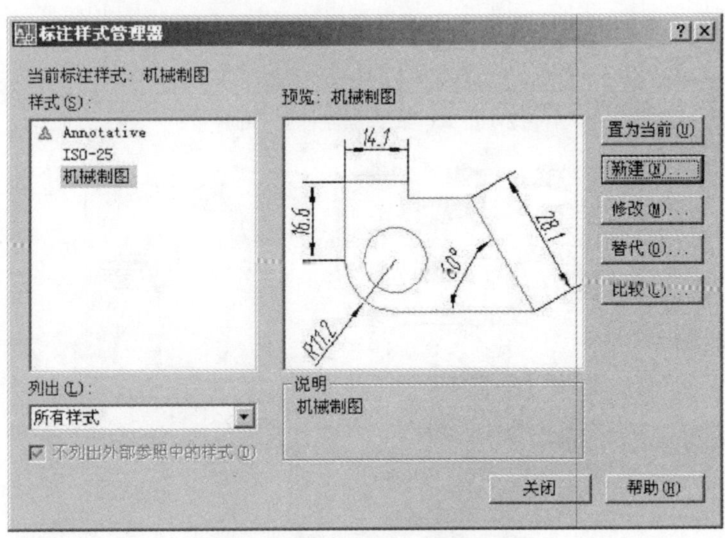

图 10－61　标注样式管理器(二)

如需修改,此时点击"修改"按钮。另外,在"机械制图"总样式的基础上还可以创建"子样式",具体操作如下:

(1)在图 10-61 基础上,选中"机械制图"总样式,点击"新建"设置,如图 10-62 所示。

图 10-62 创建新标注样式

(2)点击"继续"按钮,打开对话框,选择"文字"选项卡并按图 10-63 所示设置;点击"确定"后,如图 10-64 所示;以此还可创建其他子样式,如图 10-65 所示。

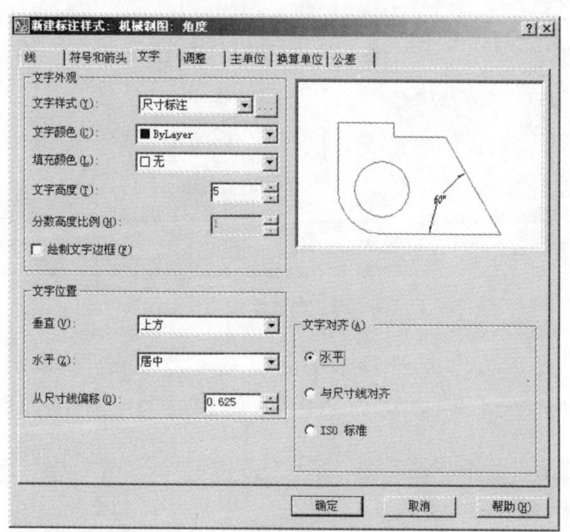

图 10-63 新建标注样式:角度

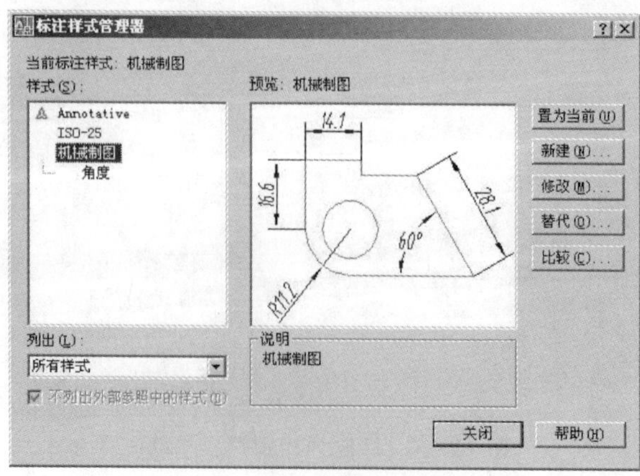

图 10-64 标注样式管理器(三)

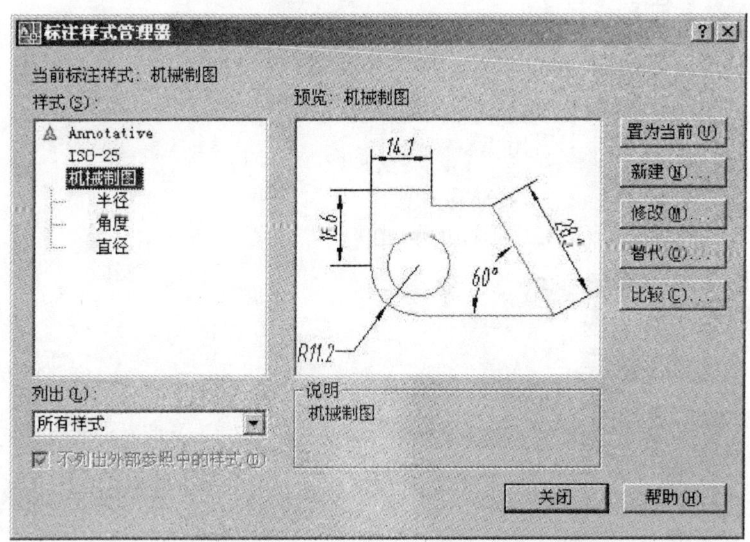

图 10－65　新建标注样式:子样式

10.6.5　管理标注样式

1. 设置当前标注样式的步骤

(1)从“标注”菜单中选择“样式”。

(2)在“标注样式管理器”中选择一种样式,然后选择“置为当前”。也可以用右键单击一种样式将其设置为当前样式。

2. 修改标注样式的步骤

(1)从“标注”菜单中选择“样式”。

(2)在“标注样式管理器”中选择要修改的样式,然后选择“修改”。

(3)在“修改标注样式”对话框中,选择下列选项卡之一修改样式设置。

(4)选择“确定”,然后选择“关闭”。

3. 比较公差样式的步骤

(1)从“标注”菜单中选择“样式”。

(2)在“标注样式管理器”中选择“比较”。

(3)在“比较标注样式”对话框中选择要比较的标注。

(4)比较后单击“复制到剪贴板”按钮,将比较结果复制到剪贴板上,然后可以将其粘贴到另一个 Microsoft Windows 程序中留作将来使用。

(5)选择“关闭”,退出所有对话框。

10.6.6　标注单个对象

使用线性标注、对齐标注、半径标注、直径标注等命令可每次为一个对象进行标注。

1. 给单个对象标注直线尺寸

(1)从“标注”菜单中选择“线性标注”或“对齐标注”。

(2)选择尺寸的第一个引出点。

(3)选择标注尺寸的第二个引出点。

(4)选择尺寸线的位置。

2. 给单个圆或圆弧进行直径或半径的标注

(1)从“标注”菜单中选择“直径”或“半径”。

(2)选择一个圆或圆弧。

(3)选择尺寸线的位置。

3. 圆弧尺寸的折弯标注

(1)从“标注”菜单中(或面板中)选择“折弯”。

(2)选择需要标注的圆弧,并用鼠标在屏幕上点选图示中心。

(3)用鼠标点选指定尺寸线的位置。

(4)用鼠标点选指定折弯位置。

4. 弧长的标注

(1)从“标注”菜单中(或面板中)选择“弧长标注”。

(2)选择需要标注的圆弧。

(3)选择尺寸线的位置。

5. 间距标注的用法

可以自动调整平行的线性标注和角度标注之间的间距,或根据指定的间距值进行调整。除了调整尺寸线间距,还可以通过输入间距值“0”使尺寸线相互对齐。由于能够调整尺寸线的间距或对齐尺寸线,因而无需重新创建标注或使用夹点逐条对齐并重新定位尺寸线。如图 10-66 所示。

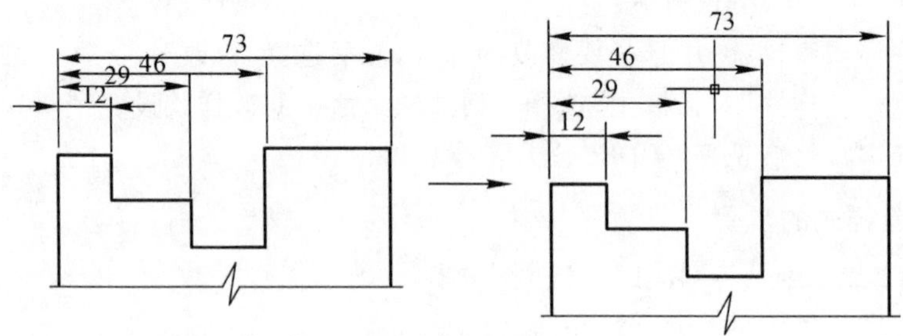

图 10-66 间距标注

(1)从“标注”菜单中(或面板中)选择“间距标注”。

(2)选择基准标注(通常选择最下方尺寸或最右尺寸),然后直接按顺序选择尺寸。

(3)两次回车选择自动调整。

6. 对尺寸中的文字添加符号或修改注释等的方法

(1)选中已标定的尺寸。

(2)在修改菜单中选择“对象→文字→编辑”打开“文字格式”。

(3)在输入框中的“〈〉”符号表示原尺寸数字等,可以删除替代为新内容,在数字左、右可加

“前后缀”输入字符。方法如图 10-67 所示。

1. M20×1.5LH

2. ϕ100±0.025

3. $\phi 100\,\frac{H8}{H7}$（H8/H7 选中堆叠而成）

4. 30°±0.5°

5. $50^{+0.025}_{-0.015}$（+0.025^-0.015 选中堆叠而成）

6. $\phi 60^{\ \ 0}_{-0.025}$（0^-0.025 选中堆叠而成）

图 10-67　标注修改结果

10.6.7　标注多个对象

若想一次标注多个对象，可以使用“快速标注”。使用“快速标注”，可以快速创建成组的基线标注、连续标注、阶梯标注和坐标标注；可以快速标注多个圆和圆弧；可以编辑现有标注的布局。

1. 标注多个对象的步骤

(1)从“标注”工具栏中选择“快速标注”(或从“标注”菜单中选择“快速标注”)。

(2)选择要标注的对象，然后按 Enter 键。

(3)在提示下输入标注类型，或者按 Enter 键使用缺省类型。

(4)指定尺寸线的位置。

2. 编辑标注的步骤

(1)从“标注”菜单中选择“快速标注”。

(2)选择要编辑的标注。若要添加或修改标注，在选择集中要包含其标注的对象。

(3)在提示下输入 e。

(4)若要编辑点，执行以下操作之一：选择要删除的标注的点；输入 a，然后指定要添加的点。

(5)输入 x 退出。

(6)如果缺省的标注类型不是所需的，在提示下输入标注类型的字母。

(7)指定新标注阵列的位置。

(8)按 Enter 键。

10.6.8　编辑标注

已建立的标注可能需要对尺寸线位置、尺寸数字位置、引出点的位置等进行移动编辑，这可以使用 AutoCAD 的编辑命令或夹点编辑来实现。

使用夹点对标注进行编辑时，可先点击标注，该标注被选中后，出现有蓝色的空心点。这些点分别表示了标注的引出点、尺寸线的位置点、文字的位置点等。编辑方法如下：

(1)选择已经标注的尺寸，按右键选择“标注文字位置”下的任意一项，即可对尺寸线的位置点、文字的位置进行更改。

(2)选择已经标注的尺寸，点击“标注”工具栏上的“编辑标注”按钮，在命令行输入“[默认(H)/新建(N)/旋转(R)/倾斜(O)]”中的任意一项对尺寸进行编辑。

(3)选择已经标注的尺寸,点击“标注”工具栏上的“编辑标注文字”按钮,在命令行输入“[左(L)/右(R)/中心(C)/默认(H)/角度(A)]”中的任意一项对尺寸数字的位置进行编辑。

10.6.9 创建引线和注释

多重引线是连接注释和图形对象的线。文字是最普通的注释。但是,可以在引线上附着块参照和特征控制框。多重引线是具有多个选项的引线对象。一般需要创建与标注、表格和文字中的样式类似的“多重引线样式”。还可以将这些样式转换为工具并将其添加到工具选项板,以便于快速访问。

1. 创建“引线”的过程

(1)在面板引线区点击“多重引线样式管理器”按钮,打开如图 10-68 所示的对话框。

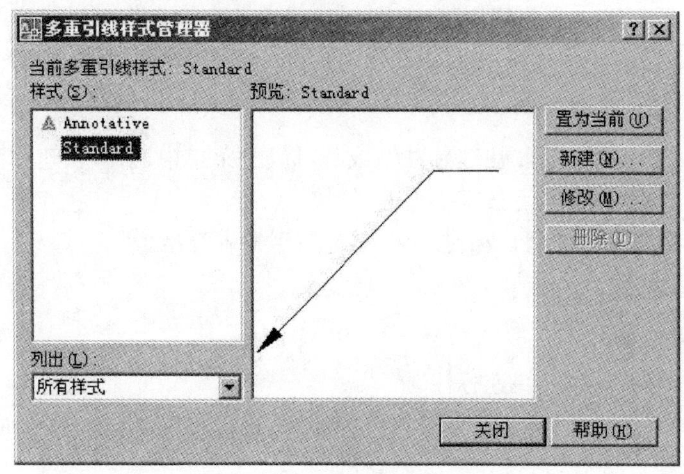

图 10-68 多重引线样式管理器

(2)点击“新建”按钮,在弹出的对话框中输入新样式名,并按“继续”,如图 10-69 所示。

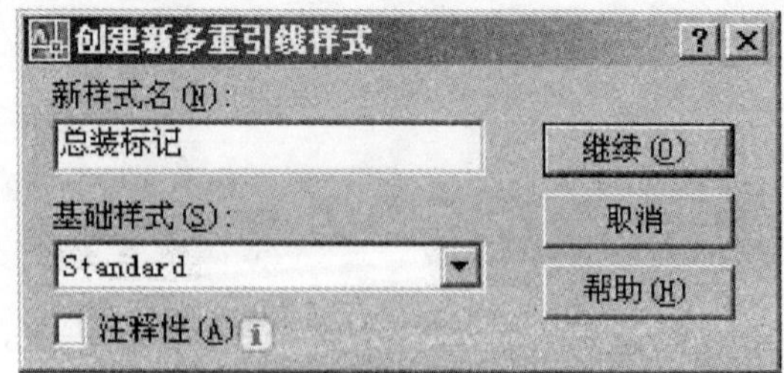

图 10-69 创建新多重引线样式

(3)在弹出的“新建多重引线样式”对话框中分别对引线格式、引线结构、内容(可选择在引线上采用文字注释、块参照等,也可以无内容)进行设置,最后按“确定”。

(4)在“多重引线样式管理器”上选择“总装标记”(新建的样式名)→点击“置为当前”→点击“确定”。

2. 多重引线的标记

(1)点击面板上的“多重引线”按钮,在图上点击起点,第二点、第三点。

(2)命令行提示“输入标记编号”,输入编号如 01,回车,如图 10－70 所示。

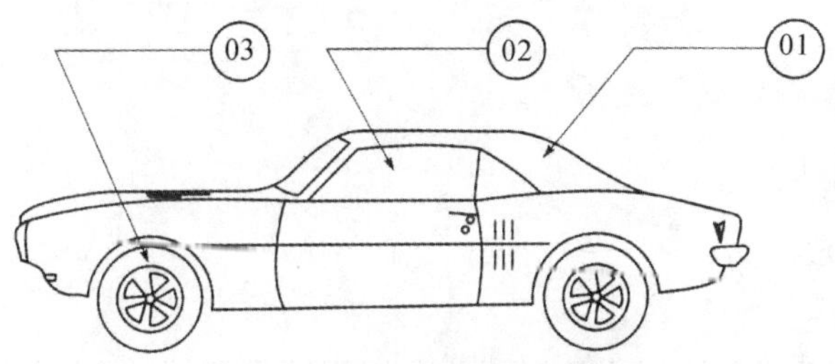

图 10－70　多重引线的标记/序号

(3)新建“多重引线样式”修改引线格式、引线结构、内容(无箭头、3 转折点、引线内容为文本、引线在文本下方,最后一行加下画线),标注倒角如图 10－71 所示,按顺序点击图中的“a,b,c”三点,打开“文字格式”对话框,输入“C2”,点击“确定”按钮。

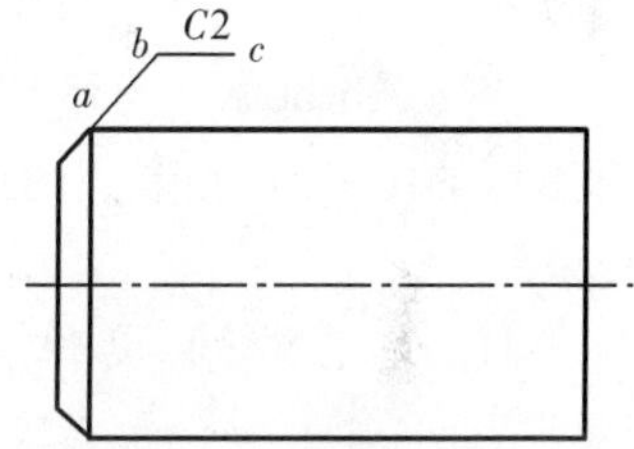

图 10－71　多重引线的标记/倒角标记

(4)新建“多重引线样式”修改引线格式、引线结构、内容(箭头、2 转折点、引线内容为无),标注形位公差过程如下:

1)点击面板多重引线区“多重引线”按钮;顺序点击图中的“a,b”两点。

2)从“标注”菜单中选择“公差”(或标注工具栏上的“公差”按钮)。在“形位公差”对话框中输入公差值并修改符号,如图 10－72 所示,选择“确定”。并在图面 b 点点击即可,如图 10－73 所示。

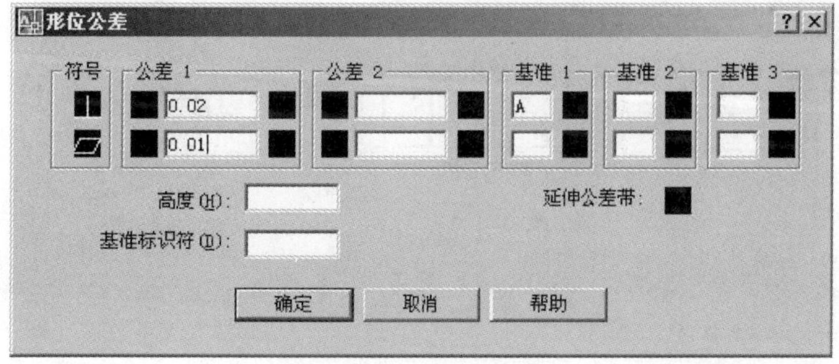

图 10－72　形位公差

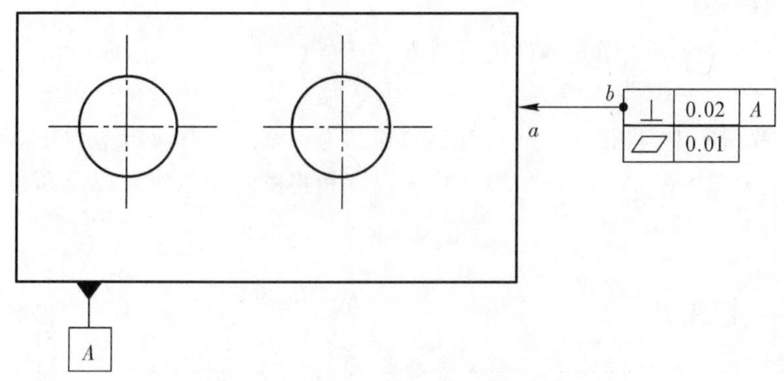

图 10－73　多重引线的标记/形位公差

10.7 块的应用

10.7.1 概述

AutoCAD 提供了几种在图形中管理对象的功能。使用块可将许多对象作为一个部件进行组织和操作。通过附着属性可以将信息项和图形中的块联系起来，例如，将零件的编号和价格联系起来。用这种信息可以创建规格表和材料表。

使用 AutoCAD 的外部参照，可以将整个图形附着或覆盖到当前图形上。当打开包含外部参照的图形时，在参照图形上的任何修改都会体现在当前图形上。

10.7.2 块操作

绘制工程图样时，有许多图形是经常出现的，例如机械图样中的螺栓、螺母，建筑图样中的门窗等。这些图形在图样中的形状都是相同的，只是其大小尺寸不同。将这些图形定义成块，操作起来会更为方便。

螺栓、螺母及其连接是机械图样中常见的块，如图 10－74 所示。

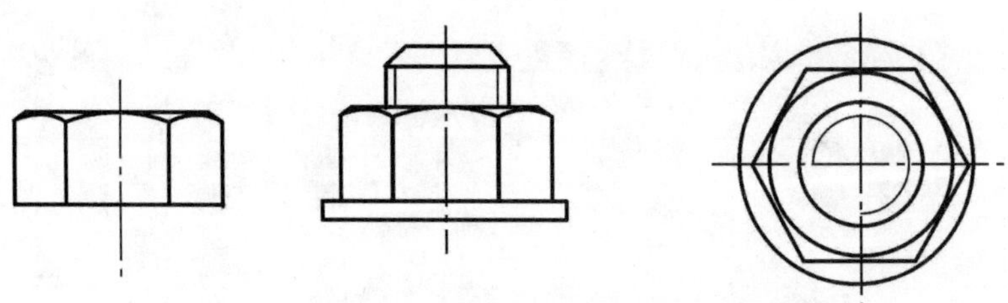

图 10－74 常用图块示例

使用块有如下一些优点：

(1)建立常用符号、部件、标准件的标准库。可以将同样的块多次插入到图形中，而不必每次都重新创建图形元素。

(2)修改图形时，使用块作为部件进行插入、重定位和复制的操作比使用许多单个几何对象的效率要高。

(3)在图形数据库中，将相同块的所有参照存储为一个块定义可以节省磁盘空间。使用块可以系统地组织绘图任务，从而可以设置、重新设计和将图形中的对象以及和与它们相关的信息排序。

10.7.3 定义块

将对象进行组合可以在当前图形中创建块定义，也可以将块保存为独立的图形文件以便在其他图形中使用。在定义块之前，必须准确绘制出需要定义成块的图形，然后按照下列步骤创建定义块：

(1)从“绘图”菜单中选择“块/创建”(或绘图工具栏上的“创建块”按钮)。

(2)在“块定义”对话框(见图 10－75)中输入块名。

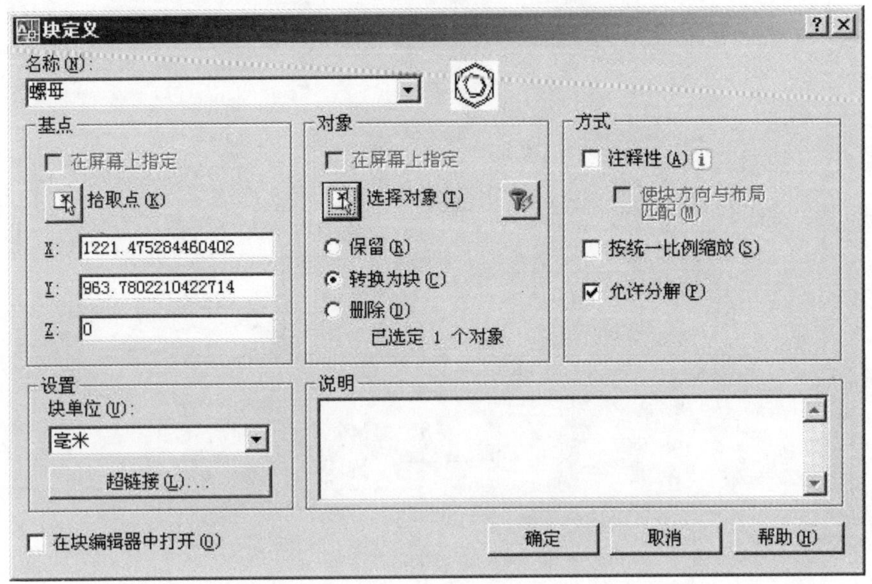

图 10－75 块定义对话框

(3)在“对象”中选择“选择对象”按钮，使用定点设备选择包含在块定义中的对象。

(4)如果需要创建选择集，则使用“快速选择”按钮创建或定义选择集过滤器。

(5)在“对象”中指定保留对象，将对象转换为块或删除选定对象。

(6)在“基点”中输入插入基点的坐标值，或选择“拾取插入基点”按钮或使用定点设备指定基点。

(7)在“说明”中输入文字。这样有助于迅速检索块。

(8)选择“确定”。

将块或对象保存为独立的图形文件的步骤如下：

(1)在命令提示中输入 WBLOCK，打开“写块”对话框，如图 10－76 所示。

(2)在“写块”对话框中，指定要写到文件的块或对象。

(3)从“块”列表中选择要保存为文件的块名。

(4)在“基点”下，使用“拾取点”按钮定义块的基点。

(5)在“对象”下，使用“选择对象”按钮为块文件选择对象。

(6)输入新文件的名称。

(7)在“插入单位”列表中，选择用于 AutoCAD 设计中心的插入单位。

(8)选择“确定”。

此时，块定义保存为图形文件。定义块时应注意以下两点：

(1)如果块的组成对象位于图层 0，并且对象的颜色、线型和线宽都设置为“随层”，那么把此块插入当前图层时，位于 0 层的对象插入当前层，其颜色、线型和线宽等都随当前层。

(2)如果组成块的对象的颜色、线型或线宽都设置为"随块",那么在插入此块时,这些对象特性将被设置为系统的当前值。

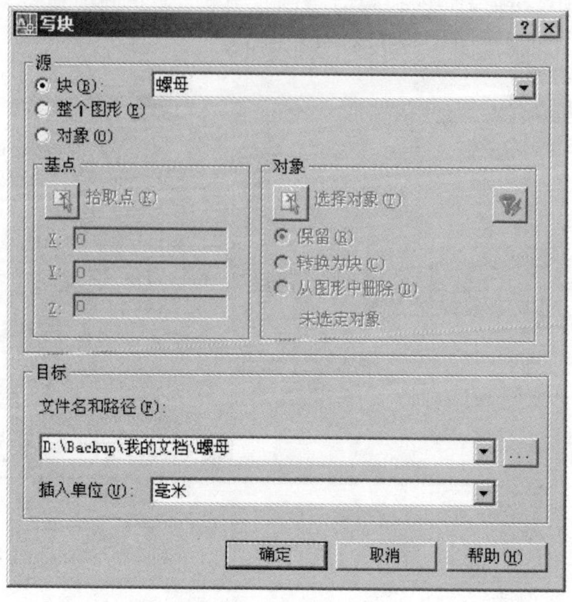

图 10-76 写块对话框

10.7.4 插入块

可以使用 INSERT 命令将块或整个图形插入到当前图形中。插入块或图形时,需指定插入点、缩放比例和旋转角。插入块参照的步骤如下:

(1)在"插入"菜单中选择"块"(或单击绘图工具栏上的"插入块"按钮),打开块插入对话框,如图 10-77 所示。

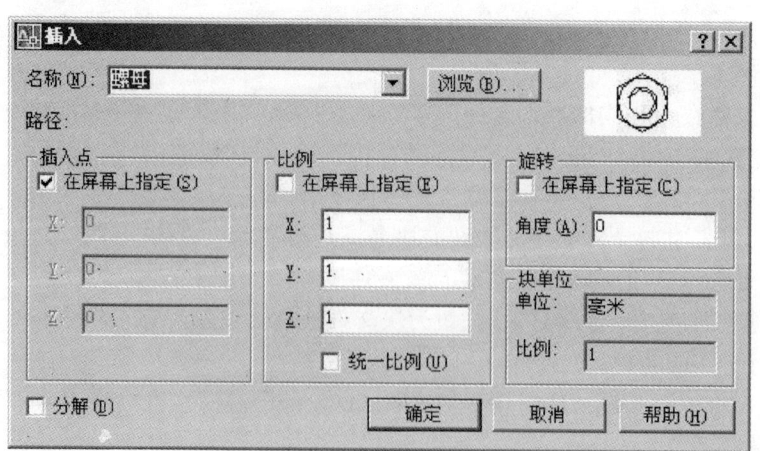

图 10-77 块插入对话框

(2)如果要插入的块在当前图中,在"插入"对话框中的名称栏指定块名、块插入的位置以及是否需要分解。

(3)如果要插入的块不在当前图中或原来插入的块现在做了新的修改后,可以选择“浏览”定位块文件来重新定义当前图形中的块。

(4)选择“确定”。在屏幕上点击适当位置即可插入块。

10.7.5　分解块

块被定义之后,若干个图形对象成为一个整体。如果要对其中的某个对象进行修改编辑,需要先将这个块分解。可使用修改工具栏上的分解命令分解块。通过分解块的引用,可以修改块,或者添加、删除块定义中的对象。分解块的步骤如下:

(1)在“修改”菜单中选择“分解”(或从面板上选择“分解”按钮、修改工具栏上的“分解”按钮、在命令行输入 EXPLODE)。

(2)选定要分解的块。

(3)块的引用被分解为其组成对象。但是要注意块定义仍然存在于图形的块符号表。

10.8　打印图形

10.8.1　概述

使用 AutoCAD 创建图形之后,通常要打印到图纸上,或者生成一份电子图纸,以便从 World Wide Web 上访问。打印的图形可以包含图形的单一视图,或者更为复杂的视图排列。根据不同的需要,可以打印一个或多个视口,或设置选项以决定打印的内容和图形在图纸上的位置。

在打印图形时一般按下列步骤进行:

(1)使用“模型”选项卡在模型空间设计图形。

(2)切换到布局选项卡,安排打印用视口和视图。

(3)在“页面设置”对话框中设置打印设备和设置,如图纸大小和方向。

10.8.2　打印图形

AutoCAD 可以用各种绘图机和 Windows 系统打印机输出图形。如果从布局选项卡打印,则 AutoCAD 使用布局选项卡上指定的绘图机(打印机)。如果从模型选项卡打印,则 AutoCAD 使用在“选项”里指定的绘图机(打印机)作为缺省绘图机。缺省绘图机在 OPTIONS 里的“打印”选项卡上指定。

(1)打印任意图形的步骤如下:

1)打开需要打印的图形(或已经画好的图形)。

2)在“副签”栏的布局上按鼠标“右键”并选择“新建布局”(通常为布局 3)。

3)新建一名为“视口”的新图层,置为“当前”,并设置为“不打印”。

4)点击“布局 3”,图形由“模型”空间转到“布局 3”空间,并打开“页面设置管理器”对话框,如图 10－78 所示,选择“布局 3”点击“修改”。

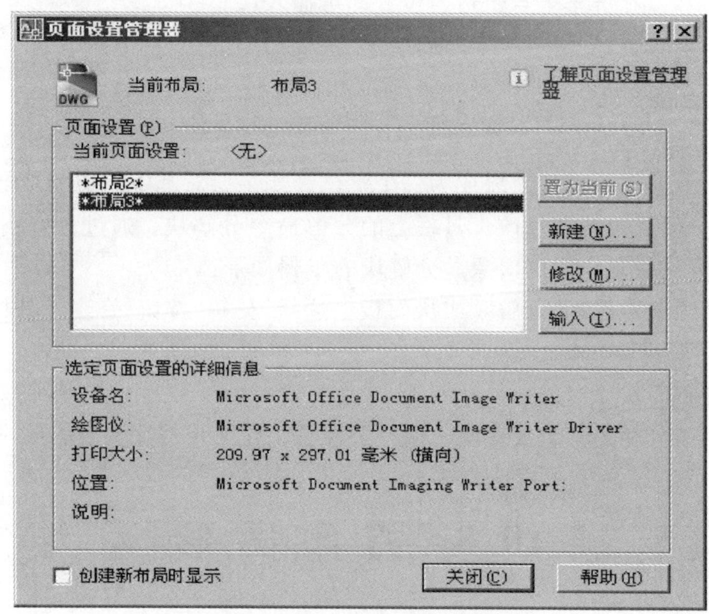

图 10－78 页面设置管理器

5)打开如图 10－79 所示对话框,选择打印机,对图纸尺寸、图形方向、打印比例等进行设置。

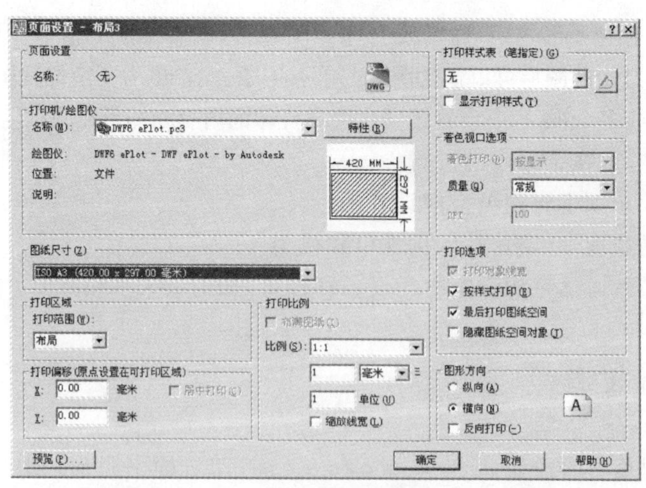

图 10－79 页面设置

6)选择“确定”,关闭如图 10－78 所示的“页面设置管理器”对话框,成为如图 10－80 所示窗口,其中“视口线”表示打印区域(可修改),用鼠标点击,拖动蓝色块以改变大小;虚线表示的“打印范围线”表示选定的打印机可打印的范围。

7)调出“视口”工具栏,在图中视口范围内双击鼠标左键以激活视口,在视口工具栏上输入图形比例(如 2∶1),用“平移(PING)”命令移动图形到适当位置,如图 10－81 所示。

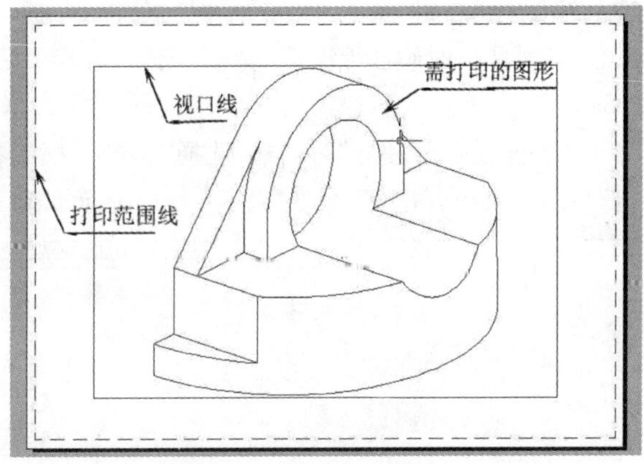

图 10－80　打印设置(一)

8)在视口范围外双击鼠标左键,取消激活状态。

9)在“标准”工具栏上点击“打印预览”,查看无误即可打印出图。

图 10－81　打印设置(二)

(2)打印“国标图纸”图形的步骤如下:

1)打开需要打印的图形(或已经画好的图形),如图 10－82 所示。

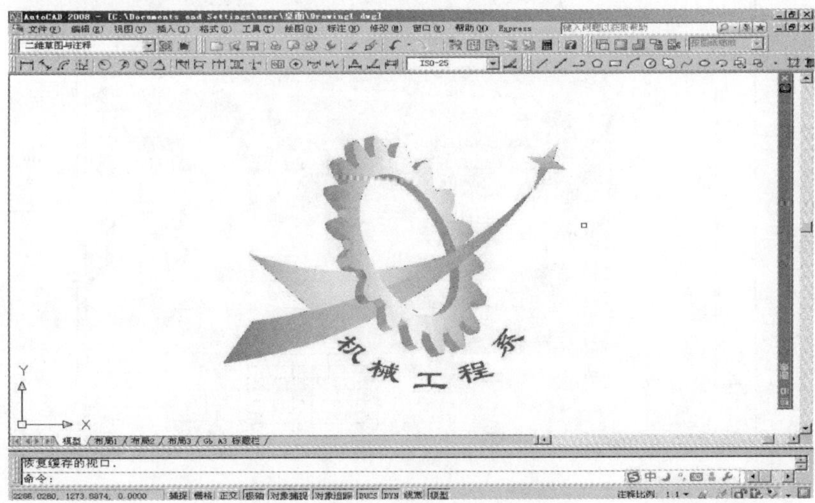

图 10－82　需要打印的图形

2)在“副签”栏的布局上按鼠标“右键”选择“来自样板”打开对话框，选择一种国标样板如“GBA3”并打开，显示“插入布局”对话框时确认无误按“确定”。此时在副签显示“GB A3 标题栏”。

3)点击“副签”上的“GB A3 标题栏”，图形由“模型”空间转到“GB A3 标题栏”。

4)在“文件”菜单下打开“页面设置管理器”对话框，选择“GB A3 标题栏”点击“修改”，在新打开的对话框中选择“打印机”与图纸大小(A3)等，点击“确定”，此时显示如图 10-83 所示。

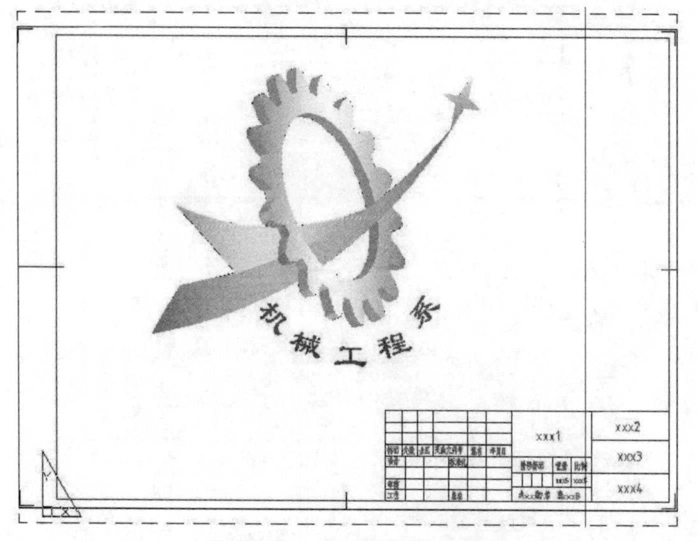

图 10-83 国标图纸打印设置

5)在视口工具栏上输入适当图形比例，用“平移(PING)”命令移动图形到适当位置。

6)在视口范围外双击鼠标左键，取消激活状态。

7)选中标题框按“右键”选择“编辑属性”打开如图 10-84 所示对话框，分别把“XXX1、XXX2、XXX3……”改成材料代号、出图单位名、图名、图号等，然后点击“应用”及“确定”。

8)在“标准”工具栏上点击“打印预览”，查看无误即可打印出图。

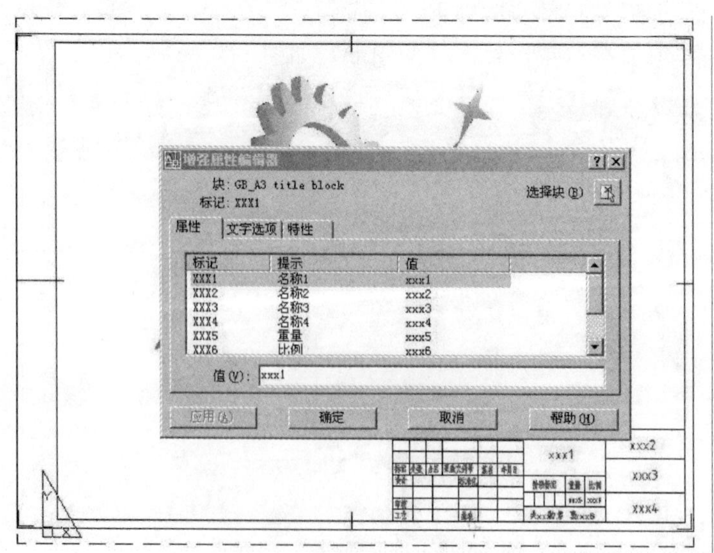

图 10-84 增强属性编辑器

附　　录

附表 1　普通螺纹直径与螺纹系列(GB/T196—2003)

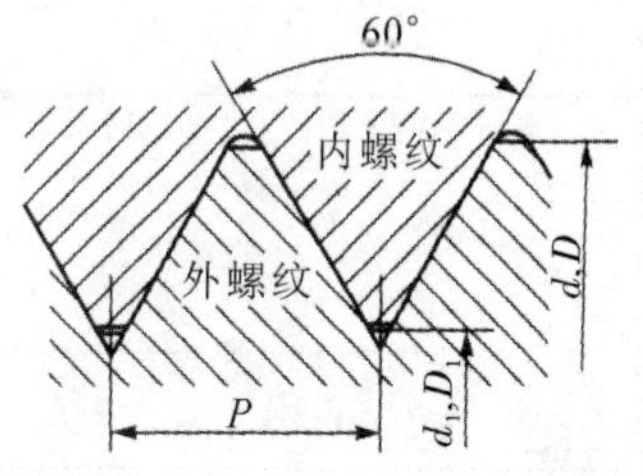

标记示例

公称直径 16 mm,螺距 1.5 mm,右旋普通细牙螺纹:

M16×1.5

<table>
<tr><th colspan="2">公称直径 D,d</th><th colspan="2">螺距 P</th><th rowspan="2">粗牙小径 D_1 或 d_1</th><th colspan="2">公称直径 D,d</th><th colspan="2">螺距 P</th><th rowspan="2">粗牙小径 D_1 或 d_1</th></tr>
<tr><th>第一系列</th><th>第二系列</th><th>粗牙</th><th>细牙</th><th>第一系列</th><th>第二系列</th><th>粗牙</th><th>细牙</th></tr>
<tr><td>3</td><td></td><td>0.5</td><td>0.35</td><td>2.459</td><td></td><td>22</td><td>2.5</td><td>2,1.5,1,(0.75),(0.5)</td><td>19.294</td></tr>
<tr><td></td><td>3.5</td><td>(0.6)</td><td></td><td>2.850</td><td>24</td><td></td><td>3</td><td>2,1.5,1,(0.75)</td><td>20.752</td></tr>
<tr><td>4</td><td></td><td>0.7</td><td>0.5</td><td>3.242</td><td></td><td>27</td><td>3</td><td>2,1.5,1,(0.75)</td><td>23.752</td></tr>
<tr><td>5</td><td></td><td>0.8</td><td></td><td>4.134</td><td>30</td><td></td><td>3.5</td><td>(3),2,1.5,1,(0.75)</td><td>26.211</td></tr>
<tr><td>6</td><td></td><td>1</td><td>0.75,(0.5)</td><td>4.918</td><td></td><td>33</td><td>3.5</td><td>(3),2,1.5,(1),(0.75)</td><td>29.211</td></tr>
<tr><td>8</td><td></td><td>1.25</td><td>1,0.75,(0.5)</td><td>6.647</td><td></td><td>36</td><td>4</td><td rowspan="2">3,2,1.5,(1)</td><td>31.670</td></tr>
<tr><td>10</td><td></td><td>1.5</td><td>1.25,1,0.75,(0.5)</td><td>8.376</td><td></td><td>39</td><td>4</td><td>34.670</td></tr>
<tr><td>12</td><td></td><td>1.75</td><td>1.5,1.25,1,(0.75),(0.5)</td><td>10.106</td><td>42</td><td></td><td>4.5</td><td rowspan="4">(4),3,2,1.5,(1)</td><td>37.129</td></tr>
<tr><td></td><td>14</td><td>2</td><td>1.5,(1.25),1,(0.75),(0.5)</td><td>11.835</td><td></td><td>45</td><td>4.5</td><td>40.587</td></tr>
<tr><td>16</td><td></td><td>2</td><td>1.5,1,(0.75),(0.5)</td><td>13.835</td><td>48</td><td></td><td>5</td><td>42.587</td></tr>
<tr><td></td><td>18</td><td>2.5</td><td>2,1.5,1,(0.75),(0.5)</td><td>15.294</td><td></td><td>52</td><td>5</td><td>46.587</td></tr>
<tr><td>20</td><td></td><td>2.5</td><td></td><td>17.294</td><td>56</td><td></td><td>5.5</td><td>4,2,5,1.5,(1)</td><td>50.046</td></tr>
<tr><td colspan="10">注:1. 优先选用第一系列,括号内尺寸尽可能不用。
2. 公称直径 D,d 第三系列未列入</td></tr>
</table>

附表 2　梯形螺纹基本尺寸(GB5796.3—2005)

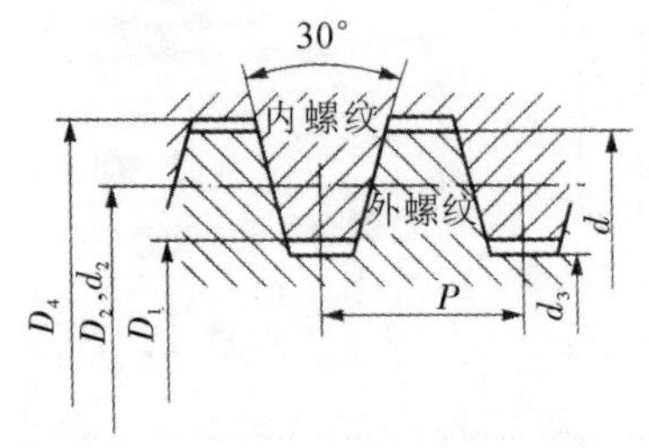

标记示例

公称直径 36 mm,导程 12 mm,螺距为 6 mm 的双线左旋梯形螺纹:Tr36×12(P6)LH

公称直径		螺距 P	中径 $d_2=D_2$	大径 D_4	小径		公称直径		螺距 P	中径 $d_2=D_2$	大径 D_4	小径	
第一系列	第二系列				d_3	D_1	第一系列	第二系列				d_3	D_1
8		1.5	7.25	8.30	6.20	6.50		26	3	24.50	26.50	22.50	23.00
	9	1.5	8.25	9.30	7.20	7.50			5	23.50	26.50	20.50	21.00
		2	8.00	9.50	6.50	7.00			8	22.00	27.00	17.00	18.00
10		1.5	9.25	10.30	8.20	8.50	28		3	26.50	28.50	24.50	25.00
		2	9.00	10.50	7.50	8.00			5	25.50	28.50	22.50	23.00
	11	2	10	11.5	8.5	9.0			8	24.00	29.00	19.00	20.00
		3	9.50	11.50	7.50	8.00		30	3	28.50	30.50	26.50	29.00
12		2	11.00	12.50	9.50	10.00			6	27.00	31.00	23.00	24.00
		3	10.50	12.50	8.50	9.00			10	25.00	31.00	19.00	20.00
	14	2	13.00	14.50	11.50	12.00	32		3	30.50	32.50	28.50	29.00
		3	12.50	14.50	10.50	11.00			6	29.00	33.00	25.00	26.00
16		2	15.00	16.50	13.50	14.00			10	27.00	33.00	21.00	22.00
		4	14.00	16.50	11.50	12.00		34	3	32.50	34.50	30.50	31.00
	18	2	17.00	18.5	15.50	16.00			6	31.00	35.00	27.00	28.00
		4	16.00	18.50	13.50	14.00			10	29.00	35.00	23.00	24.00
20		2	19.00	20.50	17.50	18.00	36		3	34.50	36.50	32.50	33.00
		4	18.00	20.50	15.50	16.00			6	33.00	37.00	29.00	30.00
	22	3	20.50	22.50	18.50	19.00			10	31.00	37.00	25.00	26.00
		5	19.50	22.50	16.50	17.00		38	3	36.50	38.50	34.50	35.00
		8	18.00	23.00	13.00	14.00			7	34.50	39.00	30.00	31.00
24		3	22.50	24.50	20.50	21.00			10	33.00	39.00	27.00	28.00
		5	21.50	24.50	18.50	19.00	40		3	38.50	40.50	36.50	37.00
		8	20.00	25.00	15.00	16.00			7	36.50	41.00	32.00	33.00
									10	35.00	41.00	29.00	30.00

附表 3　螺纹密封管螺纹(GB7306—2000)

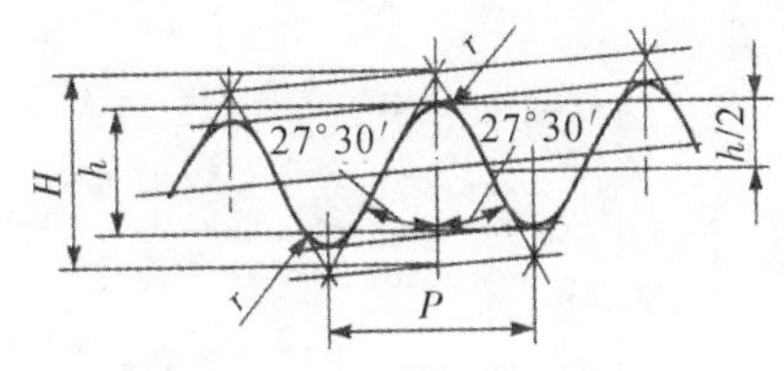

圆锥螺纹基本牙型

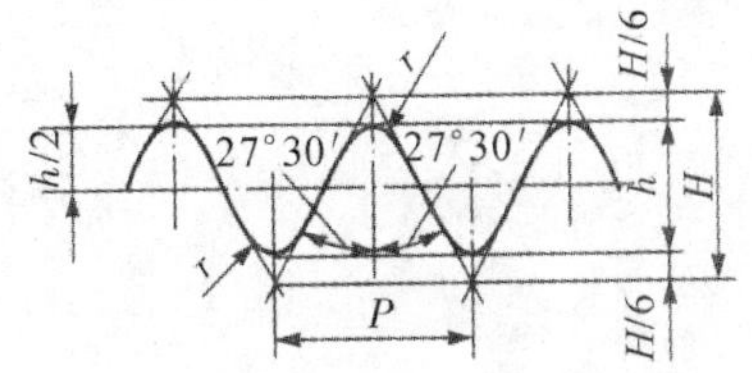

圆柱内螺纹基本牙型

标记示例

3/4 圆锥内螺纹:R_c 3/4

3/4 圆柱内螺纹:R_p 3/4

1/2 圆锥外螺纹左旋:R 1/2－LH

圆锥内螺纹与圆锥外螺纹的配合:R_c 3/4 /R 3/4

圆柱内螺纹与圆锥外螺纹的配合:R_p 3/4 /R 3/4

尺寸代号	每 25.4 mm 内的牙数 n	螺距 P	牙高 h	圆弧半径 r	基面上的基本尺寸			基准距离	有效螺纹长度
					大径 $d=D$	中径 $d_2=D_2$	小径 $d_1=D_1$		
$\frac{1}{16}$	28	0.907	0.581	0.125	7.723	7.142	6.561	40	6.5
$\frac{1}{8}$	28	0.907	0.581	0.125	9.728	9.147	8.566	4.0	6.5
$\frac{1}{4}$	19	1.337	0.856	0.184	13.157	12.301	11.445	6.0	9.7
$\frac{3}{8}$	19	1.337	0.856	0.184	16.662	15.806	14.950	6.4	10.1
$\frac{1}{2}$	14	1.814	1.162	0.249	20.955	19.793	18.631	8.2	13.2
$\frac{3}{4}$	14	1.814	1.162	0.249	26.441	25.279	24.117	9.5	14.5
1	11	2.309	1.479	0.317	33.249	31.770	30.291	10.4	16.8
$1\frac{1}{4}$	11	2.309	1.479	0.317	41.910	40.431	38.952	12.7	19.1
$1\frac{1}{2}$	11	2.309	1.479	0.317	47.803	48.324	44.845	12.7	19.1
2	11	2.309	1.479	0.317	59.614	58.135	56.656	15.9	23.4
$2\frac{1}{2}$	11	2.309	1.479	0.317	75.184	73.705	72.226	17.5	26.7
3	11	2.309	1.479	0.317	87.884	86.405	84.926	20.6	29.8
$3\frac{1}{2}$	11	2.309	1.479	0.317	100.330	100.351	97.372	22.2	31.4
4	11	2.309	1.479	0.317	113.030	111.531	110.072	25.4	35.8
5	11	2.309	1.479	0.317	138.430	135.951	136.472	28.6	40.1
6	11	2.309	1.479	0.317	163.830	162.351	160.872	28.6	40.1

附表 4　非密封管螺纹(GB7307—2001)

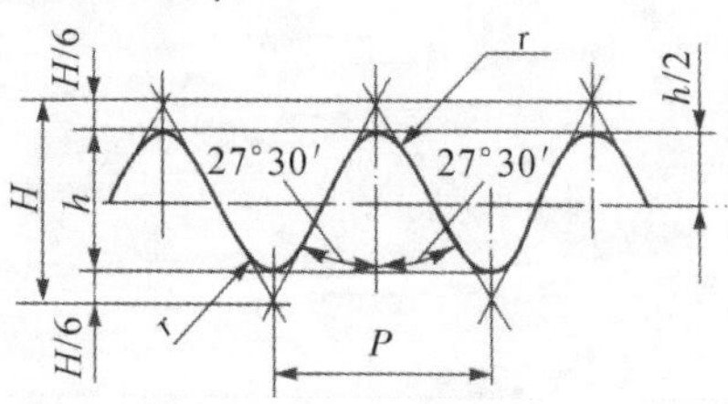

标记示例

尺寸代号 3/4,内螺纹:G3/4;

尺寸代号 3/4,A 级外螺纹;G3/4 A;

尺寸代号 3/4,B 级外螺纹,左旋:G3/4B－LH

尺寸代号	每 25.4 mm 内的牙数 n	螺距 P	牙高 h	圆弧半径 $r\approx$	基本直径		
					大径 $d=D$	中径 $d_2=D_2$	小径 $d_1=D_1$
$\frac{1}{16}$	28	0.907	0.581	0.125	7.723	7.142	6.561
$\frac{1}{8}$	28	0.907	0.581	0.125	9.728	9.147	8.566
$\frac{1}{4}$	19	1.337	0.856	0.184	13.157	12.301	11.445
$\frac{3}{8}$	19	1.337	0.856	0.184	16.662	15.806	14.950
$\frac{1}{2}$	14	1.814	1.162	0.249	20.995	19.793	18.631
$\frac{5}{8}$	14	1.814	1.162	0.249	22.911	21.749	20.587
$\frac{3}{4}$	14	1.814	1.162	0.249	26.441	25.279	24.117
$\frac{7}{8}$	14	1.814	1.162	0.249	30.201	29.039	27.877
1	11	2.309	1.479	0.317	33.249	31.770	30.291
$1\frac{1}{8}$	11	2.309	1.479	0.317	37.897	36.418	34.939
$1\frac{1}{4}$	11	2.309	1.479	0.317	41.910	40.431	38.952
$1\frac{1}{2}$	11	2.309	1.479	0.317	47.803	46.324	44.845
$1\frac{3}{4}$	11	2.309	1.479	0.317	53.746	52.267	50.788
2	11	2.309	1.479	0.317	59.614	58.135	56.656
$2\frac{1}{4}$	11	2.309	1.479	0.317	65.710	64.231	62.752
$2\frac{1}{2}$	11	2.309	1.479	0.317	75.184	73.705	72.226
$2\frac{3}{4}$	11	2.309	1.479	0.317	81.534	80.055	78.576
3	11	2.309	1.479	0.317	87.884	86.405	84.926
$3\frac{1}{2}$	11	2.309	1.479	0.317	98.851	98.851	97.372
$4\frac{1}{2}$	11	2.309	1.479	0.317	100.330	111.551	110.072
5	11	2.309	1.479	0.317	125.730	124.251	122.772
$5\frac{1}{2}$	11	2.309	1.479	0.317	138.430	136.951	135.472
6	11	2.309	1.479	0.317	151.130	149.651	148.172
	11	2.309	1.479	0.317	168.830	162.351	160.872

附表 5　普通螺纹的螺纹收尾、间距、退刀槽、倒角

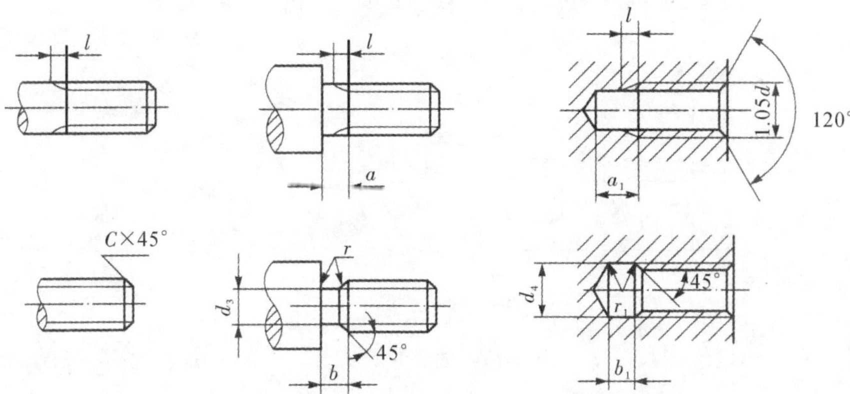

螺距 P	粗牙螺纹大径 D_d	外螺纹								倒角 C	内螺纹						
		螺纹收尾 l（不大于）		轴肩 a（不大于）			退刀槽				螺纹收尾 l（不大于）		轴肩 a_1（不大于）		退刀槽		
		一般	短的	一般	长的	短的	b 一般	r≈	d_3		一般	短的	一般	长的	b_1 一般	r_1≈	d_4
0.5	3	1.25	0.7	1.5	2	1	1.5	0.5P	d－0.8	0.5	1	1.5	3	4	2	0.5P	d＋0.3
0.6	3.5	1.5	0.75	1.8	2.4	1.2	1.5		d－1		1.2	1.8	3.2	4.8			
0.7	4	1.75	0.9	2.1	2.8	1.4	2		d－1.1	0.6	1.4	2.1	3.5	5.6	3		
0.75	4.5	1.9	1	2.25	3	1.5	2		d－1.2		1.5	18	3.8	6			
0.8	5	2	1	2.4	3.2	1.6	2		d－1.3	0.8	1.6	2.4	4	6.4			
1	6,7	2.5	1.25	3	4	2	2.5		d－1.6	1	2	3	5	8	4		d＋0.5
1.25	8	3.2	1.6	4	5	2.5	3		d－2	1.2	2.5	4	6	10	5		
1.5	10	3.8	1.9	4.5	6	3	3.5		d－2.3	1.5	3	4.5	7	12	6		
1.75	12	4.3	2.2	5.3	7	3.5	4		d－2.6	2	3.5	5.3	9	14	7		
2	14,16	5	2.5	6	8	4	5		d－3		4	6	10	16	8		
2.5	18,20,22	6.3	3.2	7.5	10	5	6		d－3.6	2.5	5	7.5	12	18	10		
3	24,27	7.5	3.8	9	12	6	7		d－4.4		6	9	14	22	12		
3.5	30,33	9	4.5	10.5	14	7	8		d－5	3	7	10.5	16	24	14		
4	36,39	10	5	12	16	8	9		d－5.7		8	12	18	26	16		
4.5	42,45	11	5.5	13.5	18	9	10		d－6.4	4	9	13.5	21	29	18		
5	48,52	12.5	6.3	15	20	10	11		d－7		10	15	23	32	20		
5.5	56,60	14	7	16.5	22	11	12		d－7.7	5	11	16.5	25	35	22		
6	64,68	15	7.5	18	24	12	13		d－8.3		12	2.25	28	38	24		

附表 6 六角头螺栓——A 和 B 级（GB/T5782—2000）与 六角头螺栓-全螺纹——A 和 B 级（GB/T5783—2000）

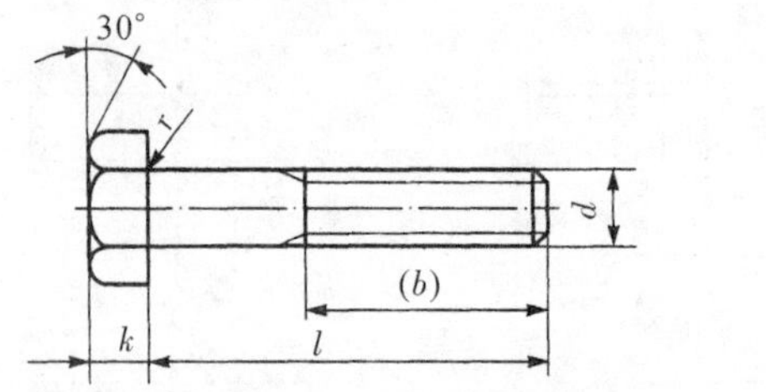

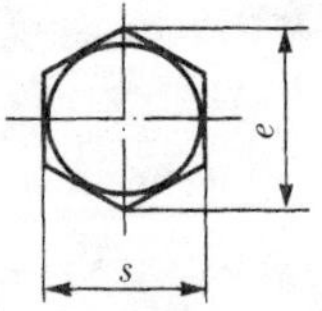

标记示例

螺纹规格 d=M 12，公称长度 l=80 mm，性能等级为 8.8 级，表面氧化，A 级的六角螺栓：

螺栓 GB/T5782　　M12×80

螺纹规格 d		M3	M4	M5	M6	M8	M10	M12	M16	M20	M24	M30	M36
s		5.5	7	8	10	13	16	18	24	30	36	46	55
k		2	2.8	3.5	4	5.3	6.4	7.5	10	12.5	15	18.7	22.5
r		0.1	0.2	0.2	0.25	0.4	0.4	0.6	0.6	0.8	0.8	1	1
e	A	6.01	7.66	8.79	11.05	14.38	17.77	20.03	26.75	33.53	39.98	—	—
	B	5.88	7.50	8.63	10.89	14.20	17.59	19.85	26.17	32.95	39.55	50.85	51.11
(b)GB/T5782	1≤125	12	174	16	18	22	26	30	28	46	54	66	—
	125<1≤200	18	20	22	24	28	32	36	44	52	60	72	84
	1>200	31	33	35	37	41	45	49	57	65	73	85	97
I 范围(GB/T5782)		20~30	25~40	25~40	30~60	40~80	45~100	50~120	65~160	80~200	90~240	110~300	140~360
l 范围(GB/T5782)		6~30	8~40	10~50	12~60	16~80	20~100	25~120	30~150	40~150	50~150	60~200	70~200
l 系列		6,8,10,12,16,20,25,30,35,40,45,50,55,60,65,70,80,90,100,110,120,130,140,150,160,180,200,220,240,260,280,300,320,340,360,380,400,420,440,460,480,500											

附表 7　双头螺柱

$b_m=d$(GB/T897—1988)　$b_m=1.25d$(GB/T898—1988)

$b_m=1.5d$(GB/T899—1988)　$b_m=2d$(GB/T900—1988)

A型

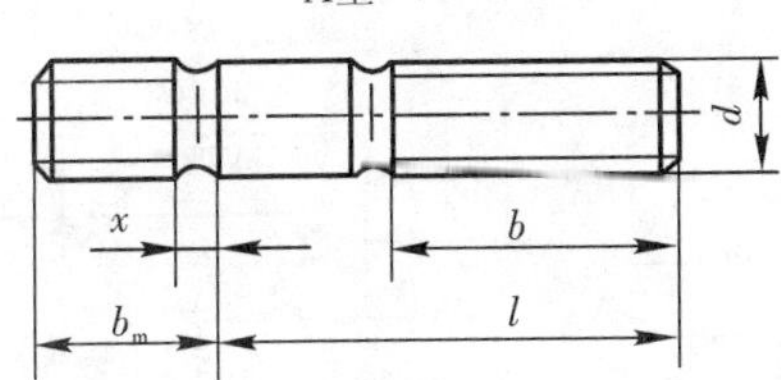

B型

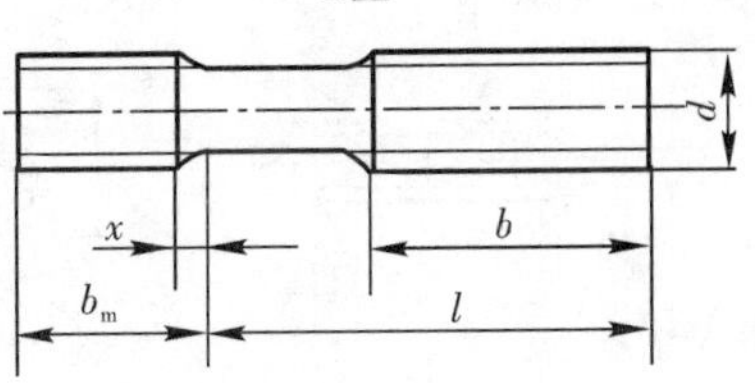

标记示例

两端均为粗牙普通螺纹，螺纹规格：d＝M10，公称长度 l＝50 mm，性能等级为 4.8 级，不经表面处理，$b_m=d$，B 型的双头螺柱：

螺柱 GB/T897　M10×50

螺纹规格 d	b_m				l/b
	GB/T897—1988	GB/T898—1988	GB/T899—1988	GB/T900—1988	
M5	5	6	8	10	$\frac{16\sim20}{10}$，$\frac{25\sim50}{16}$
M6	6	8	10	12	$\frac{20}{10}$，$\frac{25\sim30}{14}$，$\frac{35\sim70}{18}$
M8	8	10	12	16	$\frac{20}{12}$，$\frac{25\sim30}{16}$，$\frac{35\sim90}{22}$
M10	10	12	15	20	$\frac{25}{14}$，$\frac{30\sim35}{16}$，$\frac{40\sim120}{26}$，$\frac{130}{32}$
M12	12	15	18	24	$\frac{25\sim30}{16}$，$\frac{35\sim40}{20}$，$\frac{45\sim120}{30}$，$\frac{130\sim200}{36}$
M16	16	20	24	32	$\frac{30\sim35}{20}$，$\frac{40\sim55}{30}$，$\frac{60\sim120}{38}$，$\frac{130\sim200}{44}$
M20	20	25	30	40	$\frac{35\sim40}{25}$，$\frac{45\sim60}{35}$，$\frac{70\sim120}{46}$，$\frac{130\sim200}{52}$
M24	24	30	36	48	$\frac{45\sim50}{30}$，$\frac{60\sim75}{45}$，$\frac{80\sim120}{54}$，$\frac{130\sim200}{60}$
M30	30	38	45	60	$\frac{60\sim65}{40}$，$\frac{70\sim90}{50}$，$\frac{95\sim120}{66}$，$\frac{130\sim200}{72}$，$\frac{210\sim250}{85}$
M36	36	45	54	72	$\frac{65\sim75}{45}$，$\frac{80\sim110}{60}$，$\frac{120}{78}$，$\frac{130\sim200}{84}$，$\frac{210\sim300}{97}$
l 系列	16，20，25，30，35，40，45，50，(55)，60，(65)，70，(75)，80，(85)，90，(95)，100，110，120，130，140，150，160，170，180，190，200，210，220，230，240，250，260，280，300				

附表 8 开槽圆柱头螺钉(GB/T65—2000)、开槽沉头螺钉(GB/T68—2000)与开槽盘头螺钉(GB/T67—2000)

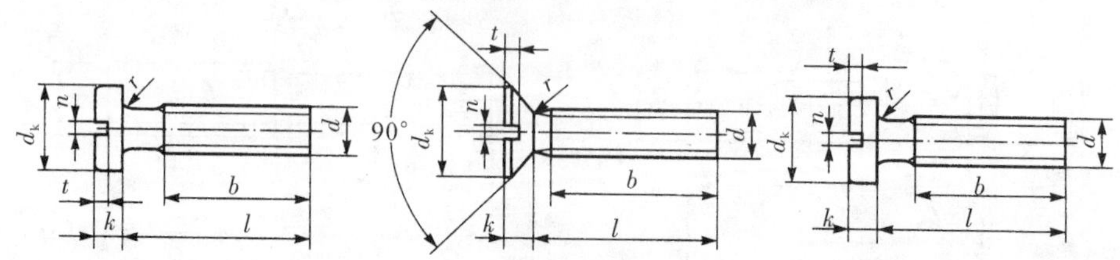

标记示例

螺纹规格 d=M5,公称长度 l=20mm,性能等级为 4.8 级,不经表面处理的开槽圆柱头螺钉:

螺钉 GB/T 65 M5×20

螺纹 d		M1.6	M2	M2.5	M3	M4	M5	M6	M8	M10
GB/T65—2000	d_k					7	8.5	10	13	16
	k					2.3	3.3	3.9	5	6
	t_{min}					1.1	1.3	1.6	2	2.4
	r_{min}					0.2	0.2	0.25	0.4	0.4
	l					5～40	6～50	8～60	10～80	12～80
	全螺纹时最大长度					40	40	40	40	40
GB/T67—2000	d_k	3.2	4	5	5.6	8	9.5	12	16	23
	k	1	1.3	1.5	1.8	2.4	3	3.6	4.8	6
	t_{min}	0.35	0.5	0.6	0.7	1	1.2	1.4	1.9	2.4
	r_{min}	0.1	0.1	0.1	0.1	0.2	0.2	0.25	0.44	0.44
	l	2～16	2.5～20	4～25	5～30	6～40	8～50	8～60	10～80	12～80
	全螺纹时最大长度	30	30	30	30	40	40	40	40	40
GB/T68—2000	d_k	3	3.8	4.7	5.5	8.4	9.3	11.3	15.8	18.3
	k	1	1.2	1.5	1.65	2.7	2.7	3.3	4.65	5
	t_{min}	0.32	0.4	0.5	0.6	1	1.1	1.2	1.8	2
	r_{min}	0.4	0.5	0.6	0.8	1	1.3	1.5	2	2.5
	l	2.5～16	3～20	4～25	5～30	6～40	8～50	8～60	10～80	12～80
	全螺纹时最大长度	30	30	30	30	45	45	45	45	45
n		0.4	0.5	0.6	0.8	1.2	14.2	1.6	2	2.5
b		25				38				
l 系列		2,2.5,3,4,5,6,8,10,12,(14),16,20,25,30,35,40,45,50,(55),60,(65),70,(75),80								

附表 9　内六角圆柱头螺钉(GB/T 70.1—2008)

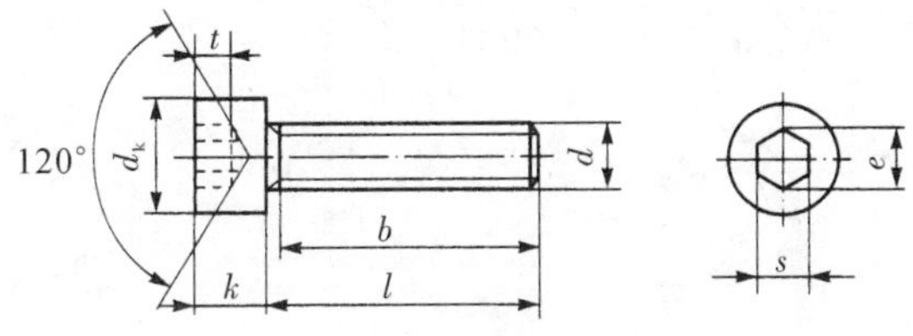

标记示例

螺纹规格 d=M5，公称长度 l=20 mm，性能等级为 8.8 级，表面氧化的内六角圆柱头螺钉：

螺钉 GB/T 70.1　M5×20

螺纹规格 d	M2.5	M3	M4	M5	M6	M8	M10	M12	M16	M20	M24	M30	M36
d_{kmax}	4.5	5.5	7	8.5	10	13	16	18	24	30	36	45	54
k_{max}	2.5	3	4	5	6	8	10	12	14	20	24	30	36
t_{min}	1.1	1.3	2	2.5	3	4	5	6	7	10	12	15.5	19
r	0.1		0.2		0.25	0.4		0.6		0.8		1	
s	2	2.5	3	4	5	6	8	10	12	17	19	22	27
e	2.3	2.87	3.44	4.58	5.72	6.86	9.15	11.43	13.72	19.4	21.7	25.15	30.85
b(参考)	17	18	20	22	24	28	32	36	44	52	60	72	84
l 系列	2.5,3,4,5,6,8,10,12,16,20,25,30,35,40,45,50,55,60,65,70,80,90,100,110,120,130,140,150,160,180,200												

附表 10　开槽锥端紧定螺钉：锥端(GB/T71—1985)、平端(GB/T73—1985)与长圆柱端(GB/T75—1985)

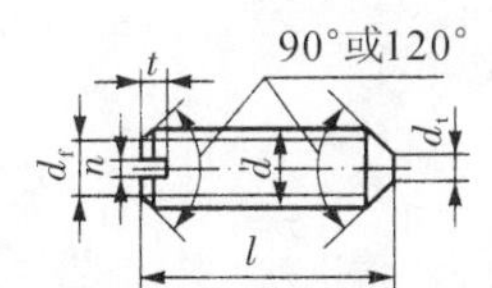

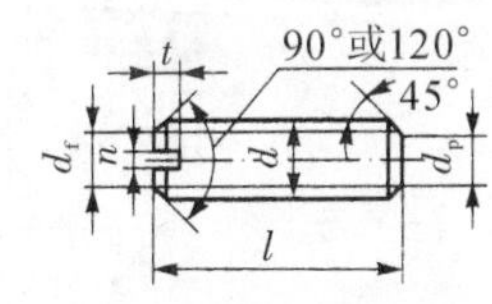

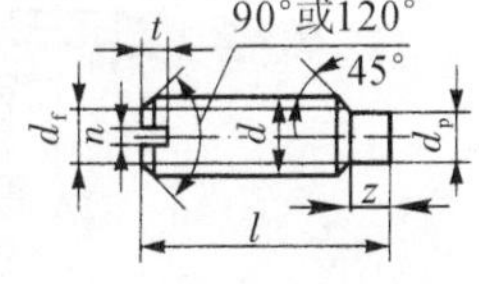

标记示例

螺纹规格 d=M5，公称长度 l=20 mm，性能等级为 14H 级，表面氧化的开槽锥端紧定螺钉：

螺钉 GB/T 71　M5×20

螺纹规格 d	M2	M2.5	M3	M5	M6	M8	M10	M12
d_f	螺纹小径							
d_t	0.2	0.25	0.3	0.5	1.5	2	2.5	3
d_p	1	1.5	2	3.5	4	5.5	7	8.5
n	0.25	0.4	0.4	0.8	1	1.2	1.6	2
t	0.84	0.95	1.05	1.63	2	2.5	3	3.6
z	1.25	1.5	1.75	2.75	3.25	4.3	5.3	6.3
l 系列	2,2.5,3,4,5,6,8,10,12,(14),16,20,25,30,35,40,45,50,(55),60							

附表 11　1 型六角螺母——C 级(GB/T41—2000),1 型六角螺母(GB/T6170—2000)与六角薄螺母(GB/T6172.1—2000)

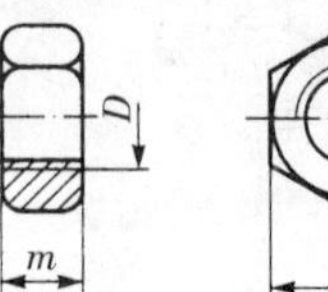

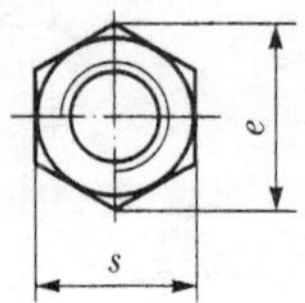

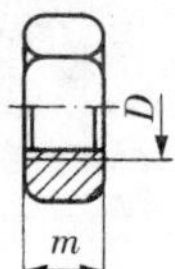

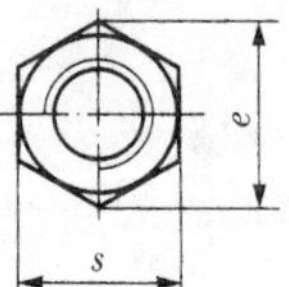

标记示例

螺纹规格 D=M12,性能等级为 5 级,不经表面处理,C 级的 1 型六角螺母:

螺母 GB/T 41　M12

螺纹规格 D		M3	M4	M5	M6	M8	M10	M12	M16	M20	M24	M30	M36	M42	M48
e_{min}	GB/T41			8.63	10.89	14.20	17.59	19.85	26.17	32.95	39.55	50.85	60.79	71.3	82.6
	GB/T6170	6.01	7.66	8.79	11.05	14.38	17.77	20.03	26.75	32.95	39.55	50.85	60.79	71.3	82.6
	GB/T6172	6.01	7.66	8.79	11.05	14.38	17.77	20.03	26.75	32.95	39.55	50.85	60.79	71.3	82.6
s		5.5	7	8	10	13	16	18	24	30	36	46	55	65	75
m_{max}	GB/T6170	2.4	3.2	4.7	5.0	6.8	8.4	10.8	14.8	18	21.5	25.6	31	34	38
	GB/T6172	1.8	2.2	2.7	3.25	4	5	6	8	10	12	15	18	21	24
	GB/T41			5.6	6.4	7.9	9.5	12.2	15.9	19	22.3	26.4	31.5	34.9	38.9

附表 12　1 型六角开槽螺母——A 和 B 级(GB/T 6178—1986)

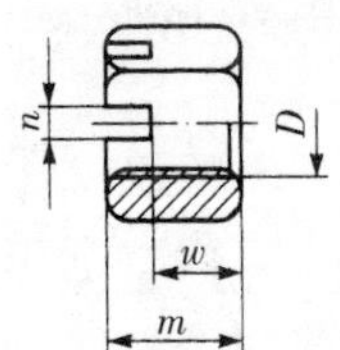

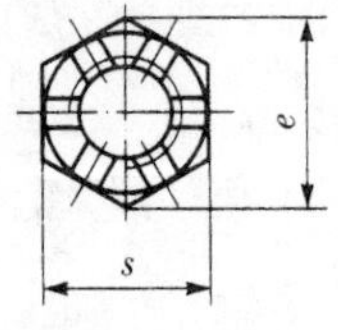

标记示例

螺纹规格 D=M5,性能等级为 8 级,不经表面处理,A 机的 1 型六角开槽螺母:

GB/T 6178　M5

螺纹规格 D	M4	M5	M6	M8	M10	M12	(M14)	M16	M20	M24	M30
e	7.7	8.8	11	14	17.8	20	23	26.8	33	39.6	50.9
m	6	6.7	7.7	9.8	12.4	15.8	17.8	20.8	24	29.5	34.6
n	1.2	1.4	2	2.5	2.8	3.5	3.5	4.5	4.5	5.5	7
s	7	8	10	13	16	18	21	24	30	36	46
w	3.2	4.7	5.2	6.8	8.4	10.8	12.8	14.8	18	21.5	25.6
开口销	1×10	1.2×12	1.6×14	2×16	2.5×20	3.2×22	3.2×25	4×28	4×36	5×40	6.3×50

附表 13　平垫圈——A 级(GB/T97.1—2002)与平垫圈倒角型——A 型(GB/T97.2—2002)

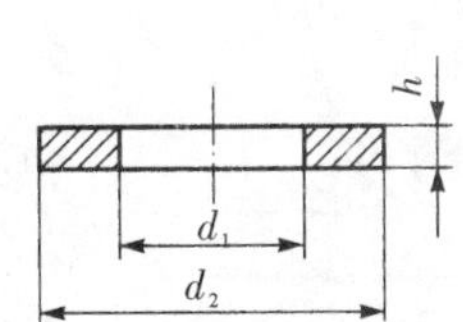

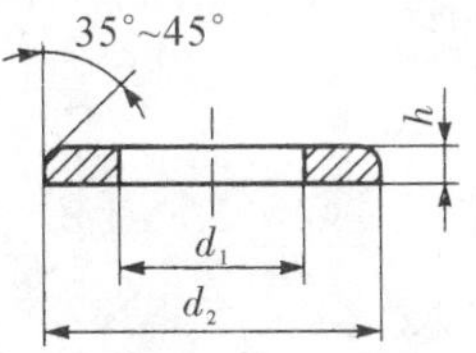

标记示例

标准系列，公称尺寸 d=8 mm，由钢制造的硬度等级为 HV200 级，不经表面处埋、产品等级为 A 级的平垫圈：

垫圈 GB/T97.1　8

规格(螺纹直径)	2	2.5	3	4	5	6	8	10	12	14	16	20	24	30
内径 d_1	2.2	2.7	3.2	4.3	5.3	6.4	8.4	10.5	13	15	17	21	25	31
外径 d_2	5	6	7	9	10	12	16	20	24	28	30	37	44	56
厚度 h	0.3	0.5	0.5	0.8	1	1.6	1.6	2	2.5	2.5	3	3	4	4

附表 14　标准形弹簧垫圈(GB/T93-1987)与轻型弹簧垫圈(GB/T859—1987)

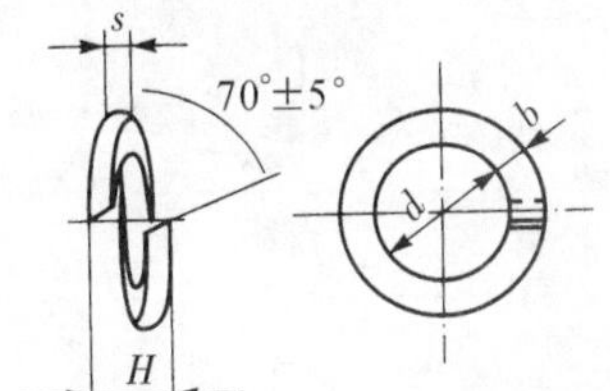

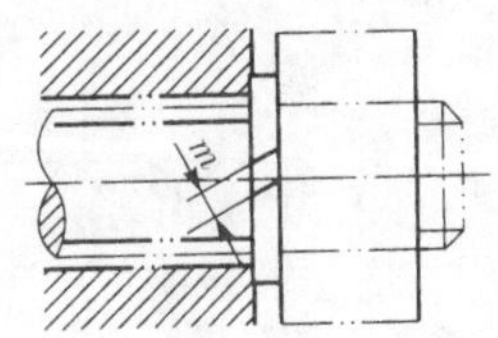

标记示例

公称直径 16 mm，材料为 16Mn，表面氧化的标准型垫圈：

垫圈 GB/T93　16

规格(螺纹直径)		2	2.5	3	4	5	6	8	10	12	16	20	24	30	36	42
d		2.1	2.6	3.1	4.1	5.1	6.2	8.2	10.2	12.3	16.3	20.5	24.5	30.5	36.6	42.6
H	GB/T93	1.2	1.6	2	2.4	3.2	4	5	6	7	8	10	12	13	14	16
	GB/T859	1	1.2	1.6	1.6	2	2.4	3.2	4	5	6.4	8	9.6	12		
$S(b)$	GB/T93	0.6	0.8	1	1.2	1.6	2	2.5	3	3.5	4	5	6	6.5	7	8
S	GB/T859	0.5	0.6	0.8	0.8	1	1.2	1.6	2	2.5	3.2	4	4.8	6		
$m\leqslant$	GB/T93	0.4		0.5	0.6	0.8	1	1.2	1.5	1.7	2	2.5	3	3.2	3.5	4
	GB/T859	0.3		0.4		0.5	0.6	0.8	1	1.2	1.6	2	2.4	3		
b	GB/T859	0.8		1	1.2		1.6	2	2.5	3.5	4.5	5.5	6.5	8		

附表 15　键和键槽的断面尺寸(GB/T1095—2003）与普通平键的尺寸(GB/T1096—2003)

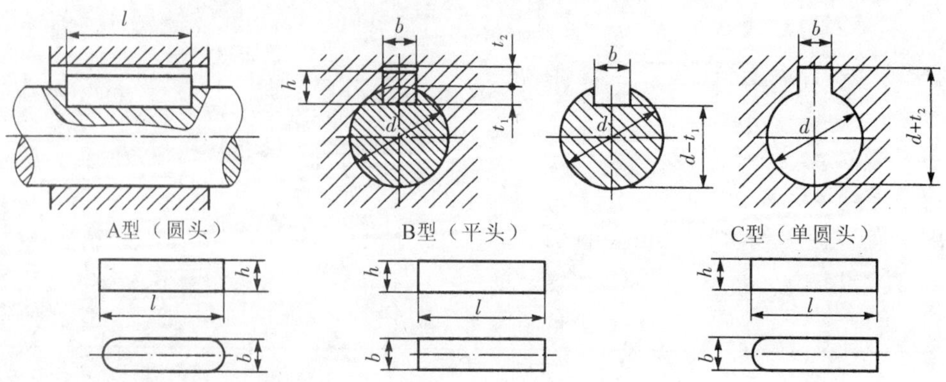

标记示例

圆头普通平键(A)型 $b=16$ mm, $h=10$ mm, $L=100$ mm

键 16×100　GB/T1096—2003

<table>
<tr><th>轴</th><th>键</th><th colspan="10">键　槽</th></tr>
<tr><th rowspan="4">公称直径 d</th><th rowspan="4">公称尺寸 $b\times h$</th><th colspan="6">宽度 b</th><th colspan="4">深度</th></tr>
<tr><th rowspan="3">公称尺寸 b</th><th colspan="5">偏差</th><th colspan="2" rowspan="2">轴 t_1</th><th colspan="2" rowspan="2">毂 t_2</th></tr>
<tr><th colspan="2">松联结</th><th colspan="2">正常联结</th><th>紧密联结</th></tr>
<tr><th>轴 H9</th><th>毂 D10</th><th>轴 N9</th><th>毂 JS9</th><th>轴和毂 P9</th><th>公称</th><th>偏差</th><th>公称</th><th>偏差</th></tr>
<tr><td>>10～12</td><td>4×4</td><td>4</td><td rowspan="3">+0.030
0</td><td rowspan="3">+0.078
+0.030</td><td rowspan="3">0
−0.030</td><td rowspan="3">±0.015</td><td rowspan="3">−0.012
−0.042</td><td>2.5</td><td rowspan="3">+0.10
0</td><td>1.8</td><td rowspan="3">+0.1
0</td></tr>
<tr><td>>12～17</td><td>5×5</td><td>5</td><td>3.0</td><td>2.3</td></tr>
<tr><td>>17～22</td><td>6×6</td><td>6</td><td>3.5</td><td>2.8</td></tr>
<tr><td>>22～30</td><td>8×7</td><td>8</td><td rowspan="2">+0.036
0</td><td rowspan="2">+0.098
+0.040</td><td rowspan="2">0
−0.036</td><td rowspan="2">±0.018</td><td rowspan="2">−0.015
−0.051</td><td>4.0</td><td rowspan="10">+0.2
0</td><td>3.3</td><td rowspan="2"></td></tr>
<tr><td>>30～38</td><td>10×8</td><td>10</td><td>5.0</td><td>3.3</td></tr>
<tr><td>>38～44</td><td>12×8</td><td>12</td><td rowspan="4">+0.043
0</td><td rowspan="4">+0.120
+0.050</td><td rowspan="4">0
−0.043</td><td rowspan="4">±0.0215</td><td rowspan="4">−0.018
−0.061</td><td>5.0</td><td>3.3</td><td rowspan="4">+0.2
0</td></tr>
<tr><td>>44～50</td><td>14×9</td><td>14</td><td>5.5</td><td>3.8</td></tr>
<tr><td>>50～58</td><td>16×10</td><td>16</td><td>6.0</td><td>4.3</td></tr>
<tr><td>>58～65</td><td>18×11</td><td>18</td><td>7.0</td><td>4.4</td></tr>
<tr><td>>65～75</td><td>20×12</td><td>20</td><td rowspan="4">+0.052
0</td><td rowspan="4">+0.149
+0.065</td><td rowspan="4">0
−0.052</td><td rowspan="4">±0.026</td><td rowspan="4">−0.022
−0.074</td><td>7.5</td><td>4.9</td><td rowspan="4"></td></tr>
<tr><td>>75～85</td><td>22×14</td><td>22</td><td>9.0</td><td>5.4</td></tr>
<tr><td>>85～95</td><td>25×14</td><td>25</td><td>9.0</td><td>5.4</td></tr>
<tr><td>>95～110</td><td>28×16</td><td>28</td><td>10.0</td><td>6.4</td></tr>
<tr><td>l 系列</td><td colspan="11">6,8,10,12,16,18,20,22,25,28,32,36,40,45,50,56,63,70,80,90,100,110,125,140,160,180,200,220,250,280,320,360,400,450</td></tr>
</table>

附表 16　圆柱销(GB/T 119.1—2000)

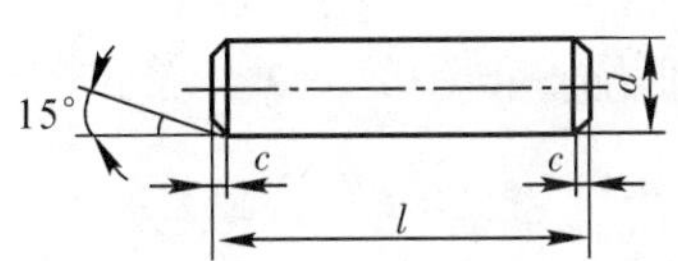

标记示例

公称直径 d=8 mm、公差为 m6、长度 l=30 mm、材料 35 钢、不经淬火、不经表面处理的圆柱销：

销 GB/T119.1　8 m6×30

d	1	1.2	1.5	2	2.5	3	4	5	6	8	10	12
c≈	0.20	0.25	0.30	0.35	0.40	0.50	0.63	0.80	1.2	1.6	2	2.5
l 系列	2,3,4,5,6,8,10,12,14,16,18,20,22,24,26,28,30,32,35,40,45,50,55,60,65,70,75,80,85,90,95,100,120,140,160,180,200											

附表 17　圆锥销(GB/T 117－2000)

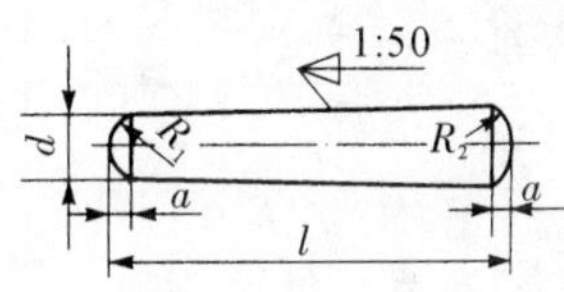

标记示例

公称直径 d=10 mm、长度 l=60 mm、材料 35 钢、热处理硬度 HRC28～38、表面氧化处理的 A 型圆锥销：

销 GB/T 117　10×60

d	1	1.2	1.5	2	2.5	3	4	5	6	8	10	12
a	0.12	0.16	0.2	0.25	0.3	0.4	0.5	0.63	0.8	1	1.2	1.6
l 系列	2,3,4,5,6,8,10,12,14,16,18,20,22,24,26,28,30,32,35,40,50,55,60,65,70,75,80,85,90,95,100,120,140,160,180											

附表 18　开口销(GB/T 91—2000)

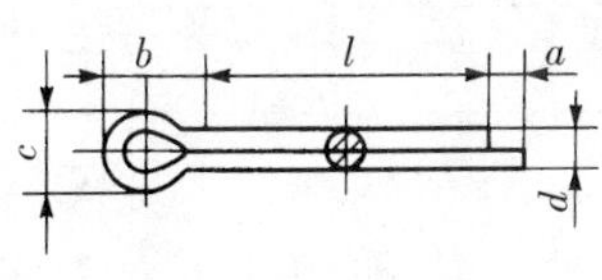

标记示例

公称直径 d=5 mm、长度 l=50 mm、材料为 Q215 或 Q235，不经表面处理的开口销：

销 GB/T91　5×50

d		1	1.2	1.6	2	2.5	3.2	4	5	6.3	8	10	13
c	max	1.8	2	2.8	3.6	4.6	5.8	7.4	9.2	11.8	15	19	24.8
	min	1.6	1.7	2.4	3.2	4	5	6.4	8	10.3	13.1	16.6	21.7
b≈		3	3	3.2	4	5	6.4	8	10	12.6	16	20	36
a_{max}		1.6	2.5				3.2	4				6.3	
l 系列		2,3,4,5,6,8,10,12,14,16,18,20,22,24,26,28,30,32,35,40,45,50,55,60,65,70,75,80,85,90,95,100,120,140,160,180,											

附表 19　深沟球轴承(摘自 GB/T276—1994)、圆锥滚子轴承(摘自 GB/T297—1994)与推力球轴承(摘自 GB/T301—1995)

深沟球轴承(GB/T276—1994)　圆锥滚子轴承(GB/T297—1994)　推力球轴承(GB/T301—1995)

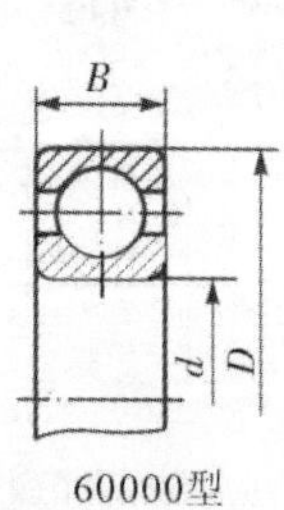

60000型

标记示例：

滚动轴承 6310 GB/T276—1994

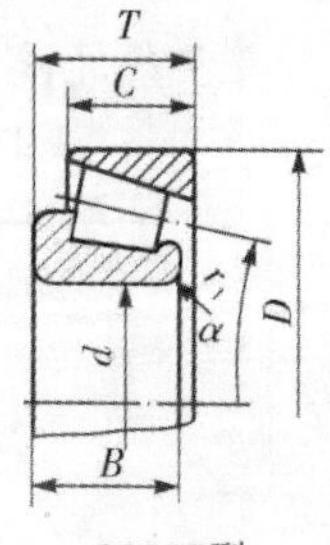

30000型

标记示例：

滚动轴承 30212 GB/T297—1994

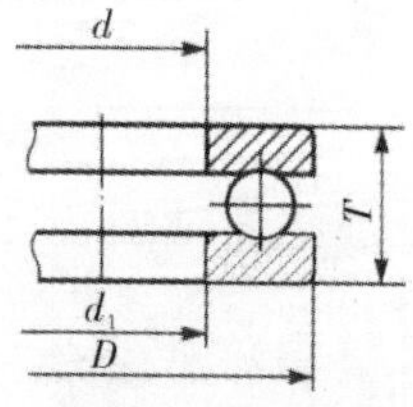

50000型

标记示例：

滚动轴承 51305 GB/T301—1995

轴承型号	尺寸/mm			轴承型号	尺寸/mm					轴承型号	尺寸/mm			
	d	*D*	*B*		*d*	*D*	*B*	*C*	*T*		*d*	*D*	*T*	d_1
尺寸系列[(0)2]				尺寸系列[02]						尺寸系列[12]				
6202	15	35	11	30203	17	40	12	11	13.25	51202	15	32	12	17
6203	17	40	12	30204	20	47	14	12	15.25	51203	17	35	12	19
6204	20	47	14	30205	25	52	15	13	16.25	51204	20	40	14	22
6205	25	52	15	30206	30	62	16	14	17.25	51205	25	47	15	27
6206	30	62	16	30207	35	72	17	15	18.25	51206	30	52	16	32
6207	35	72	17	30208	40	80	18	16	19.75	51207	35	62	18	37
6208	40	80	18	30209	45	85	19	16	20.75	51208	40	68	19	42
6209	45	85	19	30210	50	90	20	17	21.75	51209	45	73	20	47
6210	50	90	20	30211	55	100	21	18	22.75	51210	50	78	22	52
6211	55	100	21	30212	60	110	22	19	23.75	51211	55	90	25	57
6212	60	110	22	30213	65	120	23	20	24.75	51212	60	95	26	62
尺寸系列[(0)3]				尺寸系列[03]						尺寸系列[13]				
6302	15	42	13	30302	15	42	13	11	14.25	51304	20	47	18	22
6303	17	47	14	30303	17	47	14	12	15.25	51305	25	52	18	27
6304	20	52	15	30304	20	52	15	13	16.25	51306	30	60	21	32
6305	25	62	17	30305	25	62	17	15	18.25	51307	35	68	24	37
6306	30	72	19	30306	30	72	19	16	20.75	51308	40	78	26	42
6307	35	80	21	30307	35	80	21	18	22.75	51309	45	85	28	47
6308	40	90	23	30308	40	90	23	20	25.25	51310	50	95	31	52
6309	45	100	25	30309	45	100	25	22	27.25	51311	55	105	35	57
6310	50	110	27	30310	50	110	27	23	29.25	51312	60	110	35	62
6311	55	120	29	30311	55	120	29	25	31.50	51313	65	115	36	67
6312	60	130	31	30312	60	130	31	26	33.50	51314	70	125	40	72

附表 20　标准公差数值(GB/T1800.1—2009)

公称尺寸/mm		公差等级																	
		IT1	IT2	IT3	IT4	IT5	IT6	IT7	IT8	IT9	IT10	IT11	IT12	IT13	IT14	IT15	IT16	IT17	IT18
大于	至	/μm											mm						
—	3	0.8	1.2	2	3	4	6	10	14	25	40	60	0.1	0.14	0.25	0.4	0.6	1	1.4
3	6	1	1.5	2.5	4	5	8	12	18	30	48	75	0.12	0.18	0.3	0.48	0.75	1.2	1.8
6	10	1	1.5	2.5	4	6	9	15	22	36	58	90	0.15	0.22	0.36	0.58	0.9	1.5	2.2
10	18	1.2	2	3	5	8	11	18	27	43	70	110	0.18	0.27	0.43	0.7	1.1	1.8	2.7
18	30	1.5	2.5	4	6	9	13	21	33	52	84	130	0.21	0.33	0.52	0.84	1.3	2.1	3.3
30	50	1.5	2.5	4	7	11	16	25	39	62	100	160	0.25	0.39	0.62	1	1.6	2.5	3.9
50	80	2	3	5	8	13	19	30	46	74	120	190	0.3	0.46	0.74	1.2	1.9	3	4.6
80	120	2.5	4	6	10	15	22	35	54	87	140	220	0.35	0.54	0.87	1.4	2.2	3.5	5.4
120	180	3.5	5	8	12	18	25	40	63	100	160	250	0.4	0.63	1	1.6	2.5	4	6.3
180	250	4.5	7	10	14	20	29	46	72	115	185	290	0.46	0.72	1.15	1.85	2.9	4.6	7.2
250	315	6	8	12	16	23	32	52	81	130	210	320	0.52	0.81	1.3	2.1	3.2	5.2	8.1
315	400	7	9	13	18	25	36	57	89	140	230	360	0.57	0.89	1.4	2.3	3.6	5.7	8.9
400	500	8	10	15	20	27	40	63	97	155	250	400	0.63	0.97	1.55	2.5	4	6.3	9.7
500	630	9	11	16	22	32	44	70	110	170	280	440	0.7	1.1	1.75	2.8	4.4	7	11
630	800	10	13	18	25	36	50	80	125	200	320	500	0.8	1.25	2	3.2	5	8	12.5
800	1000	11	15	21	28	40	56	90	140	230	360	560	0.9	1.4	2.3	3.6	5.6	9	14
1000	1250	13	18	24	33	47	66	105	165	260	420	660	1.05	1.65	2.6	4.2	6.6	10.5	16.5
1250	1600	15	21	29	39	55	78	125	195	310	500	780	1.25	1.95	3.1	5	7.8	12.5	19.5
1600	2000	18	25	35	46	65	92	150	230	370	600	920	1.5	2.3	3.7	6	9.2	15	23

注:基本尺寸小于或等于 1 mm 时,无 IT4～IT18。

附表 21 常用及优先用途轴的极限偏差(GB/T1800.1—2009)

公称尺寸 / mm		常用及优先公差带(带圈者为优先公差带)/μm												
		a	b		c			d				e		
大于	至	11	11	12	9	10	11	8	⑨	10	11	7	8	9
—	3	−270 −330	−140 −200	−140 −240	−60 −85	−60 −100	−60 −120	−20 −34	−20 −45	−20 −60	−20 −80	−14 −24	−14 −28	−14 −39
3	6	−270 −345	−140 −215	−140 −260	−70 −100	−70 −118	−70 −145	−30 −48	−30 −60	−30 −78	−30 −105	−20 −32	−20 −38	−20 −50
6	10	−280 −370	−150 −240	−150 −300	−80 −116	−80 −138	−80 −170	−40 −62	−40 −76	−40 −98	−40 −130	−25 −40	−25 −47	−25 −61
10	14	−290 −400	−150 −260	−150 −330	−95 −138	−95 −165	−95 −205	−50 −77	−50 −93	−50 −120	−50 −160	−32 −50	−32 −59	−32 −75
14	18													
18	24	−300 −430	−160 −290	−160 −370	−110 −162	−110 −194	−110 −240	−65 −98	−65 −117	−65 −149	−65 −195	−40 −61	−40 −73	−40 −90
24	30													
30	40	−310 −470	−170 −330	−170 −420	−120 −182	−120 −220	−120 −280	−80 −119	−80 −142	−80 −180	−80 −240	−50 −75	−50 −89	−50 −112
40	50	−320 −480	−180 −340	−180 −430	−130 −192	−130 −230	−130 −290							
50	65	−340 −530	−190 −380	−190 −490	−140 −214	−140 −260	−140 −330	−100 −146	−100 −174	−100 −220	−100 −290	−60 −90	−60 −106	−60 −134
65	80	−360 −550	−200 −390	−200 −500	−150 −224	−150 −270	−150 −340							
80	100	−380 −600	−220 −440	−220 −570	−170 −257	−170 −310	−170 −390	−120 −174	−120 −207	−120 −260	−120 −340	−72 −107	−72 −126	−72 −159
100	120	−410 −630	−240 −460	−240 −590	−180 −267	−180 −320	−180 −400							
120	140	−460 −710	−260 −510	−260 −660	−200 −300	−200 −360	−200 −450	−145 −208	−145 −245	−145 −305	−145 −395	−85 −125	−85 −148	−85 −185
140	160	−520 −770	−280 −530	−280 −630	−210 −310	−210 −370	−210 −460							
160	180	−580 −830	−310 −560	−310 −710	−230 −330	−230 −390	−230 −480							
180	200	−660 −950	−340 −630	−340 −800	−240 −355	−240 −425	−24 −530	−170 −242	−170 −285	−170 −355	−170 −460	−100 −145	−100 −172	−100 −215
200	225	−740 −1030	−380 −670	−380 −840	−260 −375	−260 −445	−260 −550							
225	250	−820 −1110	−420 −710	−420 −880	−280 −395	−280 −465	−280 −570							
250	280	−920 −1240	−480 −800	−480 −1000	−300 −430	−300 −510	−300 −620	−190 −271	−190 −320	−190 −400	−190 −510	−110 −162	−110 −191	−110 −240
280	315	−1050 −1370	−540 −860	−540 −1060	−330 −460	−330 −540	−330 −650							
315	355	−1200 −1560	−600 −960	−600 −1170	−360 −500	−360 −590	−360 −720	−210 −299	−210 −350	−210 −440	−210 −570	−125 −182	−125 −214	−125 −265
335	400	1350 −1710	−680 −1040	−680 −1250	−400 −540	−400 −630	−400 −760							
400	450	−1500 −1900	−760 −1160	−760 −1390	−440 −595	−440 −690	−440 −840	−230 −327	−230 −385	−230 −480	−230 −630	−135 −198	−135 −232	−135 −290
450	500	−1650 −2050	−840 −1240	−840 −1470	−480 −635	−480 −730	−480 −880							

续表

公称尺寸/mm		常用及优先公差带(带圈者为优先公差带)/μm															
		f					g			h							
大于	至	5	6	⑦	8	9	5	⑥	7	5	⑥	⑦	8	⑨	10	11	12
—	3	−6 −10	−6 −12	−6 −16	−6 −20	−6 −31	−2 6	−2 −8	−2 −12	0 −4	0 −6	0 −10	0 −14	0 −25	0 −40	0 −60	0 −100
3	6	−10 −15	−10 −18	−10 −22	−10 −28	−10 −40	−4 −9	−4 −12	−4 −16	0 −5	0 −8	0 −12	0 −18	0 −30	0 −48	0 −75	0 −120
6	10	13 −19	−13 −22	−13 −28	−13 −35	−13 −49	−5 −11	−5 −14	−5 −20	0 −6	0 −9	0 −15	0 −22	0 −36	0 −58	0 −90	0 −150
10	14	−16 −24	−16 −27	−16 −34	−16 −43	−16 −59	−6 −14	−6 −17	−6 −24	0 −8	0 −11	0 −18	0 −27	0 −43	0 −70	0 −110	0 −180
14	18																
18	24	−20 −29	−20 −33	−20 −41	−20 −53	−20 −72	−7 −16	−7 −20	−7 −28	0 −9	0 −13	0 −21	0 −33	0 −52	0 −84	0 −130	0 −210
24	30																
30	40	−25 −36	−25 −41	−25 −50	−25 −64	−25 −87	−9 −20	−9 −25	−9 −34	0 −11	0 −16	0 −25	0 −39	0 −62	0 −100	0 −160	0 −250
40	50																
50	65	−30 −43	−30 −49	−30 −60	30 −76	−30 −104	−10 −23	−10 −29	−10 −40	0 −13	0 −19	0 −30	0 −46	0 −74	0 −120	0 −190	0 −300
65	80																
80	100	−36 −51	−36 −58	−36 −71	−36 −90	−36 −123	−12 −27	−12 −34	−12 −47	0 −15	0 −22	0 −35	0 −54	0 −87	0 −140	0 −220	0 −350
100	120																
120	140	−43 −61	−43 −68	−43 −83	−43 −106	−43 −143	−14 −32	−14 −39	−14 −54	0 −18	0 −25	0 −40	0 −63	0 −100	0 −160	0 −250	0 −400
140	160																
160	180																
180	200	−50 −70	−50 −79	−50 −96	−50 −122	−50 −165	−15 −35	−15 −44	−15 −61	0 −20	0 −29	0 −46	0 −72	0 −115	0 −185	0 −290	0 −460
200	225																
225	250																
250	280	−56 −79	−56 −88	−56 −108	−56 −137	−56 −186	−17 −40	17 −49	−17 −69	0 −23	0 −32	0 −52	0 −81	0 −130	0 −210	0 −320	0 −520
280	315																
315	355	−62 −87	−62 −98	−62 −119	−62 −151	−62 −202	−18 −43	−18 −54	−18 −75	0 −25	0 −36	0 −57	0 −89	0 −140	0 −230	0 −360	0 −570
355	400																
400	450	−68 −95	−68 −108	−68 −131	−68 −165	−68 −223	−20 −47	−20 −60	−20 −83	0 −27	0 −40	0 −63	0 −97	0 −155	0 −250	0 −400	0 −630
450	500																

续表

公称尺寸/mm		常用及优先公差带(带圈者为优先公差带)/μm														
		js			k			m			n			p		
大于	至	5	6	7	5	⑥	7	5	6	7	5	⑥	7	5	⑥	7
—	3	±2	±3	±5	+4 0	+6 0	+10 0	+6 +2	+8 +2	+12 +2	+8 +4	+10 +4	+14 +4	+10 +6	+12 +6	+16 +6
3	6	±2.5	±4	±6	+6 +1	+9 +1	+13 +1	+9 +4	+12 +4	+16 +4	+13 +8	+16 +8	+20 +8	+17 +12	+20 +12	+24 +12
6	10	±3	±4.5	±7	+7 +1	+10 +1	+16 +1	+12 +6	+15 +6	+21 +6	+16 +10	+19 +10	+25 +10	+21 +15	+24 +15	+30 +15
10	14	±4	±5.5	±9	+9 +1	+12 +1	+19 +1	+15 +7	+18 +7	+25 +7	+20 +12	+23 +12	+30 +12	+26 +18	+29 +18	+36 +18
14	18															
18	24	±4.5	±6.5	±10	+11 +2	+15 +2	+23 +2	+17 +8	+21 +8	+29 +8	+24 +15	+28 +15	+36 +15	+31 +22	+35 +22	+43 +22
24	30															
30	40	±5.5	±8	±12	+13 +2	+18 +2	+27 +2	+20 +9	+25 +9	+34 +9	+28 +17	+33 +17	+42 +17	+37 +26	+42 +26	+51 +26
40	50															
50	65	±6.5	±9.5	±15	+15 +2	+21 +2	+32 +2	+24 +11	+30 +11	+41 +11	+33 +20	+39 +20	+50 +20	+45 +32	+51 +32	+62 +32
65	80															
80	100	±7.5	±11	±17	+18 +3	+25 +3	+38 +3	+28 +13	+35 +13	+48 +13	+38 +23	+45 +23	+58 +23	+52 +37	+59 +37	+72 +37
100	120															
120	140	±9	±12.5	±20	+21 +3	+28 +3	+43 +3	+33 +15	+40 +15	+55 +15	+45 +27	+52 +27	+67 +27	+61 +43	+68 +43	+83 +43
140	160															
160	180															
180	200	±10	±14.5	±23	+24 +4	+33 +4	+50 +4	+37 +17	+46 +17	+63 +17	+51 +31	+60 +31	+77 +31	+70 +50	+79 +50	+96 +50
200	225															
225	250															
250	280	±11.5	±16	±26	+27 +4	+36 +4	+56 +4	+43 +20	+52 +20	+72 +20	+57 +34	+66 +34	+86 +34	+79 +56	+88 +56	+108 +56
280	315															
315	355	±12.5	±18	±28	+29 +4	+40 +4	+61 +4	+46 +21	+57 +21	+78 +21	+62 +37	+73 +37	+94 +37	+87 +62	+98 +62	+119 +62
355	400															
400	450	±13.5	±20	±31	+32 +5	+45 +5	+68 +5	+50 +23	+63 +23	+86 +23	+67 +40	+80 +40	+103 +40	+95 +68	+108 +68	+131 +68
450	500															

续表

公称尺寸/mm		常用及优先公差带(带圈者为优先公差带)/μm														
		r			s			t			u		v	x	y	z
大于	至	5	6	7	5	⑥	7	5	6	7	⑥	7	6	6	6	6
—	3	+14 +10	+16 +10	+20 +10	+18 +14	+20 +14	+24 +14	—	—	—	+24 +18	+28 +18	—	+26 +20	—	+32 +26
3	6	+20 +15	+23 +15	+27 +15	+24 +19	+27 +19	+31 +19	—		—	+31 +23	+35 +23	—	+36 +28	—	+43 +35
6	10	+25 +19	+28 +19	+34 +19	+29 +23	+32 +23	+38 +23	—	—	—	+37 +28	+43 +28	—	+43 +34	—	+51 +42
10	14	+31 +23	+34 +23	+41 +23	+36 +28	+39 +28	+46 +28	—	—	—	+44 +33	+51 +33	—	+51 +40	—	+61 +50
14	18							—	—	—			+50 +39	+56 +45	—	+71 +60
18	24	+37 +28	+41 +28	+49 +28	+44 +35	+48 +35	+56 +35	—	—	—	+54 +41	+62 +41	+60 +47	+67 +54	+76 +63	+86 +73
24	30							+50 +41	+54 +41	+62 +41	+61 +48	+69 +48	+68 +55	+77 +64	+88 +75	+101 +88
30	40	+45 +34	+50 +34	+59 +34	+54 +43	+59 +43	+68 +43	+59 +48	+64 +48	+73 +48	+76 +60	+85 +60	+84 +68	+96 +80	+110 +94	+128 +112
40	50							+65 +54	+70 +54	+79 +54	+86 +70	+95 +70	+97 +81	+113 +97	+130 +114	+152 +136
50	65	+54 +41	+60 +41	+71 +41	+66 +53	+72 +53	+83 +53	+79 +66	+85 +66	+96 +66	+106 +87	+117 +87	+121 +102	+141 +122	+163 +144	+191 +172
65	80	+56 +43	+62 +43	+73 +43	+72 +59	+78 +59	+89 +59	+88 +75	+94 +75	+105 +75	+121 +102	+132 +102	+139 +120	+165 +146	+193 +174	+229 +210
80	100	+66 +51	+73 +51	+86 +51	+86 +71	+93 +71	+106 +91	+106 +91	+113 +91	+126 +91	+146 +124	+159 +124	+168 +146	+200 +178	+236 +214	+280 +258
100	120	+69 +54	+76 +54	+89 +54	+94 +79	+101 +79	+114 +79	+110 +104	+126 +104	+136 +104	+166 +144	+179 +144	+194 +172	+232 +210	+276 +254	+332 +310
120	140	+81 +63	+88 +63	+103 +63	+110 +92	+117 +92	+132 +92	+140 +122	+147 +122	+162 +122	+195 +170	+210 +170	+227 +202	+273 +248	+325 +300	+390 +365
140	160	+83 +65	+90 +65	+150 +65	+118 +100	+125 +100	+140 +100	+152 +134	+159 +134	+174 +134	+215 +190	+230 +190	+253 +228	+305 +280	+365 +340	+440 +415
160	180	+86 +68	+93 +68	+108 +68	+126 +108	+133 +108	+148 +108	+164 +146	+171 +146	+186 +146	+235 +210	+250 +210	+277 +252	+335 +310	+405 +380	+490 +465
180	200	+97 +77	+106 +77	+123 +77	+142 +122	+151 +122	+168 +122	+186 +166	+195 +166	+212 +166	+265 +236	+282 +236	+313 +284	+379 +350	+454 +425	+549 +520
200	225	+100 +80	+109 +80	+126 +80	+150 +130	+159 +130	+176 +130	+200 +180	+209 +180	+226 +180	+287 +258	+304 +258	+339 +310	+414 +385	+499 +470	+604 +575
225	250	+104 +84	+113 +84	+130 +84	+160 +140	+169 +140	+186 +140	+216 +196	+225 +196	+242 +196	+313 +284	+330 +284	+369 +340	+454 +425	+549 +520	+669 +640
250	280	+117 +94	+126 +94	+146 +94	+181 +158	+290 +158	+210 +158	+241 +218	+250 +218	+270 +218	+347 +315	+367 +315	+417 +385	+507 +475	+612 +680	+742 +710
280	315	+121 +98	+130 +98	+150 +98	+193 +170	+202 +170	+222 +170	+263 +240	+272 +240	+292 +240	+382 +350	+402 +350	+457 +425	+557 +525	+682 +650	+822 +790
315	355	+133 +108	+144 +108	+165 +108	+215 +190	+226 +190	+247 +190	+293 +268	+304 +268	+325 +268	+426 +390	+447 +390	+511 +475	+626 +590	+766 +730	+936 +900
355	400	+139 +114	+150 +114	+171 +114	+233 +208	+244 +208	+265 +208	+319 +294	+330 +294	+351 +294	+471 +435	+492 +435	+566 +530	+696 +660	+856 +820	+1036 +1000
400	450	+153 +126	+166 +126	+189 +126	+259 +232	+272 +232	+295 +232	+357 +330	+370 +330	+393 +330	+530 +490	+553 +490	+635 +595	+780 +740	+960 +920	+1140 +1100
450	500	+159 +132	+172 +132	+195 +132	+279 +252	+292 +252	+315 +252	+387 +360	+400 +360	+423 +360	+580 +540	+603 +540	+700 +660	+860 +820	+1040 +1000	+1290 +1250

附表 22 常用及优先用途孔的极限偏差(GB/T1800.1—2009)

公称尺寸/mm		常用及优先公差带(带圈者为优先公差带)/μm														
		A	B		C	D				E		F				G
大于	至	11	11	12	11	8	⑨	10	11	8	9	6	7	⑧	9	6
—	3	+330 +270	+200 +140	+240 +140	+120 +60	+34 +20	+45 +20	+60 +20	+80 +20	+28 +14	+39 +14	+12 +6	+16 +6	+20 +6	+31 +6	+8 +2
3	6	+345 +270	+215 +140	+260 +140	+145 +70	+48 +30	+60 +30	+78 +30	+105 +30	+38 +20	+50 +20	+18 +10	+22 +10	+28 +10	+40 +10	+12 +4
6	10	+370 +280	+240 +150	+300 +150	+170 +80	+62 +40	+76 +40	+98 +40	+130 +40	+47 +25	+61 +25	+22 +13	+28 +13	+35 +13	+49 +13	+14 +5
10	14	+400	+260	+330	+205	+77	+93	+120	+160	+59	+75	+27	+34	+43	+59	+17
14	18	+290	+150	+150	+95	+50	+50	+50	+50	+32	+32	+16	+16	+16	+16	+6
18	24	+430	+290	+370	+240	+98	+117	+149	+195	+73	+92	+33	+41	+53	+72	+20
24	30	+300	+160	+160	+110	+65	+65	+65	+65	+40	+40	+20	+20	+20	+20	+7
30	40	+470 +310	+330 +120	+420 +170	+280 +120	+119 +80	+142 +80	+180 +80	+240 +80	+89 +50	+112 +50	+41 +25	+50 +25	+64 +25	+87 +25	+25 +9
40	50	+480 +320	+340 +180	+430 +180	+290 +130											
50	65	+530 +340	+380 +190	+490 +190	+330 +140	+146 +100	+174 +100	+220 +100	+290 +100	+106 +60	+134 +60	+49 +30	+60 +30	+76 +30	+104 +30	+29 +10
65	80	+550 +360	+390 +200	+500 +200	+340 +150											
80	100	+600 +380	+440 +220	+570 +220	+390 +170	+174 +120	+207 +120	+260 +120	+340 +120	+126 +72	+159 +72	+58 +36	+71 +36	+90 +36	+123 +36	+34 +12
100	120	+630 +410	+460 +240	+590 +240	+400 +180											
120	140	+710 +460	+510 +260	+660 +260	+450 +200	+208 +145	+245 +145	+305 +145	+395 +145	+148 +85	+185 +85	+68 +43	+83 +43	+106 +43	+143 +43	+39 +14
140	160	+770 +520	+530 +280	+680 +280	+460 +210											
160	180	+830 +580	+560 +310	+710 +310	+480 +230											
180	200	+950 +660	+630 +340	+800 +340	+530 +240	+242 +170	+285 +170	+355 +170	+460 +170	+172 +100	+215 +100	+79 +50	+96 +50	+122 +50	+165 +50	+44 +15
200	225	+1030 +740	+670 +380	+840 +380	+550 +260											
225	250	+1110 +820	+710 +420	+880 +420	+570 +280											
250	280	+1240 +920	+800 +480	+1000 +480	+620 +300	+271 +190	+320 +190	+400 +190	+510 +190	+191 +110	+240 +110	+88 +56	+108 +56	+137 +56	+186 +56	+49 +17
280	315	+1370 +1050	+860 +540	+1060 +540	+650 +330											
315	355	+1560 +1200	+960 +600	+1170 +600	+720 +360	+299 +210	+350 +210	+440 +210	+570 +210	+214 +125	+265 +125	+98 +62	+119 +62	+151 +62	+202 +62	+54 +18
355	400	+1710 +1350	+1040 +680	+1250 +680	+760 +400											
400	450	+1900 +1500	+1160 +760	+1390 +760	+840 +440	+327 +230	+385 +230	+480 +230	+630 +230	+232 +135	+290 +135	+108 +68	+131 +68	+165 +68	+223 +68	+60 +20
450	500	+2050 +1650	+1240 +840	+1470 +840	+880 +480											

续表

公称尺寸/mm		常用及优先公差带(带圈者为优先公差带)/μm																
			H							JS			K			M		
大于	至	⑦	6	⑦	⑧	⑨	10	11	12	6	7	8	6	⑦	8	6	7	8
—	3	+12 +2	+6 0	+10 0	+14 0	+25 0	+40 0	+60 0	+100 0	±3	±5	±7	0 −6	0 −10	0 −14	−2 −8	−2 −12	−2 −16
3	6	+16 +4	+8 0	+12 0	+18 0	+30 0	+48 0	+75 0	+120 0	±4	±6	±9	+2 −6	+3 −9	+5 −13	−1 −9	0 −12	+2 −16
6	10	+20 +5	+9 0	+15 0	+22 0	+36 0	+58 0	+90 0	+150 0	±4.5	±7	±11	+2 −7	+5 −10	+6 −16	−3 −12	0 −15	+1 −21
10	14	+24 +6	+11 0	+18 0	+27 0	+43 0	+70 0	+110 0	+180 0	±5.5	±9	±13	+2 −9	+6 −12	+8 −19	−4 −15	0 −18	+2 −25
14	18																	
18	24	+28 +7	+13 0	+21 0	+33 0	+52 0	+84 0	+130 0	+210 0	±6.5	±10	±16	+2 −11	+6 −15	+10 −23	−4 −17	0 −21	+4 −29
24	30																	
30	40	+34 +9	+16 0	+25 0	+39 0	+62 0	+100 0	+160 0	+250 0	±8	±12	±19	+3 −13	+7 −18	+12 −27	−4 −20	0 −25	+5 −34
40	50																	
50	65	+40 +10	+19 0	+30 0	+46 0	+74 0	+120 0	+190 0	+300 0	±9.5	±15	±23	+4 −15	+9 −21	+14 −32	−5 −24	0 +30	+5 −41
65	80																	
80	100	+47 +12	+22 0	+35 0	+54 0	+87 0	+140 0	+220 0	+350 0	±11	±17	±27	+4 −18	+10 −25	+16 −38	−6 −28	0 −35	+6 −48
100	120																	
120	140	+54 +14	+25 0	+40 0	+63 0	+100 0	+160 0	+250 0	+400 0	±12.5	±20	±31	+4 −21	+12 −28	+20 −43	−8 −33	0 −40	+8 −55
140	160																	
160	180																	
180	200	+61 +15	+29 0	+46 0	+72 0	+115 0	+185 0	+290 0	+460 0	±14.5	±23	±36	+5 −24	+13 −33	+22 −50	−8 −37	0 −46	+9 −63
200	225																	
225	250																	
250	280	+69 +17	+32 0	+52 0	+81 0	+130 0	+210 0	+320 0	+520 0	±16	±26	±40	+5 −27	+16 −36	+25 −56	−9 −41	0 −52	+9 −72
280	315																	
315	355	+75 +18	+36 0	+57 0	+89 0	+140 0	+230 0	+360 0	+570 0	±18	±28	±44	+7 −29	+17 −40	+28 −61	−10 −46	0 −57	+11 −78
355	400																	
400	450	+83 +20	+40 0	+63 0	+97 0	+155 0	+250 0	+400 0	+630 0	±20	±31	±48	+8 −32	+18 −45	+29 −68	−10 −50	0 −63	+11 −86
450	500																	

续表

公称尺寸/mm		常用及优先公差带(带圈者为优先公差带)/μm											
		N			P		R		S		T		U
大于	至	6	⑦	8	6	⑦	6	7	6	⑦	6	7	⑦
—	3	-4 -10	-4 -14	-4 -18	-6 -12	-6 -16	-10 -16	-10 -20	-14 -20	-14 -24	—	—	-18 -28
3	6	-5 -13	-4 -16	-2 -20	-9 -17	-8 -20	-12 -20	-11 -23	-16 -24	-15 -27	—	—	-19 -31
6	10	-7 -16	-4 -19	-3 -25	-12 -21	-9 -24	-16 -25	-13 -28	-20 -29	-17 -32	—	—	-22 -37
10	14	-9 -20	-5 -23	-3 -30	-15 -26	-11 -29	-20 -31	-16 -34	-25 -36	-21 -39	—	—	-26 -44
14	18												
18	24	-11 -24	-7 -28	-3 -36	-18 -31	-14 -35	-24 -37	-20 -41	-31 -44	-27 -48	—	—	-33 -54
24	30										-37 -50	-33 -54	-40 -61
30	40	-12 -28	-8 -33	-3 -42	-21 -37	-17 -42	-29 -45	-25 -50	-38 -54	-34 -59	-43 -59	-39 -64	-51 -76
40	50										-49 -65	-45 -70	-61 -86
50	65	-14 -33	-9 -39	-4 -50	-26 -45	-21 -51	-35 -54	-30 -60	-47 -66	-42 -72	-60 -79	-55 -85	-76 -106
65	80						-37 -56	-32 -62	-53 -72	-48 -78	-69 -88	-64 -94	-91 -121
80	100	-16 -38	-10 -45	-4 -58	-30 -52	-24 -59	-44 -66	-38 -73	-64 -86	-58 -93	-84 -106	-78 -113	-111 -146
100	120						-47 -69	-41 -76	-72 -94	-66 -101	-97 -119	-91 -126	-131 -166
120	140	-20 -45	-12 -52	-4 -67	-36 -61	-28 -68	-56 -81	-48 -88	-85 -110	-77 -117	-115 -140	-107 -147	-155 -195
140	160						-58 -83	-50 -90	-93 -118	-85 -125	-127 -152	-119 -159	-175 -215
160	180						-61 -86	-53 -93	-101 -126	-93 -133	-139 -164	-131 -171	-195 -235
180	200	-22 -51	-14 -60	-5 -77	-41 -70	-33 -79	-68 -97	-60 -106	-113 -142	-105 -151	-157 -186	-149 -195	-219 -265
200	225						-71 -100	-63 -109	-121 -150	-113 -159	-171 -200	-163 -209	-241 -287
225	250						-75 -104	-67 -113	-131 -160	-123 -169	-187 -216	-179 -225	-267 -313
250	280	-25 -57	-14 -66	-5 -86	-47 -79	-36 -88	-85 -117	-74 -126	-149 -181	-138 -190	-209 -241	-198 -250	-295 -347
280	315						-89 -121	-78 -130	-161 -193	-150 -202	-231 -263	-220 -272	-330 -382
315	355	-26 -62	-16 -73	-5 -94	-51 -87	-41 -98	-97 -133	-87 -144	-179 -215	-169 -226	-257 -293	-247 -304	-369 -426
355	400						-103 -139	-93 -150	-197 -233	-187 -244	-283 -319	-273 -330	-414 -471
400	450	-27 -67	-17 -80	-6 -103	-55 -95	-45 -108	-113 -153	-103 -166	-219 -259	-209 -272	-317 -357	-307 -370	-467 -530
450	500						-119 -159	-109 -172	-239 -279	-229 -292	-347 -387	-337 -400	-517 -580

附表 23　热处理名词解释

名词	说明	目的	适用范围
退火	加热到临界温度以上，保温一定时间，然后缓慢冷却(例如在炉中冷却)	消除在前一工序(锻造、冷拉等)中所产生的内应力； 降低硬度，改善加工性能； 增加塑性和韧性； 使材料的成分或组织均匀，为以后的热处理准备条件	完全退火适用于含碳量0.83%以下的铸锻焊件； 为消除内应力的退火主要用于铸件和焊件
正火	加热到临界温度以上，保温一定时间，再在空气中冷却	得到细密的晶粒； 与退火后相比，强度略有增高，并能改善低碳钢的切削加工性能	用于低、中碳钢。常用于低碳钢以代替退火
淬火	加热到临界温度以上，保温一定时间，再在冷却剂(水、油或盐水)中急速地冷却	提高硬度及强度； 提高耐磨性	用于中、高碳钢。淬火后钢件必须回火
回火	经淬火后再加热到临界温度以下的某一温度，在该温度停留一定时间，然后迅速地或缓慢地在水、油或空气中冷却	消除淬火时产生的内应力； 增加韧性和强度	用于高碳钢制造的工具、量具、刃具用低温(150～250℃)回火。弹簧用中温(270～450℃)回火
调质	在450～650℃进行高温回火称“调质”	可以完全消除内应力，并获得较高的综合机械性能	用于重要的轴、齿轮，以及丝杆等零件
表面淬火	用火焰或高频电流将零件表面迅速加热至临界温度以上，急速冷却	使零件表面获得高硬度而心部保持一定的韧性，使零件既耐磨又能承受冲击	用于重要的齿轮以及曲轴、活塞销等
渗碳淬火	在渗碳剂中加热到900～950℃，停留一定时间，将碳渗入钢表面，深度约0.5～2毫米，再淬火后回火	增加零件表面硬度和耐磨性，提高材料的疲劳强度	适用于含碳量为0.08～0.25%的低碳钢及低合金钢
氮化	使工作表面饱和氮元素	增加表面硬度、耐磨性、疲劳强度和耐蚀性	适用于含铝、铬、钼、锰等的合金钢，例如要求耐磨的主轴、量规、样板等
氰化	使工作表面同时饱和碳和氮元素	增加表面硬度、耐磨性、疲劳强度和耐蚀性	适用于碳素钢及合金结构钢，也适用于高速钢的切削工具
时效处理	天然时效：在空气中长期存放半年到一年以上 人工时效：加热到500～600℃，在这个温度保持10～20h时间	使铸件或淬过火的工作慢慢消除其内应力而稳定其形状和尺寸	用于机床床身等大型铸件
冰冷处理	将淬火钢继续冷却至室温以下的处理方法	进一步提高硬度、耐磨性，并使其尺寸趋于稳定	用于滚动轴承的钢球

续表

名词	说明	目的	适用范围
发蓝、发黑	氧化处理。用加热办法使工件表面形成一层氧化铁所组成的保护性薄膜	防腻蚀、美观	用于一般常见的紧固件
硬度	材料抵抗硬的物体压入零件表面的能力称“硬度”。根据测定方法的不同，可分布氏硬度、洛氏硬度、维氏硬度等	硬度测定是为了检验材料经热处理后的机械性能——硬度	用于经退火、正火、调质的零件及铸件的硬度检查
			用于经淬火、回火及表面化学热处理的零件的硬度检查
			用于薄层硬化零件的硬度检查

附表 24 常用铸铁牌号

名称	牌号	牌号表示方法说明	硬度(HB)	特性及用途举例
灰铸铁	HT100	“HT”是灰铸铁的代号，它后面的数字表示抗拉强值(MPa)，(“HT”是“灰”“铁”两字汉语拼音的第一个字母)	143～229	属低强度铸铁。用于盖、手把、手轮等不重要零件
	HT150		143～241	属中等强度铸铁。用于一般铸件，如机床座、端盖、皮带轮、工作台等
	HT200 HT250		163～255	属高强度铸铁。用于较重要铸件如汽缸、齿轮、凸轮、机座、床身、飞轮、皮带轮、齿轮箱、阀壳、联轴器、衬筒、轴承座等
	HT300 HT350 HT400		170～255 170～269 197～269	属高强度、高耐磨铸铁。用于重要铸件如齿轮、凸轮、床身、高压液压筒、液压泵和滑阀的壳体、车床卡盘等
球墨铸铁	QT45010 QT5007 QT6003	“QT”是球墨铸铁的代号，它后面的数字分别表示强度和延伸率的大小(“QT”是“球”“铁”两字汉语拼音的第一个字母)	170～209 187～255 197～269	具有较高的强度和塑性。广泛用于机械制造业中受磨损和受冲击的零件，如曲轴、凸轮轴、齿轮、汽缸套、活塞环、摩擦片、中低压阀门、千斤顶底座、轴承座等
锻铸铁	KTH30006 KTH33008 KTZ45005	“KTH”“KTZ”分别是黑心和珠光体铸铁的代号，它们后面的数字分别表示强度和伸长率的大小。(“KT”是“可”“铁”两字汉语拼音的第一个字母)	120～63 120～63 152～19	用于承受冲击、振动等零件，如汽车零件、机床附机、各种管接头、低压阀门、农机具等。珠光体可锻铸铁在某些场合可代替低碳钢、中碳钢及低合金钢，如用于制造齿轮、曲轴、连杆等

附表 25　常用钢材牌号

名称		牌号	牌号表示方法说明	特性及用途举例
碳素结构钢		Q215－AF	牌号由屈服点字母(Q)、屈服点(强度)值(MPa)、质量等级符号(A,B,C,D)和脱氧方法(F 沸腾钢、b 半镇静钢、Z 镇静钢、TZ 特殊镇静钢)等四部分按顺序组成。在牌号组成表示方法中"Z"和"TZ"符号可以省略	韧性大,抗拉强度低,易焊接。用于炉撑、铆钉、垫圈、开口销等
		Q235－A		用较高的强度和硬度,伸长率也相当大,可以焊接,用途很广,是一般机械上的主要材料,用于低速轻载齿轮、键、拉杆、钩子、螺栓、套圈等
		Q255－A		伸长率低,抗拉强度高,耐磨性好,焊接性不够好。用于制造不重要的轴、键、弹簧等
优质碳素结构钢	普通含锰钢	15	牌号数字表示钢中平均碳的质量分数。如"45"表示平均碳的质量分数为 0.45%	塑性、韧性、焊接性能和冷冲性能均极好,但强度低。用于螺钉、螺母、法兰盘、渗碳零件等
		20		用于不经受很大应力而要求很大韧性的各种零件,如杠杆、轴套、拉杆、起重钩等。还可用于表面硬度高而心部强度要求不大的渗碳与氰化零件
		35		不经热处理可用于中等载荷的零件,如拉杆、轴、套筒、钩子等;经调质处理后适用于强度及韧性要求较高的零件,如传动轴等
		45		用于强度要求较高的零件。通常在调质或正火后作用,用于制造齿轮、机床主轴、花键轴、联轴器等。由于它的淬透性差,因此截面大的零件很少采用
	较高含锰钢	60	牌号数字表示钢中平均碳的质量分数。如"45"表示平均碳的质量分数为 0.45%	这是一种强度和弹性相当高的钢,用于制造连杆、压辊、弹簧、轴等
		75		用于板弹簧、螺旋弹簧以及受磨损的零件
		15Mn		它的性能与 15 钢相似,但淬透性及强度和塑性比 15 钢都高些。用于制造中心部分的力学性能要求较高、且必须渗碳的零件,焊接性好
		45Mn		用于受磨损的零件,如转轴、心轴、齿轮、叉等。焊接性差、还可制造受较大载荷的离合器盘、花键轴、凸轮轴、曲轴等
		65Mn		钢的强度高,淬透性较大,脱碳倾向小,但有过热敏感性,易生淬火裂纹,并又回火脆性。适用于较大尺寸的各种扁、圆弹簧,以及其他经受摩擦的农机具零件
合金钢	锰钢	15Mn2	合金钢牌号用化学元素符号表示; 含碳量写在牌号之前,但高合金钢如高速工具钢、不锈钢等的含碳量不标出; 合金工具钢含碳量≥1%时不标出;＜1%时,以千分之几来标出; 化学元素的含量＜1.5%时不标出;含量＞1.5%时才标出,如 Cr17,表示铬的含量约为 17%	用于钢板、钢管。一般只经正火
		20Mn2		用于截面较小的零件,相当于 20Cr,可作渗碳小齿轮、小轴、活塞销、柴油机套筒、气门推杆、钢套等
		30Mn2		用于调质钢,如冷镦的螺栓及断面较大的调质零件
		45Mn2		用于截面较小的零件,相当于 40Cr,直径在 50 mm 以下时,可代替 40Cr 作重要螺栓及零件
	硅锰钢	275Mn		用于调质钢
		35SiMn		除要求低温(20℃)冲击韧性很高时,可全面代替 40Cr 作调质零件,亦可部分代替 40CrNi,此钢耐磨、耐疲劳性均佳,适用于作轴、齿轮及在 430℃以下的重要紧固件

续表

名称		牌号	牌号表示方法说明	特性及用途举例
合金钢	铬钢	15Cr		用于船舶主机上的螺栓、活塞销、凸轮、凸轮轴、汽轮机套环、机车上用的小零件，以及用于心部韧性高的渗碳零件
		20Cr		用于柴油机活塞销、凸轮、轴、小拖拉机传动齿轮，以及较重要的渗碳件
	铬锰钛钢	18CrMnTi		工艺性能特优，用于汽车、拖拉机等上的重要齿轮，和一般强度、韧性均高的减速器齿轮，供渗碳处理
		38CrMnTi		用于尺寸较大的调质钢件
	铬钼铝钢	38CrMoA 1A		用于渗氮零件，如主轴、高压阀杆、阀门、塑胶及塑料挤压机等
	铬轴承钢	GCr6	铬轴承钢，牌号前有汉语拼音字母"G"，并且不标出含碳量。含铬量以千分之几表示	一般用来制造滚动轴承中的直径小于 10 mm 的滚球或滚子
		GCr15		一般用来制造滚动轴承中尺寸较大的滚球、滚子、内圈和外圈
铸钢		ZG200－400	铸钢件，前面一律加汉语拼音字母"ZG"	用于各种形状的零件，如机座、变速器壳等
		ZG270－500		用于各种形状的零件，如飞轮、机架、水压机工作缸、横梁，焊接性尚可
		ZG310－570		用于各种形状的零件，如联轴器气缸齿轮，及重载荷的机架等

附表 26　常用有色金属牌号

名称		牌号	说明	用途举例
青铜	压力加工用青铜	QSn4－3	青铜的表示方法是由青铜的汉语拼音第一个字母"Q"加第一添加元素，及除基元素铜以外的成分数字来表示	扁弹簧、圆弹簧、管配件和化工机械
		QSn6.5－0.1		耐磨零件、弹簧及其他零件
	铸造锡青铜	ZQSn 5－5－5	Z 表示铸造，其他同上	用于制造承受摩擦的零件，如轴套、轴承真料和承受 1MPa 气压以下的蒸汽和水的配件
		ZQSn10－1		用于制造承受剧烈摩擦的零件，如丝杆、轻型轧钢机轴承、蜗轮等
		ZQSn8－12		用于制造轴承的轴瓦及轴套，以及在特别重载荷条件下工作的零件
	铸造无锡青铜	ZQA19－4	Z 表示铸造，其他同上	强度高、减磨性、耐性、受压、铸造性能良好，用于制造蒸汽和海水条件下工作的零件，及受摩擦和腐蚀的零件，如蜗轮衬套、轧钢机压下螺母等
		ZQA 110－5－1.5		用于制造耐磨、硬度高、强度好的零件，如蜗轮、螺母轴套及防腐零件
		ZQMn5－21		用于在中等工作条件下轴承的轴套和轴瓦等

续表

<table>
<tr><th colspan="2">名称</th><th>牌号</th><th>说明</th><th>用途举例</th></tr>
<tr><td rowspan="4">黄铜</td><td rowspan="2">压力加工用黄铜</td><td>H59</td><td rowspan="2">H表示黄铜,后面数字表示基元素铜的含量,黄铜系铜锌合金</td><td>用于热压及热轧零件</td></tr>
<tr><td>H62</td><td>用于制造散热器、垫圈、弹簧、各种网、螺钉及其他零件</td></tr>
<tr><td rowspan="2">铸造黄铜</td><td>ZHMn 58-2-2</td><td rowspan="2">Z表示铸造,后面的符号表示主添加元素,后一族数字表示除锌以外的其他元素是含量</td><td>用于制造轴瓦、轴套及其他耐磨零件</td></tr>
<tr><td>ZHA 166-6-3-2</td><td>用于制造丝杆螺母、承受重载荷的螺旋杆、压下螺丝的螺母及在重载荷下工作的大型蜗轮轮缘等</td></tr>
<tr><td rowspan="6">铝</td><td rowspan="2">硬铝合金</td><td>LY1</td><td rowspan="2">LY表示硬铝,后面是顺序号</td><td>时效状态下塑性良好,切削性能良好;在退火状态下,塑性、切削性能降低。耐腐蚀性中等,系铆接铝合金结构用的主要铆钉材料</td></tr>
<tr><td>LY8</td><td>退火和新淬火状态下塑性中等,焊接性好,切削加工性在时效状态下良好;退火状态下降低,耐蚀性中等。用于各种中等强度的零件和构件、冲压的连接部件、空气螺旋桨叶及铆钉等</td></tr>
<tr><td>锻铝合金</td><td>LD2</td><td>LD表示锻铝,后面是顺序号</td><td>热态和退火状态下塑性高;时效状态下中等。焊接性良好。切削加工性能在软态下不良;在时效状态下良好。耐蚀性高。用于要求在冷状态和热状态时具有高可塑性,且承受中等载荷的零件和构件</td></tr>
<tr><td rowspan="3">铸造铝合金</td><td>ZL301</td><td rowspan="3">Z表示铸造,L表示铝,后面是顺序号</td><td>用于受重大冲击载荷、高耐蚀的零件</td></tr>
<tr><td>ZL102</td><td>用于气缸活塞以及在高温工作下的复杂形状零件</td></tr>
<tr><td>ZL401</td><td>适用于压力铸造用的高强度铝合金</td></tr>
<tr><td rowspan="4">轴承合金</td><td rowspan="2">锡基轴承合金</td><td>ZChSnSb 9-7</td><td rowspan="4">Z表示铸造,Ch表示轴承合金,后面是主元素,在后面是第一添加元素。一组数字表示除第一个基本元素外的添加元素含量</td><td>韧性强,适用于内燃机、汽车等轴承及轴衬</td></tr>
<tr><td>ZChSnSb 13-5-12</td><td>适用于一般中速、中压的各种及其轴承及轴衬</td></tr>
<tr><td rowspan="2">铅基轴承合金</td><td>ZChPbSb 16-6-2</td><td>用于浇铸汽轮机、机车、压缩机的轴承</td></tr>
<tr><td>ZChPbSb 15-5</td><td>用于浇注汽油发动机、压缩机、球磨机等的轴承</td></tr>
</table>

参 考 文 献

[1] 中华人民共和国国家标准.机械制图[M].北京:中国标准出版社,2005.
[2] 钱可强.机械制图[M].北京:高等教育出版社,2007.
[3] 朱林林,顾凌云.机械制图[M].北京:北京理工大学出版社,2006.
[4] 徐亚娥.机械制图与计算机绘图[M].西安:西安电子科技大学出版社,2006.
[5] 刘家平.机械制图[M].西安:西安电子科技大学出版社,2006.
[6] 刘小年,陈婷.机械制图[M].北京:机械工业出版社,2005.
[7] 马慧,刘宏军.机械制图[M].北京:机械工业出版社,2004.
[8] 童幸生.电子工程制图[M].西安:西安电子科技大学出版社,2002.
[9] 中国纺织大学工程图学教研室.画法几何及工程制图[M].上海:上海科学技术出版社,1982.